btb

Die Forstwissenschaftlerin Suzanne Simard nimmt uns mit in ihre Welt, ins Zentrum des Waldes, und zeigt, dass Bäume viel mehr sind als bloße Rohstofflieferanten: Lebendige Wesen mit hochspezialisierten Aufgaben, die soziale Strukturen bilden und über ein Geflecht aus unterirdischen Netzwerken miteinander kommunizieren. Sie lernen, passen ihr Verhalten an die Bedingungen ihrer Umwelt an, erkennen Nachbarn, haben Erinnerungen und sogar einen Sinn für Zukunft. Sie konkurrieren miteinander und unterstützen sich gegenseitig auf erstaunlich hochentwickelte Weise – Eigenschaften, die normalerweise menschlichen Gesellschaften zugeschrieben werden.
Während sie ihre wissenschaftliche Suche nachzeichnet, die zu ihrer bahnbrechenden Entdeckung des »Wood Wide Web« führte, erzählt Suzanne Simard auch von ihrer eigenen Reise. Von ihrer Kindheit in den Wäldern von British Columbia, von Liebe und Verlust, von Beobachtung und Veränderung und von der zutiefst menschlichen Eigenschaft, verstehen zu wollen, wer wir wirklich sind und welchen Platz wir in der Welt einnehmen.
So verstehen wir letztlich nicht nur, was eine der spannendsten Wissenschaftlerinnen der Gegenwart antreibt, sondern auch, dass uns mehr mit den Wäldern dieser Welt verbindet, als wir denken. Denn um zu überleben, sind wir aufeinander angewiesen.

Suzanne Simard, Jahrgang 1960, stammt aus einer Familie von Waldarbeitern an der Westküste Kanadas. Sie ist Professorin für Forstökologie an der University of British Columbia und gilt als weltweit führende Expertin auf dem Gebiet nicht-menschlicher Kommunikation und Intelligenz. Sie inspirierte mit ihren Arbeiten zum »Wood Wide Web« zahlreiche Künstler, darunter auch den Regisseur James Cameron zum »Tree of Souls« in seinem Film »Avatar«. Ihre TED-Talks sind legendär und wurden inzwischen über 10 Millionen mal angesehen.

Suzanne Simard

Die Weisheit der Wälder

Aus dem Englischen
von Manfred Allié und
Gabriele Kempf-Allié

btb

Die englischsprachige Originalausgabe erschien 2021 unter dem Titel »Finding the Mother Tree. Uncovering the Wisdom and Intelligence of the Forest« im Verlag Alfred A. Knopf., New York.

MIX
Papier | Fördert gute Waldnutzung
FSC® C014496

Penguin Random House Verlagsgruppe FSC® N001967

1. Auflage
Taschenbuchausgabe Februar 2024
btb Verlag in der Penguin Random House Verlagsgruppe,
Neumarkter Straße 28, 81673 München

Covergestaltung: semper smile, München
Covermotiv: Diana Markosian
Druck und Einband: GGP Media GmbH, Pößneck
JT · Herstellung: sc
Printed in Germany
ISBN 978-3-442-77392-3

www.btb-verlag.de
www.facebook.com/penguinbuecher

Für meine Töchter
Hannah und Nava

Der Mensch ist Teil der Natur,
und sein Krieg gegen die Natur
ist zwangsläufig ein Krieg gegen sich selbst.

– RACHEL CARSON (1907–1964)

Inhalt

Einige Anmerkungen der Autorin

Ich benutze den Plural »Mykorrhizen«, weil er mir leichter von der Zunge geht und auch meinen Leserinnen und Lesern vielleicht besser im Gedächtnis bleibt und einfacher auszusprechen ist. Aber man findet oft auch die altgriechische Form »Mykorrhizae«. Beides ist grammatisch korrekt.

Was Artenbezeichnungen angeht, so habe ich durchweg eine Mischung aus lateinischen und Trivialnamen verwendet. Bei Bäumen und Pflanzen benutze ich in der Regel den Trivialnamen auf Speziesebene, aber bei Pilzen generell nur die Gattungsbezeichnung.

Zum Schutz ihrer Identität habe ich die Namen einiger Personen geändert.

EINLEITUNG

Verbindungen

Ich stamme aus einer Familie von Holzfällern. Seit Generationen schlagen wir Bäume im Wald und verdienen uns mit diesem bescheidenen Gewerbe unseren Lebensunterhalt.

Das ist die Tradition, in der ich stehe.

Auch ich habe so manchen Baum gefällt.

Doch nichts lebt auf unserem Planeten ohne Tod und Zerfall. Darin liegt der Ursprung neuen Lebens, und wie jede Geburt führt auch sie wieder zum Tod. Diese Spirale des Lebens hat mich darauf gebracht, selbst Samen auszusäen, Bäumchen zu pflanzen und Setzlinge zu hegen, ein Teil des Kreislaufs zu werden. Der Wald seinerseits ist Teil viel größerer Zyklen, der Entstehung des Erdreichs, der Wanderung von Arten und der Umwälzung der Ozeane. Er schenkt uns reine Luft und sauberes Wasser und gutes Essen. Das Geben und Nehmen der Natur – der stillschweigende Austausch und das Streben nach Gleichgewicht – folgt einer weisen Notwendigkeit.

Die Natur ist unglaublich freigiebig.

Meine Suche nach Antworten auf die Frage, wie Wälder funktionieren, in welcher Verbindung sie zu Erde, Feuer und Wasser stehen, hat mich zur Wissenschaft gebracht. Ich habe den Wald beobachtet und ihm zugehört. Ich habe mich von meiner Neugier leiten lassen, den Erzählungen meiner Familie und anderer Menschen gelauscht, und ich habe von den Gelehrten gelernt. Schritt für Schritt – Rätsel um Rätsel – habe ich alles darangesetzt, wie ein Detektiv herauszufinden, was nötig ist, um die natürliche Welt zu heilen.

Ich hatte das Glück, eine der ersten einer neuen Generation von Frauen in der Holzwirtschaft zu sein, doch was ich dort vorfand, war nicht das, was ich in meiner Kindheit gelernt hatte. Stattdessen stieß ich auf weite Landstriche, in denen der Wald kahlgeschlagen war, Böden, die, ihrer natürlichen Komplexität beraubt, gnadenlos den Elementen preisgegeben waren, Gemeinschaften ohne alte Bäume, in denen die jungen schutzlos und verletzlich zurückblieben, und eine Industrie, deren Praktiken mir erschreckend, ja unglaublich verfehlt vorkamen. Die Industrie hatte jenen Teilen des Ökosystems den Krieg erklärt – den Blattpflanzen und Laubbäumen, den Waldbewohnern, die nagten und horteten und Unterschlupf suchten –, die sie als Schmarotzer und Konkurrenten beim Wachstum ihrer Wirtschaftswälder ansah, die aber, wie ich bald herausfand, dringend notwendig waren, wenn wir die Erde heilen wollten. Der gesamte Wald – Mittelpunkt meines Daseins und meines ganzen Weltbilds – litt unter dieser Zerstörung, und deswegen litt alles andere auch.

Ich unternahm meine ersten wissenschaftlichen Gehversuche, wollte herausfinden, an welcher Stelle wir schreckliche Fehler begangen hatten, und das Geheimnis lüften, wie das Land es schaffte, sich selbst zu heilen, wenn man es nur einfach in Ruhe ließ – so wie ich es noch erlebt hatte, als die Älteren meiner Familie noch pfleglicher mit dem Wald umgegangen waren. Dabei entwickelten sich meine Arbeit und mein persönliches Leben auf erstaunliche, ja geradezu unheimliche Weise parallel. Beide

Bereiche waren so eng miteinander verflochten wie die Elemente des Ökosystems, das ich untersuchte.

Schon bald enthüllten die Bäume mir verblüffende Geheimnisse. Ich erkannte, dass sie Teil eines Netzwerks gegenseitiger Abhängigkeit waren, verbunden durch ein System unterirdischer Kanäle, über die sie sich verständigen, sich austauschen und Beziehungen miteinander eingehen – und das mit einer uralten Raffinesse, mit etwas, das man nur Weisheit nennen kann. Ich unternahm Hunderte von Experimenten, jede Entdeckung führte mich zur nächsten. Auf dieser Forschungsreise fand ich heraus, wie Bäume miteinander kommunizieren und wie der Wald durch die Wechselbeziehungen der Bäume zu einem echten Gemeinwesen wird. Anfangs waren diese Erkenntnisse hochumstritten, doch mittlerweile sind sie wissenschaftlich anerkannt, vielfach überprüft und publiziert. Das Ganze ist kein Märchen, keine Schnapsidee, kein Einhornzauber und auch keine Erfindung von Hollywood.

Diese Entdeckungen stellen viele der gegenwärtigen forstwirtschaftlichen Praktiken infrage, die das Überleben unserer Wälder gefährden und sie noch weiter belasten, gerade in einer Zeit, in der die Natur ohnehin alle Mühe hat, sich an eine immer wärmere Welt anzupassen.

Am Anfang meiner Erkundungen stand eine tiefe Besorgnis um die Zukunft unserer Wälder, die bald zu einer intensiven Neugier heranwuchs. Ein Indiz führte zum anderen, und ich sah bald, dass der Wald weit mehr war als nur eine Ansammlung von Bäumen.

Bei dieser Suche nach der Wahrheit haben die Bäume mir gezeigt, wie aufmerksam und einfühlsam sie sind, wie sie miteinander um- und aufeinander eingehen. Was als Tradition begann und dann das Zuhause meiner Kindheit war, ein Ort der

Geborgenheit und der Abenteuer im Westen von Kanada, ist zu einem tieferen Verständnis der Intelligenz des Waldes geworden, und das wiederum ließ mich fragen, wie wir unsere Achtung vor solcher Weisheit wiedererlangen können – eine Heilung für unser krank gewordenes Verhältnis zur Natur.

Einen ersten Schlüssel fand ich, als ich mich näher mit den Botschaften beschäftigte, die die Bäume einander durch ein geheimnisvolles unterirdisches Netzwerk aus Pilzen senden. Als ich den verborgenen Pfaden ihrer Unterhaltungen folgte, sah ich, dass dieses Netzwerk sich über den *gesamten* Waldboden erstreckt, dass es sämtliche Bäume in einem System verbindet, bei dem die Bäume die Knotenpunkte sind und das Geflecht der Pilze die Leitungen. Ich hielt den Atem an, als eine grobe Skizze mir vor Augen führte, dass von den größten, ältesten Bäumen Pilzverbindungen bis hin zu den kleinsten Sämlingen bestehen, die gerade erst beginnen, den Wald zu verjüngen. Und nicht nur das, sie stehen in Verbindung mit all ihren Nachbarn, jung und alt, sie sind die Schaltstellen in einem System von Synapsen, von Verbindungen und Knoten. Ich werde Sie auf den folgenden Seiten mit auf diese Reise nehmen, an deren Ende die Entdeckung des Unglaublichsten an diesem ganzen Muster stand – dass es nämlich Ähnlichkeit mit unserem eigenen menschlichen Gehirn aufweist. In diesem Hirn des Waldes nehmen Alt und Jung einander wahr, sie reden miteinander, sie antworten einander mit Hilfe chemischer Signale. *Stoffe, die identisch mit unseren eigenen Neurotransmittern sind. Signale, geschaffen von Ionen, die durch die Membranen der Pilze sickern.*

Die älteren Bäume wissen, welche unter den Stämmchen Verwandte sind.

Die alten Bäume hegen die Kleinen, sie geben ihnen zu essen und zu trinken, genau wie wir es mit unseren Kindern tun. Das ist Grund genug innezuhalten, tief durchzuatmen, nachzudenken über den Wald als gesellschaftliches Wesen und darüber, welch entscheidende Rolle er damit für die Evolution spielt. Das Pilznetzwerk macht diese Bäume fit fürs Leben. Und mehr noch. Diese alten Bäume sind wie Mütter zu ihren Kindern.

Mutterbäume.

Wenn Mutterbäume sterben – die majestätischen Mittelpunkte der Kommunikation, der Verteidigung, des Gefühlslebens eines Waldes –, geben sie ihr Wissen an ihre Nachkommen weiter, Generation um Generation, sie sagen den anderen, was nützlich und was schädlich ist, wer Freund ist und wer Feind, wie sie in einer veränderlichen Welt überleben können. Sie tun, was alle Eltern tun.

Wie ist es möglich, dass sie Warnsignale, Bestätigungen und Anweisungen quasi in Echtzeit übermitteln können? Wie helfen sie einander, wenn sie in Bedrängnis oder krank sind? Wieso zeigen sie menschliche Verhaltensweisen, und wieso funktionieren sie wie menschliche Solidargemeinschaften?

Die lebenslange Detektivarbeit hat meine Wahrnehmung der Wälder völlig auf den Kopf gestellt. Mit jeder neuen Entdeckung fühle ich mich dem Wald enger verbunden. Meine Forschungen und die anderer Wissenschaftler haben es eindeutig und unleugbar ans Licht gebracht: Der Wald besitzt Weisheit, Empfindungsfähigkeit und Heilkraft.

In diesem Buch geht es nicht darum, wie wir die Bäume retten können.

In diesem Buch geht es darum, wie die Bäume *uns* retten können.

1

Waldgespenster

Ich war allein unterwegs in Grizzlyland, bibbernd vor Kälte an einem verschneiten Junitag. Zwanzig Jahre alt, von nichts eine Ahnung, hatte ich einen Ferienjob bei einer Holzfirma in den zerklüfteten Bergen der Lillooet Range im Westen von Kanada ergattert.

Der Wald war düster und totenstill. Und, wie mir schien, voller Gespenster. Eins davon schwebte geradewegs auf mich zu. Ich öffnete den Mund zu einem Schrei, doch kein Laut kam heraus. Das Herz schlug mir bis zum Hals, verzweifelt versuchte ich, meinen Verstand in Gang zu bringen – und dann lachte ich laut.

Das Gespenst war bloß ein dicker Nebelschwaden, der sich durch den Wald wälzte und die Baumstämme mit seinen Tentakeln umschlang. Keine übernatürlichen Erscheinungen, nur ein ganz gewöhnlicher Wirtschaftsforst. Die Bäume waren *einfach nur Bäume*. Und doch hatte ich schon immer das Gefühl, dass es in den kanadischen Wäldern spukt, dass dort ganz besonders die Geister meiner Vorfahren umgehen, der Menschen, die das Land verteidigt oder erobert hatten, die gekommen waren, um zu fällen, zu roden, neu anzupflanzen.

Anscheinend kennt der Wald kein Vergessen.

Auch wenn wir uns noch so sehr wünschen, dass er unsere Übergriffe aus seinem Gedächtnis löscht.

Es war schon recht spät am Nachmittag. Ein feiner Sprühregen waberte durch die Gruppen von Felsentannen und überzog sie mit einem schimmernden Film. Wassertröpfchen, in denen sich das Licht brach, bargen ganze Welten. An den Zweigen prangten smaragdfarbene frische Triebe über einem dichten Vlies aus jadegrünen Nadeln. Was für ein Wunder, mit welcher Beharrlichkeit die Knospen jedes Frühjahr zu neuem Leben schwellen und die länger werdenden Tage mit ihrem Überschwang begrüßen, ganz gleich wie hart der Winter war. Knospen programmiert, ihre ersten zarten Blätter genau zu dem Zeitpunkt zu entfalten, den die Erfahrung früherer Sommer sie gelehrt hat. Ich berührte einige der fedrigen Nadeln, freute mich, wie weich sie sich anfühlten. Ihre Stomata – die winzigen Öffnungen, die Kohlendioxid aufnehmen, um daraus in Verbindung mit Wasser Zucker und reinen Sauerstoff zu erzeugen – strömten die frische Luft aus, und ich sog sie tief in mich ein.

Zwischen diese riesenhaften, geschäftigen Älteren schmiegten sich die Jungbäume, Teenager, und an sie gedrückt die noch jüngeren Sämlinge, allesamt aneinandergekuschelt wie die Mitglieder einer Familie, wenn ihnen kalt ist. Die verwitterten alten Tannen reckten ihre Spitzen in den Himmel, ein Schutzdach für die jüngeren. Genau wie meine Mutter und mein Vater, meine Großmütter und Großväter mich beschützten. Und ich hatte ja weiß Gott auch genauso viel Schutz gebraucht wie ein Sämling; immer hatte ich mich in Schwierigkeiten gebracht. Mit zwölf war ich einmal auf einem Ast eines Uferbaums bis über den Shuswap River geklettert und wollte sehen, wie weit ich kam. Beim Versuch zurückzuklettern rutschte ich ab und fiel ins reißende Wasser. Grampa Henry sprang in sein selbstgezimmertes

Boot und konnte mich gerade noch am Kragen packen, sonst wäre ich in den Stromschnellen verschwunden.

Der Schnee lag hier oben in den Bergen tiefer als ein Grab, neun Monate im Jahr. Die Bäume waren mir haushoch überlegen, denn sie hatten ihre Gene den Extremen des Kontinentalklimas angepasst, das mich mit Haut und Haaren zu verschlingen drohte. Ich tätschelte an einem der alten einen Ast, wollte ihm sagen, wie dankbar ich ihm dafür war, dass er die verletzlichen Nachkommen unter seine Fittiche nahm, und steckte einen gefallenen Zapfen in eine Astgabel.

Ich zog mir die Mütze über die Ohren, dann verließ ich die Forststraße und stapfte durch den Schnee tiefer in den Wald hinein. Obwohl nur noch wenige Stunden bis zum Einbruch der Dunkelheit blieben, verweilte ich bei einem Stamm, der ein Opfer der Sägen geworden war, welche den Weg zuvor gebahnt hatten. Das bleiche, runde Gesicht seiner Schnittfläche zeigte Jahresringe so fein wie Wimpern. Das blonde Frühholz, die Frühlingszellen prallvoll mit Wasser, waren abgesetzt mit den dunkelbraunen Ringen des Spätholzes, entstanden im August, wenn die Sonne hoch am Himmel steht und die Trockenheit kommt. Ich zählte die Ringe, markierte jede Dekade mit dem Bleistift – der Baum war zwei Jahrhunderte alt. Mehr als das Doppelte der Zeit, die meine Familie bisher in diesen Wäldern lebte. Wie hatten die Bäume den zyklischen Wechsel von Wachstum und Winterruhe gemeistert, wie war das im Vergleich mit den Freuden und Entbehrungen, die meine Familie in einem Bruchteil dieser Zeit erlebt hatte? Manche Ringe waren breiter, sie waren in Regenjahren mächtig gewachsen, vielleicht auch in Sonnenjahren, nachdem ein Nachbarbaum gestürzt war, andere waren so schmal, dass man sie kaum erkennen konnte, sie waren langsam gewachsen während einer Trockenzeit, in einem kalten

Sommer oder unter anderer Belastung. Diese Bäume trotzten Klimakapriolen, mörderischen Konkurrenzkämpfen und verheerenden Feuern, Insektenangriffen und Stürmen – Bedrohungen, die so etwas wie Kolonialismus, Weltkriege und das runde Dutzend Premierminister, die meine Familie erlebt hatte, bedeutungslos erscheinen ließen. Sie waren die Vorfahren meiner Vorfahren.

Ein keckerndes Eichhörnchen flitzte den Stamm entlang und versuchte, mich von seinem Beuteversteck an der Basis des Baumstumpfs zu verscheuchen. Ich war die erste Frau, die für die Holzfirma arbeitete. Für einen Betrieb in einem rauen, gefährlichen Gewerbe, das gerade erst begonnen hatte, seine Türen für die eine oder andere Studentin zu öffnen. An meinem ersten Arbeitstag wenige Wochen zuvor hatte ich mit meinem Vorgesetzten Ted einen Kahlschlag inspiziert – ein dreißig Hektar großes Areal, auf dem sämtliche Bäume gefällt worden waren und wo wir uns nun vergewissern wollten, dass die neuen Setzlinge gemäß den amtlichen Vorgaben gepflanzt worden waren. Ted hatte sehr klare Vorstellungen davon, wie man ein Bäumchen pflanzt und wie nicht, und mit seiner sanften Art spornte er selbst die erschöpftesten Arbeiter noch an. Mir war es peinlich, dass ich den Unterschied zwischen einer J-förmig abgeknickten und einer angemessen tief eingepflanzten Wurzel überhaupt nicht sah, aber Ted hatte mir geduldig alles erklärt, und ich hatte aufmerksam zugesehen und zugehört. Schon bald vertrauten sie mir die Aufgabe an, bestehende Schonungen zu kontrollieren – Neuanpflanzungen als Ersatz für gefällte Bäume. Ich hatte nicht vor, mich zu blamieren.

Die Schonung, zu der ich heute unterwegs war, lag auf der anderen Seite dieses alten Waldes. Dort hatte die Firma eine große Parzelle mit samtigen alten Felsentannen abgeholzt und

Camping am Shuswap Lake bei Sicamous, British Columbia, 1966. Von links nach rechts: Kelly, drei Jahre alt; Robyn, sieben; dann Mum, Ellen June, neunundzwanzig; ich bin fünf. Bei der Fahrt dorthin mit unserem 1962er Ford Meteor waren wir auf dem Trans-Canada Highway nur knapp einem Erdrutsch entgangen; Steinbrocken kamen die steile Bergflanke heruntergepoltert, durchschlugen das Autofenster und landeten bei Mum im Schoß.

---

im letzten Frühjahr Stechfichtensetzlinge gepflanzt. Deren Wachstumsfortschritt sollte ich nun überprüfen. Die Forststraße zu dem Kahlschlag hatte ich nicht nehmen können, weil sie zu stark ausgewaschen war – ein Segen, denn das hatte mir den Umweg vorbei an diesen nebelverhangenen Schönheiten beschert. Doch dann ließ mich ein großer Haufen frischer Grizzlykot innehalten.

Die Bäume waren noch immer in Nebelschwaden gehüllt, und ich hätte schwören können, dass sich in der Ferne etwas bewegte. Ich sah genauer hin. Es waren die blassgrünen Strähnen einer Flechte, die wegen der Art, wie sie von den Ästen herabhängt, Baumbart genannt wird. Alte Flechten, die besonders auf alten Bäumen wachsen. Ich gab Laut mit meiner Drucklufthupe, um das Gespenst der Bären zu vertreiben. Die Angst vor ihnen hatte ich von meiner Mutter geerbt, die als Kind nur knapp einem Bären entronnen war, der sie auf der Veranda bedroht hatte; ihr Großvater, mein Uropa Charles Ferguson, hatte ihn kurz darauf mit einem beherzten Schuss erlegt. Uropa Charles lebte um die Wende vom neunzehnten zum zwanzigsten Jahrhundert als Pionier in Edgewood, einer vorgeschobenen Siedlung im Inonoaklin Valley an den Arrow Lakes, im Columbia-Becken von British Columbia. Mit Äxten und Pferden rodeten er und seine Frau Ellen das Land der Sinixt-Indianer, auf dem sie sich niedergelassen hatten und wo sie Heuwiesen anlegten und Vieh züchteten. Charles hatte einen Ruf als Bärentöter, und er schoss Wölfe, wenn sie sich an seinen Hühnern vergriffen. Er und Ellen zogen drei Kinder groß: Ivis, Gerald und meine Großmutter Winnie.

Ich kletterte über moos- und pilzüberwucherte Baumstämme, atmete tief das Aroma der immergrünen Natur. Über einen der Stämme zogen sich wie ein Rinnsal die winzig kleinen Helmlinge, folgten in ihrem Lauf über die gesamte Länge den Rissen der Rinde, bis ihre Bahn sich schließlich verzweigte und einen Fächer entlang der Baumwurzeln bildete, bis hin zu den verrotteten dürren Enden. Mich beschäftigte schon lange die Frage,

Gemäßigter Regenwald, typisch für die Gegend in British Columbia, in der Mum und Dad aufwuchsen

was Wurzeln und Pilze mit dem Wohlergehen des Waldes zu tun hatten – mit dem Gleichgewicht der großen und kleinen Dinge, auch derer, die im Verborgenen wirkten und leicht zu übersehen waren. Baumwurzeln faszinierten mich seit Kinderzeiten;

damals hatte ich die unbändige Kraft der Pappeln und Weiden bestaunt, die meine Eltern hinter dem Haus gepflanzt hatten und deren massive Wurzeln sogar in den Keller unseres Hauses eindrangen, die Hundehütte umwarfen und unseren Gehweg aufwölbten. Mum und Dad zerbrachen sich den Kopf darüber, wie sie diesen Schwierigkeiten begegnen sollten, unabsichtlich heraufbeschworen, als sie unser kleines Grundstück mit den Bäumen ihrer Kindheit umsäumen wollten. Jedes Frühjahr hatte ich ehrfürchtig zugesehen, wie sich aus flauschigen Samen eine Vielzahl von Keimlingen entwickelte, inmitten der Pilzringe rund um den Fuß der Baumstämme; und mit elf Jahren hatte ich zu meinem Entsetzen miterlebt, wie die Stadt direkt neben unserem Haus ein Kanalrohr verlegte, aus dem schäumende Abwässer in den Fluss liefen und die Uferpappeln absterben ließen. Zuerst wurden die Spitzen der Kronen schütter, dann bildeten sich schwarze Krebsgeschwüre an den furchigen Stämmen, und im Frühjahr darauf waren die wunderbaren Bäume tot. Nichts keimte mehr, wo die gelbe Brühe floss. Ich schrieb einen Brief an den Bürgermeister und bekam nie eine Antwort.

Ich pflückte einen der winzigen Pilze. Die Schirme der Helmlinge, wie Zwergenmützen, waren dunkelbraun an der Spitze, nach außen hin verblassten sie zu einem durchscheinenden Gelb, das die Lamellen der Unterseite zeigte und den dünnen Stiel. Die Stiele wurzelten in den Furchen der Baumrinde und trugen damit zum Zerfall des Baumstamms bei. Die Pilze wirkten so zart und zerbrechlich, kaum vorstellbar, dass sie in der Lage sein sollten, ganze Bäume aufzulösen. Aber ich wusste, dass sie das konnten. Die abgestorbenen Pappeln am Bachufer meiner Kindheit waren umgestürzt, und Pilze waren auf ihrer dünnen, immer rissigeren Haut aufgetaucht. Binnen weniger Jahre waren die schwammartigen Strukturen des morschen Holzes vollständig im Boden verschwunden. Diese Pilze hatten eine Methode entwickelt, Holz durch von ihnen ausgeschiedene Säuren und Enzyme zu zersetzen und die Energie und Nährstoffe des Holzes mit ihren Zellen aufzunehmen. Ich sprang von dem Stamm, landete mit den Spikes meiner Forststiefel im Mulm und musste mich an den Tannenschösslingen wieder die Böschung hinaufhangeln. Diese Schösslinge hatten einen Flecken gefunden, an dem sie vom Licht der Sonne und der Feuchtigkeit des schmelzenden Schnees gleichermaßen profitierten.

Ein Schmierröhrling – eng an ein Stämmchen gelehnt, das vor ein paar Jahren hier Fuß gefasst hatte – trug einen runzligen braunen Pfannkuchenhut über einem gelblich porösem Unterbau; der fleischige Stiel reichte noch ein Stückchen in die Erde hinein. In einem Regenschauer war dieser Pilz aufgegangen, das Produkt eines dichten Myzelgeflechts, das sich im Waldboden

---

Der »Pfannkuchenpilz«, ein Röhrling *(Suillus brevipes)*

über weite Strecken hinzog und auffächerte. Wie eine Erdbeerpflanze, die an ihrem großen, weitverzweigten System von Wurzeln und Ausläufern ihre Früchte trägt. Mit einem Energiestoß aus den unterirdischen Fäden hat sich die Pilzkappe aufgespannt wie ein Regenschirm, und Spuren des spitzenfeinen Velums hafteten noch auf halber Höhe an dem braun gefleckten Stiel. Ich pflückte den Pilz, diese Frucht des eigentlichen Pilzwesens, das hauptsächlich im Untergrund lebt. Die Unterseite des Huts war wie das Zifferblatt einer Sonnenuhr, ein Speichenrad aus radialen Poren. Jede der ovalen Öffnungen darin barg winzig kleine Stiele, gespannt, um die Sporen herauszuschießen wie die Funken eines Feuerwerkskörpers. Sporen sind die »Samen« der Pilze, voller DNS, die sich kombiniert, neu kombiniert und mutiert, um neuartiges, an Veränderungen der Umweltbedingungen angepasstes genetisches Material zu produzieren. Rund um das helle Loch, das beim Pflücken zurückgeblieben war, lag ein Kranz zimtbrauner Sporen. Andere Sporen waren vermutlich schon von einem Aufwind erfasst worden, hatten sich an die Beine eines Fluginsekts geheftet, oder ein Eichhörnchen hatte sie mit seiner Mahlzeit verzehrt.

In dem winzigen Krater, in dem noch die Reste des Pilzstiels steckten, sah man feine gelbe, nach unten verlaufende Fäden, deren einzelne Stränge sich zu einem verzweigten Myzelgespinst verflochten, dem Netzwerk, das die Milliarden von organischen und mineralischen Partikeln umhüllt, aus denen das Erdreich besteht. Am Ende des Pilzstiels baumelten abgerissene Fäden, die Teil dieses Netzes gewesen waren, bevor ich sie so unsanft durchtrennt hatte. Was wir Pilz nennen, ist nur der sichtbare Teil eines großartigen, hochkomplexen Gebildes, etwas wie ein Tuch aus kunstvoll geklöppelter Spitze, das mit dem Waldboden verwoben ist. Die verbliebenen Fäden breiteten sich fächerartig in der Streu aus – der lockeren Schicht aus abgefallenen Nadeln, Knospen und Zweigen –, um dort nach mineralischen Schätzen zu suchen, die sie durchdringen und absorbieren konnten. Ich fragte mich, ob dieser Röhrling vielleicht ebenso vom Abbau von Totholz lebte wie der Helmling, oder ob ihm eine andere Rolle zukam. Ich steckte ihn jedenfalls zu dem Helmling in meine Tasche.

Der Kahlschlag, auf dem neu angepflanzte Bäumchen die abgeholzten Bestände ersetzen sollten, war immer noch nicht in Sicht. Dunkle Wolken brauten sich zusammen, und ich zog meine gelbe Regenjacke aus der Seitentasche meiner Outdoorweste. Auf meinen Streifzügen in unwegsamem Gelände hatte sie ziemlich gelitten und war nicht mehr so wasserdicht, wie sie es hätte sein sollen. Mit jedem Schritt, den ich mich weiter von dem Lastwagen entfernte, spürte ich eine wachsende Bedrohung, eine düstere Vorahnung, dass ich nicht vor Einbruch der Dunkelheit wieder auf der Straße sein würde. Aber von schwierigen Situationen ließ ich mich nicht unterkriegen; darin kam ich ganz nach meiner Großmutter, »Grannie Winnie«, die noch nicht einmal zwanzig gewesen war, als sie ihre Mutter Ellen verlor, ein Opfer der Grippe Anfang der 1930er Jahre. Als die Nachbarn endlich durch das vereiste Tal und brusthohen Schnee zu der eingeschneiten Familie vordrangen, fanden sie Ellen tot in ihrem Zimmer und die übrigen Fergusons so krank, dass sie nicht mehr die Kraft zum Aufstehen hatten.

Als ich plötzlich mit dem Stiefel abrutschte, klammerte ich mich im Fallen an einen jungen Baum, der sich unter meiner Hand aus dem Boden löste. Auf dem Weg hangabwärts drückte ich noch weitere Bäumchen um, bevor ich an einem durchweichten Stamm zum Stillstand kam, in der Hand immer noch einen wirren Polypen aus Wurzeln. Bei dem jungen Baum handelte es sich offenbar um einen Teenager, wie man an den seitlichen Astkränzen erkennen konnte, die jeweils ein Jahr markierten, insgesamt etwa fünfzehn. Eine Regenwolke öffnete in diesem Moment ihre Schleusen und durchweichte mir in wenigen Sekunden die Jeans. Wassertropfen perlten über den Stoff meiner abgeschabten Öljacke.

In diesem Job konnte man sich keine Schwäche leisten, und ich hatte mir schon früh, so weit meine Erinnerung überhaupt zurückreichte, eine raue Schale zugelegt, um in einer männlich dominierten Welt bestehen zu können. Ich wollte so gut sein wie mein jüngerer Bruder Kelly und seine Kumpane mit den québecfranzösischen Namen Leblanc, Gagnon und Tremblay, also spielte ich bei minus zwanzig Grad auf der Straße Eishockey mit den Jungs aus der Nachbarschaft. Ich stand im Tor, die unbeliebteste Position von allen. Sie zielten gnadenlos auf meine Knie, aber ich verbarg die blauen Flecken unter den Hosenbeinen. Genau wie Grannie Winnie die Ohren steifgehalten hatte und schon bald nach dem Tod ihrer Mutter wieder zu Pferd durch das Inonoaklin Valley geprescht war, wo sie den Farmern Post und Mehl brachte.

Ich starrte auf das Geflecht der Wurzeln in meiner Hand. An ihnen klebte glänzender Humus, der aussah wie Hühnerdreck. Als Humus bezeichnet man die speckige schwarze, durch Verrottung entstandene Schicht im Waldboden, die zwischen der frischen Streu aus abgefallenen Nadeln und absterbenden Pflanzen und der durch die Verwitterung von Felsgestein entstandenen mineralischen Bodenschicht anzutreffen ist. Humus entsteht durch den Zerfall von toten Pflanzen, Insekten und Kleintieren. Der Komposthaufen der Natur. Baumwurzeln lieben Humus, weit mehr als die Schichten darüber oder darunter, denn der Humus liefert ihnen eine Fülle von Nährstoffen.

Winnifred Beatrice Ferguson (Grannie Winnie) auf der Ferguson-Farm in Edgewood, British Columbia, ca. 1934 – damals war sie zwanzig Jahre alt, ihre Mum war kurz zuvor gestorben. Jetzt war Winn es, die die Hühner versorgte, die Kühe molk und das Heu wendete. Zu Pferd war sie ein Wirbelwind, und einmal schoss sie einen Bären vom Apfelbaum. Nur selten sprach meine Großmutter von ihrer Mutter, aber bei unserem letzten gemeinsamen Spaziergang, am Seeufer in Nakusp, rief sie mit ihren sechsundachtzig Jahren unter Tränen: »Meine Mum fehlt mir!«

Was an diesen Wurzelenden auffiel, war ihr gelblicher Schimmer, wie die Lichter an einem Weihnachtsbaum, und sie mündeten in ein ebenso gefärbtes Myzelgespinst. Die Fäden dieses Myzels hatten fast dieselbe Farbe wie die, die sich von den Stielen der Röhrlinge im Erdreich ausbreiteten, und ich holte das

Exemplar, das ich abgepflückt hatte, aus der Tasche. Ich hielt das Wurzelknäuel mit seiner wallenden gelben Mähne in einer Hand und den Pilz mit dem zerrissenen Myzel in der anderen. Ich musterte beide eingehend und fand, das Geflecht sah in beiden Fällen gleich aus.

Vielleicht war der Röhrling ein Freund der Wurzeln, im Unterschied zum Helmling, der tote Materie zersetzte? Intuitiv hatte ich seit jeher dem gelauscht, was lebendige Wesen mir zu sagen haben. Wir denken, ein wichtiger Hinweis müsste etwas Großes sein, aber die Welt erinnert uns gern daran, dass solche Hinweise oft winzig klein sind. Ich grub ein Stück Waldboden auf. Offenbar war er ganz von dem gelben Myzel durchdrungen. Hunderte von Meilen an Fäden, die ich da unter meinen Handflächen spürte. Und egal wo sie lebten, diese zarten Verzweigungen des Pilzgeflechts, die sogenannten Hyphen, schienen – ebenso wie die Pilze, die ihnen als Fruchtkörper wuchsen – nur ein winziger Teil des gewaltigen Myzels im Boden zu sein.

In der Reißverschlusstasche auf der Rückseite meiner Weste hatte in meine Wasserflasche, und ich spülte die Erdkrümel von den restlichen Wurzeln ab. Ich hatte noch nie eine solche Buntheit an Pilzgewebe gesehen – mit Sicherheit kein so leuchtendes Gelb, dazu Weiß und auch Rosa, jeder Faden einer bestimmten Farbe um eine einzelne Wurzelspitze geschlungen, ein Bart wie Spinnwebfäden. Wurzeln müssen weit ausgreifen und auch in entlegenen Ecken nach Nährstoffen suchen. Aber warum kamen so viele Pilzfäden nicht nur aus den Wurzelspitzen, sondern schillerten dazu auch noch bunt? Gehörte zu jeder Farbe eine eigene Pilzart? Hatte jede ihre eigene Aufgabe im Boden?

Ich war geradezu verliebt in diese Arbeit. Es begeisterte mich so, wenn ich durch diese prachtvollen Waldlichtungen streifen konnte – das war größer als all meine Furcht vor Bären oder

Geistern. Ich steckte die Wurzeln des ausgerupften Bäumchens bei einem Wächterbaum wieder in die Erde, zusammen mit dem bunten Pilzgewebe daran. Die Schösslinge hatten mir die Farben, die Texturen der Unterwelt des Waldes gezeigt. Gelb und Weiß und Altrosa, Farben, die mich an die Wildrosen meiner Kindheit erinnerten. Der Boden, in dem diese Bäume Fuß gefasst hatten, war wie ein Buch, man konnte die bunten Seiten eine nach der anderen umblättern, und alle erzählten davon, wie das Leben hier draußen seine Nahrung bekam.

Als ich schließlich am Kahlschlag anlangte, kniff ich die Augen zusammen, so grell war das plötzliche Licht in dem Nieselregen. Ich wusste, was mich hier erwartete, doch trotzdem stockte mir das Herz. Jeder einzelne Baum war abgesägt worden, nur die Stumpfe standen noch. Weiße Flächen in dem Erdreich, wie Knochen. Letzte Rindenstücke lagen auf dem Boden, schon von Wind und Regen verwittert. Ich suchte mir einen Weg zwischen abgeschlagenen Gliedmaßen, ich spürte ihren Schmerz, wie sie so verloren dort lagen. Ich hob einen Ast an, um einen jungen Baum freizulegen, so wie ich als Kind Unrat von den Blumen gelesen hatte, die versuchten, unter den Abfallhaufen in den Hügeln oberhalb unseres Wohnviertels zu blühen. Ich wusste, wie wichtig solche Gesten waren. Ein paar kleine, samtige Tannen standen verwaist bei den Stümpfen ihrer Eltern und versuchten, den Verlust zu verwinden. Sie würden sich nur mühsam erholen, wenn man danach ging, wie spärlich die Triebe seit dem Abholzen gewachsen waren. Ich berührte die winzige äußerste Knospe dessen, der mir am nächsten stand.

Einige weiß blühende Rhododendren und Heidelbeersträucher waren ebenfalls der Säge entkommen. Ich war Teil der Holzindustrie, dieses Geschäfts mit dem Abholzen von Bäumen, das darin bestand, Flächen zu roden, auf denen sie frei, natürlich und gesund herangewachsen waren. Meine Kollegen planten bereits die nächsten Kahlschläge, damit der Laden weiterlief und ihre Familien zu essen hatten, und ich verstand auch ihre Beweggründe. Aber die Sägen würden erst stillstehen, wenn ganze Täler verwüstet waren.

Ich ging zu einer krummen Reihe von Setzlingen zwischen Rhododendren und Heidelbeersträuchern. Der Pflanztrupp, der die Schonung angelegt hatte, um die gefällten alten Tannen zu ersetzen, hatte Stechfichtenbäumchen gesetzt, jetzt knöchelhoch. Es mag seltsam erscheinen, dass man als Ersatz für die gefällten Felsentannen nicht neue Felsentannen gepflanzt hatte. Aber Fichtenholz gilt als wertvoller. Es ist feinporig, verrottet nicht so leicht und ist ein begehrtes, hochwertiges Material. Das Holz alter Felsentannen hingegen ist weich und von minderer Qualität.

Das Programm zur Wiederaufforstung sah auch vor, dass die Setzlinge wie in einem Garten in Reih und Glied gepflanzt wurden, damit ja kein Fleckchen Erde ungenutzt blieb. Die Begründung dafür war, dass Bäume, die in regelmäßigen Abständen wuchsen, bessere Erträge abwürfen als solche in verstreuten Gruppen. Man glaubte, indem man sämtliche Lücken füllte, könne man mehr Holz produzieren als unter natürlichen Bedingungen. Indem man jedes Fleckchen Boden nutzte, fühlte man sich berechtigt, mehr alte Bäume zu schlagen, quasi im Vorgriff auf künftige Erträge. Und alles, was in ordentlichen Reihen stand, war leichter zählbar. Dieselben Überlegungen, die Grannie Winnie angestellt hatte, als sie das Gemüse in ihrem Garten in Reihen anbaute, nur dass sie den Boden pflegte und jährlichen Fruchtwechsel betrieb.

Der erste Fichtensetzling, den ich in Augenschein nahm, lebte – aber nur gerade so eben. Seine Nadeln waren gelblich verfärbt, das Stämmchen mitleiderregend schmächtig. Wie sollte es in dieser unwirtlichen Umgebung überleben? Ich ließ den Blick über die Reihe von Setzlingen schweifen. Sämtliche neu gepflanzten Bäumchen wirkten kränklich – eins so erbärmlich wie das andere. Warum sahen sie so *elend* aus? Und wieso wirkten die Tannen, die in dem Altwald, durch den ich gekommen war, wild heranwuchsen, im Vergleich dazu so *gesund*? Ich zückte meine Kladde, wischte die Nadeln von dem wasserfesten Einband und Regentropfen von meinen Brillengläsern. Die Wiederaufforstung sollte die Wunden heilen, die wir geschlagen hatten, und unsere Bemühungen waren kläglich gescheitert. Was sollte ich als Gegenmittel verordnen? Am liebsten hätte ich der Firma vorgeschlagen, noch einmal ganz von vorn anzufangen, aber für die Kosten würde niemand aufkommen wollen. Ich wollte mir keine Abfuhr holen, und so schrieb ich: »Zufriedenstellend, aber abgestorbene Exemplare ersetzen.«

Ich hob ein Stück Rinde auf, unter dem sich ein Bäumchen duckte, und schnippte es ins Gestrüpp. In einem improvisierten Tütchen aus Notizpapier sammelte ich die vergilbten Nadeln des Setzlings. Ich war froh, dass ich einen eigenen Schreibtisch in einer Nische abseits der Kartentische und der lärmenden Büros hatte, wo Männer Geschäfte abschlossen und über Holzpreise und Rodungskosten verhandelten; wo sie entschieden, welche Teile des Waldes als nächste gefällt werden sollten; wo sie Verträge vergaben wie Auszeichnungen bei einem Sportfest. In meiner winzigen Ecke konnte ich mich in aller Ruhe den Sorgen der Schonungen widmen. Vielleicht würde ich die Symptome des Setzlings ja in einem der Nachschlagewerke finden – es gab eine Vielzahl möglicher Ursachen für eine solche Gelbfärbung.

Ich suchte nach gesunden Setzlingen, aber ohne Erfolg. Was war der Auslöser für diese Krankheit? Ohne eine eindeutige Diagnose würden die Ersatzbäumchen wahrscheinlich ebenfalls eingehen.

Ich schämte mich, dass ich das Problem unter den Teppich kehren und den einfachen Weg für die Firma wählen wollte. Die Anpflanzung war eine Katastrophe. Ted wollte sicherlich informiert werden, wenn wir die Vorgaben der Behörden zur Wiederaufforstung auf diesem Gelände nicht erfüllten, denn wenn wir scheiterten, bedeutete das finanzielle Einbußen. Ihm ging es allein darum, die Auflagen zur Wiederaufforstung mit möglichst geringen Kosten zu erfüllen, und ich wusste ja nicht einmal, was ich ihm anderes vorschlagen sollte. Ich zog also einen weiteren Fichtensetzling aus seinem Pflanzloch und fragte mich, ob die Antwort womöglich an den Wurzeln zu finden war, nicht in den Nadeln. Sie steckten tief in der krümligen Erde, wo der Boden auch im Spätsommer noch feucht war. Pflanztechnisch perfekt gemacht. Waldboden beiseitegescharrt, Pflanzloch tief in das mineralreiche Erdreich darunter gegraben. Mustergültig. Wie aus dem Bilderbuch. Ich steckte die Wurzeln wieder ins Loch und überprüfte einen weiteren Setzling. Und dann noch einen. Jeder einzelne genau richtig in einen mit dem Spaten gegrabenen Schlitz gesteckt und dann die Erde wieder so angedrückt, dass keine Luftkammern blieben; aber die Wurzeln sahen wie mumifiziert aus, als habe man sie in ein Grab gesteckt. Anscheinend hatte keine einzige dieser Wurzeln verstanden, was man von ihnen erwartete. Keine hatte neue weiße Sprossen gebildet, die im Boden auf Nahrungssuche gingen. Die Wurzeln waren dick, schwarz, sie stachen ins Nichts. Die Setzlinge warfen gelbe Nadeln ab, weil ihnen etwas *fehlte*. Die Wurzeln waren keine Verbindung mit dem Boden, in dem sie steckten, eingegangen, nicht die geringste.

Zufällig stand ganz in der Nähe eine gesunde kleine Felsentanne, aus einem Samenkorn gewachsen, und zum Vergleich holte ich sie mitsamt Wurzeln heraus. Anders als die gepflanzten Fichten, die sich so leicht aus dem Boden ziehen ließen wie Möhren, hatte die kleine Tanne weitverzweigte Wurzeln, sie war so fest im Waldboden verankert, dass ich sie zwischen beide Füße nehmen und mit aller Kraft zerren musste. Schließlich rissen die Verbindungen, und ich plumpste – eine kleine Rache – auf den Rücken. Die tiefsten Wurzeln waren abgerissen, sie hatten sich meinen Versuchen widersetzt, im Protest zweifellos. Ich streifte Humus und lose Erde von den abgerissenen Wurzeln, griff zur Wasserflasche und spülte die letzten Krümel ab. Manche Wurzelenden waren fein wie Nadelspitzen.

Zu meiner Verblüffung sah ich rund um die Wurzelspitzen dieselben hellgelben Pilzfäden, wie ich sie zuvor im noch intakten Wald gesehen hatte, wiederum exakt von der Farbe des Myzels, jenes Netzwerks von Hyphen am Stiel des Röhrenpilzes. Als ich in dem Loch, das die herausgerissene Tanne hinterlassen hatte, noch ein wenig scharrte, sah ich außerdem, dass die gelben Fäden in die organische Deckschicht hineinwuchsen, ein Geflecht aus Myzelfäden bis in weite Ferne.

Aber was genau waren diese verzweigten Pilzfäden nun, und wozu waren sie da? Sie konnten nützliche Hyphen sein, die sich durch den Erdboden schlängelten und Nährstoffe aufnahmen, die sie den Wurzeln im Tausch gegen Energie überließen. Möglicherweise waren sie aber auch Parasiten, die die Wurzeln befielen und aussaugten, der Grund dafür, dass empfindliche Jungpflanzen gelb wurden und abstarben. Zur richtigen Zeit kamen vielleicht die Pilzkörper aus dem unterirdischen Gespinst an die Oberfläche und verteilten ihre Sporen.

Aber vielleicht hatten diese gelben Fäden auch gar nichts mit

Röhrlingen zu tun und gehörten zu einer ganz anderen Spezies. Schließlich gibt es mehr als eine Million Pilzarten auf der Erde, ungefähr sechsmal so viele wie Pflanzenarten, und nur ungefähr zehn Prozent von ihnen sind eindeutig klassifiziert. Mit meinem spärlichen Wissen hatte ich kaum eine Chance, die Art zu bestimmen, zu der diese gelben Fäden gehörten. Wenn die Fäden oder die Pilze keine Anhaltspunkte lieferten, gab es vielleicht andere Gründe, warum die Fichtensetzlinge an dieser Stelle nicht gediehen.

Ich strich das Wort *Zufriedenstellend* und notierte, die Aufforstung sei gescheitert. Eine völlige Neuaufforstung mit derselben Art von Setzlingen nach demselben Verfahren – einjährige Containerpflänzchen, wie sie massenweise in Baumschulen herangezogen wurden, mit Hilfe einer Schaufel gepflanzt – hörte sich nach der kostengünstigsten Lösung für die Firma an, doch das galt nicht, wenn wir es wegen der gleichen niederschmetternden Ergebnisse immer wieder neu machen mussten. Wir mussten einen anderen Weg finden, wenn hier wieder ein Wald wachsen sollte. Doch wie konnte ein solcher Weg aussehen?

Felsentannen anpflanzen? Die gab es in keiner Baumschule, und das Holz galt als nicht vermarktbar. Wir konnten Fichtensetzlinge mit mehr Wurzelwerk pflanzen. Aber die Wurzeln würden trotzdem verkümmern, wenn sie keine kräftigen neuen Spitzen trieben. Oder wir könnten sie so einpflanzen, dass sie mit dem Pilzgeflecht im Boden in Berührung kamen. Vielleicht würde dieses gelbe Gespinst meine Setzlinge gesund erhalten. Aber die Vorschrift lautete, dass die Wurzeln in die tiefer liegende, krümlig-mineralische Bodenschicht gesetzt werden sollten, nicht in die Humusschicht – weil Sand, Schluff und Lehm im Spätsommer mehr Wasser speicherten und folglich bessere Überlebensbedingungen böten –, und die Pilze wuchsen hauptsächlich im Humus. Wasser, so die gängige These, war die wichtigste Ressource, die Böden benötigten, um die Wurzeln zu versorgen, und damit wüchsen die Setzlinge an. Es gab kaum eine Chance, dass diese Taktik geändert würde und wir die Pflänzchen so einsetzen könnten, dass ihre Wurzeln mit dem gelben Pilzgeflecht in Berührung kamen.

Hätte ich doch nur jemanden gehabt, mit dem ich hier draußen im Wald hätte reden, meine immer konkreter werdende Vermutung diskutieren können, dass der Pilz womöglich ein Freund und Helfer für die Setzlinge war. Enthielt der gelbe Pilz einen geheimnisvollen Wirkstoff, den ich – wie alle anderen – bisher übersehen hatte?

Wenn ich keine Antwort fand, würde mich der Gedanke an das Massensterben auf diesem Kahlschlag, an diesen Friedhof voller Baumkadaver nie wieder loslassen. Rhododendron- und Heidelbeergestrüpp anstelle eines neuen Waldes, bald würden wir die Kontrolle verlieren, eine Schonung nach der anderen wäre dem Untergang geweiht. Das konnte ich nicht zulassen. Ich hatte gesehen, wie Wälder ohne fremdes Zutun nachgewachsen waren, als meine Familie bei uns zu Hause Bäume gefällt hatte, und wusste, dass ein Wald sich von der Holzernte erholen konnte. Vielleicht lag es daran, dass meine Großeltern stets nur eine überschaubare Anzahl von Bäumen aus einem Bestand gefällt hatten. Dass sie da Lücken geschlagen hatten, wo sich umliegende Zedern* und Schierlingstannen und Douglasien leicht ausbreiten konnten und wo die jungen Pflänzchen leicht Zugang zum Boden fanden. Ich kniff die Augen zusammen und spähte zum Waldrand, aber er war zu weit entfernt. Diese Kahlschläge

* Rotzedern, d. h. Riesenlebensbäume (Thuja)

waren riesig, und vielleicht war ihr Umfang Teil des Problems. Aus gesunden Wurzeln konnten hier gewiss neue Bäume wachsen. Doch vorerst bestand meine Aufgabe darin, Anpflanzungen zu überwachen, die kaum eine Chance hatten, sich je zu etwas zu entwickeln, was an die Wälder erinnerte, die hier zuvor gestanden hatten, Stämme wie die Säulen einer Kathedrale.

In dem Augenblick hörte ich das Brummen. Nur ein paar Schritte entfernt, an einer Hecke, wo sie die blau, purpurn und schwarz schillernden Beeren geschleckt hatte, stand eine Bärin. Der silbrige Fellwulst im Nacken ließ keinen Zweifel: ein Grizzly. Ein dunkelbraunes Jungtier, winzig wie Pu der Bär, aber mit überdimensionalen Puschelohren, schmiegte sich an die Mutter, als sei es dort angeklebt. Das Bärenkind musterte mich mit seinen sanften schwarzen Augen und seiner glänzenden Nase, als wolle es mir gleich in die Arme laufen, und ich lächelte. Aber nur für einen Moment. Die Bärin brüllte, und wir blickten uns in die Augen, beide überrascht. Sie richtete sich auf die Hinterbeine auf, ich stand wie angewurzelt.

Ich war allein, am Ende der Welt, mit einem aufgeschreckten Grizzly. Ich ließ die Drucklufthupe dröhnen – *aaaaaw!* –, aber das reizte das Tier nur noch weiter. Was tat man in so einem Fall, sich hoch aufrichten oder lieber zusammenducken? Eins von beiden machte man bei Schwarzbären, das andere bei Grizzlys. Warum hatte ich nicht besser aufgepasst, als man mir das erklärt hatte?

Die Bärenmutter ging wieder auf alle viere, schüttelte den Kopf, wobei ihr Kinn die Blaubeerbüsche streifte. Sie stupste das Kleine an, und beide machten kehrt. Langsam ging ich zurück, die beiden Bären verschwanden im Unterholz. Die Mutter schickte das Kleine auf einen Baum, sie scharrte an der Rinde. Instinktiv beschützte sie ihr Kind.

Ich stürmte den Hügel hinunter, zurück zu dem alten Wald, sprang über Setzlinge und Rinnsale, schlug Haken um die Skelettstümpfe der geköpften Bäume, trat junge Nieswurz- und Weidenröschentriebe um. Die ganze Pflanzenwelt verschwamm vor meinen Augen, eine einzige grüne Wand. Ich hörte nichts außer meinem eigenen Keuchen beim Sprung über die verrottenden Stämme, einen nach dem anderen, und dann sah ich den Lastwagen der Holzfirma, mit dem ich gekommen war, an einem Baum am Straßenrand stehen, als sei er von sich aus an diese seltsame Stelle gerollt.

Der Kunststoff der Sitzbezüge war schrundig, der Schalthebel fühlte sich wacklig an. Ich schaltete die Zündung ein, legte einen Gang ein und gab Gas. Die Räder drehten sich, aber der Truck bewegte sich nicht von der Stelle. Ich versuchte den Rückwärtsgang, aber da gruben sie sich nur noch tiefer ein. Ich steckte in einem Schlammloch fest.

Ich griff zum Funkgerät. »Suzanne ruft Woodlands, bitte kommen. Over.«

Nichts.

Als es dunkel wurde, schickte ich einen letzten Ruf, schon flehentlich. Ein Bär konnte ohne weiteres mit einem Tatzenhieb die Scheibe einschlagen. Stundenlang hielt ich mich wach, damit ich mein Ende nicht verschlief, aber ich döste immer wieder ein, und zwischendrin dachte ich wiederholt an meine Mutter, was für ein Talent sie hatte, mit allem davonzukommen. Ich stellte mir vor, dass sie mich unter die Decke steckte, wie sie es immer getan hatte, wenn wir über die Monashee Mountains zu meinen Großeltern fuhren, mir eine Schüssel in den Schoß stellte und meine blonden Ponyfransen beiseite streifte, denn mir wurde auf Autofahrten immer schlecht. »Robyn, Suzie, Kelly, jetzt schlaft ein bisschen«, flüsterte sie, packte das

Lenkrad fester, denn jetzt kam die Schlängelstrecke durch die tief eingeschnittenen Schluchten des Bergpasses. »Bald sind wir bei Grannie Winnie und Grampa Bert.« Der Sommer war für sie eine willkommene Pause vom Unterrichtsbetrieb und ihrer Ehe. Meine Geschwister und ich liebten diese Tage, an denen wir ohne die stummen Streitereien unserer Eltern durch die Wälder streifen konnten. Fernab der Querelen über Geld, über Zuständigkeiten, über uns. Vor allem Kelly genoss diese Auszeiten, trottete mit Grampa Bert zum Heidelbeerpflücken, fischte mit ihm am örtlichen Bootsanleger und begleitete ihn auf seinen Fahrten zur Müllkippe, wo die Bären nach Nahrung stöberten. Mit großen Augen lauschte er Grampas Erzählungen: wie er Grannie den Hof gemacht hatte, wenn er auf der Ranch der Fergusons Rahm holte, wie er Charlie Ferguson am Frühlingsanfang beim Kalben geholfen und im Herbst nach dem Schlachten Wagen mit Rinder- und Schweineabfällen beladen hatte.

Ich schreckte auf. Es war dunkel, mir schmerzte der Nacken, ich wusste nicht, wo ich war, und die Windschutzscheibe war beschlagen von meinem Atem. Mit dem Jackenärmel wischte ich die Wassertröpfchen vom Glas, hielt in der Dunkelheit Ausschau nach gefährlich funkelnden Augen und warf einen Blick auf meine Armbanduhr – vier Uhr früh. Grizzlys sind vor allem in der Abenddämmerung und im Morgengrauen aktiv, also vergewisserte ich mich noch einmal, dass die Tür verschlossen war. Blätter raschelten, als schleiche da etwas klammheimlich vorbei. Dann döste ich wieder ein, bis mich ein energisches Klopfen an der Scheibe jäh aufschrecken ließ. Ein Mann rief mir durch die beschlagene Windschutzscheibe etwas zu, und ich war sehr erleichtert, als ich sah, dass es Al war, von der Holzfirma geschickt. Sein Bordercollie Rascal sprang hoch und kratzte unter Gebell an der Seitentür. Ich kurbelte das Fenster herunter, damit er sah, dass ich noch am Leben war.

»Alles in Ordnung?« Die Stimme von Al war genauso mächtig wie der Mann groß. Er war immer noch unschlüssig, wie er mit einer Frau im Holzgeschäft umgehen sollte, gab sich aber Mühe, mich wie seine anderen Kumpels zu behandeln. »Muss ja stockfinster gewesen sein hier draußen.«

»Halb so wild«, schwindelte ich.

Halbwegs erfolgreich taten wir, als sei es ein ganz normaler nächtlicher Arbeitseinsatz, und ich öffnete die Tür einen Spalt-

---

Von links nach rechts: ich, fünf Jahre alt; Mum, neunundzwanzig; Kelly, drei; Robyn, sieben; und Dad, dreißig, im Haus von Grannie Winnie und Grampa Bert in Nakusp, ca. 1965. All unsere Ferien verbrachten wir entweder bei meinen Großeltern mütterlicherseits in Nakusp oder bei denen väterlicherseits am Mabel Lake.

breit, damit Rascal sich hereinzwängen und sich streicheln lassen konnte. Ich genoss es, wenn Al und Rascal mich von der Arbeit nach Hause fuhren und Al sich aus dem Fenster beugte, um die Hundemeute, die uns nachjagte, anzubellen, bis sie zu seinem großen Vergnügen jaulend die Flucht ergriff. Ich fand das ungeheuer lustig, was ihn seinerseits dazu anstachelte, noch lauter zu bellen.

Ich stieg aus dem Auto, um mir die Beine zu vertreten, und Al reichte mir eine Thermosflasche mit Kaffee. Dann versuchte er, den Truck aus dem Schlammloch zu befreien. Er drückte den Anlasser, und der eiskalte Motor keuchte auf. Tautröpfchen standen auf der rostigen Haube, rosa Weideröschen säumten die Straße. Durch Schwaden von Kaffeedampf beobachtete ich ihn und überlegte, ob er die Kiste womöglich stehen lassen musste. *Tacot rouillé. Rostlaube.* Aber beim dritten Versuch sprang der Motor an. Al trat aufs Gaspedal, und die Räder drehten durch.

»Hast du die Freilaufnaben verriegelt?«, fragte er. Dazu gab es Einstellringe in der Mitte der vorderen Räder, also an beiden Enden der Vorderachse. Wenn man sie von Hand um neunzig Grad drehte, fixierten sie die Räder an der Achse so, dass sie, zusammen mit den Hinterrädern, vom Motor angetrieben wurden. Mit vier angetriebenen Rädern kam der Truck überall durch. Aber wenn die Freilaufnaben an den Vorderrädern nicht verriegelt waren, hatte er ungefähr so viel Zugkraft wie eine Katze auf Linoleum. Ich hätte im Boden versinken können, als Al aus dem Wagen sprang, die Ringe an den Naben drehte und ohne Weiteres aus dem Schlammloch fuhr. Grinsend reichte er mir die Autoschlüssel.

»Aua«, sagte ich und schlug mir mit der Hand vor die Stirn.

»Halb so schlimm, Suzanne, sowas kommt vor«, sagte er, den Blick zu Boden gerichtet, um mich nicht in Verlegenheit zu bringen. »Ist mir auch schon passiert.«

Ich nickte. Eine Welle der Dankbarkeit durchströmte mich, als ich hinter ihm zurück aus dem Tal fuhr.

Wieder beim Sägewerk angekommen, ging ich verschwiemelt und verlegen ins Büro. Ich malte mir aus, wie meine Kollegen mich aufziehen würden, und wollte mir einreden, dass mir das nichts ausmache. Die Männer blickten auf, dann taten sie mir den Gefallen und redeten einfach weiter, erzählten einander selig, wie sie Straßen angelegt, Abzugsgräben gezogen, Fällaktionen geplant und Waldbestände taxiert hatten. Ich fragte mich, was sie wohl von einer Frau wie mir hielten, die so ganz anders war als die Frauen in der Stadt und die Mädels auf dem Pin-up-Kalender bei den Zeichentischen, aber meist kümmerten sie sich um ihre eigenen Angelegenheiten und ließen mich in Ruhe.

Ein wenig später ging ich hinüber zu Ted, blieb an seinen Türpfosten gelehnt stehen, bis er aufsah. Auf seinem Tisch häuften sich Pläne für die Neuanpflanzungen, Bestellzettel für die Setzlinge. Er war Vater von vier Töchtern, die älteste noch nicht einmal zehn. Er lehnte sich in seinem Drehstuhl zurück und lästerte: »Ja, was hat die Katze denn da angeschleppt?« Aber das war seine Art sich zu freuen, dass ich wohlbehalten zurück war. Sie hatten sich Sorgen gemacht. Und was noch mehr zählte – auf unserem Firmenschild hieß es »216 Tage unfallfrei«, und ich hätte schwer etwas zu hören bekommen, wenn es durch meine Schuld mit dieser Glückssträhne vorbei gewesen wäre. Er wollte mir freigeben, aber ich lehnte ab; ich hätte noch zu tun.

Den Tag über schrieb ich meine Berichte, dann schickte ich meine Tüte mit den gelben Nadeln an das staatliche Labor, das ihren Nährstoffgehalt analysieren sollte, und suchte das Büro nach Nachschlagewerken ab, aus denen ich mehr über Pilze erfahren wollte. Werke zum Forstwesen gab es reichlich, aber Biologisches fehlte so gut wie ganz. Ich rief in der Stadtbibliothek an und war schon froh, dass sie immerhin einen Pilzführer im Regal hatten. Um fünf machten Ted und die Jungs sich fertig zum Besuch im Pub, dem Reynolds, wo sie sich ein Fußballspiel ansehen wollten, und danach würden sie nach Hause zu ihren Familien fahren.

»Willst du mitkommen?«, fragte er. Mit johlenden Männern in der Kneipe sitzen wäre das Letzte gewesen, was ich gewollt hätte, aber es war nett, dass er fragte. Er schien erleichtert, als ich dankend ablehnte; ich müsse noch in die Bücherei, bevor sie zumache.

Ich holte das Pilzbuch, dann reichte ich meinen Bericht ein, nahm mir aber vor, Stillschweigen zu bewahren und erst einmal meine Hausaufgaben zu machen. Ich hatte oft den Verdacht, dass ich nur als Alibifrau in diesen Männerclub gekommen war, ein Zugeständnis an neue Zeiten, und wahrscheinlich wäre es mein Ende in der Firma, wenn ich ihnen mit unausgegorenen Theorien über Pilze käme, darüber, dass ein rosa oder gelber Myzelbart an den Wurzeln etwas mit dem Wachstum der Setzlinge zu tun haben könnte.

Kevin kam herein, als ich eben meine Arbeitsweste in den Schrank hängte. Auch er war Student und hatte einen Sommerjob hier, als Gehilfe bei den Bauarbeitern, die ihre Straßen in unberührte Täler schlugen. Wir hatten uns schon im Studium angefreundet und waren beide dankbar, dass wir hier in der Wildnis arbeiten konnten. »Komm, wir gehen ins Mugs 'n' Jugs«, schlug er vor. Das war am anderen Ende der Stadt, weit genug entfernt vom Reynolds und den anderen.

»Ja, gern.« Wir Forstwirtschaftsstudenten hockten immer zusammen. Mit vier von ihnen hauste ich in der Absteige der

Firma, wo ich ein schäbiges Zimmer für mich hatte, mit nichts als einer schmalen Matratze auf dem Boden. Keiner von uns war ein großer Koch, und so verbrachten wir die Abende oft im Pub. Die Kneipe war auch eine willkommene Ablenkung, denn ich hatte die Trennung von meiner ersten großen Liebe noch nicht verwunden. Er hatte gewollt, dass ich mein Studium an den Nagel hänge und Kinder bekomme, aber ich wollte *etwas werden*, ich hatte mir höhere Ziele gesteckt.

Im Pub bestellte Kevin einen Krug Bier und Burger, während ich in der Jukebox nach dem Song von den Eagles suchte, dem, dass man die Dinge leichtnehmen soll, und dem Greifarm zusah, wie er die Single herauszog. Als das Bier kam, schenkte Kevin mir ein Glas ein.

»Nächste Woche soll ich rauf nach Gold Bridge, eine Straße abstecken«, sagte er. »Ich fürchte, sie wollen die Käferplage zum Vorwand nehmen, um die Küstenkiefernwälder dort abzuholzen.«

»Das sähe denen ähnlich.« Ich warf einen Blick in die Runde und vergewisserte mich, dass niemand zuhörte. An einem Nebentisch lachten andere Studenten, tranken Bier, standen auf und warfen Darts. Der Pub war wie eine Blockhütte aufgemacht und roch nach sanft vor sich hin rottendem Kiefernholz. Die ganze Stadt war fest in der Hand der Holzindustrie. »Mann«, plapperte ich, »letzte Nacht, da habe ich tatsächlich gedacht, mein letztes Stündlein ist gekommen.«

»Hey, du hast Schwein gehabt, dass es nicht kälter war. Und nur gut, dass der Truck steckengeblieben ist – im Dunkeln auf den Straßen, das wäre noch viel gefährlicher gewesen. Wir wollten dir durchgeben, dass du bleiben sollst, wo du bist, aber anscheinend ging dein Funkgerät nicht.« Kevin wischte sich mit dem Handrücken den Schaum vom Schnurrbart irgendwo musste es jemanden geben, der jedem, der sich für ein Leben in den Wäldern entschloss, so einen Bart verpasste.

»Bammel hatte ich schon«, gab ich zu. »Aber immerhin habe ich dabei gesehen, was Al für ein lieber Kerl ist.«

»Wir haben uns alle Sorgen gemacht. Aber wir wussten auch, dass du schon auf dich aufpasst.«

Ich lächelte. Er tröstete mich, gab mir zu verstehen, dass ich jetzt im Team angekommen war. Die Jukebox spielte jetzt »New Kid in Town«, es klang ein wenig melancholisch. Letztlich war es der Wald selbst gewesen, der mich mit der mächtigen Hand seines Morasts beschützt hatte, vor Gespenstern und Bären und vor meinen eigenen Alpträumen.

Ich war für die Wildnis bestimmt. Ich bin ein Kind der Wildnis.

Ich weiß nicht, ob mein Blut in den Bäumen fließt oder ob ich die Bäume im Blut habe. Aber meine Aufgabe war es herauszubekommen, warum die Setzlinge verkümmerten und starben.

2

Handarbeit

Wir stellen uns die Wissenschaft immer als ein stetiges Voranschreiten vor, bei dem sich die Fakten fein säuberlich entlang eines klar vorgezeichneten Wegs aufreihen. Aber das Geheimnis meiner sterbenden Setzlinge verlangte von mir eine Reise in die Vergangenheit, denn immer wieder kam mir in den Sinn, wie meine Familie über Generationen hinweg Holz gefällt hatte und wie dennoch stets neue Bäumchen nachgewachsen waren.

Die Sommerferien verbrachten wir jedes Jahr in einem Hausboot auf dem Mabel Lake, in den Monashee Mountains im Süden von British Columbia. Rings um den See wuchsen jahrhundertealte Rotzedern, Hemlocktannen, Weymouthkiefern und Douglasien. Der Simard Mountain, der den See gut tausend Meter überragt, verdankt seinen Namen meinen aus Québec stammenden Urgroßeltern Napoleon und Maria samt ihren Kindern Henry – meinem Großvater –, seinen Brüdern Wilfred und Adélard und sechs weiteren Geschwistern.

Eines Morgens im Sommer trafen Grampa Henry und sein Sohn – mein Onkel Jack – mit ihrem Flussboot ein, als die Sonne gerade hinter dem Berg aufging, und wir kletterten eilig aus den Betten. Onkel Wilfred wohnte auf seinem eigenen Hausboot ganz in der Nähe. Ich gab Kelly einen Schubs, als

Mum nicht hinsah, und er versuchte, mir ein Bein zu stellen, aber dabei machten wir keinen Mucks, denn sie schimpfte, wenn wir uns stritten. Meine Mutter hieß Ellen June, ließ sich aber von allen nur June nennen. Diese frühen Morgenstunden in den Ferien waren ihre größte Freude. In meiner Erinnerung ist es die einzige Zeit, in der sie völlig entspannt war – aber an diesem Tag wurden wir aufgeschreckt durch ein ohrenbetäubendes Heulen, und alle liefen über den hölzernen Steg ans Ufer. Kellys Schlafanzug war mit Cowboys bedruckt, Robyn und ich trugen Pyjamas mit gelben und rosafarbenen Blümchen.

Onkel Wilfreds Beagle Jiggs war ins Plumpsklo gefallen.

Grampa schnappte sich eine Schaufel und fluchte: »*Tabernac!*« Dad folgte ihm mit einem Spaten, und Onkel Wilfred stürmte im Laufschritt am Ufer herbei. Alle rannten den Pfad hinauf.

Onkel Wilfred riss die Tür auf, und zusammen mit dem Gestank kam ein Schwarm Fliegen heraus. Mum musste lachen, und Kelly rief immer wieder neu »Jiggs ist ins Klo gefallen! Jiggs ist ins Klo gefallen!«, er konnte nicht aufhören, so aufgeregt war er. Ich zwängte mich zwischen die Männer und schaute durch das Loch in der Holzplanke. Jiggs paddelte in der trüben Brühe, bellte noch lauter, als er uns sah. Aber er war zu tief unten, als dass man durch das Loch hätte nach ihm greifen können. Die Männer mussten neben dem Häuschen den Boden aufgraben, die Grube vergrößern, damit sie an ihn herankamen. Onkel Jack, der bei Unfällen mit der Kettensäge die Hälfte seiner Finger eingebüßt hatte, stieß mit einer Spitzhacke zur Rettungsgesellschaft. Kelly, Robyn und ich machten, zusammen mit Mum, den Männern Platz, alle vier kichernd.

Ich lief einen Pfad hinauf und holte mir eine Handvoll Humus, vom Boden unter einer weißstämmigen Birke. Der dortige Humus war süßer als alle anderen, denn dieser Laubbaum son-

Von links nach rechts die Brüder Wilfred und Henry Simard mit an einer Schnur aufgezogenen Fischen auf der Simard'schen Farm bei Huppel, British Columbia, ca. 1920. Der Rotlachs laichte im Shuswap River und war eine Hauptnahrungsquelle für die Splatsin-Indianer und später für die Siedler. Die Familie Simard fällte die Waldbäume auf ihrem Land, um Weiden für die Aufzucht von Rindern und Schweinen zu schaffen. Als die Männer die Schlagreste anzündeten, um den Boden zu räumen, breitete sich das Feuer den Berg hinauf aus und brannte den Wald bis zum Kingfisher Creek nieder, fünfzehn Kilometer weit.

---

derte großzügig einen zuckrigen Saft ab, und jeden Herbst ließ er seine zahlreichen nährstoffreichen Blätter fallen. Die Birkenstreu lockte allerdings auch Würmer an, die den Humus mit der darunter liegenden Mineralerde vermengten, aber das machte mir nichts. Je mehr Würmer, desto schmackhafter und aromatischer der Humus, und schon seit ich krabbeln konnte, hatte ich mit Begeisterung Erde gegessen.

Mum musste mir immer wieder Wurmmittel geben.

Bevor sie mit dem Graben begannen, rettete Grampa Henry noch die Pilze. Röhrenpilze, Wulstlinge, Morcheln. Die wert-

Kelly, vier, und ich, sechs Jahre alt, auf dem Hausboot von Grampa Henry, an dem Tag, an dem Jiggs ins Klo fiel, 1966

vollsten, die orangegelben trichterförmigen Pfifferlinge, legte er an einer sicheren Stelle unter einer Birke ab. Ihr Aprikosenduft setzte sich sogar gegen das Aroma, das vom Klo herwehte, durch. Er pflückte die flachhütigen Hallimasche, von Sporenkränzen umgeben, die aussahen wie Puderzucker. Die waren zum Essen nicht so gut, aber dass so viele unter den weißstämmigen Birken wuchsen, verriet ihm, dass die Wurzeln dort weich und leicht zu durchstechen waren.

Die Männer begannen zu graben, rechten die Blätter, Zweige, Zapfen und Federn zu einem Haufen zusammen. Dabei kam die Schicht darunter zutage, eine verfilzte Matte aus halb zergangenen Nadeln, Knospen und feinen Wurzeln. All diese Krümel des Waldes waren von leuchtend gelben und schneeweißen Pilzfäden umsponnen, gar nicht so viel anders als der Mullverband an meinem aufgeschürften Knie. In den Poren dieser faserigen Decke wimmelte es von Schnecken und Springschwänzen, Spinnen und Ameisen. Um tiefer zu den Eingeweiden der Erde vorzudringen, räumte Onkel Jack die verrottende Schicht mit der Spitzhacke ab; sie war so dick, wie der Kopf der Hacke breit war. Unterhalb dieses Teppichs schimmerte der Humus, so gründlich zersetzt, dass er aussah wie die dunkle Paste aus Kakao, Zucker und Sahne, die Mum anrührte, wenn sie uns heiße Schokolade machte. Ich kaute andächtig auf meinem Klumpen Birkenlehm. Seltsamerweise wurde ich weder von meinen Geschwistern noch von meinen Eltern je damit aufgezogen, dass ich Erde aß. Mum rief, sie gehe mit Robyn und Kelly zum Boot zurück, Pfannkuchen backen; aber ich wollte mir dieses Schauspiel um nichts in

Umzug des Simard'schen Hausboots auf dem Mabel Lake, 1925. Grampa Henry und Onkel Wilfred hatten das Hausboot selbst gebaut, ebenso den Schleppkahn und die Schute, mit denen Pferde, Wagen und Holzfällergerät zu den Lagern gebracht wurden. An einem sonnigen Herbsttag, kurz bevor der See zufror, brachten die Brüder die Stämme zum Flößen an die Mündung des Shuswap River, sodass sie dort, wenn im Frühling das Eis schmolz, schon für den Abtransport bereitlagen. Ein berühmter Ausspruch von Onkel Wilfred lautete: »Nur Dummköpfe und Anfänger wollen das Wetter voraussagen«.

der Welt entgehen lassen. Als die Männer eine weitere Schicht freilegten, krabbelten Hundertfüßer und Asseln zwischen den beiseitegeschleuderten porösen Schollen.

»Sacrébleu!«, fluchte Grampa. Das feine Wurzelwerk in der Humusschicht war jetzt so dicht wie ein Heuballen. Aber Grampa war der zäheste Bursche, den ich je gesehen hatte. Einmal, als er allein im Wald war und mit der Kettensäge eine Zeder fällte, riss ein Ast ihm ein Ohr ab. Er wickelte sich das Hemd um den Kopf, um die Blutung zu stillen, suchte unter den Zweigen nach seinem Ohr, fand es und fuhr dreißig Kilometer bis nach Hause. Dad und Onkel Jack brachten ihn ins Krankenhaus, wo der Arzt eine ganze Stunde brauchte, um es wieder anzunähen.

Von Jiggs war mittlerweile nur noch ein Wimmern zu hören. Grampa packte eine Spitzhacke und drosch damit auf das Gewirr der Rhizome ein. Das Wurzelwerk war nahezu undurchdringlich, ein dichtes Korbgeflecht in verschiedenen Erdfarben. Gedämpfte Weiß-, Grau- und Schwarztöne. Warme Schattierungen von Umbra und Ocker.

Ich genoss meinen schokoladig-süßen Humus, die Männer stießen weiter in die Unterwelt vor.

Onkel Jack und Dad arbeiteten sich durch die Humusschicht und kamen an das mineralische Erdreich. Mittlerweile hatten sie den gesamten Waldboden – erst die Streuschicht, dann die Schicht aus fermentiertem Material, dann der Humus – zwei Schaufelbreit neben dem Klohäuschen abgetragen, und nun schimmerte eine dünne Lage aus bleichem Sand, weiß wie Schnee. Später sollte ich sehen, dass es in den oberen Bereichen der meisten Böden in dieser Bergregion solche Schichten gab, Schichten, die aussahen, als hätten heftige Regenfälle sämtliche Spuren von Leben aus ihnen herausgewaschen. Vielleicht ist der Sand an Stränden deshalb so weiß, weil Stürme die Überreste von Pilzen und Insekten aus ihm herausblasen. Durch diese ausgebleichten mineralischen Krümel wand sich eine ganze Armee von Wurzeln samt einem noch dichteren Pilzgeflecht und zapfte aus der oberen Bodenschicht auch die letzten noch verbleibenden Nährstoffe ab.

Einen weiteren Spatenstich tiefer wich die weiße Schicht einer karmesinroten. Vom See wehte eine leichte Brise zu uns herüber. In der Erde klaffte ein tiefes Loch, und ich kaute energischer auf meinem süßen Humus, wie auf einem alten Kaugummi. Es kam mir vor, als hätten die Männer die pulsierenden Adern des Bodens freigelegt, und ich dürfe als Erste einen Blick darauf werfen. Wie hypnotisiert schob ich mich näher heran, um die Einzelheiten der neuen Schicht zu erkennen. Die Erdkrümel hatten jetzt die Farbe von rostigem Eisen, überzogen von einer schwarz glänzenden Schmiere. Man hätte sie für Blutklumpen halten können. Diese neuen Erdbrocken sahen aus wie Herzen.

Die Arbeit wurde immer mühsamer. Wurzeln so dick wie der Unterarm von meinem Dad ragten in alle Richtungen, und er hackte mit seiner Schaufel auf sie ein. Er warf mir einen Blick zu und grinste, als er merkte, wie wenig er mit seinen mageren Armen ausrichten konnte, und das brachte mich zum Lachen, denn wir neckten ihn immer, weil er so dünn war, und nannten ihn »Pinny Pete« – den Knochenmann. Jede einzelne Wurzel wirkte auf ihre ganz eigene Weise unnachgiebig, obwohl sie alle gemeinsam die Aufgabe hatten, die Bäume im Boden zu verankern. Weiße Papierbirken, purpurne Zedern, rotbraune Tannen, schwarzbraune Hemlocktannen. Sie sorgten dafür, dass diese Riesen nicht umstürzten. Saugten das Wasser aus der Tiefe. Schufen Hohlräume, durch die Wasser sickern und kleine Tiere kriechen konnten. Hohlräume, durch die Wurzeln nach unten wuchsen, um an Mineralien zu gelangen. Sie verhinderten, dass die Grube unter dem Klohäuschen einstürzte. Und machten das Graben höllisch schwer.

Schaufeln wurden beiseitegeworfen und durch Spitzhacken ersetzt, um dem hölzernen Fundament des Waldes zu Leibe zu rücken. Dann kamen wieder die Spaten zum Einsatz, doch sie stießen auf schwarz-weiß gesprenkelte Felsbrocken. Steine in allen Größen, manche dick wie ein Basketball, andere klein wie ein Baseball, steckten so fest im Erdreich wie die Backsteine in einer mit Mörtel zusammengefügten Mauer. Dad lief zum Bootshaus, um eine Brechstange zu holen. Abwechselnd hebelten die Männer durch Drehen, Kratzen und behutsames Ruckeln jeden Felsbrocken aus seiner Verankerung. Mir ging auf, dass die grobkörnige Erde nichts anderes war als zerkleinerter Fels. Regennass im Herbst, im Sommer staubtrocken. Vom Frost aufgebrochen im Winter, im Frühjahr vom Tauwetter befreit. Abgewaschen vom Wasser, das über Jahrmillionen sickerte.

Das, worin Jiggs steckte, war eine Schichttorte – oben abgefallene Pflanzenteile und unten ein Boden aus zermahlenem Fels. Einen Meter tiefer wurden die karmesinroten Mineralien blasser und gelblich. Je tiefer die Männer vorstießen, desto heller die Farben, und die Übergänge waren so fließend wie am Morgenhimmel über dem Mabel Lake. Die Wurzeln wurden spärlicher, und die Zahl der Felsbrocken nahm zu. Auf halber Höhe zur Grube sahen Erde und Gestein hellgrau aus. Jiggs klang erschöpft und durstig.

»Keine Sorge, Jiggs«, rief ich zu ihm hinunter. »Gleich haben wir dich!«

Auf Grannie Marthas Hausboot standen überall Eimer, in denen sie Regenwasser zum Trinken auffing, und ich lief los, um einen vollen zu holen. Ich knotete ein Seil an den Henkel und ließ den Eimer so tief hinunter, dass Jiggs seine Vorderpfoten auf den Rand legen und trinken konnte.

Erst nach einer weiteren Stunde und zahllosen Flüchen *en français* waren die vier Männer so weit, dass sie sich bäuchlings Schulter an Schulter auf den Boden legen und in das vergrößerte Loch hinunterbeugen konnten, um seine Vorderpfoten zu packen. »Eins, zwei, drei«, riefen sie, und Jiggs jaulte auf, als sie ihn aus dem Dreck zogen. Zitternd trippelte er zu einer Stelle, wo seine Pfoten auf dem Teppich aus vielfarbigen Wurzeln Halt fanden, und trottete zu mir herüber, blinzelnd, das orange-schwarz-weiße Fell über und über verschmiert und mit Klopapierresten beklebt. Er konnte nicht einmal mehr mit dem Schwanz wedeln. Die Männer waren zu erschöpft, um sich von der Stelle zu rühren, also machten sie erst eine Zigarettenpause. »Na komm«, flüsterte ich, Jiggs machte einige tastende Schritte, dann stürzten wir uns beide zum Baden in den See.

Später saß ich am Ufer und warf Treibholz ins Wasser, das Jiggs dann wieder herausholte. Er hatte ja keine Ahnung, und ich auch nicht, dass sein Abenteuer mir eine vollkommen neue Welt eröffnet hatte. Eine der Wurzeln und Mineralien und Steine, aus denen die Erde bestand. Pilze, Insekten und Würmer. Und Wasser und Nährstoffe und Kohlenstoff, die im Erdboden, in Bächen und Bäumen strömten.

In diesen Sommern, in den schwimmenden Lagern auf dem Mabel Lake, erfuhr ich die Geheimnisse meiner Vorfahren, die ihr Leben, immer als Vater und Sohn, als Holzfäller zugebracht hatten, eine Geschichte, die bis in die Struktur unserer Knochen reichte. Die gemäßigten Regenwälder, in denen meine Familie das Holz schlug, schienen unzerstörbar, und die großen alten Bäume waren die Hüter der Gemeinschaft. Entscheidend war, dass Holzfäller damals auch einmal innehielten, sich umschauten und genau überlegten, welcher Baum geschlagen werden sollte und welcher nicht. Der Transport über Riesbahnen und Flüsse sorgte dafür, dass der Einschlag klein blieb und langsam vonstattenging; mit Lastwagen und Straßen hingegen stieg das Ganze ins Unermessliche. Was war es, was die Holzfirma in den Lillooet Mountains so vollkommen falsch machte?

Dad erzählte Robyn, Kelly und mir oft mit Begeisterung Geschichten aus seinen Jugendjahren im Wald, und wir lauschten mit Augen groß wie Loonies*, gerade wenn die Geschichten dazu auch noch gruselig waren. Zum Beispiel die, in der Onkel Wilfred einen Finger verlor – der Finger war unter die Forstkette gekommen, an der Prince, ihr zentnerschweres graues Zugpferd, eine Colorado-Tanne schleppte. Grampa hielt mit Prince erst an, als Wilfreds Schreie lauter als die Kettensäge wurden. Oder die, in der ein stürzender Zedernstamm Grampa am Rücken getroffen hatte; seither ging er ein wenig krumm. Dabei hatten die beiden Glück gehabt; immer wieder wurden Männer von Totholz erschlagen – »Witwenmacher« hießen diese Stämme, die zwischen den anderen hingen –, oder sie gerieten unter einen Stamm, wenn die Pferde ihn wegschleppten. Manche wurden zwischen den Stämmen der Flöße erdrückt, oder sie verloren ihre Hände, wenn sie auf dem Shuswap River eine Blockade von Stämmen per Dynamit auflösten.

Einmal, an einem Nachmittag desselben Sommers, in dem Jiggs ins Klo gefallen war, nahm Dad Robyn, Kelly und mich mit auf eine Schatzsuche nach verlorenen Hufeisen und Ketten entlang der alten Holzriese, der Holzrutsche, an der er als Junge gearbeitet hatte. Das, erzählte er uns, war die Stelle, an der

---

* kanadische Dollarmünzen (Anm. d. Übers.)

Grampa Henry (mit weißem Hut), sein Bruder Wilfred Simard und dessen Sohn Odie beim Flößen in den Stromschnellen von Skookumchuck, *»the Chucks«*, in Kingfisher, ca. 1950. Die Stämme wurden mit den Füßen dirigiert, man rollte oder stieß sie, damit sie im Fluss blieben. Eine extrem gefährliche Arbeit. Wenn sich die Stämme erst einmal in den Chucks verkeilt hatten, ließ sich der Stau nur noch mit Dynamit auflösen. Im hohen Alter, schon ein wenig senil, wäre Grampa Henry beinahe in den Chucks ertrunken – auf der Fahrt flussabwärts war sein Außenbordmotor ausgegangen, und er wusste nicht mehr, dass er am Seil ziehen musste, um ihn wieder zu starten. Grannie Martha rief ihm vom Ufer Anweisungen zu, und schließlich kam er wieder darauf, wie es ging, nur Augenblicke bevor er in die Stromschnellen geraten wäre.

Grampa Henry und Onkel Wilfred die Bäume von Hand gefällt, sie entastet und in Form geschlagen hatten. Nadelbäume hatte es in Massen gegeben, und nur dann und wann hatten Käfer oder Krankheiten einen kleinen Bestand an Douglasien oder Weymouthkiefern zerstört, auch schon mal Zedern oder Hemlocktannen. Die Männer in meiner Familie hatten alles an wertvollem Holz gefällt, an das sie ohne Mühe herankommen konnten.

Holzfäller auf dem Standbrett mit einer Trummsäge am Mabel Lake, ca. 1898. Für zwei Männer waren es ein oder zwei Tage Arbeit, eine solche Weymouthkiefer zu fällen, die wertvollste Holzart des dortigen Mischwaldes. Ausgewachsene Weymouthkiefern gibt es in diesen Wäldern heute nicht mehr – sie sind allesamt dem Weymouthkiefern-Blasenrost zum Opfer gefallen, zu Anfang des zwanzigsten Jahrhunderts aus Asien eingeschleppt.

Abtransport eines Weißkiefernstamms am Mabel Lake, ca. 1898. Die größten Bäume dieses Bestandes sind Westliche Weymouthkiefern und Westliche Rotzedern, beides ausgesprochen wertvolles Bauholz. Die großen, geraden Stämme und das gering ausgeprägte Untergehölz zeigen, dass dieser Primärwald dicht bestanden und äußerst produktiv war.

Um einen Baum von Hand zu fällen, brauchte man fast einen Tag, für eine Gruppe von Bäumen eine ganze Woche. Grampa war der Spaßvogel, Onkel Wilfred der gewiefte Geschäftsmann. Beide betätigten sich als Erfinder: Wilfred konstruierte aus Transportkarren einen handbetriebenen Aufzug in seinem zweigeschossigen Farmhaus, und Opa baute am Simard Creek ein Wasserrad, das Strom für die Hausboote erzeugte. Die Bäume in diesen alten Wäldern waren so hoch wie ein fünfzehnstöckiges Gebäude, und Opa spürte stets die besonders gerade gewachsenen Exemplare auf. Er und Wilfred standen dann einander gegenüber, auf grob behauenen Standbrettern oberhalb der Wurzelbasis, wo der Stamm nicht ganz so dick war. Sie begutachteten die Neigung des Baums und die Beschaffenheit der Umgebung, bevor sie die Schnitte so planten, dass der Baum in Richtung Holzriese umstürzen würde.

Die lange Trummsäge sang wie eine Slide-Gitarre, und die Sägespäne stoben auf die wollenen Ärmel der schwitzenden Männer, als sie auf der Seite, auf der der Untergrund abfiel, den horizontalen Dachschnitt ausführten. Wenn sie ein Drittel des Stamms durchtrennt hatten, legten sie eine Pause ein und stärkten sich mit etwas getrocknetem Räucherlachs. Aus der Schnittfläche sickerte Saft. Grampa fluchte mit einem Blick auf die ungewöhnliche Neigung des Baums – *»Il est un bâtard!«* – und hob den Stumpf seines Zeigefingers, um davor zu warnen, dass er in mindestens zwei Richtungen umstürzen konnte. Im Verlauf einer weiteren Stunde führten sie mit schmerzenden Unterarmen in einem Winkel von fünfundvierzig Grad zu der waagerechten, oberen Schnittfläche den Sohlenschnitt aus, und zwar so, dass die beiden Schnitte tief im Kernholz genau aufeinandertrafen. *»Mon chou«*, rief Wilfred, als er den Keil aus Splintholz mit dem Hinterende seines Axtkopfs herausschlug, sodass in dem Baumstamm ein grinsendes, zahnloses Maul klaffte, das an ihre eigenen Münder erinnerte, denn sie hatten schon als Teenager die meisten ihrer Zähne durch Karies verloren und trugen jetzt beide ein künstliches Gebiss.

Als das Fallkerbmaul auf der tiefer liegenden Seite fertig war, aßen die Männer Erdbeerkekse und tranken Wasser aus ihren Feldflaschen. Sie rauchten gemeinsam. *Craven A.* Dann kletterten sie zurück auf ihre Standbretter, um auf der gegenüberliegenden Seite des Stamms, etwa einen Zoll oberhalb des Dachschnitts den Fällschnitt anzusetzen. Bei der kleinsten Unachtsamkeit konnte der Baum nach hinten kippen und ihnen den Kopf abreißen.

Sobald der Baum sich ganz leicht nach vorn neigte und im Inneren des Stamms nur noch eine Handvoll unversehrter Faserstränge übrig war, ließen sie die Säge fallen. Grampa murmelte: »*Sacrement!*« und trieb mit dem stumpfen Ende seiner Axt einen Metallkeil in den Fällschnitt. Der innerste Strang krachte. Mit einem Ächzen kippte der Baum in Richtung Holzriese, die beiden Holzfäller riefen: »TIMBER! *Baum fällt!*« und rannten Hals über Kopf bergauf. Der Baum ging mit einem lauten Zischen zu Boden; seine Krone bauschte sich im Wind wie ein Segel und erzeugte einen solchen Luftzug, dass die Farnwedel am Boden nach vorn geblasen wurden und ihre bleiche Unterseite zeigten. Zweige und Nadeln wirbelten durch die Luft. Äste barsten mit einem Geräusch wie brechende Knochen. Ein Vogelnest wurde vom Wind erfasst und segelte in einer Federwolke in die Tiefe.

Grampa Henry und Onkel Wilfred arbeiteten an dem umgestürzten Baum und entfernten zuerst die Äste mit der Axt. Sie zerlegten ihn in zehn Meter lange Stücke, die Prince nun leichter zur Riese schleppen konnte. Dazu schlangen die Männer eine Forstkette um das Ende jedes Stammabschnitts, ganz so, als fesselten sie ein Kalb mit einem Lasso – nur dass das »Lasso« in diesem Fall eine Eisenkette war, so dick wie ihre Handgelenke. Bei kleineren Stücken packten sie das Ende des Stamms mit einer handgeschmiedeten Zange, die sich so weit öffnete wie das Maul eines Löwen. Sie befestigten die Forstkette oder die Zange an dem Ortscheit, einer aus einem jungen Baum gefertigten Querstange, die hinter dem Schweif von Prince herabhing, um die Last anzuheben und gleichmäßiger zu verteilen. Ächzend und schnaubend zog Prince die Stammabschnitte zur Riese. Dort bugsierten die Brüder jedes Stück Holz mit einem Kanthaken, einer Stange mit beweglichem Eisenhaken, auf die Riese.

Sobald die Arbeit erledigt und ein Baum am unteren Ende der Riese im Wasser gelandet war, teilten sich die Brüder eine weitere Zigarette: wieder ein Tag heil und unversehrt überstanden, *wieder ein Tag* – eine Vorstellung und ein Mantra, beides für mich immer noch untrennbar mit der mühseligen Handarbeit meiner Familie verbunden.

Ich bin in einer Tradition großgeworden, in der die Natur als unzerstörbar galt; die Erde würde sich erholen und meine Rettung sein, selbst wenn die Natur einmal zur Gewalt griff. Dads Mutter sah die Gefahren der Waldarbeit allerdings durchaus. Als Frau, der in ihren Zwanzigern eine Infektion den Fuß verkrüppelt hatte, wollte sie, dass ihre Söhne einmal ein besseres Leben bekamen, mit mehr Freiheit und größerer Sicherheit. Doch trotz allem blieb Onkel Jack im Holzgeschäft und war so besorgt um seine Mum, dass er bis zu seinem vierzigsten Jahr bei ihr wohnen blieb.

Dad hingegen ließ die Waldarbeit schon in seiner Jugend hinter sich. Der Vorfall, der ihn zu dieser Entscheidung brachte, kam – er erzählte uns davon an dem Tag, an dem wir auf Schatzsuche gingen; wir saßen auf Baumstämmen, die Sonne stand schon tief, neben uns lagen die eisernen Forstketten, die wir tatsächlich gefunden hatten –, als er gerade erst dreizehn war und mein Onkel Jack fünfzehn. Sie waren von der Oberschule abgegangen, um Grampa Henry und Onkel Wilfred zu helfen. Ihre Aufgabe bestand darin, auf schwimmenden Stämmen in Bereitschaft zu sitzen – Stämme, die, mit Rohlederriemen zur Schleife für ein Schleppfloß zusammengebunden, im Mabel Lake lagen – und zu warten, dass zugeschnittene Zedernstämme wie Rennschlitten auf einer Bobbahn die Holzriese heruntergepoltert kamen, die sich einen ganzen Kilometer lang den Simard Mountain hinunterschlängelte. Landete ein solches Stück unten

Stämme, die auf einer von Opa Henrys Holzriesen torpedogleich hinab in den Mabel Lake schießen. Diese Bahn endete nicht weit von der Einmündung des Simard Creek, wo Opa auch ein Wasserrad installiert hatte, das für die Hausboote der Holzfäller den Strom lieferte.

im Wasser, waren Dad und Onkel Jack es, die dieses Holz in die Schleife bugsierten.

Eines Morgens saß Dad dort bibbernd im Frühlingsregen, da packte ihn plötzlich die Panik. Die Flößerstange mit der eisernen Doppelspitze in der Hand, versuchte er, die Balance auf dem Stamm zu halten, der unter ihm ins Rollen gekommen war. »Da kommt er!«, brüllte Jack, dessen Füße mit den Bewegungen seines eigenen wild gewordenen Stamms nur mit Mühe mithielten. Der von Dad legte im Ansturm der Wellen noch weiter an Tempo zu. Der Zedernblock kam über die Kante der Riese gehüpft wie ein Skispringer von der Schanze, ein höherer Bogen als gewöhnlich, und zwanzig Meter vor ihnen tauchte er ein und verschwand in der bodenlosen Tiefe des Sees. Keiner konnte sagen, an welcher Stelle er wieder hochkommen würde, aus dem Wasser schnellend wie eine Rakete.

Die Zeit stand still. Dad erzählte uns, er habe plötzlich an den Aufsatz über den Zweiten Weltkrieg denken müssen, den er in seinem letzten Schuljahr schreiben sollte. Darin stand: »Die ganze Nacht donnerten die Kanonen, wumm, wumm, wumm …« Sein Lehrer hatte fünfhundert Wörter verlangt, aber Dad hatte keine Ahnung, wie er so viele Wörter aneinanderreihen sollte, um die Todesangst eines Soldaten zu beschreiben. Er war sicher, dass der Stamm gleich aus dem See geschossen kommen und ihn zerschmettern würde.

»Lauf, Pete!«, rief Jack.

Aber er konnte sich nicht von der Stelle rühren, nicht einmal als Jack zum Ufer gerannt kam und Dad zubrüllte, er solle ans Ufer kommen, heraus aus dem Bereich, in dem der Stamm hochkommen konnte. Aber Dad hörte seine Schreie nicht. Sekunden verstrichen.

Wumm! Der Stamm schoss zwanzig Meter hinter ihm in die Höhe und sauste mit einem zischenden Geräusch nieder. Mit zitternden Händen manövrierte Dad den im Wasser hüpfenden Stamm in das Schleppfloß. Im Herbst zog Opas Boot *Putput* die Stämme in diesem Floß den Fluss hinunter; die dicksten ver-

Flößer auf einem Schleppfloß am Mabel Lake. Wilfred Simard, dritter von links, hält eine vier Meter lange Flößerstange in der Hand, mit der die Stämme dirigiert wurden. Die kürzeren Stammwender hatten am Unterende einen U-förmigen eisernen Haken und einen Sporn, mit deren Hilfe die Männer die Stämme bewegen und ihr Gleichgewicht halten konnten. Es war gefährliche Arbeit, aber ein Flößer, der ins Wasser fiel, galt als Stümper. Die kürzeren Douglasienstämme im Vordergrund wurden zu Bauholz zersägt, die längeren Zedernstämme hinten im Bild verkauften sie als Telegrafenmasten für Überlandleitungen. Die Zedernstämme waren einträglicher, aber weitaus schwieriger zu flößen, denn sie hatten eine Art, sich im Wasser gegenseitig zu blockieren.

---

kaufte er an die Sägewerke, die dünneren gingen an die Bell Pole Company, die daraus Telegrafenstangen machte.

Wenig später wechselte Dad ins Lebensmittelgeschäft und blieb dort sein ganzes Berufsleben lang. Aber wir alle hatten und behielten den Wald im Blut.

Die Baumstämme, die vor so langer Zeit über den Waldboden gerutscht waren, hatten bleibende Spuren hinterlassen. Perfekte

Landeplätze für Samen aller Art, manche so klein wie ein Sandkorn, andere groß wie ein Opal. Die Samen von Rotzedern und Hemlocktannen stammten aus winzigen Zapfen, nicht größer als ein Daumennagel. Manche kamen aus faustgroßen Douglasienzapfen, andere aus den Zapfen der Weymouthkiefer, so lang wie ein Unterarm. Wo die Stämme beim Rücken – dem Abtransport – alles niedergewalzt hatten, war aus den Samen der alten Bäume ein dichter Teppich aus jungen Pflänzchen gesprossen, die mit ihren weißen Wurzelspitzen Humus und Wasservorräte anzapften. Sie waren zäh, ihre Gene über viele Generationen hinweg aufs Überleben getrimmt. Die verschiedenen Waldpflanzen waren der Größe nach gestaffelt. Die hohen Douglasien und Weymouthkiefern in der Mitte der Baumlücke überragten die übrigen, dort wo der Boden bis zum mineralischen Erdreich abgeschürft worden war und die Sonne am

---

Grannie Martha, etwa zwanzig Jahre alt, auf gefällten Stämmen am Shuswap River, Kingfisher, ca. 1925

längsten geschienen hatte, und im Schatten der älteren Bäume drängten sich biegsame Zedern und Hemlocktannen, schon so groß wie ich an diesem Nachmittag unserer Schatzsuche. Die jungen Douglasien in der Mitte der Schleppspuren waren doppelt so groß wie Dad.

Durch das Fällen, Rücken und Flößen ohne Einsatz von Maschinen blieben die Wälder lebendig und wären imstande, sich zu erneuern. Offenkundig gab es gewaltige Unterschiede zwischen dem, was ich als Kind gelernt hatte, und dem, was die Forstindustrie und ich jetzt taten.

Ich starrte aus einem Fenster in meinem Büro bei Woodlands und dachte an meine frisch angepflanzten Bäumchen. Es gab viele Verbesserungsmöglichkeiten – für die Aufzucht in den Baumschulen Samen benutzen, die besser an die örtlichen Bedingungen angepasst waren, größere Setzlinge verwenden, den Boden sorgfältiger vorbereiten, nach dem Abholzen schneller nachpflanzen, konkurrierendes Buschwerk roden. Aber die Indizien deuteten darauf hin, dass die Antwort im Boden steckte, in der Art und Weise, wie die Wurzeln der Setzlinge mit ihm in Verbindung traten. Ich zeichnete einen kräftigen Setzling mit weitverzweigten Wurzeln und Pilzgeflecht und einen kränklichen mit einem winzigen Trieb und verkümmerten Wurzeln. Aber meine Ideen würden warten müssen, denn heute war ich zur Arbeit mit Ray in einem zweihundert Jahre alten Wald im Boulder Creek Valley eingeteilt, einem Gletschertal zwei Dutzend Kilometer von Lillooet.

An diesem Tag sollte ich die Rolle des Henkers übernehmen.

Ray und ich hatten die Aufgabe, die Grenzen für einen Kahlschlag zu markieren. Ray war nicht viel älter als ich und hauste mit uns übrigen Studenten in der Wohnbaracke, aber er hatte Erfahrung mit der Arbeit im steilen Gelände der Pazifikküste, und er erinnerte mich an die Männer in meiner Familie. Er hatte in den Wäldern schon sein Pfund Fleisch eingebüßt – eine Grizzlybärin hatte ihn mit den Zähnen am Hinterteil gepackt und schon ein gutes Stück mitgeschleppt, bevor sein Vermessungsingenieur sie mit der Schrotflinte vertreiben konnte.

Vorbei an schweren Baggern und Erdhobeln, die eine neue Holzabfuhrstraße anlegten, bewegten wir uns zu einer Gruppe von alten Bäumen auf den fächerförmigen Lehmablagerungen am Grund des Tals. Engelmannfichten mit weit ausladenden Kronen und gewaltigen grauen Stämmen. Ray hatte mir die Karte kurz hingehalten – er war es nicht gewohnt, Informationen mit Frauen zu teilen, und hatte es eilig –, aber was ich auf die Schnelle gesehen hatte, war, dass die Hänge zu hohen Bergkämmen anstiegen, wo der Wald zunehmend lichter wurde, je mehr er sich den Geröllhalden näherte, wo die Murmeltiere wohnten. An den Bächen standen Fichten, dann übernahmen die Douglasien, wo die Erdschicht tief genug für ihre weitläufigen Wurzeln war. Alle paar hundert Meter hatten Lawinen breite Schneisen in den Wald gerissen, und Igelkraftwurz, stachlig wie Rosen, und Frauenfarn, so filigran wie Spitzendeckchen, standen hüfthoch. Beide kannte ich vom Mabel Lake. Ein Hochgefühl stellte sich in meiner Brust ein, aber es konnte nicht heraus, denn der Kloß im Hals hielt es fest. Ich pflückte einen Zweig Schaumblüte, ihre winzigen weißen Blüten wie die Schaumkronen einer Welle im Ozean.

Mit seinem roten Wachsstift und einem Stechzirkel markierte Ray auf einer Luftaufnahme ein exaktes Rechteck, den Bereich für den Kahlschlag. Dann rollte er das Bild zusammen und fixierte es mit einem Gummiband.

»Entschuldige, ich hab nicht aufgepasst, Ray«, sagte ich. »Kannst du es mir nochmal zeigen?«

Widerwillig rollte er die Karte wieder auf, mit einem Gesichtsausdruck, den ich nicht deuten konnte.

»Holzen wir alles ab?«, fragte ich. »Könnten wir nicht ein paar von den ältesten stehenlassen?« Ich wies auf einen majestätischen Baum, von dessen Ästen die Flechten wie Vorhänge hingen.

»Bist du eine von diesen Umweltfreaks?« Er war durch und durch Techniker, ganz im Einklang mit dem Geist der Zeit und seiner Arbeit. Dies hier war sein Beruf, ein Beruf, den er liebte, und er wurde dafür bezahlt, dass es so gut machte, wie er nur konnte.

Ich betrachtete den todgeweihten Wald. Ich fand es aufregend, hier zwischen den altehrwürdigen Bäumen; der Gedanke, ein paar davon zu fällen, machte mir nicht einmal etwas aus. Aber wenn man ganze Fluren auf einmal kahlschlug, blieb dem Wald nicht mehr viel Grundlage, um sich zu regenerieren. Die Bäume wuchsen in Gruppen, wobei die ältesten und größten – ein Meter Umfang, dreißig Meter hoch – im tiefsten Teil der Senke standen, wo das Wasser sich sammelte, mit jüngeren Bäumen verschiedenen Alters und unterschiedlicher Größe ringsum. Wie Küken um eine Glucke. Die Schrunden ihrer Rinden beherbergten Wolfsflechten, gerade da, wo das Wild sie im Winter leicht abknabbern konnte. Büffelbeerbüsche wuchsen zwischen den Felsen. Leuchtend rote Castilleja wie Malerpinsel, purpurne, seidige Lupinen, blassrosa Nornen und bunt gestreifter Korallenwurz zeichneten den Weg der Wurzeln nach, fächerförmig in alle Richtungen rund um den Stamm. Nichts davon würde nach dem Kahlschlag mehr blühen. Was zum Teufel richtete ich hier an?

Auf der Grundlage von Rays Berechnungen markierten wir die Fläche mit rosa Bändern, im Abstand von etwa zehn Metern aufgehängt. Die Holzfäller würden die rosafarbene Linie erkennen und mit dem Kahlschlag dort aufhören. Die Altbäume jenseits der Grenze blieben verschont.

Ray wies mich an, die Richtschnur auf 260 Grad zu halten, fast genau nach Osten, sodass sie dem Rand einer Lawinenspur folgte. Er hielt den Blick auf diese Grenze geheftet, ich holte die Schnur, eine glatte Nylonleine, fünfzig Meter ummantelter verzwirnter Faden, aus der hinteren Tasche meiner Weste. Er sollte mir nachkommen und weitere Fähnchen für die Holzfäller aufhängen.

Ich stellte das Zifferblatt meines Kompasses ein und suchte mir einen Baum als Orientierungspunkt aus. Das Seil, das ich abspulte, war wie ein Springseil, mit fünfzig metallenen Markierungen im Abstand von jeweils einem Meter versehen. Ich huschte dahin wie eine Kojotin, spannte die Schnur über Stämme, durch dichtes Gebüsch, zwischen den Baumfamilien.

»Punkt!«, rief Ray, wenn ich ans Ende meiner Fünfzig-Meter-Schnur gekommen war. Wenn er an seinem Ende der Schnur zog, markierte ich die Stelle, an der ich stand, mit einem Band.

»Markiert!«, rief ich zurück, ich musste brüllen, um einen Bach, der in der Tiefe gurgelte, zu übertönen. »Markiert!«, rief ich jedes Mal mit Begeisterung.

Ray war mit unserer Arbeit zufrieden und kam zu mir herüber, dahin wo ich rosa Schleifchen an die Bäume band. Ein Eichhörnchen schimpfte von seinem Ausguck, ich steckte die Finger in die Stelle, an der es eben gegraben hatte, und ertastete eine Art weichen Kiesel. Es war ein Pilz wie ein Schokoladentrüffel, unter dem Erdboden, und ich holte ihn mit dem Messer heraus, durchschnitt einen schwarzen Strang, der von ihm in die Tiefe führte. Ich steckte den Trüffel in die Tasche.

»Siehst du die Prachtexemplare da drüben?«, fragte Ray mit

Blick auf ein paar große Douglasien außerhalb unseres markierten Rechtecks. Er fand, wir sollten sie noch mit dazunehmen. Die Bosse würden sich freuen – ein Extrabonus an hochwertigem Holz.

Ich gab zu bedenken, dass sie eindeutig außerhalb des Bereichs unserer Fällerlaubnis stünden. Wenn wir sie vereinnahmten, würden wir uns strafbar machen. Große alte Bäume lieferten nicht nur den Samen für neuen Wuchs auf den freien Flächen, sie waren auch Lieblingsplätze der Vögel, und an den Wurzelansätzen hatte ich Bärenhöhlen gesehen.

Wir waren beide nicht befugt, derartige Entscheidungen zu treffen. Ich wusste, dass er die Bäume auch liebte; das war der eigentliche Grund, warum wir uns für diesen Beruf entschieden hatten. »Wir können doch so schöne Stämme nicht einfach stehenlassen«, brummte er. »Das ist gutes Furnierholz.«

Wir gingen zu einem der verbotenen Altbäume hin, und ich hätte am liebsten laut gerufen, dass er laufen solle, sich in Sicherheit bringen. Ich hatte Verständnis, dass jemand stolz das Beste einheimsen wollte, die Verlockung – ein grünes Goldfieber. Die schönsten Bäume erzielten Höchstpreise. Sie bedeuteten Arbeit für die Einheimischen, den Erhalt von Sägewerken. Ich musterte den mächtigen Stamm dieses Exemplars, betrachtete sein Schicksal mit Rays Augen. Wenn der Jagdtrieb einmal erwacht ist, wird es schnell zur Sucht. Es ist wie mit dem Wunsch, immer die höchsten Gipfel zu bezwingen. Nach einer Weile wird man unersättlich.

»Die kommen uns auf die Schliche«, beharrte ich.

»Wie denn?« Ray hatte die Arme verschränkt, sah mich ungläubig an. Die Behörden könnten schließlich nicht jeden Zoll unseres Fällareals überprüfen. Und diese hier stünden so nahe dran, ein Kinderspiel.

»Sie sind Lebensraum für Eulen.« Ich hatte an der Uni etwas über die seltenen Eulen in Trockenwäldern gehört – Ponderosaeulen –, aber viel wusste ich nicht über sie. Keine Ahnung, ob sie am Boulder Creek vorkamen. Mir war jeder Strohhalm recht.

»Willst du nächsten Sommer wieder hier arbeiten? Ich schon.« Wir würden Pluspunkte sammeln, wenn wir der Firma zu mehr Holz verhalfen. Er blickte noch einmal über die Schulter zu dem Baum, als könne der jeden Moment Reißaus nehmen.

Ich hätte schreien können, aus vollem Halse. Stattdessen zog ich die Grenze neu und schämte mich dabei für meine Schwäche. Bei einer prächtigen Douglasie am Rand der Rodungsfläche spannte sich mein ganzer Rücken an. Ein Vorhang aus Bärenklau und Weiden verdeckte die Lawinenspur, aber die Luft war still. Rasch befestigte ich das rosa Band so, dass der Baum innerhalb der Grenze lag. In einer Woche würde er nicht mehr leben. Entastet und zugeschnitten würde er am Rand einer Abfuhrstraße darauf warten, dass man ihn auf einen Lastwagen lud.

Ray und ich zogen überall die Grenze neu. Wir verurteilten einen weiteren Methusalem zum Tod.

Und noch einen. Und noch einen. Als wir fertig waren, hatten wir mindestens ein Dutzend alte Bäume an den Rändern der Lawinenspur gestohlen. In der Pause bot Ray mir Schokoladenkekse an – selbst gebacken, erklärte er. Ich lehnte ab und wickelte die Nylonschnur über Stiefelspitze und Knie zu einer Acht. Ich schlug vor, wir könnten der Firma empfehlen, ein paar Tannen in der Mitte des Areals zu verschonen, damit sie ihre Samen verteilen konnten. »So wird es nämlich in Deutschland gemacht«, schwadronierte ich. »Da lassen sie manchmal große Aussaatbäume stehen.«

»Bei uns hier gibt es nur echten Kahlschlag.«

Ich wollte ihm erklären, dass wir da, wo ich aufgewachsen war, nur jeweils einen kleinen Anteil abholzten, und dass die Stämme, die beim Abtransport den Boden aufrauten, gute Bedingungen für das Keimen neuer Samen schufen. Ray erwiderte nur, ein paar einzelne stehengebliebene Bäume würde der Wind umblasen, und die Borkenkäfer kämen. »Mit so was verliert die Firma einen Haufen Geld«, sagte er noch, ärgerlich, weil ich das einfach nicht begriff.

Es würde ein Schlag in die Magengrube, mit anzusehen, wie von den stattlichen Douglasien nur noch Baumstümpfe und von dem majestätischen Waldstück nur ein kahles Rechteck blieben. Ins Büro zurückgekehrt, arbeitete ich beharrlich einen Plan aus, wie sich der Kahlschlag so wieder aufforsten ließe, dass die Bäume in Gruppen standen: Douglasien in den Mulden, Ponderosakiefern in den felsigen Bereichen und Stechfichten entlang des Bachs, so wie es den natürlichen Wachstumsbedingungen entsprach. Ray hatte natürlich recht, dass die Firma auf meinen Vorschlag, ein paar alte Bäume zu verschonen, die ihre Samen auf dem geschädigten Areal verteilen konnten, nicht eingehen würde, aber wenn wir die Neuanpflanzung so organisierten, bliebe zumindest die natürliche Artenvielfalt erhalten.

Ted erklärte mir dann, wir würden ausschließlich Kiefern setzen.

»Aber da oben gibt es keine Küstenkiefern«, erwiderte ich.

»Spielt keine Rolle. Die wachsen schneller und sind billiger.«

Die anderen studentischen Aushilfskräfte in der Nähe des Kartentisches spitzten die Ohren. In den umliegenden Büros hielten Forstangestellte die Hand über die Sprechmuscheln ihrer Telefonhörer, gespannt, ob ich den Mut aufbringen würde, einen Streit vom Zaun zu brechen. Ein Kalender fiel von der Wand und landete auf dem Boden.

Ich kehrte an meinen Schreibtisch zurück und schrieb den Pflanzplan neu, auch wenn es mir das Herz zusammenschnürte. Was war aus dem kleinen Mädchen geworden, das Erde gegessen hatte? Das Wurzeln zu Zöpfen geflochten hatte, fasziniert von den Wundern der Natur? Von ihrer ehrfurchtgebietenden Schönheit, vom Erdboden und dessen Schichten voller verborgener Geheimnisse. Meine Kindheit rief mir zu: *Im Wald hängt alles mit allem zusammen.*

3

Durstig

Ich stand rittlings auf meinem Fahrrad und nahm einen großen Schluck Wasser. Es war Mittag, und die Sonne brannte auf den trockenen Wald herunter. Ich war hundert Kilometer gefahren, die Hitze schlürfte den Schweiß von meiner sommerbraunen Haut. Die niedrigen Gebirge im Inneren von British Columbia blieben knochentrocken, denn die ostwärts strömende Pazifikluft warf den Großteil ihres Regens bereits über dem Küstengebirge ab, zweihundert Kilometer breit, vom Ozean bis zwanzig Kilometer westwärts von hier, und der blaue Himmel über mir enthielt keinen einzigen Tropfen mehr. Ich war auf Wochenendausflug, die Landschaft schien mir schiere Freiheit, an die schlechte Stimmung zwischen Ray und mir wegen der altehrwürdigen Douglasien dachte ich nicht mehr, und die Enttäuschung über Teds Entscheidung zum Thema Neupflanzung war begraben.

Ich war auf dem Weg zu einem Rodeo, in dem mein Bruder Kelly ritt, umgeben von den Cowboys und den Pferden, die seine Welt waren. Zuletzt hatte ich ihn zwei Monate zuvor bei Mum gesehen und hatte ihn beim Weinen erwischt, weil seine Freundin, auch Rodeoreiterin, ihn wegen eines anderen verlassen hatte, während er zur Hufschmied Ausbildung in Alberta war. Wir hatten im Dunkeln beisammengestanden, er an seinen messingfarbenen Truck gelehnt, auf dessen Ladefläche sein neues Schmiedewerkzeug und der Amboss warteten. Den Kopf hatte er gebeugt, hatte versucht, den Kummer hinunterzuschlucken, aber er schaffte es nicht, und ich weinte mit.

Ich ließ meinen Blick zu einer Stelle ein paar Kilometer tiefer im Tal wandern, wo in einer von Salbei und Gras gesäumten Rinne ein Fluss floss. Diese robusten, kniehohen winterharten Pflanzen waren die einzigen, die in dem trockenen Boden Fuß fassten. Bäume brauchten zu viel Wasser, sie wurden in so einer Gegend nicht groß. Aber hier oben war es gerade noch feucht genug, da fanden sie ihren Platz in Mulden zwischen dem Gras, und so entstand ein lichter Wald.

Der Nachmittag wurde dunstig, wahrscheinlich irgendwo ein Waldbrand, aber es war doch noch klar genug, um, obwohl es ein halbes Dutzend Kilometer entfernt war, zu sehen, wie das Tal auf der anderen Seite bis auf tausend Meter zum nächsten Kamm hin anstieg. Je höher so ein Hang, desto mehr Regen bekam er ab, und in den sich verzweigenden Wasserrinnen stellten sich bald gewundene Baumreihen ein, die den Weg des Wassers nachzeichneten. Am oberen Ende der Wasserrinnen breiteten sich die Bäume schließlich in das Hügelland aus und verdichteten sich zu einer geschlossenen Waldfläche. Noch weiter oben wuchsen sie wieder in einzelnen Grüppchen auf höheren Erhebungen, mieden aber den kalten, feuchten Boden in den Senken. Schließlich hörte der Wald ganz auf, und an seine Stelle traten hellgrüne Bergwiesen.

Ich legte mein Fahrrad ab und spazierte zu Fuß über das mit Gras und Bäumen bewachsene Areal, auf der Suche nach Schatten unter Douglasien und Ponderosakiefern in den Mulden, wo sich Sickerwasser sammelte. Ich kletterte auf eine Kuppe mit einer einzelnen Ponderosakiefer, einem Baum, dessen Nadeln in lichten Büscheln angeordnet waren, um wertvolles Wasser zu sparen. Genau das machte die Ponderosakiefer von allen Baumarten in dieser Region am widerstandsfähigsten gegen Trockenheit. Dieses spezielle Exemplar stand an einer besonders exponierten Stelle, wo sogar die tief wurzelnden Horstgräser dürr und braun geworden waren, um den Wasserverlust zu minimieren. Ich stellte meine Trinkflasche auf den Kopf, um der Kiefer die letzten Wassertropfen zu geben, und lachte über die Vergeblichkeit meiner Geste. In solchen Zeiten konnte nur ihre Pfahlwurzel sie am Leben erhalten.

In einer flachen Rinne stand eine Gruppe alter Douglasien, und ich steuerte schnurstracks darauf zu. Boviste bliesen mir Wolken von braunen Sporen ins Gesicht; Grashüpfer schnellten in die Höhe. Als Kinder hatten Kelly und ich solche Pilze für die Suppe gesammelt, deshalb pflückte ich einen ab; am Stielende baumelten noch Pilzfäden. Ich wollte ihn Kelly mitbringen. Das würde ihm Spaß machen, dass ich so einen im Grasland gefunden hatte, denn früher waren wir immer auf der Suche nach Essbarem gewesen.

Die Kronen der alten Douglasien spendeten reichlich Schatten. Sie wuchsen in diesen Rinnen, weil ihre dichten Flaschenbürstennadeln viel Wasser brauchten, zumindest im Vergleich zu den weniger dichten Nadeln der Ponderosakiefern. Deshalb gedeihen sie nicht überall, können aber unter den richtigen Bedingungen höher werden und enger beieinanderstehen als die Kiefern. Doch sowohl Douglasien als auch Ponderosakiefern sind Fichten und Felsentannen bei Weitem überlegen, wenn es um das Einsparen von Wasser geht, und kommen daher besser mit Trockenheit zurecht. Um Wasserverluste zu verringern, öffnen sie ihre Stomata nur in den Morgenstunden, wenn reichlich Tau

Pause am Wegrand, mit zweiundzwanzig, unter einer Douglasie zwischen Enderby und Salmon Arm, 1982. Jean und ich haben in den frühen achtziger Jahren viele Wochenenden auf Radtouren in das Landesinnere verbracht, nur mit unseren Schlafsäcken und zehn Dollar in der Tasche. An dem Tag hatte ich mein Portemonnaie verloren, aber als ich wieder nach Hause kam, hatte schon ein Autofahrer bei Dad angerufen und berichtet, dass er es am Straßenrand gefunden hatte, mit meinem Führerschein und den zehn Dollar drin.

---

vorhanden ist. In dieser Zeit nehmen die Bäume durch die offenen Spaltöffnungen Kohlendioxid auf, das sie zur Zuckerproduktion benötigen, und verdampfen dabei aus den Wurzeln nach oben transportiertes Wasser. Gegen Mittag schließen sie ihre Stomata und stellen für den Rest des Tages die Photosynthese und das Verdunsten ein.

Ich setzte mich mit einem Apfel in den ausladenden Schatten einer alten Douglasie; die Sämlinge in ihrem Umkreis waren Anzeichen, dass der Boden kühl und feucht war. Die braune rissige Borke absorbierte die Hitze und schützte den Baum.

Dick, wie sie war, bewahrte sie das Phloem vor Wasserverlust – das unter der Rinde liegende Gewebe, durch das die bei der Photosynthese entstandene Zuckerlösung in einem zentimeterdicken Ring aus langen röhrenförmigen Zellen von den Nadeln zu den Wurzeln transportiert wurde. Die orangefarbene Borke der Ponderosakiefern bietet den Bäumen mit ihren weit ausladenden, schirmförmigen Kronen zudem Schutz vor den Waldbränden, die ungefähr alle zwanzig Jahre wüten.

Diese jungen Bäumchen wuchsen glücklich und zufrieden an einer Stelle, an der es kaum Wasser gab – und meine Setzlinge in den Coast Mountains im Westen verkümmerten, obwohl dort Wasser im Überfluss vorhanden war.

Die Grannen eines vorwitzigen Grassamens kitzelten mein nacktes Bein, während ich einer Ameise zusah, wie sie von einem Bau, hinter dem ich mich im Sitzen bequem hätte verstecken können, auf mich zugekrabbelt kam. Auf dem Ameisenhaufen wimmelten Tausende von Arbeiterinnen. Sie schleppten, stapelten und horteten Millionen von Douglasiennadeln, die auf dem Waldboden verstreut herumlagen. An den Beinen und mit den Kotkügelchen der Ameisen gelangen auch Sporen von braunen Fäulepilzen in das Nest; sie beschleunigen den Pilzbefall und die Zersetzung der Nadeln und stabilisieren so den Bau. Und sie gelangen in Baumstümpfe und umgestürzte Bäume und treiben dort Zerfallsprozesse voran, die sonst durch die Sommerhitze gebremst würden. Ich erinnerte mich an die saprotrophen Austernseitlinge am Mabel Lake, die dort mit ihren glatten cremefarbenen Hüten die heruntergefallenen Blätter und Stämme abgestorbener Birken besiedelt hatten. An Bäume, die von schmarotzenden Hallimaschen getötet worden waren. Mit ihren hochwirksamen Zersetzungsmethoden töten und verdauen die Austernseitlinge sogar Insekten, um ihren Proteinbedarf zu decken. Pilze sind ebenso vielfältig wie ihre Standorte und wahre Allroundtalente.

In den Wasserrinnen und Senken dieses trockenen Tals wirkten die rings um die Douglasien und Ponderosakiefern wachsenden Sämlinge und Jungpflanzen seltsamerweise kerngesund – obwohl sie selbst noch keine Pfahlwurzeln besaßen. War es möglich, dass die alten Bäume die jüngeren unterstützten, indem sie sie über miteinander verwachsene Wurzeln mit Wasser versorgten? Verbindungen, bei denen die Wurzeln einzelner Bäume wie Blutgefäße beim Heilungsprozess nach einer Hauttransplantation zusammenwuchsen und das Phloem gemeinsam nutzten?

Zeit weiterzufahren, wenn ich Kellys Auftritt beim Bullenreiten nicht verpassen wollte. Am Bullenreiten nahm er teil, weil die Anmeldegebühr dafür am niedrigsten und er wie immer knapp bei Kasse war.

Auf dem Rückweg zu meinem Fahrrad grübelte ich noch immer über das Rätsel der Wasserversorgung nach und bemerkte auf der gegenüberliegenden Straßenseite eine Ansammlung von Zitterpappeln mit glatter weißer Rinde. Auch sie hatten sich aus den feuchteren Rinnen auf höher gelegenen, felsigeren Untergrund ausgebreitet. Mit ihren großen flachen, stets bebenden Blättern verdunsten sie tagtäglich eine Unmenge an Wasser. Das Besondere an Zitterpappeln ist, dass zahlreiche Nachkommen ein und desselben Individuums aus den unterirdischen Sprossen eines gemeinsamen Wurzelkomplexes wachsen, und ich überlegte, ob die Zitterpappelwäldchen womöglich die Wasservorräte in der Tiefe der Rinnen anzapften und es durch ihr gemeinsames Wurzelsystem nach oben weiterreichten. Wie Feuerwehrleute in einer Löschkette. In ihrem Schatten gediehen Wildrosen mit weit geöffneten rosafarbenen Blüten und leuchtend gelben Staubgefäßen. Kellys Lieblingsblumen. Tuffs von seidig-violetten Lupinen, goldener Arnika mit ihren herzförmigen Blättern und Kleinblättrigen Katzenpfötchen dehnten sich aus den schattigen Bereichen in die Sonne aus. Gab das Wurzelsystem der Zitterpappeln Wasser an den Boden ab, das den Tuffs am Boden zugutekam? Vielleicht war das ja der Grund, warum diese üppige Pflanzenpracht auf den dünneren, trockeneren Bodenschichten überleben konnte. Aber ich hatte keine Ahnung, wie das Wasser von den alten Zitterpappeln zu den kleinen Blumen gelangen sollte, ohne dass es vorher in der Sonne verdunstete.

Bei einer knorrigen Ponderosakiefer hielt ich inne und grub für meinen Apfelbutzen ein Loch in den flechtenbedeckten Boden. Der harte Lehm war durchzogen von einem Gewirr aus Baumwurzeln und Grasrhizomen – einem unterirdischen Sprossensystem mit gelegentlichen Wachstumsknoten, ähnlich den Ausläufern einer Erdbeerpflanze. Trotz der Trockenheit breiteten sich in den mineralischen Erdklumpen überall die großen weißen, rosafarbenen und schwarzen Fächer aus Pilzfäden aus. Sie waren dünner als die fleischigen Stränge, die ich als Kind gesehen hatte, damals als Jiggs in die Grube gefallen war, mit den farbigen Wurzeln und Erdschichten. Feiner als die dichten gelben Matten in dem Felsentannenwald unterhalb des Kahlschlags im Frühling. Ein rosa Korallenpilz, so benannt, weil er aussah wie Korallen am Meeresboden, lugte aus einem Bett von Flechten, die wie eine Kruste den Boden überzogen. Ich nahm das winzige, nur einen Zoll hohe Pilzbäumchen in die Hand, um seine zarten aufrecht stehenden Ästchen näher in Augenschein zu nehmen. Offensichtlich waren sie ebenso fleißige Sporenproduzenten wie die Lamellen, Poren und Leisten anderer Pilzarten – Millionen von ihnen stoben mir in die Nase, und ich musste niesen. Am unteren Ende des Stiels baumelten rosa Pilzfäden.

Welchem Zweck dienten die Pilzfäden dieses seltsam geformten Gebildes, und welchen Beitrag leisteten sie zu seinem Überleben? Ich rieb die Fäden zwischen Daumen und Zeigefinger. Sie fühlten sich körnig an. Feuchte Erdpartikel klebten an den Myzelien. Vielleicht spielten die Fäden eine Rolle beim Aufspüren von Wasser im Labyrinth der Bodenporen. In diesem Klima würde alles Wasser, das noch im Boden verblieb, unauflöslich an Erdpartikel gebunden bleiben. In dem dünn bewaldeten Areal, wo Bäume nur in Senken und Rinnen gediehen, entschied eindeutig das Vorkommen von Wasser darüber, wo sie Fuß fassen konnten und wo nicht. Ich fragte mich, ob diese winzigen Pilze nicht nur für sich selbst sorgten, sondern vielleicht auch den Bäumen halfen, denen es an Wasser mangelte, und an Stellen, an denen sie der Kälte ausgesetzt waren, vielleicht außerdem mit Nährstoffen versorgten. Würde ich, wenn ich mit meinem Fahrrad zu den höher gelegenen Wäldern auf der anderen Talseite führe, dort auch die pfannkuchenförmigen Röhrlinge finden, so wie in den Lillooet Mountains? An wasserreichen Stellen versorgten die rosafarbenen, gelben und weißen Fäden die Bäume womöglich mit Nährstoffen anstelle von Feuchtigkeit. Ich steckte den Korallenpilz zu dem Bovist in meine Tasche.

Noch mehr beschäftigte mich die Frage, ob die Unmenge an seidigen Pilzfäden, die fächerförmig den Lehm durchzogen, eine Erklärung dafür liefern konnten, wie Wasser von den großen Bäumen zu den flacher wurzelnden Pflanzen gelangte. Stellten diese Fäden, die aussahen wie ein unterirdisches Spinnennetz, eine Verbindung zwischen Bäumen und Pflanzen her, sodass die dringend benötigte Feuchtigkeit der ganzen Gemeinschaft zugutekam? Waren die Boviste und Korallenpilze auch beteiligt?

Womöglich hatten sie überhaupt nichts mit der Sache zu tun, denn die herrschende Lehrmeinung war, dass Bäume ausschließlich miteinander ums Überleben konkurrieren. So hatte ich es im Studium gelernt, und das war der Grund, warum meine Holzfirma wollte, dass schnell wachsende Bäume in Reih und Glied und mit ausreichend Abstand angepflanzt wurden. Aber in diesem Ökosystem, in dem Bäume und Pflanzen anscheinend zum Überleben aufeinander angewiesen waren, war das unsinnig. Eine einzige Saison mit extremer Trockenheit, eine einzige Dürreperiode, an die die Bäume sich nicht anpassen konnten, und die Gluthitze wäre ihr Tod.

Wie üblich traf ich in allerletzter Minute in der Arena am Logan Lake ein, gerade als Kellys Auftritt begann. Der Rodeoplatz lag in der Mitte des Dorfes, das sich in eine wellige Gletscherlandschaft schmiegte, bedeckt mit einem bleichen, dürren Tannen- und Kiefernwald sowie mit Wiesen. Nur ein paar tausend Menschen lebten hier – Rancher, Holzfäller, Arbeiter in den Kupferminen. Die bescheidenen Berge, aus komprimiertem Geschiebemergel und Vulkankegeln geformt und danach über Jahrmillionen verwittert, kamen mir genau wie die bodenständigen, arbeitsamen Menschen vor, deren Umgebung sie bildeten. Die Sonne brannte herab auf den staubigen Boden, wärmte die Erde und verstärkte den Geruch der Pferde und Bullen noch. Hunde tranken ausgiebig aus Wasserschalen im Schatten, und die Kids saßen beisammen unter dem Sonnendach am Fischteich. Cowboys und Cowgirls führten ihre stattlichen Tiere – Appaloosas, Quarterhorses, Paints – vom Stall zum Ring. Die Leute nahmen gerade zum Bullenreiten Platz; ich fand einen Sitz weit unten auf der Tribüne und suchte die Gatter nach Kellys Cowboyhut aus braunem Filz ab.

Trotz der Hitze traten die Cowboys in voller Montur an, bestickte Hemden mit Passe und enge Bügelfaltenjeans, elegant wie elisabethanischer Adel. Ich zog mir gegen die Sonne meine Baseballkappe tief in die Stirn, wünschte mir einen Stetson. T-Shirt und Shorts waren ein Fehler gewesen. In diesem flachen Bergland war es heißer als in der hintersten Hölle, und blanke Haut war binnen Minuten verbrannt.

Dann sah ich Kelly.

Er saß auf der Absperrung der Arena und hielt seinen Bullen an den Zügeln. Das Gatter, kaum breiter als der Bulle selbst, befand sich am äußersten Ende der ovalen Arena und war mit einem Tor verschlossen. Im Ring trat ein Clown auf. Kellys Beine unter den Jeans und den ledernen Chaps waren angespannt; er wartete, dass der Bulle sich ein wenig beruhigte. Grinsend redete er mit dem Tier. Seine hellen blauen Augen waren so sehr auf den Bullen fixiert, sie schienen unbeweglich unter den dunklen Augenbrauen, und seine ohnehin großen Hände sahen in den abgegriffenen Lederhandschuhen noch größer aus. Ich wusste, dass »Kelly« in seinen Ledergürtel geprägt war, und er hatte eine silberne Prunkschnalle mit dem Bild eines Berglöwen, das passende Andenken an das Pumaterrain, auf dem wir groß geworden waren. Dort, wo unsere Eltern uns gezeigt hatten, wie man ein Lager aufschlägt. Wie man einen Garten anlegt oder einen Fisch fängt. Wie wir mit dem Kanu zur Koppel fahren konnten, wo wir dann auf Mieko ritten, Kellys Pferd. Dort, wo wir zusammen gelernt hatten, wo unser Platz, unsere Bedeutung, unsere Bestimmung in der Natur war. Wir hatten Baumhäuser gebaut, Räuber und Gendarm gespielt. Schaukeln aus langen Tauen, waghalsige Flöße im kühlen Regen der Gegend rund um Mabel Lake. Als Kind hatte Kelly das Reiten stundenlang auf einer blauen Blechtonne geübt, die wir zwischen den

Pappeln aufhängten. Robyn und ich zogen nach Leibeskräften an den Tauen, er bezwang die Tonne wie einen sich aufbäumenden Bullen, schlug ihm imaginäre Sporen in den Leib.

Bei der Auslosung hatte er den wildesten Bullen gezogen, »Dantes Inferno«. Auf einer Anzeigetafel prangten Dantes Erfolge: Er hatte 98 Prozent der Cowboys, die ihn hatten reiten wollen, abgeworfen, 45 Prozent hatte er für Dreher, Tritte, Sprünge und Sich-am-Boden-Wälzen bekommen. Der Cowboy und der Bulle konnten jeweils maximal 50 Punkte erlangen, der Cowboy dafür, wie flüssig er die Bewegungen des Bullen auffing und parierte. Kelly wartete auf dem Zaun, Dante warf sich gegen die Gatterwände. Cowboys auf der Tribüne brüllten heiser. Ein Clown in der Manege tanzte, bereit, das Tor weit aufzuwerfen. Kelly sah auf, ließ den Blick über die Menge schweifen. Dass er Dante bekommen hatte, war ein zweischneidiges Schwert. Wer abgeworfen wurde, bevor die ersten, schrecklichen acht Sekunden vorbei waren, bekam gar keine Punkte; wenn er aber oben blieb, konnte er mit dem Ritt besonders viele einheimsen.

Dante schäumte vor Wut, sein Fell war mit Speichelschlieren befleckt, und die Menschenmenge machte ihn noch rasender, weil er eingesperrt war. Ich dachte an die Narbe unterhalb von Kellys Unterlippe, ausgebeult durch den obligatorischen Klumpen Kautabak, den er immer zwischen Lippe und Kiefer klemmte. Die Narbe hatte er sich als Elfjähriger zugezogen; damals war er mit dem Fahrrad gegen einen geparkten Lastwagen geknallt, als wir in einem Wettrennen sehen wollten, wie hoch die Anzeige bei meinem neuen Tacho ging.

Er entdeckte mich auf der Tribüne und lächelte mir zu. *Keine Sorge. Alles im Griff.*

Nervös drehte ich den Korallenpilz zwischen den Fingern.

Während der Bulle bockte und um sich trat, schwadronierte der Ansager über Lautsprecher. Als er Kelly als aufgehenden Stern am Rodeohimmel bezeichnete, reckte ich mich vor Stolz. In den Kleinstädten von British Columbia wie Chetwynd, Quesnel oder Clinton sei Kelly schon dafür bekannt, dass er sich nicht so leicht abwerfen lasse. Zu gewinnen gebe es Bargeld, und daran mangele es den meisten Cowboys. Fünfhundert Dollar für den Gewinner des heutigen, unbedeutenden Wettbewerbs. Kelly schäkerte mit dem Clown, indem er so tat, als halte er sich die Ohren zu, um das Lärmen und Toben des Bullen nicht zu hören. Der Clown hatte ein weiß geschminktes Gesicht mit roten Lippen; er trug ein gelb kariertes Cowboyhemd und schlabbrige Jeans.

»Hey, Clown«, alberte der Ansager über Lautsprecher.

Der Clown schlug ein Rad. »Was ist?«, rief er zurück.

»Was bekommt ein Cowboy als letzte Mahlzeit?«

Der Clown zuckte die Achseln, behielt aber das Gatter mit dem Bullen genau im Auge.

»Blaue Bohnen.«

Die Menge kreischte vor Lachen, der Clown wälzte sich am Boden, krümmte sich vor Schmerz über diesen Witz. Kelly saß einsatzbereit auf der Kante des Gatters. Der Bulle hatte sich ein wenig beruhigt.

»Hey, Clown. Ein Mann, der noch nie auf einem Pferd gesessen hat, kommt zum Rodeo.«

Der Clown stemmte beide Hände in die Hüften und schüttelte den Kopf. Was will denn so einer beim Rodeo?

»Macht nichts, dann geben wir ihm ein Pferd, auf dem noch nie einer gesessen hat.«

Der Clown schlug sich mit den Handballen an die Stirn, und die Menge johlte, doch dann wurde es auf einmal mucksmäuschenstill.

Ich entdeckte Onkel Wayne, den Bruder meiner Mutter; er saß ein paar Reihen vor mir, die Augen auf Kelly gerichtet, als feuere er ihn mit seiner inneren Stimme an. Kelly war Waynes Schützling, und Wayne war Kellys Idol, beides geborene Cowboys aus dem Viehzüchterzweig der Fergusons. Hart arbeitende Männer, die lieber beim Galopp über eine Wiese im Sattel sterben wollten als im Sessel mit einem Buch in der Hand.

Ich war keine solche Draufgängerin, aber ich wusste, für Kelly gab es nichts Wichtigeres als das Bullenreiten; es lag ihm so sehr im Blut wie mir die Bäume.

Plötzlich begriff Dante, in was für eine Lage er geraten war, stutzte und stand still.

Kelly tippte mit dem Finger an die Hutkrempe, als Zeichen für den Schiedsrichter auf der gegenüberliegenden Seite des Gatters, wickelte sich das geflochtene Seil, das in einer Schlinge vorn um den Rumpf des Stiers gelegt war, fest ums rechte Handgelenk und ließ sich auf Dantes Rücken gleiten. Die Lederfransen an der Manschette seines Handschuhs wirkten geradezu zierlich im Vergleich zu seinem muskulösen Arm und der Kraft des Bullen. Als Kelly nickte, zog der Schiedsrichter mit einem Ruck den breiten Flankenriemen unter dem Unterleib des Tieres fest.

Der Clown riss das Gattertor auf, und der Bulle kam wutschnaubend herausgeschossen, trat um sich, drehte sich im Kreis, schüttelte den Kopf. Johlend sprangen die Zuschauer von ihren Plätzen auf. Die ganze Arena bebte. Alle starrten wie gebannt auf *meinen* kleinen Bruder. Der Flankenriemen tat seine Wirkung und schnitt dem Bullen so tief ins Fleisch, dass er wie besessen mit den Hinterbeinen um sich trat. Ein schlaksiger Cowboy hinter mir schrie: »Zeig's ihm, du blöder Hund!«

Kelly hielt mit der rechten Hand fest das Seil gepackt und reckte die linke in die Höhe. Ich spürte die Angst in meiner

Kehle. Dante drehte sich im Kreis, schlug in alle Richtungen aus, doch Kelly ließ sich nicht abschütteln, es war unglaublich, wie er mit allen Bewegungen des Bullen mitging. Dabei kamen sie der Begrenzung der Arena so nahe, dass ich schon glaubte, sie würden den Bretterzaun durchbrechen. Der Bulle stieß ein lautes Brüllen aus, als Kelly ihm die Sporen ins Fleisch stieß. Ich kannte mich gut genug aus, um zu wissen, dass der Schiedsrichter Kelly mehr Punkte geben würde, wenn er Dantes Wut anstachelte. An Kellys Hals traten sämtliche Sehnen hervor. Der Clown wedelte mit seinem roten Taschentuch, um den Bullen wieder in die Mitte der Arena zu locken.

Als der Zeiger der Acht-Sekunden-Marke entgegentickte, riss ich die Fäuste in die Höhe und johlte, bis mir die Kehle brannte. Aber mir war auch klar, dass eine unvorhergesehene Bewegung, ausgelöst womöglich durch einen schrillen Schrei aus dem Publikum, Kelly sämtliche Knochen brechen konnte.

Ich sah weg, zwang mich aber dann doch wieder und sah den heftigen Ruck, mit dem er ihn abwarf. Kelly flog im hohem Bogen durch die Luft und landete, Schulter voraus, mit einem entsetzlichen Krachen auf dem Boden. Alles Blut wich aus meinem Kopf. Im letzten Moment hechtete er aus der Bahn des Bullen. Die Menge stöhnte auf und sank wieder auf ihre Sitze. Die Uhr zeigte sieben Sekunden. Onkel Wayne brüllte: »Geezuz Christ!«

Geschmeidig wie ein Turner schlug der Clown vor der Nase des Bullen seine Kapriolen und zog dessen Aufmerksamkeit auf sich, so dass Kelly zur Absperrung wanken konnte. Ein Cowboy lenkte sein Pferd im Galopp an Dantes Seite und packte den Flankengurt. Die Schnalle löste sich, der Riemen fiel zu Boden. Dante bäumte sich ein letztes Mal auf und preschte durch die Arena, wurde dabei aber zusehends langsamer, bis der Cowboy ihn schließlich in das angrenzende Gehege treiben konnte.

»Lasst hören, Leute!«, rief der Ansager. Die übliche Formel – »Er hat schließlich seine Startgebühr bezahlt!«, eine kleine Verneigung vor denen, die abgeworfen wurden –, und die Menge applaudierte. Der nächste Cowboy war schon startbereit.

Onkel Wayne, ein allseits beliebter Roper*, bekannt als tadelloser Viehzüchter, gut im Geschäft, und ebenso als mächtiger Trinker, unterhielt sich mit einigen Cowboys; dabei fuchtelte er mit den Armen, wie es Kelly getan hatte; laut wurde in allen Einzelheiten über diese sieben Sekunden diskutiert.

Als ich am Erste-Hilfe-Trailer ankam, dessen Metallwände vor Hitze glühten, war der Sanitäter gerade dabei, Kellys rechtes Schultergelenk wieder einzurenken. Kein Blut auf dem Hemd, aber es war zu einer Kugel zusammengeknüllt. Der Sanitäter hantierte an Kellys Schulter, es musste höllisch wehtun, aber Kelly grinste wie ein Honigkuchenpferd. Keine Spur von Kummer mehr darüber, dass seine Freundin, die Barrel-Racerin, ihm den Laufpass gegeben hatte. Beim Anblick seines schlaff herabhängenden Arms wurde mir ganz übel. Ein paar Mädchen kamen herein, die knallengen Blusen in noch engere Bluejeans gesteckt, die von Gürteln mit silbernen Beschlägen gehalten wurden und unten in Cowboystiefeln mit kunstvollen Ziernähten verschwanden. Wie kam es, dass alle anderen in meiner Familie dieser Glitzerwelt entgangen waren? Ein schüchternes Mädchen im Hintergrund mit rabenschwarzen Haaren und grün funkelnden Augen erregte Kellys Aufmerksamkeit, und er lächelte ihr zu; die anderen Verehrerinnen begrüßte er mit einem Winken.

---

* Jemand, der Kälber mit dem Lasso einfängt.

Der Sanitäter packte ein letztes Mal zu, und Kelly unterdrückte einen Schmerzenslaut, als die Kugel seines Oberarmknochens wieder in die Gelenkkapsel des Schulterblatts schnappte. Die Mädchen – mit dieser Art Schmerz vertrauter als ich, denn sie waren auf den Ranches groß geworden, drängten sich ehrfürchtig näher. Aber mir wurde übel davon, und ich ging zur Tür.

Überwältigt von so viel Aufmerksamkeit rief Kelly mir zu: »Hey, Suzie, bist du etwa bei der Hitze den ganzen Weg hierher geradelt?« Er grinste. Das Mädchen mit den rabenschwarzen Haaren muss gespürt haben, dass ich seine Schwester war, denn sie trat ein wenig beiseite und machte mir Platz; die anderen Mädchen trollten sich wieder.

»Ja, aber ich bin schon früh losgefahren.« Ich lehnte mich neben ihm an den hölzernen Behandlungstisch.

»Ist jetzt schon das zweite Mal, dass ich mir den Arm ausgekugelt habe. Der Doktor sagt, das Risiko wird mit jedem Mal größer.«

»Das wird schon wieder.« Ich wollte nicht, dass er aufhören musste. Er kam gerade erst richtig in Schwung. Seit unserer Kindheit hatte ich ihn nicht so aufgekratzt, so lebendig gesehen.

Kelly lachte und beugte trotz der Schmerzen den Arm, stimmte mir zu. »Du bist aber auch gut in Form«, sagte er.

Es tat gut, so eine ganz normale Unterhaltung. Als die Ehe unserer Eltern in die Brüche gegangen war, hatte es Kelly viel härter getroffen als mich. Er war jünger und lebte als Einziger von uns Kindern noch zu Hause, als die beiden in der Klinik landeten, weil sie mit dem Leben nicht mehr zurechtkamen. Bei einem Besuch im Krankenhaus wollte Mum mir versichern, mit ihr sei alles in Ordnung, aber da sie offenbar nicht einmal genau wusste, weswegen sie überhaupt dort war, hatte ich so meine Zweifel, ob sie wirklich auf dem Wege der Besserung war. Dad

Kelly mit Mitte zwanzig beim Bullenreiten, Falkland Stampede, späte achtziger Jahre

saß, als sie ihn wieder nach Hause schickten, einfach nur da, paffte Zigaretten und starrte die Wände an. Ich hätte die beiden am liebsten angebrüllt – nehmt euch zusammen! –, aber hauptsächlich war mir nach Heulen zumute. Vor und nach ihrer Genesung zog Kelly erst von Mum zu Dad und dann wieder zurück, verzweifelt auf der Suche nach genügend Stabilität, um die Highschool zu Ende zu bringen. Er ging mit Dad zum Angeln und mit Mum zum Skifahren, aber gegen die Traurigkeit der beiden kam er nicht an. Schließlich war er so frustriert, dass er beim kleinsten Anlass aus der Haut fuhr. Einmal drückte ich aus Versehen bei meinem Auto auf die Hupe, als er an seinem Wagen herumschraubte, und er kam aus der Garage geschossen und schnauzte mich an. In dieser Zeit kam auch Robyn mit ihrem Studium nicht mehr so ganz zurecht und hatte sich eine einjährige Auszeit genommen, um zu reisen. Wir versuchten, uns gegenseitig zu trösten, aber wir waren jetzt junge Erwachsene, hatten kein gemeinsames Zuhause mehr und nur noch wenig Kontakt.

Hier beim Rodeo aber fühlte ich mich wieder wie früher in den Wäldern, wo Kelly und ich gemeinsam unser Lager aufgeschlagen und zu Pferd die Gegend erkundet hatten.

Das Mädchen mit den rabenschwarzen Haaren stand die ganze Zeit geduldig dabei, und Kelly fragte, wie sie heiße. Bevor sie antworten konnte, bebte der Trailer, und Onkel Wayne kam hereingepoltert. »Du hast den übelsten Bullen vom ganzen Rodeo erwischt!«, rief er. Seine Gürtelschnalle, eine Siegestrophäe, war tellergroß und mit dem Bild eines Longhorn-Bullen verziert.

»Ja, in dem Vieh steckt der Teufel«, antwortete Kelly und spuckte Tabaksaft in einen bereitstehenden Napf. »Der hat mir ganz schön zu schaffen gemacht.«

»War der nicht unglaublich, dieser Bulle, Susan?«, donnerte Onkel Wayne. Immer sprach er meinen Namen falsch aus. Dann sah er das Mädchen an und rief: »Hallo, Shen. Du bist jetzt gleich beim Kälberfangen dran; kann's gar nicht erwarten, dich mit dem Lasso zu sehen. Was macht dein Dad? Immer noch die Arbeit in 150 Mile House?« Das war ein Ort an einer alten Goldgräberstraße, eine Ansiedlung mit Laden und Tankstelle.

»Dem geht's gut«, antwortete sie, erstaunt, dass er ihre Familie kannte. Onkel Wayne kannte alles und jeden.

»Ich hatte mal eine Freundin aus Lac La Hache, in der Nähe von 150«, steuerte ich bei, weil mir nichts Besseres einfiel.

Als ein anderes Mädchen hereingeschlendert kam und fragte, ob Kelly ein Aspirin wolle, ging Shen still davon, und Kelly sah ihr nach. Soviel ich weiß, sind die beiden sich nie wieder begegnet, aber ich werde ihr immer dankbar dafür sein, dass sie damals für ihn da war, für den vorbehaltslosen Respekt, die Anerkennung, die Freundlichkeit. Und ihre plötzliche Flucht entsprach genau meinen eigenen Impulsen. Kelly wusste, wann es für Leute wie mich Zeit war, sich einfach davonzustehlen, genau wie ich es stets spürte, wenn er sich von plötzlichen Veränderungen überwältigt fühlte, wie jemand, der ein Jahrhundert zu spät auf die Welt gekommen ist. Ich hatte Kelly den Bovist zeigen wollen, aber jetzt wollte ich ihn nicht vor Onkel Wayne in Verlegenheit bringen, also gab ich ihm nur einen Klaps auf den heilen Oberarm als Abschiedsgruß.

»Hey«, sagte er, »danke, dass du den ganzen Weg mit dem Fahrrad gekommen bist, in der Affenhitze, nur um mich zu sehen.«

»Jederzeit wieder«, sagte ich und lachte auch. »Wo ist dein nächster Auftritt? Vielleicht kann ich ja kommen.«

»Omak, Wenatchee und Pullman«, antwortete er. »Alle am selben Wochenende.«

»Puh«, erwiderte ich. »'Ne Nummer zu groß für mich. Alles Gute. Wir sehen uns, wenn du das nächste Mal in der Gegend bist.« Dann wussten wir nicht mehr weiter, obwohl es noch so viel zu sagen gegeben hätte.

Kelly tippte sich zum Abschied an die Hutkrempe und steckte sich ein neues Stück Kautabak in die Backe.

Ich schwang mich aufs Rad und durchquerte von Neuem den Douglasienwald, zurück zu meinem Auto, einem VW-Käfer, der noch prima lief, solange die per Kleiderbügel geflickte Schaltung hielt. Früh am Morgen erwartete man mich im Woodlands-Büro zurück, und jetzt tat es mir doch wieder leid, dass ich Kelly nicht nach seiner Meinung zu meinen Sorgen mit den Setzlingen gefragt hatte. Er hätte lange und angestrengt nachgedacht und mir dann eine Erklärung geliefert, an die ich nie und nimmer gedacht hätte. So wie er einmal, als mir auf einem gemeinsamen Ausritt der Zügel riss, einen Ersatz aus Pappelruten flocht. Ich war die, die in den Kiefernwäldern beim Haus die Stellen fand, wo die Erdbeeren wuchsen; er half draußen auf der Weide Kälbern auf die Welt und brannte Wunden aus. Wenn er über eine Sache nachdachte, dann begriff er die grundsätzliche Ordnung der Dinge, und die Schlüsse, die er daraus zog, waren brillant. Dinge, die er mit ein paar Worten erklärte. Dann kam ein Lachen, dann schwieg er.

Auf halbem Wege merkte ich, was für einen Riesenhunger ich hatte, und ich machte Rast unter einer Douglasie und aß mein Käsebrot, all die Zeit beschimpft von einem Eichhörnchen. In den Pfoten hatte es einen schokoladenbraunen Trüffel mit schwarzer Schale und knabberte daran in einem Tempo wie der Flügelschlag eines Kolibris. Es hatte diesen Trüffel aus dem Boden unterhalb der Douglasie ausgegraben. An mehreren Löchern lag noch die frische, eben erst von ihm aufgewühlte Erde.

»Du kriegst nichts ab«, sagte ich. »Du hast ja deinen Trüffel.« Ich aß in aller Eile, dann holte ich aus der Fahrradtasche mein Messer und verscheuchte das Hörnchen, damit ich mir eins seiner Grablöcher genauer ansehen konnte. Es zog sich an die Stelle zurück, die unübersehbar sein bevorzugter Essplatz war, und keckerte laut, schlug aber auch weiterhin die Zähne in den Trüffel, dass die Sporen nur so flogen.

Ich grub mich durch harte Tonschichten, jede davon umhüllt von einem Geflecht schwarzer Pilzfäden. Ich hielt einen Klumpen in die Höhe und konnte sehen, wie die hauchzarten Fäden geradewegs in die Poren des Bodens hineinwuchsen. Ich stach tiefer hinein und sah, dass jede einzelne Erdschicht von dem Pilznetz umhüllt war. Ich kam an etwas Weiches, als stieße ich in eine gekochte Kartoffel, und grub weiter, bis mich aus der Tonschicht ein schwarzer runder Trüffel anstarrte, die dunkle Rinde rissig. Ich wischte, wie bei einer archäologischen Grabung von einer Tonscherbe, die Krume ringsum beiseite, bis ich nur noch die Knolle in der Hand hielt.

Ich buddelte weiter, mittlerweile war das Loch schon so groß wie mein Fuß, und stieß auf einen Strang, der aus dem Trüffel herausführte. Er sah aus wie eine dicke schwarze Nabelschnur, drahtig und fest, und bestand aus einer Vielzahl von Pilzfäden, umeinander gedreht und verzwirnt wie die Bänder an einem Maibaum. Die Fäden selbst kamen aus dem schwarzen fächerförmigen Geflecht, das die Tonschollen umhüllte, und von dort bildeten sie einen dicken gewundenen Strang. Dieser steckte fest im Ton, und ich stemmte weitere Erde ab, um zu sehen, wohin er führte. Binnen etwa einer Viertelstunde Arbeit verfolgte ich ihn zu einem weißlich violetten Nest aus Douglasienwurzelspitzen. Ich stieß die Spitzen mit meinem Messer an – sie waren genauso weich und hatten die gleiche Textur wie ein Pilz.

Ich starrte in das Loch; mein Verstand lief auf Hochtouren. Der Strang verband die von Pilzfäden ummantelten Wurzelspitzen der Douglasie mit dem Trüffel. Und die Wurzelspitzen waren der Ausgangspunkt der Pilzfäden, die sich fächerförmig im Boden ausbreiteten.

Der Trüffel, der Faserstrang, das Hyphengespinst und die Wurzelspitzen bildeten eine Einheit.

Der Pilz wuchs auf den Wurzeln dieses gesunden Baums. Mehr noch: Er hatte einen unterirdischen Fruchtkörper gebildet, einen Trüffel. Die Beziehung zwischen dem Baum und dem Pilz war so stabil, dass der Pilz gefruchtet hatte.

Ich hatte die Luft angehalten; jetzt atmete ich wieder aus und hockte mich auf die Fersen. Da der Pilz die Wurzelspitzen komplett umschloss, musste alles Wasser – genauer gesagt alles, was wasserlöslich war – durch den Pilz hindurchdiffundieren, und der hatte allem Anschein nach das nötige Werkzeug, um eine Verbindung zwischen den Wurzeln und dem im Boden gebundenen Wasser herzustellen. Der Pilz war ein hochkomplexes unterirdisches Gebilde – Trüffel, Stränge und Fäden, ihrerseits aufgefächert zu extrem feinen Hyphen, die in die Bodenporen eindrangen. In diesen Poren war das Wasser so fest gebunden, dass eine Million dieser mikroskopisch dünnen Fäden nötig war, um auch nur einen Tropfen davon aufzusaugen. Das Gespinst konnte das Wasser aus den Bodenporen aufnehmen und über die Fäden zu dem Strang weiterleiten, der es dann an die mit ihm verbundene Douglasienwurzel weitergab.

Aber wieso sollte der Pilz sein Wasser dem Baum überlassen? Vielleicht war der Baum so ausgedörrt, nachdem er über die offenen Spaltöffnungen große Mengen Feuchtigkeit verdunstet hatte, dass seine Wurzeln das Wasser aus dem Pilz saugten wie ein Staubsauger. Oder wie ein durstiges Kind mit einem Strohhalm. Dieses ausgeklügelte unterirdische Pilzsystem sah wirklich aus wie eine Lebensader, die den Baum mit kostbarem Wasser aus dem Boden versorgte.

Nach einer halben Stunde als Amateurarchäologin musste ich mich nun beeilen. Ich wickelte den Trüffel samt Faserstrang und den damit verbundenen Wurzelspitzen in das Papier, in dem mein Käsebrot gesteckt hatte, verstaute meinen Schatz in der roten abgewetzten Fahrradtasche, schwang mich auf den Sattel und winkte dem immer noch an seinem Trüffel knabbernden

Eichhörnchen zum Abschied zu. Kräftig in die Pedale tretend erreichte ich bei Einbruch der Dunkelheit meinen VW, zurrte das Fahrrad mit einem Seil auf dem Wagendach fest und zog mir ein Sweatshirt über. Mit den beiden Rädern des Fahrrads, die vorn und hinten überstanden, sah mein alter blauer Käfer aus, als seien ihm Schmetterlingsflügel gewachsen.

Auf der Schlängelstraße am Fraser River kehrte ich zurück nach Lillooet, so müde, dass mir immer wieder die Augen zufielen, und dann schreckte ich jäh auf, weil ich mir einbildete, es wäre ein Hirsch auf der Straße. Es war schon fast Mitternacht, als ich wieder bei der Firmenbaracke ankam. Auf Zehenspitzen schlich ich mich über den Flur, vorbei an den beengten Schlafquartieren der vier anderen Werkstudenten, allesamt junge Männer. In meinem engen Zimmer – eigentlich kaum mehr als ein Wandschrank – suchte ich nach dem Pilzbuch aus der Bibliothek. Ein heilloses Durcheinander; ich wünschte mir, ich hätte die Ordnungsliebe meines Vaters geerbt. *Da war es!* Ich zog es unter einem Haufen Jeans und T-Shirts hervor.

Ich blätterte. Der Bovist war ein Erbsenstreuling, und der Korallenpilz gehörte zur Gattung der Keulchen. Ich wickelte meinen in Butterbrotpapier verpackten Schatz aus und verglich ihn mit den Bildern. Der Trüffel, dessen gesamter Lebenszyklus unterirdisch ablief, war eine ganz andere Spezies – ein *Rhizopogon* oder Wurzeltrüffel. Obwohl ich vor lauter Müdigkeit nur noch verschwommen sah, las ich die Beschreibungen der Pilze und fand bei allen dreien am Ende des Artikels in einer fast unlesbar klein gedruckten Fußnote den Vermerk, dass es sich um »Mykorrhizapilze« handle.

Ich schlug das Glossar auf. Mykorrhizapilze bildeten Gemeinschaften – lebenswichtige Verbindungen – mit Pflanzen. Ohne diese Partnerschaft konnten weder der Pilz noch die Pflanze überleben. Bei meinen drei Zufallsfunden handelte es sich um Fruchtkörper von Pilzarten dieses Typs, der Wasser und Nährstoffe aus dem Boden aufnahm und als Gegenleistung für durch Photosynthese erzeugte Kohlenhydrate an seinen Pflanzenpartner weitergab.

Ein Verhältnis auf Gegenseitigkeit. Eine *Symbiose.*

Ich las den Abschnitt nochmals, obwohl mir fast die Augen zufielen. Für die Pflanze war es effizienter, den Pilz zu unterstützen, als selbst neue Wurzeln zu bilden, denn die Zellwände des Pilzes waren dünn, enthielten weder Zellulose noch Lignin und benötigten zum Aufbau deutlich weniger Energie. Die Hyphen der Mykorrhizapilze wuchsen in die Zellzwischenräume der Pflanzenwurzeln, und ihre schwammigen Zellwände drückten gegen die dickeren Zellwände der Pflanze. Jede Pflanzenzelle war umgeben von einem Geflecht aus Pilzzellen, wie ein Haarnetz auf dem Kopf eines Kochs. Die Pflanze transportierte durch Photosynthese hergestellte Kohlenhydrate durch ihre Zellwände in die Nachbarzelle. Mit Hilfe dieser zuckerhaltigen Nahrung konnte der Pilz sein Hyphennetz im Boden ausbilden und darüber Wasser und Nährstoffe aufnehmen. Diese Substanzen gab der Pilz nun seinerseits als Gegenleistung für den photosynthetischen Zucker durch die aneinandergepressten Zellwände an die Pflanze weiter.

Mykorrhiza. Wie sollte ich mir dieses Wort merken? *Mykēs* wie Pilz und *rhiza* wie Wurzel. *Mykorrhiza* bedeutete *Pilz-Wurzel.*

Ja, stimmte. In einer bodenkundlichen Vorlesung hatte der Professor Mykorrhizen erwähnt, aber nur so kurz und so beiläufig, dass ich mir keine Notizen gemacht hatte. Seine Vorlesung richtete sich an angehende Landwirte, nicht an Studenten der Forstwissenschaft. Wissenschaftler seien in jüngster Zeit zu dem Schluss gekommen, dass Mykorrhizapilze das Wachstum von

Nahrungspflanzen förderten, weil die Pilze seltene Mineralien, Nährstoffe und Wasser aufnehmen konnten, die für die Pflanzen nicht zugänglich waren. Durch den Einsatz von Düngemitteln mit Mineralien und Nährstoffen wurde dieser natürliche Vorgang unterbrochen, und die Pilze verschwanden. Wenn die Pflanzen keinen Grund mehr sahen, zur Deckung ihres Bedarfs in die Pilze zu investieren, stellten sie die Versorgung ein. Bei den Forstwirten hatte man dem Nutzen von Mykorrhizapilzen nicht sonderlich viel Aufmerksamkeit geschenkt, jedenfalls nicht genug, um sie in Lehrveranstaltungen zu erwähnen, aber man hatte immerhin versucht, in Baumschulen herangezogene Sämlinge mit Pilzsporen zu impfen, um zu sehen, ob sie dann besser gediehen. Aber da die Ergebnisse nicht eindeutig waren, war es leichter, Dünger einzusetzen als gesunde Mykorrhizen zu kultivieren. Ich musste lachen über diese typisch menschliche Verhaltensweise – wir wollen immer nur das schnellste Patentrezept.

Mit ein klein wenig mehr Aufwand könnten wir auch mit nachhaltigeren Mitteln arbeiten und die Pflanzen zu ihren hochentwickelten Mykorrhizabeziehungen animieren. Stattdessen ignorieren die Waldbewirtschafter die Mykorrhizen oder – schlimmer noch – zerstören sie mit Kunstdünger und künstlicher Bewässerung bei der Aufzucht der Setzlinge und konzentrieren sich, was Pilze angeht, ganz auf die *pathogenen* Arten, diejenigen, die ausgewachsene Bäume schädigen oder gar töten. Diese parasitischen Pilzarten, die Wurzeln und Stämme befallen, beschädigen das Holz, und manchmal bringen sie Bäume sogar um. Kurz gesagt, pathogene Pilze können die Holzindustrie eine Stange Geld kosten. Die Lehrer in der Forstschule hatten uns auch von *Saprophyten* erzählt, den Pilzarten, die totes Material zersetzten – denn dass diese entscheidend für den Nährstoffkreislauf waren, lag auf der Hand. Ohne die Saprophyten würden die Wälder in ihren Abfallprodukten ersticken, genau wie unsere Städte im Müll.

Aber im Vergleich zu den pathogenen und den saprophytischen Pilzen galten die mykorrhizischen nicht als wichtig. Dabei waren sie doch offensichtlich das, was für die Setzlinge in meinen Schonungen den Unterschied zwischen Leben und Tod ausmachte. Es reichte nicht, wenn man die Setzlinge einfach mit nackten Wurzeln in den Boden steckte. Offensichtlich brauchten die Bäume nützliche Pilzsymbionten dazu.

Auf meinem Matratzenlager, mit dem Rücken an die Wand gelehnt, schaute ich meine drei Pilze an, urzeitliche Gebilde. Alle drei waren Mykorrhizapilze, sie waren *Helfer* für die Pflanzen. So stand es in dem Pilzbuch. Ich las noch ein wenig und fand eine weitere verblüffende Passage. Die mykorrhizische Symbiose galt als Auslöser für die Wanderung prähistorischer Pflanzen aus dem Meer ans Land vor etwa 700 Millionen Jahren. Die Besiedlung durch Pilze machte es den Pflanzen möglich, aus dem kahlen, unwirtlichen Felsen genügend Nährstoffe aufzunehmen, um an Land Fuß zu fassen und zu überleben. Was in dem Buch stand, lief letzten Endes darauf hinaus, dass Zusammenarbeit die Grundbedingung der Evolution war.

Warum betonten Forstwissenschaftler dann den Wettbewerb so sehr?

Ich las diesen Absatz immer wieder neu. Die nackten Wurzeln der gelb gewordenen Setzlinge im Kahlschlag versuchten mir zu sagen, dass sie krank waren. Der Korallenpilz mit seiner Sporenwolke und der Bovist mit den flatternden Hyphen hatten vielleicht die Antwort. Das Gleiche galt für das gelbliche Gespinst an den Wurzelspitzen der Felsentannen. Ich hatte schon am Wochenende zuvor in dem Buch geblättert und herausgefunden, dass der Pfannkuchenpilz ein Röhrling war, *Suillus*, hatte aber nicht darauf geachtet, ob er ein mykorrhizischer Pilz war, ein Saprophyt oder ein Pathogen. Jetzt las ich die Beschreibung meines Röhrlings noch einmal.

Auch Suillus war ein Mykorrhizapilz. *Ein Unterstützer, ein Mittler, ein Helfer!*

Vielleicht war das Fehlen des Pilzes im Boden *tatsächlich* der Schlüssel zu dem Rätsel um meine absterbenden Bäumchen. Die Industrie hatte Methoden entwickelt, mit denen man Setzlinge in Baumschulen aufziehen und auspflanzen konnte, dabei aber vollkommen übersehen, dass die symbiotischen Beziehungen, die Mykorrhizen, ebenfalls gepflegt werden mussten.

Ich schlenderte in die Küche, um mir ein Bier zu holen, dankbar, dass die Jungs ein paar Dosen Canadian übrig gelassen hatten. Der gasbetriebene Kühlschank hielt sie kalt, ebenso wie stapelweise Steaks und Bacon. Nicht zu vergessen Käse und Salami und Eisbergsalat im Gemüsefach. Weißbrot und Dosen mit Keksen für die nächsten Mittagessen standen säuberlich aufgereiht auf der Anrichte. Die Jungs hielten alles in Ordnung. Ich wünschte, Kelly wäre jetzt hier, dann hätten wir die Sache gemeinsam durchdenken können. Aber wahrscheinlich war er längst zurück in Williams Lake, fest entschlossen, schon morgen wieder Pferde zu beschlagen, auch wenn das noch so schlecht für seine verletzte Schulter war.

Ein Nachtfalter kreiste mit seinen schuppigen Flügeln um die flackernde Glühbirne an meiner Zimmerdecke. Vom Ufer des Fraser River kam der Pfiff einer Lokomotive: der erste von zwei Zügen, die Nacht für Nacht auf der alten Goldgräberroute Richtung Norden polterten. Ich war froh, dass ich andere Arbeitszeiten hatte. Im Liegen, ein dünnes Laken über die verschwitzten Knie gezogen, nippte ich an meinem Bier und pulte geistesabwesend das Etikett ab. Der Bovist, der Korallenpilz und die pfannkuchenförmigen Röhrlinge halfen den Bäumen vielleicht auch, sich gegenseitig zu unterstützen. Aber wie? Ich trank mein Bier aus und löschte das Licht; mein Verstand arbeitete weiter, auch wenn sämtliche Muskeln schmerzten.

Die sterbenden Setzlinge hatten keine Mykorrhizapilze, also mangelte es ihnen an Nährstoffen. Die Wurzelspitzen der gesunden Baumkinder waren überzogen von einem farbigen Pilzgespinst, das ihnen half, in Wasser gelöste Nährstoffe aus dem Boden aufzunehmen. Das war unglaublich. Aber ich hatte noch nicht die ganze Geschichte beisammen; ich dachte wieder an die Baumgruppen, die ich heute gesehen hatte. Die alten Douglasien standen nahe beieinander in den engen Tälern des bis in tiefe Schichten trockenen Berglands im Landesinneren. Auch die Felsentannen mit ihren weichen Nadeln wuchsen dicht gedrängt auf Hügelkuppen, als seien sie auf der Flucht vor dem im Frühling kalten und nassen Boden. Wie half dieses Wachstum in Gruppen – ob nun in tiefen oder in höheren Lagen – den Bäumen beim Überleben? Vielleicht spielten die Pilze eine Rolle bei der Bildung von Baumgruppen in besonders anspruchsvollen Lagen, vielleicht verbanden sie sie zu einem gemeinsamen Zweck – ließen sie wachsen und gedeihen.

In einem Punkt hegte ich keinen Zweifel: Ich war einer wichtigen Sache auf der Spur, etwas, das die kränkelnden Neuanpflanzungen retten konnte.

Die Wurzeln der Setzlinge mussten irgendwie von den Mykorrhizapilzen besiedelt werden, um an Nährstoffe aus dem Boden heranzukommen. Wenn ich noch mehr Beweise fand, diese Richtung weiterverfolgte, würde ich die Firma davon überzeugen müssen, dass eine *radikale Kursänderung* nötig war. Ziemlich unwahrscheinlich, wenn man bedachte, dass ich nicht einmal meinen unmittelbaren Vorgesetzten Ted dazu bringen konnte, die neuen Kahlschläge am Boulder Creek mit einer Mischung aus verschiedenen Arten aufzuforsten. Wenn Kooperation und nicht Konkurrenz der Schlüssel zum Überleben war, wie konnte ich das beweisen?

Ich öffnete das gesprungene Schiebefenster über meinem Bett, sodass der Wind, der auf der Rückseite unserer Unterkunft den steilen Berghang herabwehte, ins Zimmer kam. Er umschmeichelte meine Arme und brachte den Duft der Bäume und das Rauschen des Baches mit. Kellys Schulter schmerzte, seine Hände waren wund, weil er sich mit aller Macht an das Seil geklammert hatte. Wieso wächst unsere Kraft, wenn wir an unsere Grenzen gehen? Wie verstärkt Not die Bindungen, die uns zusammenhalten? Ich liebte die Großzügigkeit, mit der das Land und der Wald und die Flüsse sich jeden Tag neu am Abend zusammentaten und uns den frischen Wind brachten. Wie sie uns reine Luft bescherten, damit wir gut schliefen. Luft, belebt vom Atem der uralten Wälder, strömte den Hang herunter zu mir, und ich spürte ihre reinigende Kraft.

4

Auf die Bäume!

Es war mein zweiundzwanzigster Geburtstag, und ich hatte mir vorgenommen, ihn in einem der wildesten Bergwälder im westlichen Teil Nordamerikas zu begehen. Ein Jahr war seit Kellys Sturz vergangen, seine Schulter war wieder heil, er ritt Rodeos wie eh und je. Den Ausflug unternahm ich zusammen mit meiner Freundin Jean, und wir hatten uns den Stryen Creek ausgesucht, alpines Gelände; auf südlicher Seite war er der erste Nebenfluss des fünfundsiebzig Kilometer langen Stein River, der, ostwärts fließend, in Lytton, British Columbia, in den mächtigen Fraser River mündete. Wir waren nur sechzig Kilometer vom Sitz meiner Firma in Lillooet entfernt, und dies wiederum befand sich tausend Kilometer südwestlich vom Quellgebiet des Fraser in den Rocky Mountains und mehr als dreihundert Kilometer von seiner Mündung in den Ozean bei Vancouver. Ich fühlte mich von diesem Ort angezogen, von einer geheimnisvollen Kraft. Jean hatte ich im Mai kennengelernt – wir hatten beide einen Sommerjob beim British Columbia Forest Service; ich brauchte eine Auszeit von meiner skrupellosen Holzfällerfirma, ihr ging es genauso bei einer anderen in der gleichen Art auf den Queen Charlotte Islands (heute Haida Gwaii). Ich war ihr schon auf der Universität aufgefallen,

Jean, vierundzwanzig, bei der Arbeit im Busch nahe Lillooet, British Columbia, 1983. Mit der Kette, die sie um die Taille trägt, wurde die Länge von Pflanzungen gemessen, um die Anzahl der darin aufwachsenden Bäume zu berechnen. Die Bäume am Rande der Lichtung sind Zitterpappeln, die weiter oben Douglasien. Der Lastwagen ist derselbe, der im Schlammloch stecken blieb, als ich die kleinen gelb gewordenen Setzlinge begutachtete.

aber ich machte so selten den Mund auf, dass sie geglaubt hatte, ich sei Austauschstudentin und eigentlich französischsprachig. Wir hatten Glück gehabt und konnten beide in jenem Sommer in einem Team von Ökologen mitarbeiten, das im Auftrag der Provinz British Columbia die Pflanzen, Moose, Flechten, Pilze, Boden- und Felsbeschaffenheit, Vögel und Säugetiere des südlichen Landesinneren katalogisierte und nach einem offiziellen Ökoschema klassifizierte. Wir waren erst seit ein paar Monaten dabei und hatten bereits die Namen von Hunderten von Spezies gelernt.

Wir waren an der Stelle, an der der Stryen Creek in den wild rauschenden Stein River mündete, der dann weiter bis zum Fraser floss. Ich war in Aufregung, denn es gab Pläne, den Bergkamm oberhalb des Stein im Laufe des nächsten Jahrzehnts abzuholzen, und ich hatte schon genug Kahlschläge gesehen, die ganze Täler verwüsteten, von einem Ende bis zum anderen. Jedes Mal kam ich erst, wenn die Holzfäller weitergezogen waren, und schrieb dann meine Pflanzpläne für die Wiederbelebung der Kahlschlagflächen, eine neue Waldgeneration mit winzigen Setzlingen; und ich geriet zusehends in Panik, denn einerseits liebte ich meine Forstarbeit, andererseits hielt ich aber nicht aus, was dort geschah. Meine Verwirrung war so groß, dass ich sogar überlegte, ob ich mich am folgenden Wochenende einem Protest anschließen sollte, am Texas Creek, einem nördlichen Nebenfluss des Stein. Wenn ich dabei erwischt wurde, riskierte ich meine Arbeitsstelle.

Jean breitete eine Landkarte auf der Kofferraumhaube ihres VW-Käfers aus. Das Haupttal war schmal, felsig, vom Fluss eingeschnitten, durchzogen von einem Geflecht von Pfaden – Pfade, entstanden durch Jahrtausende von Streifzügen der Nlaka'pamux. »Da habe ich Felsmalereien gesehen«, erzählte Jean und wies auf der Karte auf einen Wasserfall. »Sie malen mit rotem Ocker. Wölfe und Bären. Raben und Adler. Junge Leute gehen zur Initiation zu dem Wasserfall und singen und tanzen, und ein Schutzgeist in Gestalt eines Vogels oder eines anderen Tiers erscheint ihnen im Traum. Sie erlangen Ausdauer und Kraft, sie trotzen jeder Gefahr und können sich in andere Formen verwandeln, einen Hirsch zum Beispiel. Es heißt, wenn jemand sich in einen Hirsch verwandelt, dürfen seine Leute ihn jagen und essen, und wenn sie dann seine Knochen ins Wasser werfen, kehrt der Mensch zurück.«

»Nicht zu glauben.« Ich sah sie ehrfürchtig an. »Die Hirsche sind also in Wirklichkeit Menschen?«

»Genau. Bei den Küsten-Salish sind auch die Bäume Personen. Von den Bäumen lernen wir, dass der Wald aus vielen Völkern besteht; alle wohnen friedlich beieinander, und jeder leistet seinen Beitrag zu dieser Welt.«

»Die Bäume sind also wie wir?«, fragte ich, »und sie sind unsere Lehrer?« *Woher wusste Jean so etwas?*

Sie nickte. »Die Küsten-Salish sagen, die Bäume verraten uns auch, dass sie miteinander verbunden sind. Sie zeigen uns die Pilze im Waldboden, die für Zusammenhalt sorgen und ihre Kräfte bündeln.«

Ich behielt meine Verblüffung für mich, aber ein magischeres Geburtstagsgeschenk als zu hören, dass alles, was ich an Überlegungen zum Thema Pilze angestellt hatte, bei denen, die in echter Verbundenheit mit der Natur leben, längst bekannt war, hätte ich mir gar nicht vorstellen können.

Jean packte das dünne Nylonseil ein, damit wir unsere Essensvorräte auf einen Baum ziehen konnten, außerhalb der Reichweite von Bären. Wir hatten Wein, Porridge, Thunfisch-Reis-Auflauf und eine Packung Schokokuchen dabei, den wir über dem

Lagerfeuer backen wollten – und ich hatte mein Pflanzenbuch im Gepäck. Wir schnürten unsere Wanderstiefel und wuchteten uns die rund dreißig Pfund schweren Rucksäcke auf die Schultern. Ich rückte die Riemen zurecht – sie waren mit Isolierband geflickt und drückten schon jetzt wie der Teufel – und zurrte den Hüftgurt fest. Wir mussten die alpine Zone vor Einbruch der Dunkelheit erreichen.

Nicht weit von ein paar Ponderosakiefern wuchs auf dem trockenen Boden hie und da Blaubüschel-Weizengras mit seinen abwechselnd rechts und links des Halms stehenden Samen – wie Hände, die sich an einem Seil emporhangeln. Wilde Möhre trotzte in kniehohen Büscheln der Trockenheit. Jetzt, wo ich wusste, dass die Indianer das Netzwerk der Bäume kannten, überlegte ich, ob die Gräser, Blumen und Sträucher entlang dieses Pfads womöglich auch in Mykorrhizagemeinschaften lebten. Mit Ausnahme einiger weniger Pflanzen – zum Beispiel solche, die kommerziell angebaut werden und entweder von Natur aus keine Mykorrhizen bilden oder bewässert und gedüngt werden mussten – sind sämtliche Pflanzenarten der Erde für die Versorgung mit Wasser und Nährstoffen auf die Hilfe von Pilzen angewiesen. Ich zupfte ein paar Halme mit ihren blassen blaugrünen Blattscheiden aus dem Boden, und ein dichtes Wurzelgeflecht fächerte sich auf, als ich mir die Spitzen genauer ansah; was ich dort zu finden hoffte, waren die gleichen dichten, farbigen Pilzfäden, die ich an den Wurzeln gesunder junger Bäume entdeckt hatte. Aber diese Wurzeln sahen nackt aus; sie waren nur feine Faserquasten. Als ich ein Büschel hohes Schwingelgras inspizierte, dessen mit feinen Grannen besetzte Ährchen mich an den Unterarmen kitzelten, waren die Wurzeln ebenfalls kahl. Und dasselbe galt für die Rhizome der stachligen Schillergräser. Enttäuscht warf ich die Halme auf den Pfad.

Wir stiegen auf zu einer lockeren Ansammlung von Douglasien mit weit ausladenden Ästen, majestätisch wie Eichen. In diesem Teil des Waldes war es feuchter. Reitgras bildete einen dichten Teppich unter den Kronen der Douglasien; seine leuchtend grünen Halme wuchsen üppiger als das Weizengras bei den Ponderosakiefern. Ich packte ein Grasbüschel, und seine rötlichen Stiele lösten sich mit einem Ruck aus dem Boden, sodass ich nach hinten kippte und hilflos wie eine Schildkröte auf meinem Backpack landete. Auch hier dünne, zottelige, nackte Wurzelfasern. Weit und breit keine Spur von Mykorrhizen.

»Was treibst du denn da? Willst du den Rasen mähen?«, fragte Jean und grinste.

»Ich suche nach Mykorrhizen, aber diese Wurzeln sehen einfach nur nackt aus«, antwortete ich.

Jean warf mir eine monokelgroße Handlupe mit Metalleinfassung zu, und ich musterte die nun vergrößerten Wurzeln mit aufmerksamen Augen. »Sie sind irgendwie knubbelig«, erkannte ich. »Aber nicht wie die Mykorrhizawurzelspitzen der Douglasien.« Ich schlug den Artikel über Reitgras in meinem Pflanzenbuch auf. In einer Fußnote war die Rede von *arbuskulären Mykorrhizapilzen*, und dort hieß es, sie seien nur nach vorheriger Einfärbung unter dem Mikroskop erkennbar.

Ich blätterte zu der Seite über die Douglasie. In der Fußnote stand *ektomykorrhizal*.

Ich starrte auf die Graswurzeln in meinen Händen – wie ein im Kampfgetümmel ausgerissenes Haarbüschel – und wünschte, ich könnte an den Spitzen *irgendetwas* wachsen sehen. Ich hätte schwören können, dass sie verdickt waren.

»Kein Wunder, dass ich da durcheinandergekommen bin«, stöhnte ich, als ich weiterlas. Die arbuskulären Mykorrhizapilze bei Gräsern wachsen nur im *Inneren* der Wurzelzellen. Sie sind unsichtbar. Anders als die Ektomykorrhizapilze, die die Wurzelzellen von Bäumen und Sträuchern *außen* umhüllen wie eine Strickmütze. Die Sonne stand schon hoch am Himmel, und wir mussten weiter, wenn wir uns nicht später im Dunkeln verirren wollten. Aber ich konnte gar nicht glauben, was ich da las. »Klingt ziemlich unappetitlich. Der arbuskuläre Mykorrhizapilz wächst geradewegs durch die Zellmembran des Grases und dringt ins Innere vor, zum Zytoplasma und den Organellen. So als ob sie durch die Haut wüchsen und sich in den inneren Organen einnisten würden.«

»Wie Hautpilz?«, fragte Jean.

»Nein, im Gegenteil. Ein Mykorrhizapilz ist kein Parasit; er ist ein Helfer.« Der Wuchs des Pilzes in der Pflanzenzelle, beschrieb ich ihr aus dem Buch, ähnele ein wenig den Umrissen eines Eichenbaums. »Also zumindest bildet er eine verzweigte Membran, die aussieht wie eine Baumkrone.«

Jean reckte den Finger in die Luft wie der wiedererstandene Dr. Watson. Deswegen spreche man von *arbuskulären* Mykorrhizen. »*Arbor* bedeutet Baum«, sagte sie. »Aber wieso haben Gräser andere Mykorrhizen als Bäume?«

Ich zuckte mit den Schultern. In meinem Buch stand, die baumförmige Membran habe eine riesige Oberfläche, über die der Pilz die Pflanze im Austausch gegen Zucker mit Phosphor und Wasser versorgen könne. Hilfreich für Pflanzen in trockenen Regionen und in Gebieten, in denen der Boden wenig Phosphor enthält.

Ich warf die Wurzeln ins dichte Reitgras, und wir stapften weiter bergauf, durch den stattlichen Douglasienwald bis zu der Stelle, an der die Steigung endete und der Pfad in eine Hochfläche mündete. Bis auf die eine oder andere Stechfichte und die sattgrünen Grünerlen im Unterholz bestand der Wald jetzt ausschließlich aus schlanken Küstenkiefern, die wegen ihres kerzengeraden Stamms bei den Indianern besonders gern zum Bau ihrer Tipis genommen wurden. Ihre Stämme waren astlos, und die hohen, dichten Kronen kamen ihren Nachbarn niemals zu nahe.

Ich hob ein verkohltes Stück Holz auf, überrascht, dass es trotz seines geringen Gewichts so hart war, wie versteinert. Vermutlich das Ergebnis eines Feuers, das die Zapfen geöffnet und für diesen dichten Bewuchs gesorgt hatte. Die Zapfen der Küstenkiefer öffnen sich nämlich nur, wenn das Harz, das die Schuppen zusammenhält, zu schmelzen beginnt. Wegen des zwar kühlen, aber trockenen Klimas und der häufigen Blitzeinschläge kommt es in diesen Bergwäldern alle hundert Jahre zu großen Feuern, die den gesamten Bestand in Brand setzen und den Oberwuchs vernichten. Die verstreuten Erlen helfen, neue Vorräte an Stickstoff anzulegen, nachdem ein Großteil davon bei dem Feuer verpufft ist, denn in ihren Wurzelspitzen beherbergen sie spezielle symbiotische Bakterien, die den gasförmigen Stickstoff wieder in eine Form verwandeln, die Pflanzen und Bäume nutzen können. Ohne die regelmäßig wiederkehrenden Waldbrände würden die lichtliebenden Kiefern nach hundert Jahren auf natürlichem Wege absterben und am Ende von den schattentoleranten Fichten verdrängt werden. Der natürliche Lauf der Dinge hier oben.

Dicke Heidelbeeren hingen an ihren Büschen zwischen dem Reitgras, und auch hier untersuchte ich die Wurzelspitzen, fand sie aber wiederum kahl. Deren mykorrhizische Helfer formten noch eine weitere Gruppe: die *ericoiden Mykorrhizen*, Pilze, die innerhalb der Pflanzenzellen Spiralen bildeten, ein wenig wie die Korkenzieherlocken, die meine Mum mir früher gemacht hatte. Ein Stück weiter schimmerte eine gespenstische wachsweiße

Pflanze mit durchscheinenden Blättern und einer Kappe darauf wie ein Schwert durch die Büsche. Ein paar Minuten mit meinem Buch, und ich hatte sie als Fichtenspargel identifiziert, eine Pflanze, die als Parasit auf Grünpflanzen wächst, weil sie selbst kein Chlorophyll hat. Und auch sie bildet ihre eigene Gattung von Mykorrhizen – die *monotropoiden.* Der Laut, den wir ausstießen, lag irgendwo zwischen Lachen und Stöhnen, weil es schon wieder eine neue Variante war. Wie viele gab es? Monotropoide Mykorrhizen sind insofern wie die Ektomykorrhizen, als sie eine Pilzmütze auf der Außenseite der Wurzelspitzen bilden. Sie wachsen allerdings auch im Inneren der Pflanzenzellen, wie die arbuskulären und die ericoiden Varianten – sodass sie also vielleicht eine Zwischenform sind. Die Mykorrhizen des Fichtenspargels wachsen auch auf Baumwurzeln und entziehen ihnen Kohlenstoff.

»Esst ihr Franzmänner nicht hauptsächlich Pilze?«, neckte Jean mich. »Sogar die halluzinogenen? Du hast doch Hallus, Suzanne!« Sie befand auch, die Weinflasche werde immer schwerer, strahlte dabei aber genauso wie ich.

Mit tausend Höhenmetern und zehn Kilometern Strecke hinter uns kamen wir an den ersten Felsrutsch. Scoulerweiden und Grünerlen wuchsen an diesem Geröllhang, eine gute Wohngegend für Bären. Die Sonne strahlte über dem steilen Bergrücken. Am Unterende des Steinfelds stand eine Goldgräberhütte, Heimat von Scharen von Mäusen, Ratten und Eichhörnchen. Sie bestand nur aus einem einzigen Raum aus aneinandergenagelten Kiefernstämmen, und ein kleiner Bereich war als Garten gerodet, wahrscheinlich für Möhren und Kartoffeln. Oder vielleicht lagen da auch Tote begraben. Ziemlich gruselig, aber wir hatten Hunger. »Doppeldecker-Sandwiches«, verkündete Jean und reichte mir eins. Wir hatten Routine darin, lange haltbare Sandwiches aus Käse und Pumpernickel zu machen. Und gerade als mir durch den Kopf ging, dass dieser Ort doch *zu* gespenstisch war, mit den Fichtenspargeln, die sich vom Waldrand aus in unsere Richtung ausbreiteten, meinte Jean: »Wahrscheinlich sind manche von diesen alten Goldsuchern hier gestorben.«

Solche Sachen zu sagen, wenn ich gerade den Mund voll hatte, war eine Spezialität von ihr.

Wir wanderten weiter, über Dutzende von Serpentinen. Eine dieser Spitzkehren führte uns geradewegs in die Gischt eines Wasserfalls. Moose hingen wie lange Bärte von den Felsen. Die jungen, dünnen Küstenkiefern wurden hier schon lichter, an ihre Stelle traten Felsentannen und Engelmannfichten. Gegen Mitte des Nachmittags, in einem Hängetal hoch an der Bergflanke, führte die letzte Serpentine uns auf eine Hochebene, wo ein Bach über die Klippe in die Tiefe stürzte. Oben an dieser Kante breiteten wir die Arme aus und genossen es, wie uns die kühle Luft die Felswand herauf entgegenströmte. Jean holte ihr Fernglas hervor und sagte: »Schau.« Die alpine Zone war nur noch wenige Stunden entfernt.

Ich ließ den Blick schweifen. Sattgrüne Wiesen führten zu den Felsen hinauf, ihre Spitzen, ein paar Tausend Meter über uns, schneebedeckt. Felsentannen wie erhobene Finger, ihre Spitzen geschliffen von Schnee und scharfem Wind, wurden immer schmächtiger zwischen dem alpinen Gestein, und schließlich blieben sie ganz aus. Näher am Bach standen die Felsentannen und Engelmannfichten in dichteren Gruppen, Schösslinge verjüngten den Wald, wo das Gewicht des Schnees, Blitzschlag oder Windstöße Lücken geschaffen hatten.

»Da oben will ich meinen Geburtstag feiern«, verkündete ich und wies auf den Bergkamm.

Entlang des tosenden Bachs, eingezwängt von buschigen Erlen und biegsamen Weiden, war der Pfad kaum zu erkennen. Man hatte den Eindruck, hier war schon lange kein Mensch mehr gegangen. Wir hatten flott vorankommen wollen, aber der Pfad stellte es sich anders vor. Schlamm blieb an unseren Stiefeln kleben und machte uns in den Senken das Leben schwer. Ungefähr alle zehn Meter lag ein Baumstamm auf dem Weg, über den wir klettern oder unter dem wir hindurchkriechen mussten, die Stängel der Igelkraftwurz zerkratzten uns die Arme. Jean ging um eine Biegung und blieb stehen: ein Haufen Bärenkacke, so groß wie ein Serviertablett für einen Truthahn. »Grizzly«, sagte sie. »Die von Schwarzbären sind nicht so groß.«

In dem Kothaufen schimmerten Heidelbeeren und Gras. Unter lauten Rufen arbeiteten wir uns weiter voran durch das Erlen- und Weidengestrüpp, bis wir auf einen zweiten Kothaufen stießen. Noch größer und noch frischer.

Jean befühlte ihn. »Kalt, aber noch weich«, murmelte sie. »Ungefähr einen Tag alt.«

»So langsam werde ich nervös«, gab ich zu. Der Bach rauschte laut, und bei all dem Buschwerk würden die Bären uns auch nicht sehen, wenn wir um die Ecke kamen. Jean hatte mich in diesem Sommer schon einmal aus einer Notlage gerettet, als die einlaufende Flut uns bei einer Wanderung auf dem West Coast Trail von Vancouver Island an den Tsusiat-Wasserfällen den Weg abgeschnitten und um ein Haar ins Meer gespült hatte. Ich war nicht kräftig genug, um die zehn Meter hohe Klippe hinaufzuklettern, also hatte Jean mich kurzerhand unter den Arm geklemmt und samt Rucksack, alles in allem vielleicht 150 Pfund, bis ganz nach oben geschleift.

»Lass uns noch ein bisschen weitergehen. Ich würde schrecklich gern meinen Geburtstag oben auf dem Berg feiern«, sagte ich, doch nach der nächsten Wegbiegung schnürte sich mir die Kehle zu. Die Tatzenabdrücke im Morast waren knöcheltief und so lang wie mein Unterarm, die Krallenspuren, tief eingegrabene Furchen an der Spitze der Zehen, fingerlang.

»Eindeutig ein Grizzly«, rief Jean. »Die Spuren hier sind riesig. Und sieh dir die Bäume an.«

Die Stämme der kerzengeraden Pappeln am Bachufer zeigten frische Kratzspuren: fünf parallele Schrammen, einen ganzen Meter lang. Aus jeder der frischen weißen Rinnen quoll klarer Saft, wie Blut aus einer Wunde. Eine zwei Meter hohe Bärenklau-Staude lag ausgerissen da, aus den zerfetzten Dolden sickerte ihre giftige Substanz. Zum ersten Mal, seit ich Jean kannte, merkte ich, dass sie Angst hatte.

»Los, komm!«, rief ich. Wir konnten in der Goldgräberhütte übernachten. Keine Frage, hier oben waren wir nicht willkommen. Ich nahm die Bärenhupe in die Hand, Hals über Kopf stürmten wir zurück zu dem Serpentinenpfad, und die schweren Rucksäcke polterten uns dabei auf dem Rücken. Wir machten uns nicht die Mühe, die Schulterriemen für den Abstieg stramm zu ziehen. Am frühen Abend erreichten wir die Hütte – sie war baufälliger, als ich beim Hinweg gesehen hatte, mit Ritzen zwischen den Kiefernstämmen und zerfetzten Plastikplanen über Fenster- und Türöffnungen. Aber immer noch sicherer als unser Zelt.

Um die Angst zu vertreiben, rührten wir in der Bratpfanne die Kuchenmischung an, mit Wasser und Trockenmilch, bedeckten das Ganze mit Alufolie und buken es auf Jeans Campingkocher; als der Teig blubbernd über den Pfannenrand kochte, mussten wir lachen. Unter sternklarem Himmel feierten wir mit Rotwein aus Tassen und warmem Schokoladenkuchen und sangen »Happy Birthday« wie Wölfe, die den Mond anheulen. Die Nlaka'pamux sagen, wenn ein Mensch sich in einen Wolf verwandelt, gewinnt er an Mut und Kraft.

Bis spät in die Nacht hockten wir am Lagerfeuer und redeten. Jean kämpfte schon seit der Zeit unserer Wanderung auf dem West Coast Trail mit Depressionen. Wir unterhielten uns über die Traurigkeit und die Angstgefühle, die ein ganzes Leben zerstören können, Gefühle, die ich nur zu gut aus der Zeit kannte, als die Ehe meiner Eltern zerbrach und ich zum ersten Mal in tiefe Melancholie versank. Eine Verwirrung, die mein gesamtes Denken beherrscht hatte. Jean sagte, manchmal komme sie sich wie ihre eigene Mutter vor, die wegen solcher Krankheiten im Sanatorium saß. Ich füllte unsere Tassen neu, und der starke Wein strömte durch unsere Adern und ließ die Sterne funkeln. Wir redeten über die kleinen Dinge, die das Leben erträglich machen, gemeinsame Rituale. Kleine Aufgaben, Dinge wie »aufstehen« und »Zähne putzen«, winzige Schritte, die man einen nach dem anderen abhaken kann. Mit dem Fahrrad einen steilen Berg hochstrampeln, bis man so erschöpft ist, dass man nichts mehr spürt. Über Felsgrate wandern, wenn die Sonne so strahlend am Himmel steht, dass man einfach lächeln muss. Meine Probleme waren ein Kinderspiel im Vergleich zu denen von Jean. Aber ich wollte ihr einfach Mut machen.

Schließlich löschten wir das Feuer und kehrten zurück in die pechschwarze Finsternis der Hütte. Im schwachen Lichtschein unserer Stirnlampen rollten wir die Schlafsäcke auf der Koje aus Kiefernholz aus. Ich zog den Reißverschluss meines Schlafsacks zu und kuschelte mich ganz tief hinein, als könne er Schutz vor mehr als nur der Kälte bieten.

Am nächsten Morgen kümmerte Jean sich um das Frühstück, ich ging zu einem smaragdgrünen Tümpel und wusch mich. Ich suchte die Bäume nach Grizzlyspuren ab, aber es war nichts zu sehen. An einer humusreichen Stelle zu Füßen einer mit Kaskaden von Tüpfelfarn überwucherten Felswand wuchs Venushaarfarn mit seinen filigranen schwarzen Stängeln. Ich spritzte mir etwas Wasser ins Gesicht. In erdigen Mulden gab es Frauenfarn, und winziger Eichenfarn bedeckte die Buckel im Schatten der Bäume. Wie Darwins Finken hatte jede dieser Varianten ihre ganz spezielle Nische gefunden.

Alarmiert durch einem starken Aasgeruch, blickte ich mich um. Zwischen den Bäumen und Sträuchern regte sich nichts. Die Farne wirkten heiter und gelassen. Mir ging auf, dass der Gestank aus einem Beuteversteck kommen musste – verwesendes Fleisch, das der Grizzly über Nacht herangeschleppt hatte.

Ich rannte zur Hütte und schrie: »Jean! Nichts wie weg hier!«

Hastig warfen wir uns unsere Rucksäcke über, gerade als die fahle Sonne über den Gipfeln am Horizont erschien. Am Wegesrand, auf Höhe des Tümpels, sahen wir einen Beinknochen von einem Hirsch.

Wir stürmten den Pfad hinunter und sangen dabei aus voller Kehle. Binnen Minuten waren wir wieder auf Höhe der Küstenkiefern angekommen – was unsere Nerven nur noch mehr anspannte, weil sie keine Äste hatten, und selbst wenn es uns gelungen wäre, irgendwie hinaufzuklettern, hätte die raue Rinde uns die Beine zerschürft. Alles, was im Notfall ein Versteck sein konnte, markierte ich im Geiste sofort. Jede Wegbiegung, jeder Bach, über den wir springen konnten, jeder tief hängende Ast konnte ein Fluchtweg sein. Nach einer Ewigkeit entlang dieser Kiefern kam der Pfad schließlich wieder unten bei den höheren Douglasien an.

Mit ihren kräftigen Ästen und dem weichen, grasigen Unterwuchs machten diese Bäume einen freundlichen Eindruck, sie boten Sicherheit. Die trockenen Douglasienwälder sind kein bevorzugter Aufenthaltsort der Grizzlys – sie halten sich im August lieber in den alpinen Wäldern der höheren Region und auf den dortigen Wiesen auf, weil es dort kühler ist und die Beeren reif werden. Ich entspannte mich wieder, und Jean und ich verfielen in einen gleichmäßigen Trott.

Bergab und immer nur bergab, da spürten wir das Gewicht unserer Rucksäcke. Das Isolierband, mit dem ich den rechten Schulterriemen notdürftig geflickt hatte, löste sich auf, und ich zupfte daran, achtete kaum auf die Gräser und Blumen, die mir zuwinkten. »Grizzly!«, schrie Jean urplötzlich.

Nur wenige Meter abseits waren eine Mutter und zwei Junge und starrten uns geradewegs an. Ich wollte zur Drucklufthupe greifen, aber offenbar hatte ich sie irgendwo verloren.

Die Bären waren genauso verblüfft wie wir. Sie waren so nahe, wir konnten den Aasgeruch ihres Atems riechen. Langsam, rückwärts, tasteten wir uns an die nächstgelegenen Bäume heran. Jean ließ ihren Rucksack fallen und erklomm eine Douglasie, fand Halt für ihre Füße auf den knorrigen Ästen. Ich bekam den schuppigen Stamm eines daneben liegenden Baums zu packen; noch war die Bärenmutter damit beschäftigt, mit schrillen Schreien ihre Jungen zu scheuchen. Mit meinem Kopf als Rammbock zwängte ich mich durch dickes Astwerk. Jean war auf ihrem Baum bestimmt schon fünf Meter weiter oben, und ich versuchte verzweifelt, den Rückstand aufzuholen. Solange ich noch so weit unten war, hätte der Grizzly mich einfach vom Baum pflücken können. Blut lief aus Rissen und Schürfwunden im Gesicht und an den Armen. Jean hatte einen Baum erwischt, bei dem sie leicht hinaufsteigen konnte, und bald saß sie in der Krone. Ich hatte in meiner Hast vergessen, den Rucksack abzuwerfen, und der Baum, den ich genommen hatte, war viel kleiner! Als ich so weit oben war, wie ich konnte, schwankte ich damit hin und her, ich malte mir aus, wie ich der Bärenmutter und den Kleinen, die jetzt direkt unter mir waren, auf den Kopf plumpsen würde.

Die Bärin starrte mich drohend an, dann scheuchte sie ihre Jungen auf zwei Ponderosakiefern. Da waren die beiden in Sicherheit, während sie sich um uns kümmerte. Die orangefarbenen Stämme hatten keine Äste, aber die Bärenjungen wogen nicht viel und hatten scharfe Krallen. Die Mama brummte Anweisungen, die Kleinen kletterten in Baumkronen deutlich höher als die, in denen wir uns festklammerten. Dann wandte die Bärin sich uns zu und erhob sich auf die Hinterbeine, um besser sehen zu können. Man weiß, dass Grizzlys nicht besonders gut sehen. Sobald sie sich davon überzeugt hatte, dass von uns keine Gefahr drohte, trottete sie zwischen den vier Bäumen auf und ab. Kein Zweifel, sie hatte die Lage im Griff, und ich dankte meinem Schicksal, dass ich dort oben saß. Die Zehen in einer Astgabel abgestützt und die Hände blutig, lehnte ich mich

---

Frühstück mit zweiundzwanzig, an der Goldgräberhütte am Stryen Creek, 1982

an meinen Baum, um ein wenig zu verschnaufen. Die Wärme der Borke und der süße Duft der Nadeln beruhigten mich sofort. Jean erhaschte meinen Blick und nickte zu den Bärenjungen hinüber. Mit schwarzen Augen, gerahmt von blondem Bürstenhaar, starrten sie uns an. Jean konnte nicht anders, sie lächelte ihnen zu.

Stunden vergingen. Ich bewegte die Füße, um meine Rückenschmerzen zu lindern, verlagerte das Gewicht des Rucksacks, besorgt, dass wir womöglich die ganze Nacht hier oben ausharren mussten. Zum Glück war ich von der Wanderung so ausgedorrt, dass wenigstens die Blase mir keine Sorgen machte. Ich hätte schwören können, dass die Bärenjungen einschliefen, aber ihre Mama hielt auch weiterhin alle in Schach.

Gern hätte ich selbst auch geschlafen, aber ich zitterte immer noch am ganzen Leib.

Meine Gedanken wanderten zu Mum, denn der Vanilleduft, den die Borke der Ponderosakiefer verströmte, erinnerte mich an ihre Küche, und ich hätte sie furchtbar gern gefragt, wie ich denn aus dieser Klemme herauskam.

Der kräftige Baum, auf dem Jean saß, schwankte nicht so wie meiner; entweder war Jean mutiger als ich – woran ich nicht den leisesten Zweifel hegte –, oder der Baum war stabiler. Ein Waldältester. Eine Führerpersönlichkeit mit Würde und Autorität. Die Krone ausladender und eindrucksvoller als die seiner Nachbarn. Ein Schattenspender für die jüngeren Bäume zu seinen Füßen. Quell von Samen, der die Summe von Jahrhunderten in sich trug. Seine majestätischen Äste Ruhe- und Nistplatz für Singvögel. Ein Ort, wo Wolfsflechten und Misteln Ritzen fanden, in denen sie sich festsetzen konnten. Ein Baum, der zuließ – ja, für den es unverzichtbar war –, dass Eichhörnchen an seinem Stamm auf und ab flitzten und nach Zapfen suchten, die sie für spätere Mahlzeiten in ihren Verstecken horten konnten. Eichhörnchen, die Pilze zum Trocknen in Astgabeln hängten und später wieder abholten. Schon dieser eine Baum war ein Garant der Vielfalt, ein wichtiger Antrieb für die Kreisläufe des Waldes.

Ich schlang die Arme fester um den Stamm. Die Bärenmama ließ sich unter den Ponderosakiefern nieder, auf denen oben ihre Jungen schliefen. Mein Zittern schwächte sich zu einem leichten Beben ab, meine Panik zu bloßer Angst. Sicher geborgen auf meinem Baum, spürte ich, wie ich langsam mit seiner Borke verschmolz, eins wurde mit seinem hölzernen Kern, und ich staunte über die Ruhe, die ich in seinen Ästen gefunden hatte. Nicht weit von mir hämmerte ein Specht auf einen kränkelnden Baum ein und ließ beim Bau einer Behausung für seine Familie die Rindenstückchen fliegen. Gleich nebenan, in einem abgestorbenen Baum, gab es einen größeren Hohlraum. Er sah auch aus wie ein Spechtloch, war aber größer und unregelmäßiger, denn dieser Stamm war bereits morsch und die Ränder des Lochs ausgefranst. Ein Specht wäre darin nicht sicher vor Feinden. Im Inneren des Hohlraums bewegte sich etwas. Das weiße Gesicht und die gelben Augen einer Eule kamen zum Vorschein. Sie drehte den Kopf und stieß einen Schrei aus, vielleicht eine Botschaft an den Specht, vielleicht ein Laut des Erstaunens über die Unruhe. Der Specht und die Eule kannten sich anscheinend. Nachbarn, die Wohnungen und Warnsignale teilten. Die alten Bäume waren Zeugen.

Die untergehende Sonne tauchte die Bäume in ein glutrot glimmendes Licht. Meine Gedanken wanderten zu den Resten des Geburtstagskuchens in Jeans Rucksack. Die Bärenmama war von den Ponderosakiefern zu ihm hinübergetrottet und schnüffelte daran.

Sie brummte einen Befehl. Krallen kratzten – die Jungen kletterten vom Baum, dann folgten sie ihrer Mutter unter Blätterrascheln mit großen Sprüngen ins Unterholz.

Danach – Stille. Die Äste beugten sich unter der Last meines Gewichts, und ich stellte mir vor, dass sie froh sein würden, wenn ich endlich abstieg.

»Glaubst du, sie sind weg?«, raunte ich Jean so leise wie möglich zu.

»Keine Ahnung, aber ich habe Hunger. Komm, wir gehen los.« Sie machte sich bereit zum Abstieg, ich zauderte noch, aber Jean gab zu bedenken, dass wir nicht ewig auf den Bäumen hocken könnten, und da hatte sie recht.

Also hangelte ich mich hinunter und erreichte das Unterende des Stamms knapp nachdem Jean mit ihren Stiefeln auf dem Boden gelandet war. Sie musterte meine zerschundenen Arme, staunte aber noch mehr über ihre eigenen, noch tieferen Wunden. »Ein Glück, dass sie unser Blut nicht gewittert haben«, sagte sie und inspizierte dabei ihren Rucksack. Keine Bissspuren. Sie öffnete eine der seitlichen Reißverschlusstaschen, so groß wie ein Elefantenohr – auf diese Taschen war sie besonders stolz, denn sie verdoppelten das Volumen ihres Rucksacks –, und wir verschlangen die Reste des Kuchens. »Offenbar machen sie sich nichts aus Schokolade.« Jean versicherte mir, sie höre weiter oben im Tal Steine kullern – das sichere Zeichen, dass wir die drei los waren.

Gelassen und heiter wachte ihr Baum über unseren Abzug. Ich warf einen Blick auf den meinigen, dessen Haupttrieb sich unter die Krone von Jeans Baum duckte, und überlegte, ob meiner wohl das Kind des größeren war. Schließlich fallen die meisten Samen in der Nähe der Mutterpflanze und landen fast alle in einem Umkreis von hundert Metern auf dem Boden. Ein paar schwere Samenkörner legen größere Strecken zurück, von Eichhörnchen, Streifenhörnchen und Vögeln über Bäche und Tiefen getragen. Gelegentlich wird eins von einem Aufwind erfasst und über Täler geweht. Aber die meisten Samen landen am Rand der Baumkrone. Jeans alter Baum war vermutlich die Mutter von meinem. Es sah aus, als beschütze sie ihn, ihn und uns alle. Zum Dank tippte ich mit dem Finger an meine Hutkrempe und flüsterte mein Versprechen, dass ich wiederkommen würde, um mehr von ihr zu lernen.

Wir liefen los, machten mit Kochtöpfen Lärm und riefen den Grizzlys zu, dass wir jetzt gingen. Aber selbst jetzt in den Klauen der Gefahr umgab mich dieses neue Gefühl des Friedens, dieser spürbaren, mit Händen zu greifenden, überwältigenden Weisheit der alten Bäume, der Douglasien und Ponderosakiefern. Ich spürte, wie im Wald alles mit allem zusammenhing, das, was die indianischen Einheimischen längst klar und deutlich verstanden hatten. Als die alten Bäume, die Ray und ich zum Kahlschlag in den Lillooet Mountains markiert hatten, gefällt wurden, hatte ich geweint, und noch immer fühlte ich mich schuldig, weil ich fünfhundert Jahre alte Bäume zum Tode verurteilt hatte. Das Mechanische des Kahlschlags schien mir entsetzlich fern von aller Natur, und wir missachteten damit die, die wir als stiller, ganzheitlicher und spiritueller ansehen als uns selbst.

Aber es hatte seinen Sinn, dass ich mit Jean hier in diesem Wald war. Die Bäume hatten uns gerettet, und dringender denn je wollte ich einen Weg der Forstwirtschaft finden, der auch die Pflanzen und die Tiere schützte. Und die Mütter des Waldes. Vielleicht konnten wir mit unserer Firma wegweisend für die ganze Industrie werden. Das Fällen würde nicht aufhören, solange die Menschen Bauholz und Papier brauchten, also mussten neue Lösungen her. Mein Großvater hatte Bäume gefällt, und der Wald war gesund geblieben, hatte weitergelebt, die Mütter blieben unbehelligt. Er war nie ein reicher Mann geworden, aber er lebte ein erfülltes, friedvolles Leben in Eintracht mit dem Wald, nahm nur, was er brauchte, und schlug sein Holz so, dass die Bäume zurückkehren konnten. Mein Glück war es, dass er mir das gezeigt hatte. Wie man den Wald schützen konnte und er trotzdem Bauholz für unsere Häuser lieferte, Fasern zur Herstellung von Papier, Medizin zur Heilung unserer Leiden. Ich wollte eine neue Art von Waldbau betreiben – eine, die dieser Verantwortung gerecht wurde.

Im folgenden Sommer kehrte ich zu der Holzfirma zurück und blieb bis Ende September, denn mein Studium hatte ich inzwischen abgeschlossen; aber der Schnee kam in jenem Jahr früher als gewöhnlich in die Berge, mit der Arbeit im Freien war es vorbei und damit auch mit meiner Anstellung. Ich wollte die Pflanzpläne und Bestellungen für Setzlinge noch fertig machen, doch Ted versprach mir, mich im Frühjahr wieder anzustellen – was, hoffte ich, zu einer Festanstellung führen würde.

Eine Woche darauf traf ich ihn zufällig vor dem Postamt von Kamloops, einer Stadt hundert Meilen weiter im Norden, wo Mum damals lebte. Ted machte ein Gesicht, als hätte er sich am liebsten verkrochen, als ich Hallo sagte und wissen wollte, wie es mit der Büroarbeit gehe, die ich hatte liegen lassen müssen. Mit einem nervösen Lachen erklärte er, die Firma habe Ray angestellt; er solle den Winter über die Pflanzpläne fertig machen. Sein Blick ging an mir vorbei, eine Erklärung gab er mir nicht.

Hatte ich etwas falsch gemacht? Um die Proteste im Stein Valley ging es nicht, denn am Ende war ich gar nicht hingegangen. Ich hatte mir gesagt, dass sich diese Probleme doch besser von der Industrieseite her lösen ließen. An der Qualität meiner

Arbeit konnte es auch nicht liegen, denn alle wussten, dass ich mehr über Ökologie und Forstwirtschaft gelernt hatte als alle anderen Studenten – Ray eingeschlossen. Wollten sie einfach keine Frau bei sich haben?

Im nächsten Frühjahr rief Ted an und bot mir wie versprochen einen Sommerjob an, aber ich lehnte ab. Ich wollte einen neuen Zugang zur Arbeit mit der Natur finden. Einen, der mir, wie ich hoffte, mehr Einsicht in die geheimnisvolle Welt der Waldmütter geben würde.

Ich wusste nicht, dass ich als Erstes würde lernen müssen, wie man einen Baum vergiftet.

5

Tödlicher Boden

»Suzie, ich kriege Angst!«, rief Mum. Am Fuße von steilen Felswänden, allenfalls Terrain für Ziegen, kraxelten wir über das Geröllfeld eines Bergsturzes, Gesteinsbrocken, die dalagen wie Autos nach einer Massenkarambolage. Ich drehte mich um und sah, wie Mum auf einem riesigen Felsblock rücklings auf einen breiten Spalt zurutschte.

Ich sprang über die Felsen, packte sie oben am Rucksack und zerrte, bis sie wieder vorwärtskrabbelte. Wir waren unterwegs in der Gegend des Lizzie Lake, einer alpinen Region am Höhenzug zwischen dem Stein Valley im Osten und dem Lillooet Lake im Westen. Mum hatte, obwohl in den Bergen von Monashee aufgewachsen, keine Erfahrung darin, über ein solches Geröllfeld zu klettern, und ich machte mir Vorwürfe, dass ich sie hergebracht hatte. Es hatte mich gekränkt, dass ich den Winterjob bei der Holzfirma nicht bekommen hatte, und ich wollte sie um Rat fragen, und zugleich wollte ich ihr die Landschaft zeigen, die mir so ans Herz gewachsen war. Aber musste ich sie deswegen in Gefahr bringen? Womöglich brach sie sich noch den Arm.

»Komm, wir machen eine Pause, Mum«, sagte ich. Der Schweiß lief ihr in Strömen herunter, und auf den Lederflicken, die sie eigens für diesen Ausflug über die Löcher in ihrem Rucksack genäht hatte, zeichneten sich feuchte Striemen ab. Genau genommen war es mein altes Backpack, das sie geerbt hatte, als ich mir einen größeren Kletterrucksack zugelegt hatte, einen wie der von Jean. Ich holte die Tüte mit Studentenfutter heraus, und sie fischte sich die Schokoladenstückchen heraus. Ich war froh, dass ich sie ein wenig aufmuntern konnte.

»Ich bin den ganzen West Coast Trail gewandert, Suzie«, sagte sie, »aber mit einem Rucksack auf dem Rücken über einen Haufen Bowlingkugeln klettern, das noch nie.«

»Stimmt – gar nicht so leicht, bei zwanzig Pfund auf einem runden Stein das Gleichgewicht zu halten«, sagte ich und mimte das Balancieren auf einem Seil, zum Zeichen, dass ich wusste, wie knifflig es war. »Du musst den Rucksack als Gegengewicht nehmen. Wie beim Skilaufen. Immer mit dem Winkel der Felsbrocken mitgehen, als wärst du auf einer Buckelpiste.« Nach ihrer Scheidung hatte Mum sehr gut Ski fahren gelernt und uns seither Jahr für Jahr einen Familienpass für die heimische Piste spendiert. Als sie sich zum ersten Mal auf den Schlepplift wagte, stürzte sie noch bei jeder Kehre. Zum Ende der Saison konnte sie schon im Schneepflugbogen die Sessellifttrasse hinunterrutschen. Im zweiten Jahr wedelte sie über die Buckelpisten, fest entschlossen, so gut zu werden wie ihre halbwüchsigen Kinder. Sie packte riesige Lunchpakete mit selbst gebackenem Brot und Keksen und chauffierte uns und unsere Freunde zu den Pisten, auf denen wir im Rudel Ski fuhren – wie eine Wölfin mit ihren Welpen.

»Wenn ich auf Skiern den Chief* runterfahren kann, dann schaffe ich auch die Wanderung über ein Geröllfeld«, sagte

---

* Der Stawamus Chief, ein Berg bei Squamish, British Columbia.

sie und warf einem ergrauten Murmeltier Erdnüsse zu. »Ach, ich liebe diese Racker«, rief sie, freute sich, dass es die Nüsse annahm. Auf der gegenüberliegenden Seite des Tals ragten graphitgraue Gipfel empor, geformt von Gletschern und gewaltigen Lawinen. Darunter zogen sich Kahlschläge wie Spruchbänder von den höher gelegenen, mit Felsentannen bewachsenen Hängen zu den tiefer gelegenen Douglasienwäldern. Das Buschwerk in den gerodeten Streifen leuchtete orangerot an diesem Wochenende Anfang Oktober, dem kanadischen Erntedankfest.

»Was sind denn das für putzige Blumen, Suzie?« Sie zeigte auf silbrige Samenstände, die auf dünnen Stängeln mit petersilienartigen Blättern saßen.

»Das sind Westliche Kuhschellen«, antwortete ich und streichelte mit der Hand über einen der in der Sonne schimmernden, flauschigen Schöpfe, »noch ganz jung.« Sie wuchsen büschelweise in einem Humuskissen, das sich zwischen zwei Felsbrocken gebildet hatte.

»Kuhschellenbabys! Die sehen ja aus wie Zuckerwatte«, rief sie. Die Vorstellung gefiel mir. »Jetzt verstehe ich, warum du mich hierhergebracht hast, Suzie. Das ist ein ganz besonderer Ort.«

»Da hinten wird es ein bisschen heikel«, warnte ich und zeigte auf ein paar große Lücken zwischen den Felsen, wo kleine Steinpyramiden als Wegmarkierungen dienten.

»Das geht schon«, antwortete sie. »Ist schließlich nicht meine erste Wanderung im Stein Valley.« Resolut wie Grampa Bert, starrköpfig und entschlossen wie Grannie Winnie. Zwei, die so gut zueinanderpassten, dass Robin, Kelly und ich später ihre Namen Hubert und Winnifred zum Spitznamen »Bertifred« verbanden.

»Du bist schon mal hier gewesen?« Ich war damals noch in einem Alter, in dem ich glaubte, ich wisse viel mehr als meine Eltern. Aber Mum versetzte mich immer wieder in Erstaunen, wenn sie von ihren Europa- und Asienreisen erzählte, von Aristoteles-, Chomsky-, Shakespeare- und Dostojewski-Lektüre.

»Ich bin mit Freunden am Asking Rock gewandert, wo der Stein River in den Stryen Creek mündet«, erklärte sie und band sich ein Halstuch um, denn sie trug das dicke braune Haar kurz geschnitten und wollte ihren Nacken vor Sonnenbrand schützen. »Das ist ein riesiger Felsen, mit vom Wasser ausgewaschenen Mulden, in denen die Frauen der Nlaka'pamux ihre Kinder zur Welt bringen.« Die Neugeborenen tauften sie im Bach, und der Asking Rock – der Bittfelsen – war der Ort, an dem sie um Erlaubnis baten, das Stein Valley betreten zu dürfen. Damit ihnen unterwegs nichts zustieß.

Wie konnte es sein, dass Jean und mir bei unserer Sommerwanderung etwas so Entscheidendes entgangen war? Was für eine beunruhigende Vorstellung, dass die Grizzlys uns auf die Bäume und schließlich aus dem Tal getrieben hatten, weil wir nicht gewusst hatten, wie man um Eintritt bat.

Am Nachmittag schlugen wir unser Zelt auf einem Felsvorsprung auf. Ich zog unsere Vorräte hoch in den Wipfel einer Felsentanne – unübersehbar die Mutter der jungen Bäumchen zu ihren Füßen –, um keine Bären anzulocken. Unter uns funkelte der Lizzie Lake wie ein Edelstein auf einem Bett aus grünem Samt, und über uns lockte ein Gletscherausläufer mit einer Vielzahl von kleinen Bergseen. Wir brachten den Nachmittag damit zu, dass wir über die glatt geschliffenen Felsen kletterten und unsere Zehen in die Wassertümpel tauchten.

»Sieh dir die Flechten auf diesem Felsen an, Mum.« Ich zeigte auf eine rote fladenförmige Kruste mit einem Rand aus weißlichen strahlenförmig nach außen weisenden Pilzfäden. Eine Symbiose. »Es war einmal eine Alge, die heiratete einen Pilz«, sagte ich.

Sie lächelte über meine launige Bemerkung und erwiderte: »Erinnert eher an das getrocknete Erbrochene, das ich letzte Woche im Jungsklo weggewischt habe.« Mum war Lehrerin, arbeitete als Förderpädagogin in einer Grundschule, wo sie sich um kleine Kinder kümmerte, die Schwierigkeiten mit Lesen, Schreiben und Rechnen hatten.

Ich stieß einen Juchzer aus, als ich eine weitere Stelle entdeckte, ein dickeres Polster aus flechtenüberkrustetem Humus auf dem Felsen, in dessen Mitte Schuppenheide spross. Die winzigen Blüten baumelten wie Feenglöckchen an der Spitze von kurzen, gebogenen Stielen, besetzt mit ledrigen, schuppenartigen Blättern. Die Heidepflanzen wirkten ganz zufrieden in ihrem Beet aus Flechtenerde. Die Wurzeln der Flechten – die *Rhizinen* – sonderten Enzyme ab, die das Gestein zersetzten, und der Rest der Flechte steuerte organisches Material bei; beides zusammen bildete den Humus, auf dem Pflanzen wurzeln und wachsen konnten. Ich zupfte an einem der Heidepflänzchen, aber es war fest verankert in dem von Flechten gebildeten Humus. Würde ich an seinen Wurzeln ein Netz von Pilzfäden finden? Womöglich sogar einen Trüffel? Der Gedanke, dieses Idyll bei der Suche nach Mykorrhizen zu zerstören, widerstrebte mir, also konsultierte ich lieber mein Pflanzenbuch. Die Heide lebte in Symbiose mit den spiralförmigen ericoiden Pilzen, demselben Typus, den ich mit Jean an den Heidelbeeren am Stryen Creek entdeckt hatte. Diese Flechtenpilze verwandelten Gestein in Sand und setzten Mineralien frei; durch diesen langsamen Prozess schufen sie den Boden, in dem andere Pflanzen wachsen konnten.

Als ich Mum die Passage vorlas, nickte sie. »Klingt plausibel. Zu Anfang braucht man nur eine einzige Pflanze, der Rest ergibt sich dann von allein.« Sie zeigte auf größere grüne Inseln, die dickere Schichten aus organischem Material auf dem felsigen Untergrund gebildet hatten. Darin wurzelten rosafarbene Moosheide und Krähenbeeren, stellenweise sogar kleine Sträucher.

»Zwergbuckelbeeren«, erklärte ich und zeigte auf einige kurze, mit blauen Beeren besetzte Stängel im Flechtenhumus. Diese Art gedieh nur in Hochlagen. Anders als die Heidelbeeren bei Grannie Winnie. Mum und ich pflückten ein paar und schlenderten dabei von Fleckchen zu Fleckchen.

»Wenn sie müsste, konnte Grannie Winnie sogar hier einen Garten anlegen«, sagte ich.

Mum lachte. Ihre Mutter schaffte es, aus allem etwas großzuziehen. Alles was sie brauchte, waren Samen, Kompost und Wasser. »Genau wie es ist, wenn man Kindern das Lesen beibringt«, sagte sie. »Sobald die Grundlagen gelegt sind, geht der Rest Schritt für Schritt von ganz allein.«

»Mum, es macht mich ganz krank, dass sie Ray meinen Job gegeben haben«, platzte ich heraus. »Was soll ich denn jetzt tun?«

Sie hielt im Beerenpflücken inne und sah mich an. »Du bewirbst dich einfach anderswo, Suzie«, antwortete sie nüchtern. »Reiß dich zusammen. Mach guten Gebrauch von dem, was du da gelernt hast – von diesem Ted –, aber ansonsten blickst du nach vorn.«

»Ich verstehe das nicht. Schließlich habe ich nichts falsch gemacht.« Es war für meine Begriffe eine Ungerechtigkeit, und das ließ mir keine Ruhe.

»Vielleicht waren sie noch nicht so weit, dass sie jemanden wie dich brauchen konnten. Du wirst sehen, du findest sogar noch was Besseres.«

Sie hatte recht. Warum war ich so ungeduldig? Mum war das nie. Sie übte mit ihren Schülern monatelang das ABC, so lange, bis sie es konnten. Tag für Tag hatte sie sich um uns gekümmert, Kleinigkeiten, die sich zu einem großen Ganzen verbanden. Wenn ich mir das überlegte, waren ja auch die Flechten und Moose, die Algen und Pilze so beständig, wie man sich das nur vorstellen konnte; ganz langsam, einen Schritt nach dem anderen, schufen sie den Erdboden, in stiller Zusammenarbeit. Dinge – und Menschen –, die etwas gemeinsam machten, und etwas Beachtliches kam dabei heraus. So wie Mum und ich einander besuchten, die Zeit so einrichteten, dass sie im Gleichschritt ging, und jeder Schritt brachte uns näher zusammen, bis wir ein gemeinsames Ganzes waren.

Bei der Rast streckte Mum sich aus und lächelte selig. Bettelarm während der großen Wirtschaftskrise zur Welt gekommen, hatte sie mit ansehen müssen, wie ihr Dad schwer traumatisiert aus dem Krieg zurückgekommen war. Sie hatte einen Mann geheiratet, der kein schlechter Mann war, aber nicht der richtige für sie, war mit sechsundzwanzig schon Mutter von dreien gewesen, hatte sich ihre Lehrbefugnis mit Fern- und Sommerkursen erworben, hatte eine volle Stelle gehabt und zugleich ihre Kinder großgezogen, zu einer Zeit, zu der von einer Mutter erwartet wurde, dass sie als Hausfrau zu Hause blieb, hatte Kindern, die arm, vernachlässigt oder sonst benachteiligt waren, das Lesen beigebracht und hielt Kopfschmerzen aus, die ein Pferd umgebracht hätten, hatte sich von meinem Vater scheiden lassen, obwohl alle dagegen gewesen waren, und hatte praktisch im Alleingang dafür gesorgt, dass wir alle drei auf die Universität konnten. Sie war vom Leben geschunden, aber ich fand, sie hätte ebenso gut der erste Mensch sein können, der den Mond betrat.

Zurück von unserer Wanderung, nahm ich mir sogleich meinen Lebenslauf vor, polierte ihn auf und schickte Bewerbungen an die Holzfirmen los.

Das brachte mir zwei Vorstellungsgespräche ein. Beim ersten saß ich einem Manager von Weyerhaeuser* gegenüber, mit einem gewaltigen Schreibtisch zwischen uns, und der Mann sagte mir, er könne den Tag gar nicht erwarten, an dem sämtlicher Primärwald geschlagen sei, denn dann könnten sie das Sägewerk für kleinere, forstwirtschaftlich angebaute Stämme modernisieren. Der zweite, ein Mann von den kanadischen Tolko Industries, erklärte, sie wollten so weit mechanisieren wie nur möglich. Keiner von beiden bot mir eine Stelle an.

»Es gibt einen neuen Waldwissenschaftler beim Forest Service«, sagte Jean, als ich entmutigt von dem Bewerbungsgespräch bei Tolko nach Hause kam und mich auf das braune Sofa, ein Fundstück vom Flohmarkt, fallen ließ. »Ein Mann namens Alan Vyse. Da solltest du es mal probieren.« Sie und ich teilten uns damals ein Apartment in Kamloops, einer Arbeiterstadt im Süden des mittleren British Columbia, die Stadt der Zellstofffabriken, wo auch Mum lebte, nur fünf Minuten von uns. Jean hatte gerade eine einjährige Stelle beim Forest Service bekommen, ein Forschungsprojekt, das sich mit mangelndem Nachwuchs in den trockenen Douglasienforsten beschäftigte.

»Oder ich gehe zum Sozialamt«, sinnierte ich, überschlug die Zahl an Wochen, die ich gearbeitet hatte, und überlegte, ob es wohl für Arbeitslosengeld reichen würde.

»Alan ist streng, aber sehr smart«, munterte Jean mich auf. »Da machst du einen guten Eindruck.«

---

* Eine der größten US-Forstfirmen.

Ich betrat das Büro von Alan Vyse, und er reichte mir lächelnd die Hand. Sein hageres Gesicht, die Hightech-Schuhe verrieten mir, dass ich es hier mit einem Mann zu tun hatte, der das Joggen ernst nahm. Mit einer Handbewegung forderte er mich auf, vor seinem Eichenschreibtisch Platz zu nehmen, mit einem ordentlich aufgeschichteten Stoß Fachzeitschriften auf der einen Seite und einem Manuskript, an dem er offenbar gerade schrieb, vor sich. Ein Regalbrett bog sich unter forstkundlichen, Baum- und Vogelbüchern, daneben hingen an Kleiderhaken Feldweste, Ölzeug und Fernglas, mit Arbeitsstiefeln darunter. Ein Büro für Beamte, beige Wände, Blick über den Parkplatz, aber trotzdem irgendwie behaglich; man konnte sich vorstellen, dass gewichtige Gespräche hier stattfanden. Ich senkte den Blick und sah, dass auf meinem T-Shirt ein Eigelbfleck war. Wenn es ihm aufgefallen war, ließ er es sich nicht anmerken. Er hatte das Auftreten eines wichtigen Mannes, aber seine Augen waren voller Freundlichkeit. Er fragte mich nach meinen Erfahrungen in der Feldforschung, nach Interessen, Familie, meinen Zielen im Leben.

Ich setzte mich gerader hin und erzählte ihm von meinen Ferienjobs und der Arbeit bei der Klassifikation von Ökosystemen für den Forest Service. »Das heißt, ich habe Erfahrungen in der Industrie *und* im öffentlichen Dienst«, sagte ich und hoffte, ihn so davon zu überzeugen, dass das für jemanden von gerade einmal dreiundzwanzig eine Menge an Hintergrund war.

»Schon mal in der Forschung gearbeitet?«, fragte er, und durchbohrte mich mit seinen braungrünen Augen, als läge die Wahrheit direkt hinter meiner Stirn. Auf Anhieb hatte er die große Leerstelle in meinem Lebenslauf gesehen.

»Nein, aber im Lauf meines Bachelorstudiums war ich mehrere Male als Tutorin tätig, und einmal als Forschungsassistentin beim Forest Service«, antwortete ich, die Kehle schnürte sich mir zu, und ich musste aufpassen, dass ich nicht auch noch das Gesicht verzog.

»Was wissen Sie über Wiederaufforstung?« Er machte sich Notizen auf seinem gelben Schreibblock. Zwei Forstbeamte in grünen Hosen und maulwurfsgrauen Hemden schlenderten vorbei, einer mit einer Schaufel, der andere mit einem seiner gelben Farbe wegen auch »Pissbeutel« genannten Löschrucksack mit Handpumpe für die Waldbrandbekämpfung.

Ich erzählte ihm von meinen vergilbten Setzlingen in den Lillooet Mountains und dem Wunsch, die Ursache für das Scheitern der Neuanpflanzungen herauszufinden. Dass ich gar nicht vorhatte, zu der Holzfirma zurückzukehren, um diese Forschungen fortzusetzten, sagte ich nicht. Aber ich erklärte ihm, mir sei klar geworden, dass das Experimentieren mit unterschiedlichen Pflanzplänen meine Frage nicht beantworten würde, weil es unmöglich sei, mein Wurzelproblem zu isolieren, wenn gleichzeitig so viele andere veränderliche Faktoren mit im Spiel seien. Ich erzählte, wie ich versucht hatte, Pflanzen mit kräftigeren Wurzeln zu ordern, die Bäumchen in die Mulmschicht zu setzen oder in die Nachbarschaft von Pflanzen mit Mykorrhizapilzen, in der Hoffnung, dass sich so zwischen den Pilzen und meinen Setzlingen eine Verbindung ergeben würde.

»Sie müssen sich mit Versuchsanordnungen auskennen, wenn Sie der Sache auf den Grund gehen wollen«, erklärte er. Er zog ein abgegriffenes Buch über Statistik aus seinem Bücherregal, und dabei fiel mir an der Wand neben dem gerahmten Masterdiplom in Forstwirtschaft von der Universität Toronto eine Bachelor-Urkunde im Fach Forstwesen aus Aberdeen auf. Alan sprach in britischem Tonfall – aber das hieß doch wohl, dass in seinen Adern auch schottisches Blut floss.

»Den Statistikkurs auf der Uni habe ich besucht«, sagte ich. Beim Blick auf die Auszeichnung für jahrelange herausragende Dienste auf seinem Schreibtisch – eine goldene Plakette, in die ein Baum samt seinem Namen eingraviert war – kam ich mir schrecklich naiv vor. Aber er vertrieb meine Anspannung wieder mit der Antwort, nichts in seinem Studium habe ihn auf die Arbeit mit wissenschaftlichen Versuchen vorbereitet; das habe er sich ganz allein beibringen müssen.

Derzeit hatte er keine Stelle für mich, aber er machte mir Aussichten auf einen Posten im Frühjahr bei einer wissenschaftlichen Untersuchung von »Forstkulturen mit ungehindertem Wachstum«; er werde sich bei mir melden.

Ich hatte keine Ahnung, was unter »ungehindertem Wachstum« zu verstehen war, und im Weggehen fragte ich mich, ob ich von der Sache wohl je wieder etwas hören würde. Ich wusste noch nicht, dass die Behörden jetzt ein neues Verfahren favorisierten, bei dem Nachbarpflanzen ausgemerzt wurden, damit Nadelbaumsetzlinge »ungehindert wachsen« konnten, ohne Konkurrenz durch alles, was keine Konifere war – lokale Pflanzen jeglicher Art; alles außer den Setzlingen galt als Unkraut, das man ausrotten musste. Ein Verfahren, das sich unter dem Einfluss intensiverer US-amerikanischer Praktiken entwickelt hatte, die Wälder in zunehmendem Maße als reine Holzplantagen betrachteten. Und dann kam jemand wie ich daher und redete über Setzlinge, die in der Nachbarschaft von Heidelbeeren und Erlen und Weiden wachsen mussten. *Wie kann man bloß so dämlich sein*, dachte ich. Warum hatte ich die kleinen gelben Setzlinge überhaupt erwähnt? Er glaubte jetzt wahrscheinlich, meine Welt sei so klein, dass sie das Einzige waren, was mir wichtig war. Es war November, und das Frühjahr lag noch in weiter Ferne; selbst wenn er jetzt vielleicht noch dachte, dass mit mir etwas anzufangen war, würde er mich bis dahin längst vergessen haben.

Ich bewarb mich als Bademeisterin im Schwimmbad. Notfalls konnte ich Arbeitslosengeld beantragen, obwohl Dad es nicht gern sehen würde, wenn ich dem Staat auf der Tasche lag. Schließlich fand ich einen Teilzeit-Bürojob, Redaktionsarbeit an einem Waldzustandsbericht der Regierung, lief im Backcountry Ski und grämte mich, dass ich mir nicht die Zeit für einen Besuch bei Kelly nahm. Aber der war ohnehin voll und ganz damit beschäftigt, Pferde zu beschlagen und Kälber auf die Welt zu bringen.

Im Februar aber kam ein Anruf von Alan. Er hatte eine Projektstelle für mich: Ich sollte die Auswirkungen von Unkrautbekämpfungsmaßnahmen in höher gelegenen Kahlschlägen untersuchen. Das treffe zwar nicht ganz genau mein Interessensgebiet, aber ich könne meine wissenschaftlichen Fähigkeiten damit ausbauen. Er werde mir helfen, das Experiment zu planen, und mich bei der Studie als Mentor begleiten, aber für die Arbeit im Außendienst müsse ich mir Verstärkung suchen.

Ich konnte mein Glück kaum fassen. Ich rief Mum an, die gleich zur Feier des Tages zwei Hähnchen in die Röhre schieben wollte. »Vielleicht kannst du ja Robyn anheuern«, schlug sie vor, unter Töpfeklappern – sie legte sofort mit dem Kochen los. Robyn arbeitete nur sporadisch als Aushilfslehrerin und brauchte einen Job für den Sommer.

Eine großartige Idee. Ich rief Kelly an, um ihm die große Neuigkeit zu verkünden, und er brüllte »*Geee-zuz*, Suzie!«, genau wie Onkel Wayne das gemacht hätte. »Das ist ja großartig!« Er erzählte mir, Williams Lake sei kälter als ein Eisbärenarsch, aber seine Hufschmiede laufe gut. Und was noch besser sei: Er habe eine neue Freundin, Tiffany.

Robyn und ich trafen in Blue River ein, der Stadt, die unserem Versuchsfeld am nächsten lag; dieses befand sich in den Hochwäldern – Engelmannfichten und Felsentannen – der Cariboo Mountains, unmittelbar westlich der Rockys. Die Stadt war vor hundert Jahren als Posten im Pelzhandel entstanden, dann war sie Depot beim Eisenbahnbau und beim Bau des Yellowhead Highway gewesen – eine Siedlung, die die Nlaka'pamux-Indianer vertrieben hatte, deren Heimat diese Gegend seit mindestens siebentausend Jahren gewesen war. Die Indianer waren in ein kleines Reservat umgesiedelt worden, an der Mündung des Blue in den North Thompson River.

Und was machte ich hier? Ich betreute ein Experiment, in dessen Verlauf ich Pflanzen umbringen musste – ich schuf also noch eine weitere Form von Vertreibung. Etwas, das mir wie das genaue Gegenteil dessen vorkam, was ich gewollt hatte.

Der dreihundertjährige Wald war ein paar Jahre zuvor vollständig abgeholzt worden, und jetzt, wo der Oberwuchs nicht mehr das Sonnenlicht abhielt, waren weiß blühende Rhododendren, Rostige Menziesien, Schwarze Buckelbeeren, Stachelbeeren, Holunderbeeren und Himbeeren üppig gewachsen. Die Pflanzen hatten ihre Triebe weit ausgestreckt und ein Meer aus Blättern, Blüten und Beeren geschaffen. Ebenso wucherten die Kräuter – Sitka-Baldrian, Castilleja, Maiglöckchen. Fichten, kleine Bäumchen mit spitzen Nadeln, waren zwischen ihnen gewachsen, und später hatte man diese natürliche Wiederaufforstung aufgegriffen und Fichtensetzlinge aus der Baumschule dazugepflanzt. Aber diese Setzlinge wuchsen gerade einmal einen halben Zentimeter im Jahr, weit weniger, als nötig war, um sie innerhalb der geplanten Zeit zu ernten. Viele waren abgestorben, und der Kahlschlag hatte die Einstufung »nicht zufriedenstellend aufgeforstet« bekommen.

Robyn mit neunundzwanzig bei der Arbeit am Mabel Lake, ca. 1987. Die Weyerhaeuser Company (»Weyco«) transportierte Holz, das sie im Regenwald am Kingfisher Creek schlug, über die Simard'sche Forststraße. Robyn arbeitete zu jener Zeit mit Jean zusammen; sie erforschten die Schwierigkeiten der Wiederaufforstung in den Kahlschlagbereichen.

Dieses Problem wollten die Leute von der Forstindustrie dadurch lösen, dass sie Pflanzengift sprühten und all die schattenwerfenden Sträucher abtöteten, wodurch die übrig gebliebenen Stechfichtensetzlinge »befreit« würden und alles, was es an Wasser, Licht und Nährstoffen gab, ganz für sich allein hätten. Monsanto hatte Anfang der siebziger Jahre einen Giftstoff erfunden – Glyphosat, auch Roundup genannt –, der die ursprünglichen Pflanzen abtötete, ohne die Nadelbaumsetzlinge anzugreifen. Roundup war ein Riesenerfolg geworden, die Leute nahmen es bedenkenlos für Garten und Rasen – nur Grannie Winnie leistete tapfer Widerstand. Die forstwirtschaftliche Theorie war, dass das Abtöten der Blattpflanzen die Stecklinge vor

Konkurrenten beschütze, und damit war dann die amtliche Forderung nach »ungehindertem Wachstum« erfüllt. Ungehindert wie der Teufel, sodass der nächste Kahlschlag in hundert Jahren kommen konnte, weit früher, als wenn man die Bäume natürlich hätte wachsen lassen, so wie den vorherigen Bestand. Wenn erst einmal das ungehinderte Wachstum gesichert war, würde eine solche Plantage als gut gepflegter Forst gelten.

Alan hatte mir geholfen, die Versuchsreihe zu konzipieren, mit deren Hilfe ich überprüfen wollte, wie wirkungsvoll der Einsatz unterschiedlich großer Herbizidkonzentrationen die einheimischen Pflanzen abtöten und so die kleinen Setzlinge von der Konkurrenz »befreien« würden. Angeblich sollten sie dadurch eine höhere Überlebenschance bekommen und schneller wachsen und so die Standards für Aufforstung und Höhenwachstum sowie die Richtlinien für ein ungehindertes Wachstum erfüllen. Das war die Aufgabe, die Robyn und ich auf diesem Kahlschlag übernehmen sollten – trotz meiner Vorbehalte. Alan selbst hielt auch nicht viel von der neuen Theorie vom ungehinderten Wachstum, aber er war verpflichtet zu überprüfen, ob das Entfernen der Sträucher den Ertrag der Kulturen steigerte. Er hatte mir schon gesagt, dass er dieses Verfahren für falsch hielt, aber wir brauchten schlüssige, wissenschaftlich überzeugende Ergebnisse und mussten zunächst einmal von dem ausgehen, was die Behörden für richtig hielten, bevor wir jemanden davon überzeugen konnten, dass man auch andere Wege einschlagen konnte.

Das bedeutete, dass wir Schritt für Schritt überprüfen mussten, welche Auswirkungen Herbizide in unterschiedlicher Konzentration auf die Setzlinge und die Pflanzengemeinschaft insgesamt hatten. Und wir mussten Vergleiche anstellen, ob wir stattdessen lieber zur Gartenschere greifen oder gar nichts tun sollten. Das Ziel war herauszufinden, ob die Beseitigung der nicht zur Vermarktung bestimmten Pflanzen tatsächlich für ungehindertes Wachstum in einer gesünderen und produktiveren Kultur führte, als wenn wir den Eingeborenen auch ein Recht auf Leben zugestanden.

Mit Alans Unterstützung entwarf ich vier separate Unkrautbekämpfungsverfahren: drei mit unterschiedlichen Dosierungen von Roundup – ein, drei und sechs Liter pro Hektar – sowie eine manuelle Rodungsaktion. Hinzu kam ein Kontrollareal, in dem wir die Vegetation völlig unangetastet lassen würden. Diese fünf Methoden würden wir jeweils zehnmal anwenden, um zu sicheren Erkenntnissen über ihre Wirksamkeit zu gelangen. Jede dieser mehrfach zum Einsatz gebrachten Vorgehensweisen ordneten wir willkürlich einem von fünfzig kreisrunden Arealen zu. Ein Statistiker segnete den Plan ab, den wir auf einer Landkarte skizziert hatten. Für mich eröffneten sich ganz neue Horizonte. Unter Alans Anleitung hatte ich meine allererste Versuchsreihe geplant! Obwohl ich die Zielsetzung verabscheute, die – davon war ich überzeugt – exakt das Gegenteil dessen war, was wir eigentlich tun sollten, fühlte ich mich dem Wissen, das ich brauchte, um das Rätsel meiner kleinen, verkümmerten Setzlinge zu lösen, einen Schritt näher.

Robyn und ich schlugen unsere Einmannzelte auf dem Gemeindeland von Blue River auf, ihres orange, meines blau, mit der Feuerstelle genau in der Mitte dazwischen. Wir brauchten diese Möglichkeit, uns aus dem Weg zu gehen, denn das Experiment würde sich über mehrere Wochen hinziehen, und wir waren aus dem gleichen Holz geschnitzt – stets darauf bedacht, unsere Freiräume zu wahren. Ich stellte meinen ramponierten Gaskocher auf eine runde Holzplatte, und Robyn komplettierte die Küche mit Töpfen und Pfannen auf dem Picknicktisch. Sie wollte einen Blaubeerkuchen nach Winnies Rezept backen. Robyn kochte gern – als älteste Tochter einer berufstätigen Mutter hatte sie das von früh auf gelernt. Das Geheimnis von Grannie Winnies Kuchen war, dass sie immer nur die süßesten Blaubeeren nahm, Mitte August, wenn sie tiefblau und weißlich überhaucht waren. Und für die Teigkruste jede Menge Butter. In noch nicht einmal einer Stunde hatten wir an den Wegrändern zwei Eimerchen voll Beeren gepflückt. Robyn bereitete den Kuchen auf meinem kleinen Kocher zu, ich grillte derweil am offenen Feuer Hamburger.

Nach dem Essen machten wir einen Spaziergang durch den Ort. Robyn hatte im Winter zuvor in der Küche des Blue River Hotel ausgeholfen, einem alten, zweistöckigen Gebäude mit Speisesaal und Schankraum und Gästezimmern im Obergeschoss, und auf dem Weg dort vorüber versicherte sie: »Die waren immer begeistert von meinen Kuchen.« Wieder am Lagerplatz angekommen, vertiefte sie sich in einen Roman, ich begab mich auf die Suche nach weiteren Beeren. Als ich die Wurzeln eines Kiefernsämlings aus dem Boden zog, entdeckte ich an den Wurzelspitzen zu meiner großen Freude ein ganzes Bündel violetter und rosafarbener Ektomykorrhizapilze.

Im Laufe der folgenden Woche widmeten wir uns den Vorbereitungen für das Experiment. Anhand des Lageplans, den Alan und ich gezeichnet hatten, markierten Robyn und ich mithilfe von Kompass und Nylonschnur die Mittelpunkte der fünfzig Kreisareale. Jeder Kreis hatte einen Durchmesser von ungefähr vier Metern, etwa so groß wie das Spielfeld beim Tetherballspiel. Die Mittelpunkte lagen jeweils zehn Meter voneinander entfernt, so dass die Gesamtgröße des Versuchsareals am Ende einhundert mal fünfzig Meter, also einen halben Hektar betrug. Nachdem wir das Gelände so weit vorbereitet hatten, verbrachten wir die nächste Woche damit, die Vielzahl an Pflanzen, Moosen, Flechten und Pilzen in jedem einzelnen Feld zu bestimmen und mengenmäßig zu erfassen, damit wir später beurteilen konnten, wie wirksam unsere verschiedenen Vernichtungsmethoden waren.

Ein paar Tage später brachen wir um fünf Uhr morgens auf, um mit dem Spritzen zu beginnen. Gleich an der ersten Kurve zwang mich ein Absperrband zu einer Vollbremsung. Drei Demonstranten schwenkten Plakate und protestierten gegen den geplanten Einsatz von Herbiziden. Ein besonders quirliger Mann kannte Robyn aus ihrer Zeit im Blue River Hotel. Erst nach lebhaften Diskussionen konnten wir die Demonstranten davon überzeugen, dass wir hofften, durch unser Experiment zu zeigen, dass Herbizide unnötig waren und daher künftig weniger zum Einsatz kommen würden. Sie ließen uns durch.

Der Augenblick, vor dem ich mich die ganze Zeit gefürchtet hatte, war gekommen. Ich hatte literweise Glyphosat problemlos in einem Laden für landwirtschaftlichen Bedarf in Kamloops bekommen, fand es beängstigend, dass jedermann einfach so hineinspazieren und das Zeug kaufen konnte, aber ich war erleichtert, dass ich immerhin eine Genehmigung hatte einholen müssen, um es auf Staatsland zu versprühen. Robyn verbarg ihre Angst halbwegs hinter ihrer finsteren Miene. Ich maß die Menge an rosa Flüssigkeit ab, die wir für die Ein-Liter-pro-Hektar-Anwendung benötigten, füllte sie in den blau-gelben, zwanzig Liter fassenden Plastiktank und fügte Wasser hinzu, um die erwünschte Verdünnung zu erreichen. Dann machte ich Robyn vor, wie sie Gasmaske und Schutzanzug anlegte. Ich war und blieb ihre kleine Schwester, doch die Rangordnung zwischen uns beiden – die Frage, wer von uns das Sagen hatte – war vorübergehend auf den Kopf gestellt. Ihr ganzes Leben lang war

Robyn für mich verantwortlich gewesen, aber jetzt war ich diejenige, die aufpasste, dass sie nichts von dem Gift abbekam.

Robyn legte ihre Maske an und zurrte sie fest. Durch die Schutzbrille warf sie mir einen schrägen Blick zu, als wolle sie sagen, sie hoffe nur, dass ich auch wusste, was ich tat. Das lange schwarze Haar war aus dem dunklen, kantigen Gesicht zurückgekämmt, und das betonte ihre schmale frankokanadische Nase. »Ganz schön schwer«, stöhnte sie, als sie sich den sperrigen, viereckigen Tank auf die Schultern wuchtete – er wog etwa fünfundzwanzig Pfund – und den Schlauch mit der Sprühdüse entrollte.

Ich zeigte ihr, was ich in Mums Garten mit Wasser geübt hatte, erklärte ihr, wie sie beim Sprühen mit dem Hebel pumpen sollte.

Die Baumstämme und Büsche, die uns bei der Bestandsaufnahme kaum gestört hatten, kamen uns nun plötzlich wie der Parcours für einen Hindernislauf vor. Robyns Brillengläser beschlugen, und dumpf rief sie unter der Gasmaske: »Ich kann nichts sehen, Suzie!« Wie ein Blindenhund führte ich sie zum ersten Versuchsfeld.

Sie schwang die Sprühdüse wie einen schwarzen Zauberstab, klagte aber, als der tödliche Nebel sich schon über blühende Rhododendren legte, weiterhin, sie habe kein gutes Gefühl bei der Sache. Wir fanden es beide schrecklich, dass wir Pflanzen töten mussten. Und dass sie dabei mit Plastikoverall und Atemmaske und einem Rucksack voller Gift herumlaufen musste, machte die Sache nicht besser.

Ich versprach ihr, die Sechs-Liter-Behandlung auf den nächsten zehn Testflächen selbst zu übernehmen, und hoffte, dass ich damit den Schmerz der Arbeit, zu der ich sie zwang, ein wenig linderte.

Nach Feierabend gingen wir auf ein Bier zur Blue River Legion. Die Wände waren mit purpurrotem Plüsch bespannt, und die einheimischen Gäste saßen auf schäbigen Kunststoffhockern. Eine Kellnerin servierte uns schaumloses Bier, und als Robyn behutsam darauf hinwies, dass es ziemlich schal aussehe, konterte sie: »Das sind ja auch keine Milchshakes, Herzchen.«

Im Laufe der nächsten drei Tage brachten wir sämtliche Herbiziddosen genau nach Plan aus. Erstklassige Arbeit. Ein paar Tage darauf kehrten wir mit Astscheren zurück und nahmen an den zehn dafür vorgesehenen Stellen die manuelle Behandlung vor, und die letzten zehn Areale blieben unbehandelt, als Kontrollgruppe. Jetzt mussten wir einen Monat warten, dann würden wir wiederkommen und nachforschen, wie wirkungsvoll die verschiedenen Mittel beim Abtöten der Pflanzen waren. Ich war begeistert, dass ich das wissenschaftliche Experimentieren im Wald lernte, aber die Pflanzen ins Jenseits zu befördern, setzte mir zu. Nur um eine forstwirtschaftliche Maßnahme zu erproben, von der ich ja jetzt schon überzeugt war, dass sie falsch war.

Bei unserer Rückkehr sahen wir, dass in den Bereichen mit der höchsten Dosierung die Rhododendren, die Rostigen Menziesien und die Heidelbeeren verschrumpelt und tot waren. Und nicht nur die Büsche, die ganze Pflanzenwelt war tot, sogar die Haselwurz, die Orchideen. Flechten und Moose waren braun, die Pilze verrotteten. Manche Büsche versuchten neu auszutreiben, aber die Blätter waren gelb und verkümmert. Beeren, die dick an den Zweigen gehangen hatten, lagen jetzt auf dem Boden. Selbst die Vögel fraßen sie nicht mehr. Nur die Stechfichtenstecklinge waren noch am Leben, ihre Nadeln bleich und mickrig wie zuvor, von manchen tropfte etwas Rosafarbenes, und zweifellos waren alle im Schockzustand von dem plötzlichen grellen Licht. Die meisten Pflanzen, auf die wir es abgesehen hatten, waren auch bei der mittelstarken Behandlung abgestorben, aber manche waren noch grün, weil die Blätter größerer Pflanzen sie abgeschirmt hatten, als der Sprühstrahl kam. Bei der niedrigsten Dosis waren die meisten Pflanzen noch lebendig, aber verletzt und leidend. Bei den von Hand geschnittenen Büschen kamen bereits frische Triebe, größer als die Setzlinge. Das beste Mittel, einer Pflanzung zu ungehindertem Wachstum zu verhelfen, war die volle Giftmenge.

»Ich weiß, was wir getan haben. Aber wie ist das gekommen?« Robyn, den Tränen nahe, wollte wissen, wie das Glyphosat diese Pflanzen getötet hatte. Immer trug sie die Hauptlast unserer Gefühle, sie litt unter den Ungerechtigkeiten, wollte sie in Ordnung bringen.

Ich starrte auf meine Füße, denn wenn wir beide jetzt zu heulen anfingen, das täte doch zu weh. Diese Pflanzen hier waren meine Verbündeten, nicht meine Feinde. Ich ging in Gedanken noch einmal die Gründe für diese Unternehmung durch, um sie vor mir selbst zu rechtfertigen. Ich wollte lernen, wie man wissenschaftliche Experimente durchführte. Ich wollte als Detektivin das Leben des Waldes erforschen. Was wir hier machten, diente einem höheren Zweck, nämlich am Ende die Setzlinge zu retten. Ich würde den Beweis erbringen, dass diese Praxis Unsinn war, ich würde in der Lage sein, den Behörden zu erklären, dass es andere Richtungen gab, in die man forschen konnte, um den jungen Pflänzchen beim Wachsen zu helfen. Mein Blick fiel auf eine Nutka-Himbeere, die um ihr Leben kämpfte; ihre Ranken waren kahl, über ein paar mickrigen Setzlingen zusammengesunken, die nun plötzlich ans Licht gekommen waren, aber alles, was sie noch zustande gebracht hatte, war ein winziger grundständiger Blätterkranz. Angeblich schadete dieses Pflanzengift Vögeln und anderen Tieren nicht, denn es griff an dem

Enzym an, das nur die Kräuter und Büsche entwickelten, um daraus ihr Protein zu produzieren.

Aber die Pilze waren verschrumpelt und tot.

Unsere liebsten Pfifferlinge – fort.

In meinem tiefsten Inneren wusste ich es: Dass die Setzlinge vor sich hin kümmerten, lag daran, dass sie keine Verbindung mit dem Boden bekamen. Dass nur die Pilze ihnen dazu verhelfen konnten. Natürlich würden Setzlinge in dieser Gegend ohnehin nur langsam wachsen, denn neun Monate im Jahr lag Schnee. Und trotzdem erklärte ich Robyn, dass es bei dem Versuch darum gehe, bestimmte Pflanzenarten abzutöten, darunter manche Sträucher, die die Wirte gerade der Pilze waren, von denen ich mir vorstellte, dass sie den Setzlingen halfen. Die Holzfirmen waren versessen darauf, von Hubschraubern aus die ganze Provinz mit Glyphosat zu überziehen. Vielleicht würde unser Experiment beweisen, dass dies doch nicht der Weisheit letzter Schluss war.

»Ja verflucht noch mal«, antwortete Robyn, »wenn man sich das hier ansieht, sieht man denn da nicht auf den ersten Blick, dass es falsch ist?« Kaum vorstellbar, dass es Leute gab, die »ungehindertes Wachstum« für die Lösung hielten.

Als wir an dem Abend wieder in unserem Camp waren, fühlten wir uns zu schlecht zum Essen. Ich verkroch mich in meinen Schlafsack, aus Robyns Zelt war kein Laut zu hören. Ich hätte nicht sagen können, ob wir uns von dem Herbizid krank fühlten oder ob aus Kummer über das, was wir den Pflanzen angetan hatten.

Alan nahm unser Ergebnis – dass die höchste Dosierung des Herbizids die Pflanzen am gründlichsten beseitigte – nur mit Kopfschütteln auf. Aber dieses Resultat, tröstete er uns, sage noch nichts darüber aus, ob die Ausrottungsstrategie den Setzlingen auch nütze. Es beweise nur, dass eine hohe Konzentration die sogenannten Unkräuter vernichte. Für Reue war keine Zeit; wir hatten noch viel Arbeit vor uns, wenn wir die komplexen Beziehungen zwischen Setzlingen und benachbarten Pflanzen ergründen wollten.

Dank meiner frisch gewonnenen Kenntnisse, wie man ein »Unkrautvernichtungs«-Experiment durchführt, bekam ich einen umfassenderen Auftrag zur Erprobung von Herbizidkonzentrationen und manuellen Rodungsmaßnahmen an unerwünschten sattgrünen Grünerlen, schmalblättrigen Weiden, weißstämmigen Papierbirken, den familienbildenden Zitterpappeln und den flauschigen Pappeln. Im Visier standen auch die purpurnen Weideröschen, die Polster des Reitgrases und der weiß blühende Sitka-Baldrian. Allesamt einheimische, teils baumgroße Pflanzen, die das Wachstum der begehrten Setzlinge – die stachligen Stechfichten, die schlanken Küstenkiefern, die Douglasien mit ihren weichen Nadeln – beeinträchtigen konnten. Diese drei Nadelbaumarten, vor allem die Küstenkiefer, wurden jetzt in fast jedem Kahlschlagareal der Provinz angepflanzt, weil sie einträglich, schnellwüchsig und widerstandsfähig waren. Und je schneller die lästigen einheimischen Bäume und Pflanzen verschwanden und das Wachstum der Setzlinge nicht mehr behinderten, desto schneller hatte die Firma ihre Verpflichtung zum Aufforsten erfüllt.

Das Bekenntnis zu der Theorie vom ungehinderten Wachstum bedeutete einen Rundumschlag gegen einheimische Pflanzen und Laubbäume. Robyn und ich waren wider Willen zu Expertinnen für das Aushacken, Absägen, Strangulieren und Vergiften von Laubbäumen, Büschen, Kräutern, Farnen und jedweder anderen arglosen Kreatur in den neuen Wäldern der

Provinz geworden. Da zählte es nicht, dass die Pflanzen Nistmöglichkeiten für Vögel und Nahrung für Eichhörnchen boten, Deckung für Hirsche und Unterschlupf für Bärenjunge, oder dass sie den Boden mit Nährstoffen versorgten und Erosion verhinderten – sie mussten einfach nur weg. Niemand verschwendete einen Gedanken auf den Stickstoff, den die Grünerlen dem Boden zuführten: Sie wurden abgeholzt und verbrannt, um Setzlingen Platz zu machen. Niemand scherte sich um die Reitgrasbüschel, diese Schattenspender für Douglasienkeimlinge, die ohne sie in der Gluthitze offener Kahlschläge verbrannten. Oder darum, dass die Rhododendren die kleineren Stechfichtensetzlinge vor harten Frösten bewahrten, denen sie ohne dieses vielschichtige Blätterdach schutzlos ausgeliefert waren.

Nein, die Devise war glasklar und einfach. *Weg mit der Konkurrenz.* Sobald die Ausrottung der einheimischen Vegetation dafür sorgte, dass Licht, Wasser und Nährstoffe ungemindert zur Verfügung standen, würden die lukrativen Nadelbäume sie aufsaugen und so schnell wachsen wie Mammutbäume. Eine todsichere Sache, und der Sieger stand von vornherein fest.

Und da stand ich nun, Frontkämpferin in einem Krieg, an den ich nicht glaubte. Das altbekannte Schuldgefühl, das Bewusstsein, dass ich selbst Teil des Problems war, nagte an mir, als wir mit dieser neuen Versuchsreihe begannen. Aber ich ließ mich darauf ein, denn ich hatte ein klares Ziel vor Augen: Ich wollte lernen, wie man wissenschaftlich arbeitet, damit ich am Ende erforschen konnte, was die Setzlinge verkümmern ließ.

»Ich habe Halsschmerzen«, sagte Robyn. Wir waren auf dem Rückweg zu unserem Hotel, nachdem wir am Belgo Creek in der Nähe von Kelowa, rund zweihundert Kilometer südlich von Kamloops, Zitterpappeln mit Gift besprüht hatten. Wir waren schon um drei Uhr früh losgezogen, um der Hitze zu entgehen. Gegen Mittag wurde es nicht nur unerträglich heiß in den Plastikoveralls, die Spritzflüssigkeit wäre auch auf den Blättern der Pflanzen verdunstet, bevor sie Gelegenheit hatte, sie zu zerstören.

»Ich auch«, sagte ich.

»Glaubst du, das kommt von dem Spritzmittel?«

»Wohl kaum. Schließlich arbeiten wir schon den ganzen Sommer damit. Vielleicht ist es ein Sonnenstich.«

Der Arzt in der Ambulanz war einfühlsam, er spürte, dass wir Angst hatten, deshalb bat er uns zusammen ins Behandlungszimmer. »Ihr Rachen ist stark gerötet«, sagte er zu Robyn, »aber die Drüsen sind nicht geschwollen. Was haben Sie denn gemacht?«

Ich erklärte ihm, wir hätten Glyphosat gespritzt, und Robin warf mir einen wütenden Blick zu, als der Arzt wissend nickte und fragte: »Haben Sie Schutzmasken getragen?«

Als ich bejahte, wollte er sie sehen. Ich holte eine der Masken aus dem Wagen, er schraubte die schwarzen Plastikkappen ab und stieß einen Pfiff aus. »Keine Filter«, sagte er.

»Was?«, fragte ich ungläubig und starrte entsetzt auf die Stelle, an der eigentlich die Filter sitzen sollten. Wir hatten den ganzen Tag Glyphosatnebel eingeatmet. Robyn klammerte sich an der Tischkante fest, und mir wurde ganz weich in den Knien.

»Keine Sorge, Ihre Rachenschleimhaut ist nur stark gereizt von der Chemikalie«, sagte er. »Trinken Sie Milchshakes, dann geht es Ihnen morgen früh wieder besser.« Er klopfte Robyn beruhigend auf die Schulter, mir lächelte er zu, als wir zur Tür taumelten, aber ich war genauso erschrocken wie Robyn. Nach ein paar großen Schoko-Milchshakes fühlte sich unsere Kehle wieder kühler an. Am Morgen waren die Halsschmerzen verschwunden.

Es war Ende August, und dies war unser letztes Experiment. Robyn würde in ein paar Tagen abreisen und eine Stelle in Nelson antreten – einer Kleinstadt im südöstlichen British Columbia, nicht weit von der Gegend, in der Mum aufgewachsen war –, als Aushilfslehrerin in einer Grundschule; und sie vermisste auch ihren Freund Bill. Zwar brach sie nicht Hals über Kopf auf, aber es war doch der Tropfen, der das Fass zum Überlaufen brachte. Den kapitalen Fehler, den wir da gemacht hatten, würde keine von uns vergessen.

Bei allen Behandlungsmethoden bis auf eine erwies sich, dass sie das Wachstum der Nadelbaumsetzlinge nicht verbesserten, und – was ja nun wirklich nicht überraschte – die Artenvielfalt einheimischer Pflanzen ging zurück. Wenn man die Birken abtötete, wuchsen tatsächlich einige der Fichten besser, aber *die größere Zahl von ihnen starb ebenfalls ab* – das Gegenteil des Erwarteten. Als die Birkenwurzeln durch Hacken oder Gift unter Druck geraten waren, waren sie nicht mehr in der Lage gewesen, Hallimasche abzuwehren, pathogene Pilze, die zu den natürlichen Bewohnern des Erdbodens gehörten. Der Pilz infizierte die geschädigten Birkenwurzeln, und von da griffen sie auf die Wurzeln der benachbarten Nadelbäume über. Wo auf den Kontrollfeldern Weißbirken ungestört in Gesellschaft der Nadelbäume weiterwachsen konnten, blieb der Schädlingspilz im Boden und griff die Bäume nicht an. Offenbar schufen die Birken eine Umgebung, in der der Schädlingspilz im Gleichgewicht mit den anderen Organismen des Bodens blieb.

Wie lange konnte ich diese Farce noch mitspielen?

Aber dann hatte ich Glück.

Eine permanente forstwissenschaftliche Forschungsstelle wurde beim Forest Service ausgeschrieben. Ich bewarb mich, in Konkurrenz mit vier jungen Männern. Eine Gruppe Fachwissenschaftler wurde aus der Provinzhauptstadt eingeflogen, um sicherzustellen, dass die Auswahl streng und fair getroffen wurde, und ich konnte mein Glück gar nicht fassen, als ich die Stelle bekam. Alan würde mein unmittelbarer Vorgesetzter.

Jetzt war ich in der Lage, die Fragen zu stellen, die für meine Begriffe wichtig waren. Oder wenigstens Fragen, bei denen ich versuchen konnte, die Behörden, die unsere Geldmittel bewilligten, von deren Wichtigkeit zu überzeugen. Ich konnte Experimente auf der Grundlage meiner eigenen Theorien zum Waldwachstum und zur Lösung der bestehenden Probleme anstellen. Das war etwas ganz anderes, als nur die von der Forstwirtschaft entwickelten Verfahren zu testen, die offensichtlich die Ökologie des Waldes untergruben und damit sämtliche Probleme nur verschlimmerten. Ich konnte auf meinen Erfahrungen aufbauen und Forschungen anstellen, die uns helfen konnten, dem Wald bei seiner Erholung vom Forsteinschlag zu helfen. Die Tage, in denen ich den Einsatz von Pflanzengiften hatte testen müssen, waren vorbei. Jetzt konnte ich wirklich erforschen, was die Setzlinge brauchten, von den Pilzen, dem Boden, von anderen Pflanzen oder Bäumen.

Ich errang ein Forschungsstipendium, mit dem ich mich weiter der Frage widmen konnte, ob eine Verbindung mit den Mykorrhizapilzen im Erdboden das Überleben der Koniferensetzlinge sicherte. Zugleich wollte ich klären, ob heimische Pflanzen an der Herstellung dieser Verbindung beteiligt waren; dazu würde ich das Wachstum von Setzlingen, die in artenreiche Umgebungen gepflanzt wurden, mit dem von Exemplaren vergleichen, die einzeln in nackten Boden kamen. Meine Ideen zu diesem Projekt und damit auch die Argumente, mit denen ich das Stipendium errungen hatte, waren stark von Entwicklungen der Waldforschung bei unseren US-amerikanischen Nachbarn beeinflusst. Zu jener Zeit war der United States Forest Service im Wandel begriffen, denn die Sorge in der Öffentlichkeit über die Zerstörung zusammenhängender Waldflächen und die Bedrohung von Arten wie dem Fleckenkauz gewann an Einfluss – die Wissenschaft erkannte inzwischen an, dass Artenvielfalt wichtig für den Ertrag eines Waldes war, und das schloss den Schutz von Pilzen, Bäumen und tierischem Leben mit ein.

Konnte eine einzelne Art für sich allein überleben?

Würde, wenn man neue Setzlinge mit anderen Arten mischte, ein gesünderer Wald entstehen? Würden Bäume besser gedeihen, wenn man sie zusammen mit anderen Gewächsen in Gruppen anpflanzte, oder sollten sie doch auf Abstand und in Reih und Glied gesetzt werden?

Diese Versuche konnten mir womöglich auch dabei helfen zu ergründen, warum die alten Felsentannen in höheren Lagen und die stattlichen Douglasien weiter unten in Gruppen standen. Sie konnten mir helfen zu verstehen, ob einheimische Pflanzen, wenn sie in der Nähe von Nadelbäumen wuchsen, für eine bessere Verbindung zum Boden sorgten. Ob Koniferen mehr bunte Pilze an ihren Wurzelspitzen hatten, wenn sie Laubbäume und Sträucher als Nachbarn hatten.

Für meine Experimente wählte ich die Papierbirke, weil ich schon seit meiner Kindheit wusste, dass sie reichhaltigen Humus produzierte, der Nadelbäumen ebenso gut bekommen sollte, wie er mir in der Zeit, als ich noch Erde aß, geschmeckt hatte. Außerdem faszinierte mich die Tatsache, dass Birken offenbar verhinderten, dass Wurzelschädlinge Unheil anrichteten. Doch in der Holzindustrie galten Birken einfach nur als Unkraut. Alle anderen sahen in ihnen hell leuchtende Lieferanten von stabiler, wasserdichter Rinde, schattenspendendem Laub und erfrischendem Saft.

Eigentlich hätte es ein ganz einfaches Experiment werden sollen.

Aber da hatte ich mich gründlich getäuscht.

Ich wollte untersuchen, wie drei einträgliche Baumarten – Lärche, Zeder und Douglasie – in unterschiedlichen Mischungsverhältnissen mit Birken gediehen. Meine Wahl fiel auf diese Arten, weil sie in den naturbelassenen Primärwäldern heimisch sind. An den Zedern liebte ich die langen, wie geflochten wirkenden Blätter, an den Douglasien die seidigen Flaschenbürstenzweige und an den Lärchen die sternförmigen Nadelbüschel, die sich im Herbst goldgelb verfärbten, bevor sie auf dem Waldboden landeten. Damals betrachtete die Holzindustrie die Birke als ihren gefährlichsten Konkurrenten, weil man davon ausging, dass sie den begehrten Nadelbäumen das Licht wegnahm und ihr Wachstum beeinträchtigte. Aber wenn junge Birken den Nadelbäumen nun nützten – welches Mischungsverhältnis würde dann für die gesündesten Wälder sorgen? Die drei Koniferenarten vertrugen unterschiedlich viel Birkenschatten, von sehr wenig im Falle der sternnadligen Lärche bis hin zu sehr viel bei der flechtblättrigen Zeder; die flaschenbürstige Douglasie rangierte irgendwo im Mittelfeld. Allein das schon legte den Schluss nahe, dass das optimale Mischungsverhältnis je nach Art variieren würde.

Ich entschloss mich zu einer Versuchsanordnung, bei der ich Papierbirken zunächst auf einem Areal mit Douglasien kombinieren würde, auf einem weiteren mit westlichen Rotzedern und auf einem dritten mit westamerikanischen Lärchen, das Ganze an einer Stelle, an der zuvor die Wiederaufforstung eines Kahlschlags gescheitert war, weil es nicht einmal den Felsentannen gelungen war Fuß zu fassen. Das gleiche Experiment wollte ich auf zwei weiteren Kahlschlägen durchführen, um zu sehen, wie die Bäume auf leicht unterschiedliche Umweltbedingungen reagierten.

Für jede der drei Pflanzkombinationen plante ich ein breitgefächertes Spektrum an Mischungsverhältnissen, damit ich vergleichen konnte, wie sich die Koniferen verhielten, wenn sie allein oder zusammen mit Birken auf unterschiedlich engem Raum und in wechselnden Zusammensetzungen wuchsen. Und ich konnte dabei meine vage Vermutung überprüfen, dass die Bäume in bestimmten Konstellationen besser gedeihen würden, beispielsweise bei einem geringen Birkenanteil im Verhältnis zu Lärchen und einem höheren im Verhältnis zu Zedern. Ich nahm an, dass die Papierbirken den Boden mit Nährstoffen anreicherten und den Koniferen damit gute Wachstumsbedingungen für Mykorrhizapilze lieferten. Außerdem legten meine früheren Experimente den Schluss nahe, dass Birken die Nadelbäume auf irgendeine Weise vor einem frühzeitigen Tod durch die von Hallimaschen verursachten Wurzelerkrankungen schützten.

Insgesamt kam ich so auf einundfünfzig verschiedene Mischungsverhältnisse, jedes auf einem eigenen Versuchsfeld. Und das in drei verschiedenen Kahlschlagarealen.

Nach Hunderten von Tagen auf Neuanpflanzungen und bei meinen Unkrautvernichtungsexperimenten, in deren Verlauf ich das Nebeneinander von jungen Bäumen und anderen Pflanzen beobachtet hatte, ahnte ich, dass Bäume und Pflanzen irgendwie wahrnehmen konnten, wie nahe sie ihren Nachbarn kamen – ja sogar, *wer* diese Nachbarn waren. Kiefernschösslinge, die in lockeren Verbänden aus stickstoffbindenden Erlen wuchsen, konnten ihre Ästchen weiter ausbreiten als solche in einem Dickicht aus Weidenröschen. Fichtensämlinge gediehen prächtig auf engstem Raum mit Teppichbeeren und Wegerich, wahrten aber Abstand zum Bärenklau. Tannen und Zedern fühlten sich wohl unter nicht allzu dichten Birken, doch im Schatten von Nutka-Himbeeren verkümmerten sie. Lärchen wiederum wuchsen am besten und zeigten die geringste Anfälligkeit für Wurzelerkrankungen, wenn in ihrer Umgebung nur einige wenige Papierbirken standen. Mir war nicht klar, auf welchem Wege die Pflanzen diese Umweltbedingungen wahrnahmen, aber meine Erfahrung lehrte mich, dass ich bei der Anpflanzung meiner Experimentierfelder sehr präzise vorgehen musste. Die Abstände zwischen den Bäumen mussten exakt stimmen, und die Kahlschläge mussten sich auf ebenem Gelände befinden, um größtmögliche Genauigkeit zu gewährleisten. Wenn man bedenkt, dass British Columbia eine gebirgige Provinz ist, war es eine ziemliche Herausforderung, drei ebene Areale zu finden.

Zur bestmöglichen Vorbereitung für einen Blick auf die Wurzeln, um zu verfolgen, ob die Koniferen besseren Kontakt mit dem Boden bekamen, wenn sie in der Nähe von Papierbirken standen, als wenn sie allein blieben, bestellte ich ein Präpariermikroskop und ein Buch zur Bestimmung der Mykorrhizen und übte mit Birken- und Douglasienwurzeln, die ich auf dem Nachhauseweg gesammelt hatte. Jean verdrehte die Augen, wenn ich meine Proben in die ehemalige Speisekammer unserer Wohnung brachte, die jetzt mein Büro war, und neckte mich, weil ich an den Abenden, an denen ich für das Essen zuständig war, alles anbrennen ließ. Meine Spezialität war Chili, ihre Spaghetti – fürs Kochen hatten wir beide nicht viel übrig. Ich blieb bis Mitternacht in meiner Bürohöhle, isolierte Wurzelspitzen, machte Querschnitte und praktizierte sie auf Objektträger. Es dauerte nicht lange, da identifizierte ich mühelos die Hartig'schen Netze, die Schnallen, die Zystiden und die zahlreichen weiteren Bestandteile einer Mykorrhizawurzelspitze, mit deren Hilfe sich eine Pilzart von der anderen unterscheiden ließ.

Einige Pilzarten schienen bei Douglasien wie bei Birken gleichermaßen aufzutreten. Wenn das stimmte, dann sprangen vielleicht die Mykorrhizapilze der Birke auf die Douglasienwurzeln über und stellten eine Verbindung zwischen beiden her. Konnte es sein, dass diese über den Pilz hergestellte Verbindung, diese Gemeinschaft oder Symbiose, dem frisch gepflanzten Douglasiensteckling über die Nacktheit seiner Wurzeln hinweghalf, vielleicht sogar der Grund dafür war, dass er jenem Todesurteil entging, das über meine gelben Stecklinge in den Lillooet Mountains ausgesprochen war? Wenn die Douglasie die Birke irgendwie *brauchte*, dann konnte die Birke kein Schädling sein, wie die Forstbetriebe glaubten.

Ganz im Gegenteil.

Nach monatelanger Suche fand ich drei ebene Kahlschläge, alle auf Staatsland – Stellen, an denen Kiefernschonungen eingegangen waren, vielleicht weil mit der Biologie des Bodens etwas nicht stimmte. Auf einer der Parzellen geriet ich mit einem Rancher aneinander, der dort illegal seine Rinder weidete. Er protestierte lauthals, als ich ihm erklärte, diese gescheiterte Plantage werde jetzt Versuchsgelände; nach seinen Begriffen hatte er dadurch, dass er den Kahlschlag schon seit Jahren landwirtschaftlich nutzte, ein Recht darauf erworben. Er war nicht gerade begeistert, als ich entgegnete, als Forstwissenschaftlerin hätte ich ein Anrecht auf das Gelände und er eigne sich rechtswidrig öffentliches Land an.

Maudit tabernac! Verdammte Scheiße! Das hatte mir gerade noch gefehlt.

Die Vorbereitungen zum Pflanzen nahmen noch einige weitere Monate in Anspruch. Insgesamt waren es 81 600 Pflanzstellen, die alle markiert werden mussten. Zuerst einmal mussten wir aber alle drei Kahlschläge wegen Wurzelkrankheiten behan deln. Etwa zwanzigtausend Stümpfe der alten Bäume mussten herausgeholt werden, weil Hallimasch die toten Wurzeln befallen hatte und sich nun als Schädling bei den überlebenden Bäumen ausbreitete. Etwa dreißigtausend befallene Kiefern waren tot, halbtot oder in so schrecklichem Zustand, dass auch sie entfernt werden mussten, zusammen mit befallenen heimischen Pflanzen. Der Waldboden war bei dieser Räumaktion Kollateralschaden; am Ende schoben Bulldozer am Rand der Kahlschlagfläche riesige Berge aus Wurzelstöcken, toten Setzlingen und kranken einheimischen Pflanzen zusammen. Immerhin blieb aber damit ein Stück Land zurück, auf dem ich ganz von vorn anfangen konnte.

Ich hätte nicht sagen können, ob dieses Land eher wie ein Acker oder doch wie ein Schlachtfeld aussah, als sämtliche Opfer abtransportiert waren. Meine Forschungsmittel sahen keinen Posten für ein Weiderost vor, also malte ich am Eingang des Geländes eins auf die Straße. Ich hatte mir sagen lassen, dass Rinder das vorgetäuschte Gitter nicht überschritten, aus Angst, sich zwischen den Stäben die Beine zu brechen. Das funktionierte – die ersten paar Monate. Im folgenden Sommer verbrachten meine Mitarbeiter und ich einen ganzen Monat in der prallen Sonne und steckten akribisch die Setzlinge in die vorbezeichneten Löcher.

Es dauerte nur ein paar Wochen, da waren die Setzlinge allesamt tot.

Ich konnte es nicht glauben. Ich hatte noch nie eine Pflanzung gesehen, die ein so vollkommener Fehlschlag war. Ich sah mir die verrottenden Stämmchen an. Keinerlei Anzeichen von Sonnen- oder Frostschäden. Ich grub Wurzeln aus und untersuchte sie zu Hause unter dem Mikroskop. Keinerlei sichtbare Zeichen einer Infektion. Aber sie erinnerten mich an die mumi-

Altbestand mit uralten Mutterbäumen aus Westlicher Rotzeder im Oberwuchs und Westlicher Hemlocktanne, Amabilis-Tanne, Heidelbeeren und Lachsbeeren im Unterwuchs. Die Westliche Rotzeder ist bei den Ureinwohnern der Westküste Nordamerikas als Baum des Lebens bekannt, und ist für sie von großer spiritueller, kultureller, medizinischer und ökologischer Bedeutung. Das Holz der Rotzeder ist wichtig für die Herstellung von Totempfählen, Hausbrettern, Einbaumkanus, Paddeln und Bugholzkisten. Die Rinde und das Kambium der Bäume werden zur Herstellung von Körben, Kleidung, Seilen und Hüten verwendet. Die Westliche Rotzeder gilt als offizieller Baum der kanadischen Region British Columbia.

Suillus lakei, auch Butter- oder Pfannkuchenpilz. Diese Art ist ektomykorrhizal und wächst nur in Gesellschaft mit Douglasien. Die Pilze sind essbar, wenn auch nicht sehr begehrt, und werden gerne in Suppen und Eintöpfen gegessen. Die Zapfen unter den Pilzköpfen sind Douglasienzapfen. Die Pflanzen im Vordergrund sind Waldhimbeeren und Kanadischer Hartriegel. Die Angehörigen des Haida-Stammes mischen Himbeeren mit Moosbeeren und trocknen sie.

Douglasien-Mutterbaum, etwa fünfhundert Jahre alt. Die dicke, tief gefurchte Rinde schützt den Baum vor Feuer, und die großen Äste bieten Lebensraum für Vögel und Wildtiere wie Zaunkönige und Kreuzschnäbel, Eichhörnchen und Spitzmäuse. Die Ureinwohner verwenden das Holz für Grubenfeuer und zur Herstellung von Angelhaken, und die Zweige als Bodenbelag in Hütten und Schwitzhütten.

Großmutterbaum der Westlichen Rotzeder, etwa tausend Jahre alt. Die vertikalen Risse deuten darauf hin, dass die Rinde von den Ureinwohnern abgeschält wurde. Die innere Rinde wird von der äußeren Rinde getrennt und zur Herstellung von Zedernkörben, sowie Matten, Kleidung und Seilen verwendet. Vor der Ernte legen die Menschen ihre die Hände auf den Stamm, um zu beten und um Erlaubnis für die Ernte zu bitten, und entwickeln so eine starke Verbindung mit dem Baum. Streifen, die bis zu einem Drittel des Umfangs, also etwa zehn Meter lang sind, werden abgenommen, wobei eine flache Narbe zurückbleibt, die schmal genug ist, um zu verheilen.

Mycena, oder Helmling. Die Mycena sind saprotrophisch, d. h. verrottende Pilze und sind im Allgemeinen nicht zum Verzehr geeignet.

Amanita muscaria, auch Fliegenpilz genannt. Diese Art bildet Ektomykorrhizen mit vielen Baumarten, darunter Douglasien und Papierbirken, aber auch Kiefern, Eichen und Fichten. Die Pilze können giftig sein und sind psychoaktiv.

Sitka-Fichten-Mutterbaum auf Haida Gwaii. Die Hemlocktannen-Setzlinge im Unterholz regenerieren sich auf verrottenden Stämmen, welche die jungen Bäume vor Fressfeinden, Krankheitserregern und Trockenheit schützen.

Ektomykorrhizapilze, Wurzelspitzen und aus Hyphen bestehende, verdickte Stränge von einigen Ständerpilzen, sogenannte Rhizomorphe.

Suillus spectabilis, auch bekannt als Steinpilz, ist ein Ektomykorrhizapilz. Der weiße Pilzmantel umhüllt eine Baumwurzelspitze und bildet eine gefiederte Struktur. Der Mantel dient dazu, die Wurzelspitze vor Schäden oder Krankheitserregern zu schützen und ist die Grundlage, von der die Pilzmyzelien ausgehen, um den Boden nach Nährstoffen zu suchen. Die Pilze sind essbar, aber sauer und scharf.

Hier zeige ich auf das weiße Pilzmyzel, das den Waldboden durchzieht.

Westliche Rotzeder in einem pazifischen Küstenregenwald, wahrscheinlich fünfhundert Jahre alt. Dieser Baum ist der Dreh- und Angelpunkt der Kultur der indigenen Bevölkerung an der Westküste Nordamerikas. Obwohl der Baum für viele wichtige kulturelle Gegenstände – Kleidungsstücke, Werkzeuge und Medizin – verwendet wurde, wurden nur wenige vor dem ersten Kontakt mit den Europäern gefällt. Stattdessen wurden hauptsächlich umgestürzte Bäume verwendet oder Bretter von lebenden Bäumen geschnitten, an deren Stelle man Eibentriebe oder Geweihe in die Holzfaser verkeilte.

Mutterbaum der Westlichen Rotzeder mit ihren Nachkommen. Zedern vermehren sich durch Samen, aber auch durch sogenannte Absenker, wobei ein Zweig des Mutterbaums die Erde berührt und an der Kontaktstelle Wurzeln bildet. Sobald der Zweig fest verwurzelt ist, trennt sich der Setzling vom Mutterbaum und wird zu einem eigenständigen Baum. Der Ahorn rechts neben diesem Baum ist ein häufiger Partner der Rotzeder, da beide auf nährstoffreichen, feuchten Böden gedeihen und durch ein arbuskuläres Mykorrhizanetzwerk miteinander verbunden sind.

fizierten Fichtenwurzeln in Lillooet. Keine neuen Wurzelspitzen, nur dunkle, unverzweigte Senkwurzeln. Als ich wieder zum Versuchsgelände kam, hatten sich dort große Horste von Knäuelgras entwickelt. Ich rätselte noch darüber, wie uns die in die Quere gekommen waren, als der Rancher vorfuhr. »Eure Bäume sind tot!« Lachend besah er sich den Schaden.

»Ja. Ich verstehe das nicht.«

Er hingegen, wie sich herausstellte, verstand es nur zu gut. Er wusste ganz genau, was passiert war. Erbost über den Verlust seines Weidelands, hatte er den Kahlschlag dicht mit Gräsern eingesät.

Unter gemurmelten Flüchen (hauptsächlich meinen) rodeten mein Team und ich das Gras und setzten neue Bäumchen. Und auch diese Anpflanzung scheiterte – und zwar jede Versuchsanordnung. Die weißstämmigen Papierbirken gingen als Erste ein, dann die Lärchen mit ihren sternförmigen Nadelbüscheln, die Douglasien mit den weichen Bürstenzweigen und zuletzt die schuppenblättrigen Zedern. Je nachdem, wie empfindlich sie auf Licht- und Wassermangel reagierten.

Ein dritter Anlauf im folgenden Jahr. Wieder ein Fehlschlag.

Dann der vierte Versuch.

Wieder starben sämtliche Setzlinge. Das Versuchsareal war ein Schwarzes Loch, in dem nichts überlebte. Nichts außer üppigem Gras. Die Kühe kehrten zurück und feixten über uns; am liebsten hätte ich die Kuhfladen aufgehoben und den Pick-up des Ranchers damit beschmissen. Ich vermutete, dass die Gräser den Setzlingen im ersten Jahr das Wasser weggenommen hatten, aber ich hatte auch das ungute Gefühl, dass womöglich mit dem Boden etwas nicht stimmte. Instinktiv gab ich dem Rancher die Schuld, aber insgeheim wusste ich, dass mein aggressives Vorgehen bei der Vorbereitung des Versuchsareals den Waldboden umgewühlt und die Humusschicht zerstört hatte. Das war mit Sicherheit nicht gut.

Douglasien und Westamerikanische Lärchen gehen nur mit ektomykorrhizalen Pilzen eine Symbiose ein, also mit Pilzen, die die Wurzelspitzen außen umhüllen, wohingegen Gräser in Beziehung zu arbuskulären Mykorrhizapilzen treten, die in die Zellen der Wurzelrinde eindringen. Die Setzlinge verkümmerten, weil an die Stelle der Mykorrhizapilze, die sie zum Überleben brauchten, diejenigen getreten waren, die diese verfluchten Gräser wollten. Mir ging auf, dass der Rancher mich tatsächlich mit der Nase auf die entscheidende Frage gestoßen hatte: Hängt die Gesundheit von Bäumen davon ab, dass sie in Kontakt zu *der richtigen Art* von Pilzen im Erdreich treten?

Im fünften Jahr pflanzte ich ein weiteres Mal, aber diesmal sammelte ich frische Erde unter alten Birken und Douglasien im benachbarten Wald. Ich gab je einen Bechervoll davon in ein Drittel der Pflanzlöcher. Mein Plan sah vor, diese Setzlinge mit einer weiteren Partie zu vergleichen, die ohne die Zugabe fremder Erde auf einem weiteren Drittel des abgeräumten Areals gepflanzt wurden. Zu guter Letzt füllte ich das verbleibende Drittel der Pflanzlöcher mit Erde aus alten Waldbeständen, die ich im Labor bestrahlt hatte, um die Pilze darin abzutöten. Auf die Weise würde ich herausfinden, ob das Vorhandensein lebendiger Pilze oder ausschließlich die chemische Zusammensetzung des Bodens für das möglicherweise bessere Gedeihen von Setzlingen verantwortlich war, denen wir fremde Erde zugesetzt hatten. Nach fünf Anläufen hatte ich das Gefühl, dass ich diesmal kurz vor dem Durchbruch stand.

Im Jahr darauf kehrte ich an den Ort des Experiments zurück. Den Setzlingen, die wir in Erde aus alten Waldbeständen gepflanzt hatten, ging es prächtig. Aber die Setzlinge, denen wir gar keine fremde Erde oder leblose, bestrahlte Walderde zugesetzt hatten, waren erwartungsgemäß eingegangen. Sie hatte das übliche traurige Schicksal ereilt, das sie – und uns – schon seit Jahren heimsuchte. Ich grub ein paar Proben aus und nahm sie mit nach Hause zu meinem Mikroskop. Wie ich vorhergesehen hatte, hatten die toten Setzlinge keine frischen Wurzelspitzen. Aber als ich die Setzlinge untersuchte, die in Erde aus alten Waldbeständen gewachsen waren, traute ich meinen Augen nicht.

Merde! Die Wurzelspitzen waren bedeckt mit einem unglaublichen Spektrum verschiedenfarbiger Pilze. Gelbe, weiße, rosafarbene, violette, beige, schwarze, graue, cremefarbene, alles was das Herz begehrt.

Es lag also *tatsächlich* am Erdreich.

Jean kannte sich mittlerweile bestens aus mit Douglasienwäldern und den weitverbreiten Wachstumsstörungen bei Setzlingen in trockenen, kalten Regionen, und ich packte sie am Arm und zog sie herüber zum Mikroskop. Sie setzte die Brille ab, schaute durch die Linse und rief: »Bingo!«

Ich war überglücklich. Aber mir war auch klar, dass ich noch ganz am Anfang stand. In jüngster Zeit waren am Simard Mountain gewaltige Kahlschläge entstanden, die die alten Waldbestände vernichteten. Ich war auf der neuen Forststraße am Ufer entlanggefahren, dort, wo Grampas Hausboot gelegen hatte. Wo Jiggs' Klohäuschen gestanden hatte. Vorbei an Grampa Henrys Mühlrad und seiner Riese. Jetzt ging ein Kahlschlag in den nächsten über. Das Abholzen und Anpflanzen von Monokulturen und der Einsatz von Herbiziden hatte den Wald meiner Kindheit verändert. Obwohl meine Entdeckung mich beflügelte, brach mir das erbarmungslose Abholzen fast das Herz, und es schien mir eine moralische Pflicht, etwas dagegen zu tun.

Einer Politik entgegenzuwirken, die nach meiner Überzeugung die Verbindung zwischen Bäumen und Boden schwächte. Das Land. Unsere Verbindung zu den Wäldern.

Ich wusste auch, dass diese Strategien und Praktiken mit geradezu religiösem Eifer verfolgt wurden – einem Eifer, hinter dem Geld steckte.

Am Tag, an dem ich mich von meinem Experiment verabschiedete, hielt ich noch einmal inne und ließ die Weisheit des Waldes auf mich wirken. Ich ging zu einer ehrwürdigen alten Birke am Eagle River, zu deren Füßen ich Erde für die Pflanzlöcher gesammelt hatte. Ich fuhr mit der Hand über die papierglatte Borke, die ihren gesamten kräftigen Leib umspannte, und ich flüsterte dem Baum Dank zu, dafür, dass er mich in einige seiner Geheimnisse eingeweiht hatte. Dass er mein Experiment gerettet hatte.

Und dann versprach ich ihm etwas.

Ich versprach ihm herauszufinden, wie die Bäume andere Pflanzen, Insekten und Pilze spüren und wie sie sich mit ihnen verständigen.

Und es dann der Welt zu erzählen.

Der Tod der Pilze im Boden, das Ende der Symbiose mit den Mykorrhizen, da lagen die Antworten auf die Frage, woran die kleinen gelben Fichten in meinen ersten Schonungen gestorben waren. Ich wusste jetzt, dass *das unbeabsichtigte Abtöten der Mykorrhizapilze auch die Bäume abtötete.* Sie erhielten von den auf dem Land lebenden Pflanzen ihren Humus, und wenn man dafür sorgte, dass die Pilze und der Humus in den Boden einer Pflanzung zurückkehrten, half man den Bäumen.

In der Ferne sah ich die Hubschrauber fliegen; sie versprühten über den Tälern die Chemikalien, die die Zitterpappeln töteten, die Erlen und die Birken, damit auf ihrem Land einträgliche

Forstbäume angebaut werden konnten, Fichten, Kiefern, Tannen. Das Geräusch war mir widerwärtig. Ich musste dafür sorgen, dass damit Schluss war.

Am allerunglaublichsten fand ich den Krieg gegen die Erlen, denn *Frankia* – die symbiotischen Bakterien im Inneren ihrer Wurzeln – hatten das einzigartige Talent, atmosphärischen Stickstoff in eine Form umzuwandeln, in der dieser kleine Strauch ihn in seine Blätter einlagern konnte. Wenn die Erle im Herbst ihr Laub abwarf und die Blätter zerfielen, gaben sie den Stickstoff an den Erdboden ab, von wo die Kiefern ihn mit ihren Wurzeln aufnahmen. Die Kiefern waren auf diesen Stickstoffkreislauf angewiesen, denn alle hundert Jahre einmal brannten die Wälder ab, und ein Großteil des Stickstoffs kehrte dabei zurück in die Atmosphäre.

Aber zur Beschaffenheit des Bodens, dazu, wie die Bäume mit anderen Pflanzen in Kontakt traten und mit ihnen kommunizierten, würde ich noch weitaus mehr Belegmaterial brauchen, bevor ich hoffen konnte, damit Bewegung in die forstwirtschaftlichen Praktiken zu bringen. Alan hatte mich ermuntert, zu einem Diplomstudium an die Universität zurückzukehren und dort meine Kenntnisse zu vertiefen. Ich war sechsundzwanzig, für einen Masterstudiengang an der Oregon State University in Corvallis eingeschrieben, der in ein paar Monaten beginnen würde, und ich beschloss, noch ein Experiment aufzubauen, das herausfinden sollte, ob die Erlen tatsächlich Kiefernkiller waren, wie die forstwirtschaftliche Lehrmeinung behauptete, oder ob Erlen in Wirklichkeit mit Stickstoff den Boden verbesserten und im Gegenteil die Kiefern kräftigten.

Ich setzte auf das Letztere.

Es sollte sich herausstellen, dass meine Ahnungen um vieles weitsichtiger waren, als ich je gedacht hätte. Mir war klar, dass mein Versuch, dem »ungehinderten Wachstum« den Kampf anzusagen, bei den maßgeblichen Leuten nicht auf Gegenliebe stoßen würde. Aber wie groß der Hass sein würde, das konnte ich mir nicht vorstellen.

6

Erlendickicht

Als der Gefangenentransport eintraf, bekam ich doch meine Zweifel.

Zwanzig Häftlinge in schwarz-weiß gestreifter Kluft stolperten auf die Forststraße. Diese Insassen einer nördlich von Kamloops gelegenen Haftanstalt waren zwar keine Mörder, eher etwas wie Diebe, aber es war ein ungehobelter Haufen. Der Aufseher und ein Kollege vom Forest Service ließen sie in Reih und Glied antreten. Robyn und ich beobachteten das Ganze aus der Vogelperspektive von einem etwa zweihundert Meter oberhalb gelegenen Bereich des Kahlschlags. Seit über einem Monat arbeiteten wir nun schon wieder zusammen – sie half mir, in einem zehn Jahre alten, von Grünerlen überwucherten Kahlschlag den praktischen Teil meiner Masterarbeit vorzubereiten.

Der Kahlschlag eignete sich perfekt für mein aktuelles Experiment, bei dem ich untersuchen wollte, welchen Einfluss die buschigen Erlen auf das Überleben und das Wachstum von Küstenkiefernsetzlingen hatten. Überall in der Provinz gab es eine Kampagne gegen die Erlen, bei der sie durch Rodungsaktionen und Herbizide fast vollständig beseitigt wurden, damit neu angepflanzte Kiefern »ungehindert« wachsen konnten. Dieses ehrgeizige, millionenschwere Ausrottungsprogramm wurde gnadenlos vollzogen, obwohl es keinerlei Beleg dafür gab, dass es dem Wachstum der Kiefern tatsächlich zugutekam; die bloße Behauptung, dass die Erlen kommerziell wertvolle Bäume unterdrückten und eingehen ließen, genügte.

Erlen gehörten zum natürlichen Unterholz der heimischen Küstenkiefernwälder, die auf dem weitläufigen, von Gletschern geformten Hochland im Landesinneren entstanden waren, nachdem die Siedler dort Ende des neunzehnten Jahrhunderts im Zuge des Eisenbahnbaus und auf der Suche nach Gold Brände entfacht hatten. Hundert Jahre später wurden diese Wälder mithilfe von »Harvestern« – Traktoren, deren mechanischer Arm eine riesige Säge schwang – restlos abgeholzt. Die armen Erlen wurden dabei entweder von den Rädern der Maschinen platt gewalzt oder kurzerhand zusammen mit den Kiefern abgesägt. Ohne den Oberbestand fiel mehr Licht auf die kahl rasierten Erlenstümpfe, und sie bildeten eine Vielzahl von neuen Trieben und Blättern. Wasser und Bodennährstoffe waren im Überfluss vorhanden. Ein Schlaraffenland für die Erlen. Ausgehend von vorhandenen Wurzelstöcken, bildeten sich rasch neue Wurzelbrutnester, und unter dem Baldachin aus Erlenblättern gediehen Reitgras, Weidenröschen und Nutka-Himbeeren prächtig. Ein auf der Straße vorbeifahrender Förster hätte den Eindruck gewinnen können, die jungen Kiefern, die in einem Meer aus Erlen und Gräsern standen, stünden kurz davor, darin zu ertrinken. Doch in den Jahren vor der Masterarbeit hatte ich viele dieser Wälder besucht, um solche Anpflanzungen aus der Nähe zu begutachten, war aus meinem Wagen ausgestiegen und durch das Erlendickicht am Rande der Straße gestapft. Unmittelbar hinter dieser grünen Wand stieß ich in der Regel auf kräftige junge Kiefern. Aber der Anblick eines Meers von Erlen am Straßenrand, selbst wenn daraus zahlreiche Kiefern hervorlugten, war alles, was die Forstindustrie brauchte, um die chemische Keule zu schwingen oder ein regelrechtes Kettensägenmassaker zu rechtfertigen.

Aber warum eigentlich? Niemand wusste, ob diese Unkrautbekämpfungsaktionen das Wachstum der jungen Bäume tatsächlich förderten. Mein Experiment hatte sich zum Ziel gesetzt, diese Wissenslücke zu schließen. Ich wollte quantifizierbar machen, wie hoch der Konkurrenzdruck durch Erlen und mit ihnen im Verbund wachsenden Pflanzen auf die Kiefern war. Und noch mehr interessierte mich die Frage, ob die anwesenden Sträucher womöglich sogar mit den Kiefern zusammenarbeiteten, ob sie ihnen dabei halfen, eine bessere Verbindung zum Erdreich aufzubauen, und so zur Entstehung eines gesunden Waldbestands beitrugen.

Um herauszufinden, wie – und ob – die Erlen die Kiefern beeinflussten, musste ich das Dickicht aus schulterhohen Sträuchern auf verschiedene Konzentrationen reduzieren, auf einigen Versuchsfeldern sogar vollkommen eliminieren. Dies eröffnete mir die Möglichkeit, das Wachstum der Kiefern im Zusammenspiel mit unterschiedlich vielen benachbarten Erlen mit den Arealen zu vergleichen, in denen die Kiefern allein wuchsen, ungehindert durch konkurrierende Pflanzen. Anstatt die Erlen einfach auszulichten, beschloss ich, sie samt und sonders zurückzuschneiden und kontrolliert wieder austreiben zu lassen, sodass die knöchelhohen Kiefernsetzlinge, die ich auspflanzen wollte, einem ebenbürtigen Konkurrenten gegenüberstanden. Wenn sie unter vergleichbaren Bedingungen an den Start gingen, konnte ich besser ermessen, wie stark ihr Wachstum war. Wäre ich mit meinem Experiment zur Zeit des Kahlschlags vor Ort gewesen, hätte ich beim Einpflanzen meiner Kiefernsetzlinge einfach die neu austreibenden Erlen ausdünnen können.

Doch als ich jetzt dazukam, hatten sich aus den Erlenstümpfen bereits ausgewachsene Sträucher entwickelt. Die Natur tut, was sie kann.

Die Strafgefangenen sollten sämtliche Erlen mit Macheten abschlagen – nur knöchelhohe Stümpfe sollten stehen bleiben. Jede Erle war eine Ansammlung von ungefähr dreißig Stämmchen, die einem gemeinsamen Wurzelstock entsprangen, so wie ein Rosenstock wächst, nur kräftiger. Um meine Abstufung verschiedener Erlendichten zu schaffen, wollte ich bestimmte Wurzelstöcke wieder austreiben lassen, andere nicht, wobei in diesem letzteren Fall die Schnittstellen mit einem Herbizid bestrichen wurden. Auf diese Weise erhielten wir fünf verschiedene Dichtestufen – von einer Parzelle ganz ohne Erlen (alle mit Pflanzengift abgetötet) bis hin zu 2400 Erlenbüscheln pro Hektar (der gesamte Bestand am Leben gelassen). Dazwischen gab es Stufen von 600, 1200 und 1600 Erlenstöcken pro Hektar.

In dem von Erlen befreiten Bereich wollte ich zudem mit einer Abstufung der Bodenpflanzen experimentieren – mit unterschiedlich dichten Beständen an Reitgras, Weidenröschen, Heidelbeeren, Nutka-Himbeeren und einem Dutzend weiterer kleiner Arten. Dadurch konnte ich unabhängig von der Frage nach den Erlen auch noch bestimmen, inwieweit diese Komponente das Wachstum der Kiefernsetzlinge beeinflusste. Erlen galten als Hauptfeind, aber auch die bodennahen Pflanzen waren zäh. Genau genommen war nur das Weidenröschen ein Kraut – Reitgras war, wie der Name schon sagte, ein Gras, Blau- und Himbeere waren Sträucher, aber alle reichten sie mir nicht einmal bis zum Knie, deshalb hatte ich diese bodennahen Pflanzen unter dem Begriff »Krautschicht« zusammengefasst. Um das Maß, in dem die Krautschicht in Konkurrenz zu den Kiefern trat, zu bestimmen, hatte ich drei verschiedene, von Erlen befreite Bereiche geschaffen: 100 Prozent Krautschicht, wo ich die natürlichen Bodenpflanzen ungehindert wachsen ließ; 50 Prozent Krautschicht, wo ich den natürlichen Bewuchs um die Hälfte reduzierte; und 0 Prozent Krautschicht, wo ich die bodennahen Pflanzen komplett ausmerzte. In allen dreien wurden zuerst die Erlen gefällt und abgetötet, dann wurden die abgemessenen Partien mit Herbiziden besprüht. Bei dem Bereich, der ganz ausgemerzt werden sollte, besprühte ich alles, was mir vor die Nase kam – Sträucher, Kräuter, Gräser, Moose –, bis nur noch der nackte Boden blieb.

Dieser extreme Umgang mit dem Erdboden erinnerte mich an die Landwirtschaft in den tieferen Regionen des Tals. Eine abscheulich brutale Technik, die ich aber trotzdem in meine Versuchsreihe aufgenommen hatte, weil die US-amerikanischen Forstwissenschaftler der achtziger Jahre – im Namen der »grünen Revolution« – Pestizide, Kunstdünger, Hochertragssorten – zu dem Schluss gekommen waren, dass dies die beste Methode war, rasch die größten Holzerträge zu erhalten, und die Behörden von British Columbia machten es nach, weil sie glaubten, dies sei der Weg zum maximalen Kiefernwachstum. Sie stellten sich vor, sie könnten Kiefern ziehen wie Bohnen, zum schnellen Profit, und da wäre es nachlässig gewesen, hätte ich es nicht in meine Testreihe aufgenommen. Ich musste wissen, wie die Ergebnisse im Vergleich zu den anderen Ansätzen aussahen. Wir würden jeden dieser sieben Ansätze – vier mit in unterschiedlichem Maße erhaltenem Erlenbestand, dazu drei ohne Erlen, aber mit unterschiedlichem Bestand an Bodenpflanzen – dreimal im Experiment durchspielen. Jede Versuchsfläche maß zwanzig Meter im Quadrat, und diese einundzwanzig Flächen waren über etwa einen Hektar des insgesamt zehn Hektar großen Kahlschlags verteilt.

Bei jeder der sieben Versuchsanordnungen würde ich Kiefernsetzlinge so auspflanzen, dass ich messen konnte, wie intensiv sie in puncto Licht, Wasser und Nährstoffen mit den Erlen und Bodenpflanzen konkurrierten – oder kollaborierten. Ich würde herausfinden, wie sehr die Erlen den Kiefern halfen, möglicherweise indem sie den Boden mit Stickstoff anreicherten, und wie stark sie mit ihnen um Licht, Wasser oder andere Nährstoffe wie Phosphor, Kalium oder Schwefel wetteiferten. Ich würde auch untersuchen, ob die krautigen Bodenpflanzen ernsthafte Konkurrenten waren oder in irgendeiner Weise auch als Beschützer wirkten. Mein Ziel war es, genau Buch zu führen über die Menge an Ressourcen, die die Kiefern, Erlen und Bodenpflanzen für sich in Anspruch nahmen. Und ich würde untersuchen, wie schnell die Kiefern wuchsen und wie hoch ihre Überlebenschancen in den sieben verschiedenen Varianten des Zusammenspiels mit Erlen und Bodenpflanzen waren.

Robyn und ich ließen den Blick über den hügeligen Kiefernwald schweifen, und wir sahen dem Arbeitstrupp zu, wie er den Hügel erklomm. Mittlerweile war sie achtundzwanzig Jahre alt, ich sechsundzwanzig. Robyn wollte gern von mir hören, dass alles nach Plan ging, aber ich war selbst nervös. Sie trug ein ärmelloses Oberteil, und ich sagte: »Ich glaube, du solltest …«

»Stimmt«, antwortete sie und streifte ihr Holzfällerhemd über das tief ausgeschnittene Top.

Die Strafgefangenen murrten auf ihrem Weg nach oben, ein rhythmischer Sprechgesang aus Flüchen. *Was ist denn das für'n Scheiß! Ich will eine rauchen!* Unter lautem Gezeter kletterten sie über den Stacheldrahtzaun. Er bestand aus fünf straff gespannten Drähten, denn Kelly, der eine Woche Urlaub von seiner Hufschmiede genommen und ihn für uns gebaut hatte, hatte dabei an Kühe gedacht und nicht an Männer, die darin hängen bleiben sollten. *Mist, jetzt habe ich mir die Hose zerrissen!* Muskeln, Kautabak, lange Haare, verhärmte Mienen. »Da, schaut mal, Mädels!«, rief einer. »He, Kleine, wie wär's mit 'nem Tänzchen?«, grölte ein anderer und ließ sein Becken kreisen.

Ich erklärte dem Aufseher, wie sie die Sträucher kurz über dem Erdboden abhacken sollten. Er hörte geduldig zu, aber die Lage war angespannt. Außer einem Schlagstock hatte er keine Waffe. Robyn und ich überließen die Strafgefangenen ihrer Arbeit und flüchteten an das andere Ende des Versuchsareals.

Unsere Astscheren und der Sprührucksack lagen noch, wo wir sie zurückgelassen hatten. Ich hatte beschlossen, dass wir beide das extreme Areal mit null Prozent sonstiger Vegetation und völlig nacktem Erdreich selbst vorbereiten würden, ohne Beteiligung der Häftlinge. Um so wenig pflanzliches Leben wie nur möglich übrig zu lassen, hatten wir sämtliche Erlen mit Stumpf und Stiel abgeschnitten, und die Überreste an die Ränder der Versuchsfelder geschafft, sodass Gräser und krautige Pflanzen nun völlig ungeschützt waren. Wir bestrichen die Schnittflächen der gekappten Erlen mit 2,4-D (Dichlorphenoxyessigsäure) und besprühten die Gräser und Bodenpflanzen mit Glyphosat, um sie restlos abzutöten. Auf dem Versuchsfeld mit fünfzig Prozent Bodenvegetation hatten wir in einem Schachbrettmuster nur die Hälfte der Pflanzen besprüht. Die Flächen sahen öde und kahl aus. Wir hatten beide kein gutes Gefühl beim Ausrotten von Pflanzen, aber diesmal hatten wir das Fernziel klarer vor Augen: Wenn wir herausfanden, dass diese heimischen Pflanzen nicht die Killer waren, als die sie von offizieller Seite hingestellt wurden, dann würde man die drakonischen Maßnahmen, die überall in der Provinz zum Einsatz kamen, vielleicht neu überdenken.

Wir zogen unsere Plastikhandschuhe und Schutzanzüge aus und legten am Rand unseres letzten Versuchsfelds mit nacktem

Erdreich eine Pause ein. Wir waren schon seit drei Uhr früh zugange, diesmal mit ordnungsgemäß eingelegten Filtern. Robyn bot mir einen Muffin an, gebacken mit Heidelbeeren, die sie vor der Spritzaktion gepflückt hatte. Obwohl wir uns gewaschen hatten und außerhalb des noch feucht schimmernden Areals saßen, hatten wir uns zum Essen Plastikbeutel über die Hände gestreift.

»Schau mal, Wühlmäuse«, rief Robyn und zeigte auf einen Punkt jenseits der mit Tropfen von rosafarbenem Herbizid benetzten Blätter. Sie wuselten hin und her, schleppten abgeschnittene Grashalme zu den Haufen von Erlenästen, die wir am Rand des Areals aufgeschichtet hatten. »Und Kaninchen!«

Ihr war noch nicht aufgegangen, dass die kleinen Kerlchen vergiftete Grashalme fraßen. Ich sah die ganze Szene vor mir: Sie würden das tödliche Grünzeug mit ihren Babys teilen und samt und sonders in ihren unterirdischen Höhlen sterben.

»Macht, dass ihr wegkommt«, schrie ich und scheuchte sie fort. »Ihr sollt das hier nicht fressen!«

Aber wir konnten die Wühlmäuse, Kaninchen und Erdhörnchen nicht von der Futtersuche abhalten. Mit dem Vernichten der Erlen hatten wir ihnen ihren Lebensraum genommen. Robyn und ich sahen uns hilflos an – bevor wir auch nur eine einzige Messung vorgenommen hatten, war die Zerstörung des Ökosystems bereits offensichtlich geworden.

Dann hörten wir laute Rufe. Robyn folgte mir zu dem dichten Erlengestrüpp hundert Meter weiter, wo wir die Gefangenen zurückgelassen hatten. Die Rufe waren lauter geworden, zorniger. Wir schlichen uns durch das Gebüsch an, um zu sehen, was los war.

Lauter Sprechgesang der Gefangenen.

Es war ein Aufstand. Diejenigen, die standen, ruckten mit dem Becken im Rhythmus der Worte. Ein Kerl, der eine solche

Wut ausstrahlte, dass ein Gespenst Angst bekommen hätte, führte die Sänger an. Ein anderer, schwer Vernarbter saß auf einem Baumstumpf und skandierte, dass ihm die Adern am Hals davon schwollen. Ein magerer Junge stand mit einem schrecklich ausdruckslosen Gesicht dabei. Sie hatten zum Protest ihre Macheten niedergelegt. Der Wärter befahl den Männern anzutreten, und Robyn und ich hielten den Atem an. Hier konnte alles geschehen, mit nur zwei unbewaffneten Aufsehern, zwanzig Gefangenen und uns beiden.

Der Rädelsführer verstummte, und alle zusammen marschierten, begleitet vom Aufseher und meinem Kollegen von der Forstbehörde, zurück zu dem Kleinbus. Gerade mal zwei Stunden waren sie auf dem Gelände gewesen.

Wir sahen uns ihre Arbeit mit der Machete an, und mir wurde schlecht von dem Anblick. Ich hatte mir saubere Schnitte direkt über den Wurzeln vorgestellt, die neu austreiben würden. Stattdessen waren die Erlen massakriert, die Kronen abgeschlagen, und spitze Stämme blieben zurück, die mir bis zu den Oberschenkeln reichten. Saft tropfte aus der zerfetzten Rinde, sickerte die braunen gefleckten Stämme herab. Die Äste sahen wie Speerspitzen aus. Wild hätte sich den Bauch damit aufschlitzen können.

Eine Woche später, als Robyn und ich mit der Arbeit fertig waren, die die Sträflinge hatten tun sollen, kam der Rest meines Forschungsteams zusammen. Meine Familie. Robyn, das schwarze Haar zum Pferdeschwanz gebunden, hockte mit ihrer Schaufel bei den Kisten mit Kiefernstecklingen, brannte darauf, sie in den Boden zu bringen. Kelly sah sehr tüchtig aus, in seinen Jeans und Cowboystiefeln, einen Werkzeuggürtel um die Hüfte, bereit, das Tor zu montieren und den Zaun straff zu ziehen, der die Rinder draußen halten sollte – die Rancher der Gegend hatten hier eine Weideerlaubnis. Jean, quasi Familienmitglied, hielt die Werkzeuge in der Hand – Schieblehre und Maßband –, mit deren Hilfe wir beim Pflanzen Größe und Beschaffenheit jedes einzelnen Setzlings notieren würden. Mum saß auf einem Stumpf, Notizblock in der Hand, und strahlte ihre Kinder an, damit wir auch wussten, wie sehr sie sich freute, uns so zu sehen. Die Anspannung, die Robyn und ich immer noch von der Begegnung mit den Strafgefangenen spürten, verflog, jetzt wo Mum hier war. Dad würde in ein paar Wochen herkommen – mit ordentlich Abstand, damit Mum und er nicht zur selben Zeit am selben Ort sein mussten.

Neben mir stand Don, der Mann mit den schwarzen Locken, den ich im Januar an der Staatsuniversität von Oregon kennengelernt hatte, Forschungsassistent eines der Professoren dort, der die Langzeitauswirkungen von industrieller Forstwirtschaft auf die Bodenproduktivität untersuchte. Don hatte mich unter seine Fittiche genommen und zeigte mir, was ein Masterstudent wissen musste. Wie man Tabellen anlegte, wo man joggen ging, wo die besten Kneipen waren. »So gibst du die Daten in die Tabellenkalkulation ein«, hatte er gesagt und mir damit etwas beigebracht, was mir über lange Zeit ein Rätsel gewesen war. Ich hatte seiner Ankunft entgegengefiebert. Er verstand sich sofort mit allen, plauderte über die Forstwirtschaft. Und ich war überglücklich, dass ich ihn jetzt so nahe bei mir hatte. Ich war drauf und dran, mich zu verlieben.

»Erstklassige Arbeit, Suzie, die Versuchsfelder hier«, sagte Don und betrachtete die Ansammlung von Stäben, mit denen wir die einundzwanzig Bereiche markiert hatten. Mein Herz pochte schneller, als er mich Suzie nannte, genau wie meine Familie. Er legte mir dabei die Hand auf den Rücken.

Um seine Aufmerksamkeit wieder auf die Arbeit zu lenken, erläuterte Robyn, dass wir in jedem Versuchsabschnitt sieben Reihen mit je sieben Kiefernsetzlingen in einem Abstand von zweieinhalb Metern pflanzen würden, plus zehn zusätzliche Bäumchen zwischen den Reihen, die für Untersuchungen geopfert werden konnten, bei denen wir die Bäume zerstören mussten. Sie spürte, dass er sich mit der Materie auskannte – aber sie wollte trotzdem auf Nummer sicher gehen. Don konterte im gleichen Ton, erläuterte uns, wie er selbst vorgehen würde, und krönte es mit einem seiner Lieblingszitate von Groucho Marx: »Das sind meine Prinzipien, und wenn sie euch nicht gefallen … dann habe ich noch andere.« Lachend machten sie sich auf den Weg den Hügel hinauf, zum Pflanzen der 1239 Setzlinge auf den verschiedenen Versuchsfeldern bereit.

»Jetzt sind wir am Zug«, sagte Jean zu Mum. Sie sollten Robyn und Don folgen. Mum notierte Zahlen auf Datenblättern, während Jean an der ersten Reihe von frisch gepflanzten Kiefernsetzlingen entlangging, neben jedem von ihnen eine Holzlatte mit Metallmarkierung einschlug und dann die Höhe des Pflänzchens mit dem Lineal maß und die Dicke jedes Stamms mit der Schieblehre. Die gezwirbelten Nadelbüschel der Kiefernsetzlinge unter den kandelaberförmig austreibenden Erlen erinnerten an Blumensträußchen. Sie würden schließlich zu ebenso schlanken Küstenkiefern heranwachsen wie die, die vorher hier gestanden hatten, mit buschigen Kronen wie Kerzenflammen.

»Möchtest du lieber ein Törchen mit Schnappschloss oder eine Schikane ohne Tor, Suzie?«, fragte Kelly; wir gingen zusammen zu der Stelle, an der er den letzten Zaunabschnitt errichten sollte. Es war schön, mal ein paar Minuten mit ihm allein zu haben, als wir die Baustellen für den Zaun inspizierten. Wie jeder anständige Cowboy war auch er ein erfahrener Zaunbauer. Die Löcher für die Pfosten hatte er selbst gegraben, mit Schultern, die nach wie vor stark waren, trotz der Verletzungen beim Bullenreiten, das er noch mit genauso viel Leidenschaft betrieb wie damals als Teenager. Der Zaun, den er mir um mein Versuchsareal errichtete, sollte noch Jahrzehnte später stehen.

»Ich kenne mich da nicht so gut aus, aber ein einfacher Durchlass sollte reichen – du weißt schon, so eine Y-förmige Öffnung im Zaun, durch die ein Mensch passt, aber keine Kuh«, antwortete ich.

»Ja, das ist die einfachste und billigste Lösung«, antwortete er.

»Der Durchlass muss nur breit genug sein, dass wir mit unserer Ausrüstung durchpassen, zum Beispiel mit der Druckbombe, die Dad und ich in ein paar Wochen einsetzen wollen«, sagte ich und deutete mit den Händen die ungefähren Ausmaße des Messinstruments an. Etwa so groß wie Grannie Winnies Koffernähmaschine.

»Ich kann die äußeren Torpfosten so setzen, dass der Durchgang zu eng für eine Kuh ist, aber breit genug für – eine Bombe«, antwortete er mit einem Lächeln, bei dem sich die Narbe unter seiner Lippe spannte. »Ich würde Dad furchtbar gern hier oben bei den Kühen sehen.«

»Das wird bestimmt lustig. Wir werden die Ausrüstung nachts heraufschaffen.«

»Ein Jammer, dass er heute nicht dabei ist«, seufzte Kelly. Er hatte die Trennung unserer Eltern immer noch nicht verschmerzt, obwohl seitdem dreizehn Jahre vergangen waren.

»Viel zu stressig, solange Mum hier ist.«

»Ich treffe ihn nächstes Wochenende bei der Williams Lake Stampede. Ich bin angemeldet fürs Kälberfangen und fürs Bullenreiten.«

»Super«, sagte ich, dankte ihm für den prima Zaun und bat ihn, Tiffany von mir zu grüßen. Ich kannte sie noch nicht persönlich, aber ich hatte gehört, dass sie eine wilde rote Mähne hatte und verdammt gut Twostep tanzte.

Kellys Grinsen war so breit wie der Mabel Lake. »Wird gemacht.« Stolz auf seine Arbeit und gerührt, dass ich sie zu schätzen wusste, strahlte er immer noch, als er sich seine Schaufel schnappte – und mir gab er damit zu verstehen, dass ich mich jetzt wieder um meine Bäume kümmern solle.

Don half Robyn und mir, weitere Bäumchen zu pflanzen, Jean und Mum schlugen die Markierungspflöcke ein und erhoben die ersten Daten zu den Setzlingen. »Bei euch hier draußen ist es so wild und leer, im Vergleich zu der Landschaft bei uns«, sagte er mit einer weit ausholenden Handbewegung, die mich stolz machte auf das Land, in dem ich aufgewachsen war. »Ich hoffe, ich kann nach Kanada kommen, dann können wir für immer zusammenbleiben.« Er war immer gesprächig. Die Worte kamen aus seinem Mund wie ein Wasserfall, und ich hätte ewig zuhören können. Unsere Tage waren randvoll mit Arbeit, von anstrengend bis übermenschlich. Nachts atmete ich den erdigen Duft seiner Haut.

Am letzten Tag vor der Rückkehr zu seiner Arbeit an der Uni sammelten Don und ich Bodenproben mit einem dreißig Zentimeter langen T-förmigen Erdbohrstock. Er zeigte mir, wie man die Spitze des Bohrstocks in den Waldboden treibt und anschließend an dem Griff zieht, um eine lange, zylinderförmige Probe mineralischer Erde zu erhalten, die dann in einen Probenbeutel gesteckt wird. Dort, wo wir sämtliche Pflanzen abgetötet hatten, war der Boden butterweich. Aber an den Stellen mit kräftigem Pflanzenbewuchs leistete das Labyrinth aus lebendigen, kohlenstoffreichen Wurzeln zähen Widerstand, und zur

Probenentnahme brauchte man dermaßen viel Kraft, dass wir uns auf den Griff des Bohrstocks stellen mussten, um in den Boden einzudringen. Am Mittag taten mir schon sämtliche Muskeln weh, und Don massierte mir den Rücken.

Bei seiner Abfahrt kamen mir die Tränen. Er versprach, dass er im September wiederkommen und mir bei den abschließenden Messungen an meinen Setzlingen helfen würde. Zum Schluss schmiedeten wir Pläne für eine Kanutour im Wells Gray Park.

Robyn und ich kehrten einige Wochen darauf zur nächsten Messrunde zurück; wir wollten erforschen, wie viel Licht, Wasser und Nährstoffe jeweils in den Versuchsfeldern anzutreffen waren. Dort, wo die ausgewählten Erlen austrieben und die verbliebenen Kräuter gut gediehen, nahmen sie den Kiefernsetzlingen wie viel Licht weg? Wie viele Nährstoffe nahmen sie auf, wie viele blieben für die Setzlinge? Wie viel Wasser blieb für die Kiefernwurzeln im Boden, nachdem die anderen ihren Bedarf gedeckt hatten?

Zur Bestimmung des Wassergehalts im Boden nahmen wir eine Neutronensonde. Dieses Gerät war tatsächlich so gefährlich, wie der Name suggerierte. Ein gelber Metallkasten, der aussah wie ein Sprengzünder – mit einer radioaktiven Neutronenquelle, die messen konnte, wie dicht die Wasserpartikel in den Bodenporen mit der Erde verbunden waren. Je knapper das Wasser, desto mehr hielt der Boden es fest, und desto schwerer fiel es den Kiefern, es aufzunehmen – und darüber lieferte die Neutronensonde uns Aufschlüsse. Erlen, Kiefern und die bodennahen Kräuter brauchten allesamt Wasser für ihre Photosynthese, aber der Bedarf der Erlen war der größte, weil sie damit den Stickstoff der Luft zu Ammonium umbauten, d. h. ihn darin zu späterer Verwendung speicherten. Da dies ein energieaufwendiges Verfahren war, würden sie vermutlich den Großteil des

Bodenwassers aufnehmen. So stellte ich es mir vor. Die Gräser und Kräuter mit ihren dichten Wurzelmatten waren sicher auch sehr durstig.

Robyn und ich trugen den gelben Kasten zu der Aluminiumröhre, die wir einen Meter tief in den Boden getrieben hatten, und setzten ihn behutsam darauf. In jedem einzelnen Versuchsfeld mussten solche Röhren in den Boden gesteckt werden, um den Wassergehalt des Bodens zu bestimmen. Je mehr Wasser eine Erle aufnahm, desto intensiver ihre Photosynthese, und desto mehr Energie konnte sie in das Speichern des Stickstoffs investieren. Andererseits bliebe dann entsprechend weniger Wasser für die Kiefernsetzlinge. Eine gegenläufige Abhängigkeit.

In dem Kästchen befand sich ein Spiralkabel, an dessen Vorderende das Zählrohr saß, und darin wiederum befand sich die radioaktive, neutronenemittierende Strahlenquelle, das sogenannte Pellet. Ein Druckbolzen gab das Kabel frei, und das Zählrohr tauchte in den Zylinder ein, was wiederum das Pellet aktivierte, das mit hoher Geschwindigkeit Neutronen aussandte, die mit den Wassermolekülen im Boden zusammenprallten. Ein Sensor zählte die zurückgeworfenen Neutronen, und daraus ließ sich der Wassergehalt des Bodens berechnen. Nach der Messung wurde auf Knopfdruck das Kabel wieder in das Gerät eingezogen, ganz wie das Stromkabel bei einem Staubsauger.

»Ich habe keine Ahnung, wie das funktioniert«, sagte Robyn, »aber ich will ja noch Kinder kriegen.«

Ich drückte wieder den Hebel, die Sonde verschwand im nächsten Rohr. Die Neutronensonde war ein grässliches Ding. Es war alt und schwer, das Kabel war klebrig. Die Blicke, die einem Autofahrer zuwarfen, wenn man das Strahlungszeichen hinten am Truck hatte, waren nicht schön. Aber vor allem fürchtete ich mich vor der Radioaktivität.

Für die Messung des Wassergehalts in den einundzwanzig Bodenröhren brauchten wir den ganzen Tag. Wir würden diese Messung den Sommer über noch mehrfach wiederholen, um zu sehen, wie stark die Dürre in den einzelnen Feldern würde, gerade in denen mit dichtem Erlenbestand. Es war eine knifflige Arbeit, denn das Gerät war mühsam zu tragen, das Kabel senkte sich nicht immer, wie es sollte, and manchmal waren die Röhren halb mit Wasser gefüllt, wenn ein Eichhörnchen die Kaffeebecher aus Plastik, die wir zum Schutz darüberstülpten, abgestoßen hatte.

Bei der letzten Aluminiumröhre warf ich, erleichtert, dass dieser stressige Tag jetzt bald vorbei war, einen Blick zu Boden und schrie laut auf. Wir schleppten das Zählrohr mit der Neutronenquelle ungeschützt neben uns her. Der Mechanismus hatte blockiert, vermutlich an der letzten Messstelle, und das Kabel nicht wieder eingezogen. Wir waren der Strahlung ausgesetzt!

»Suzie!«, brüllte Robyn.

»Mist!«, brüllte ich zurück. Ich drückte den Knopf an dem gelben Kasten, und das Zählrohr verschwand wieder im Inneren.

Wie groß war die Gefahr gewesen? Zu den Bedingungen der kanadischen Atombehörde für das Leihen dieses Gerätes gehörte, dass wir ein Filmdosimeter an die Hemdtaschen klemmten, um die Strahlenbelastung lebenswichtiger Organe zu messen. Die Füße sind am wenigsten gefährdet, denn ihre Masse ist gering, sie enthalten keine Organe, sodass es auch kaum Weichteilschädigung geben würde.

»Ich glaube nicht, dass da was ist«, sagte ich und erklärte ihr die Dosimeter.

Ihr Freund Bill, den sie am Erntedanktag bei Mum zu Hause heiraten wollte, fehlte Robyn, und diese Panne gab ihr den Rest. Ich versprach, die Dosimeter sofort einzuschicken, ich machte mir ja selbst Sorgen. Schließlich kann solche Strahlung Krebs auslösen. Jean brachte uns beim Abendessen auf andere Gedanken, denn sie erzählte uns von Kühen, die dick aufgedunsen waren und gefurzt und gerülpst hatten, nachdem sie Düngemittel gefressen hatten, das versehentlich auf einer Schonung, die sie begutachten sollte, liegen geblieben war. Ich schrieb an Don. Die Worte strömten nur so aus mir heraus vor Sorge.

Als die Antwort von der Atombehörde kam, starrte ich nur stumm die Ergebnisse an. Unsere Strahlenbelastung lag deutlich unter dem Wert, der als gefährlich galt. Wieder einmal Glück gehabt.

Von Anfang Juni bis Ende September kamen Robyn und ich alle zwei Wochen und wiederholten die Messungen des im Erdreich gebundenen Wassers mit der Sonde. Anhand dieser im Zweiwochenrhythmus gewonnenen Werte analysierte ich die Entwicklung der Bodenfeuchtigkeit im Verlauf der Wachstumsperiode. Ein klares Muster zeichnete sich ab. Im Frühjahr nach der Schneeschmelze war der Boden gesättigt mit Wasser. Da spielte es keine Rolle, ob Erlen austrieben oder nicht: Ganz gleich, wie viele es waren, sie konnten die Feuchtigkeit nicht reduzieren, die sich nach dem Abschmelzen einer zwei Meter dicken winterlichen Schneeschicht angesammelt hatte. Aber Anfang August war das Erdreich da, wo dichtes Erlengestrüpp nachwuchs, ausgetrocknet. Das üppige Erlenlaub war so versessen darauf, durch seine offenen Stomata literweise Wasser zu verdunsten, dass es fast die gesamten Wasservorräte aufgezehrt hatte. Doch an den Stellen, an denen wir die Erlen vollständig entfernt hatten, hielt sich das Wasser in den winzigen Hohlräumen der wurzellosen Erde den ganzen Sommer über. Also hatten die Befürworter der großen Vernichtung doch recht? Allem Anschein nach ließen die Erlen im Hochsommer nur sehr wenig

Wasser für die Kiefernsetzlinge übrig. Die entscheidenden Fragen lauteten: Wuchsen die von konkurrierenden Erlen befreiten Kiefern wirklich so viel schneller, wie von offizieller Seite behauptet wurde, und erreichten und *nutzten* sie das zusätzliche Wasser, wenn es saisonal verfügbar war?

Um diese Fragen zu beantworten, musste ich messen, wie viel Wasser im Hochsommer zu den Kiefernsetzlingen gelangte. Ich stellte meinen Dad als Forschungsassistenten an.

Wir verließen die Stadt am 7. August um Mitternacht, zu einer Zeit, in der die mit Erlen bewachsene Erde laut den Messungen, die Robyn und ich mit der Neutronensonde vorgenommen hatten, am trockensten sein musste. Die Fahrt zu meinem Versuchsareal dauerte zwei Stunden. Dad zwängte seine hochgewachsene, hagere Gestalt samt dem reich gefüllten Picknickkorb, den seine neue Frau Marlene für uns gepackt hatte, in das Führerhaus meines Trucks. Unterwegs auf dem Highway versorgte er uns mit Kaffee aus seiner Thermosflasche. Doch als wir auf die holprige Forststraße einbogen und das dunkle Buschwerk in der Tiefe des Waldes immer undurchdringlicher wurde, starrte er nur noch wortlos vor sich hin. Er hatte nie zugelassen, dass die Angst vor der Dunkelheit, die ihn von Kindheit an plagte, unser Familienvergnügen trübte, auch nicht die wochenlangen Hausbootaufenthalte an den abgelegenen Ufern des Mabel Lake, wo alles Mögliche im Dunkeln lauern konnte. Ich versicherte ihm, dass ich starke Lampen dabeihatte, mit denen würden wir es schon schaffen.

Am Waldrand erwartete uns ein pontongroßer Hochdruckzylinder mit Stickstoffgas. Ich hatte Dad erklärt, dass wir dieses Gas in tiefer Nacht einsetzen mussten, um herauszufinden, ob die Bäumchen sich von möglichem Dürrestress, dem sie tagsüber ausgesetzt waren, erholten. Angesichts der großen Wassermengen, die die Neutronensonde im Erdreich gemessen hatte, vermutete ich, dass sich die Kiefern auf den Versuchsfeldern mit nacktem Erdreich nachts vollständiger erholen würden als diejenigen, die in der Nachbarschaft durstiger Erlen standen. Nach der mitternächtlichen Messung würden wir die Bäumchen um die Mittagszeit erneut untersuchen, um zu sehen, wie sehr die Hitze des Tages ihnen zusetzte. Wenn sie bei Tag *und* bei Nacht unter Wassermangel litten, war das für mich ein Anhaltspunkt dafür, welche von ihnen in großen Schwierigkeiten steckten und womöglich vor dem Ende des Sommers eingehen würden. Es konnte eine Erklärung sein, warum meine Setzlinge auf nacktem Boden schneller wuchsen als diejenigen, die sich den Platz mit Erlen teilen mussten.

Dad nestelte an dem Elastikband seiner faustgroßen Stirnlampe. Ich stellte den Schalter auf die höchste Stufe, und als es hell wurde, hellte sich auch sein Gesicht auf. Ich stellte meine eigene Stirnlampe ebenso ein und schaltete die beiden Taschenlampen an, dann löschte ich die Scheinwerfer des Trucks. Wir warfen uns einen Blick zu. Gegen die tiefe Dunkelheit konnten die Stirn- und Taschenlampen nicht viel ausrichten. »Bleib immer ganz dicht hinter mir, Dad«, sagte ich. Er nickte.

Wir mussten einen Teil des Gases in einen thermosflaschengroßen Zylinder umfüllen, weil der große Behälter zu schwer war, um ihn bergauf zu dem Versuchsareal zu wuchten, und ich zeigte Dad, wie der Regler den Druck des Gases reduzierte, das aus dem großen Tank in die Schläuche und damit in den kleinen Zylinder strömte. Ohne diesen Regler würden wir die Leitungen und den kleinen Behälter und am Ende noch uns selbst in die Luft jagen. Ich wollte nicht, dass er merkte, wie groß meine Angst vor einem solchen Fehler war.

Wir füllten das Gas um und machten uns auf den Weg durch das stockfinstere Gestrüpp, blieben so eng beieinander, dass wir immer wieder mit den Ellenbogen zusammenstießen. Dad trug die Bärenhupe und den kleinen Behälter mit Stickstoffgas, ich schleppte die zwanzig Pfund schwere Druckbombe. Mit ihr würden wir den Wasserdruck im Xylem der Setzlinge messen – dem wasserleitenden zentralen Gefäßsystem im Stamm.

Der Strahl der Lampe erreichte das Tor, und ich sagte: »Den Zaun hat Kelly gebaut.«

»Tatsächlich?« Dad zupfte am obersten Draht, um zu sehen, wie straff er gespannt war, dann fuhr er mit dem Zeigefinger darüber wie über ein edles Möbelstück. »Der ist perfekt.« Dad hatte hart gearbeitet, damit es Kelly an nichts fehlte, vielleicht zum Ausgleich für seine eigene Kindheit, die er in Armut verbracht hatte. Er hatte ihm die beste Hockeyausrüstung gekauft und war mit ihm zu den Spielen gefahren, er hatte ihn fürs Powerskating eingeschrieben und ihn unterstützt, als er in die Auswahlmannschaft kam – er hatte gewollt, dass er auf dem Eis glücklich wurde, wie so viele Jungs in Kanada.

Wir stolperten durch die Gegend und stellten unsere Messstation auf, zwischen einem Versuchsfeld mit voller Erlenpopulation und einem mit nackter Erde. Ich legte ein Stück Sperrholz auf einen alten Baumstumpf und breitete die Gerätschaften darauf aus. Dad hing an mir wie eine Klette. Der schwere Metallkoffer der Druckbombe* sah aus, als wären zu Zeiten des Kalten Kriegs echte Bomben damit transportiert worden. Wenn man ihn aufklappte, war die Druckflasche darin, ein Messinstrument und Knöpfe, ein Apparat, der genauso gut ein Lügendetektor hätte

---

* Eine sogenannte Scholander-Bombe.

sein können. Oder etwas, um einen Spion durch Stromschlag zu töten. Dad stieß einen Pfiff aus. »Etwas ganz Ähnliches hatte mein Pa«, sagte er. Die Werkstatt im Keller von Opas altem Haus war voller merkwürdiger Apparate gewesen, die meisten davon Sachen, die er für seinen Holzfällerbetrieb selbst gebaut hatte.

»Geh in das Gelände dort mit den Erlen«, sagte ich, »und hol mir einen Seitentrieb von dem markierten Kiefernsetzling.« Ich zeigte mit dem Strahl auf das Bäumchen, an das ein rosa Band gebunden war. »Aber nimm einen Zweig von der Seite, nicht die Spitze, sonst weiß die Kiefer nicht mehr, wo oben ist.«

Dad sah mich an, als hätte ich ihn gerade aufgefordert, von einer Klippe zu springen, dann flüsterte er: »Verstanden.«

Bisher hatte er Ruhe bewahrt, aber jetzt fürchtete ich doch, dass seine lebenslange Angst vor den Gefahren der Wildnis – ganz zu schweigen von der Schwärze der Nacht – noch solche Ausmaße annehmen würde, dass er in Panik geriet. »Ich bin ganz in der Nähe, Dad«, sagte ich und stellte den von Jean geliehenen Walkman an. »Walk of Life« von den Dire Straits klang durch die Nacht, und er lief los, nur das Hüpfen der Stirnlampe war noch zu sehen; mehrfach versicherte ich ihm mit Rufen, ich sei ganz in der Nähe. Sekunden später war er zurück und hielt mir stolz einen hübschen Spitzentrieb hin.

Ich nahm ihn trotzdem. Auf einer Länge von zweieinhalb Zentimetern streifte ich Nadeln und Phloem ab, sodass nur noch das zentrale Xylem übrig blieb. Das Xylem transportiert das Wasser von den Wurzeln in die Triebe. Durch Verdunstung – der Wasserdunst, den die Stomata der Nadeln bei der Photosynthese ausströmen – entsteht ein Unterdruck. Bei Tage sollte der Wasserdruck im Xylem niedrig sein, denn die Wurzeln setzen dann alles daran, Wasser aus dem immer trockeneren Boden zu ziehen, um den durch die Verdunstung entstandenen Verlust auszugleichen. Nachts hingegen sollte der Druck im Xylem höher sein, denn die Stomata sind geschlossen, die Pfahlwurzeln haben nach wie vor Zugang zum Grundwasser, das Xylem ist gesättigt und sollte nicht unter Wassermangel leiden. Wenn es allerdings tagsüber sehr trocken war, erholten die Setzlinge sich vielleicht in der Nacht nicht ganz, und dann waren die Zellen ihres Xylems womöglich auch um Mitternacht noch trocken.

Ich schob das zentrale Xylem – das, was nach dem Abschälen des Zweigendes noch übrig war – durch das winzige Loch, das ich in die Mitte eines vierteldollargroßen Gummistöpsels gebohrt hatte. Der Rest, Triebe und Nadeln, baumelte kopfüber an der Unterseite. Den Stöpsel schob ich in die dafür vorbereitete, ebenfalls vierteldollargroße Öffnung in der Mitte des schweren Schraubverschlusses der Druckbombe, stopfte den buschigen Trieb in den Gasbehälter, der etwa so groß wie ein großes Einmachglas war, und schraubte den Deckel fest zu. Das Zweiglein sah aus wie ein Bonsai, der verkehrt herum in einer Weinkaraffe mit weitem Hals hing. Nun richtete ich den Lichtstrahl meiner Lampe auf die Oberseite des Schraubdeckels und stellte befriedigt fest, dass das geschälte Xylemstück senkrecht stand wie ein Zahnstocher.

Dad beobachtete staunend, wie ich die Leitung an dem kleinen Zylinder mit Stickstoffgas fest mit der Druckkammer verband und an dem Hahn drehte, bis man das Gas strömen hörte. Sobald der Druck, der sich bildete, dem Widerstand des Wassers im Xylem entsprach, würde sich an der Schnittstelle des Zweigs ein Wassertropfen bilden. Je gestresster der Setzling, desto schwerer war es, das Wasser aus dem Xylem zu pressen, und desto weiter musste ich den Gashahn aufdrehen.

Dads Aufgabe bestand darin, »Jetzt!« zu rufen, sofort wenn er den Tropfen sah.

Angesteckt von meiner Aufregung brüllte er so laut »Jetzt!«, dass ich vor Schreck zusammenzuckte. Ich drehte das Gas ab und stieß beim Blick auf das Messgerät einen Pfiff aus – fünf Bar. Der Setzling hatte Durst, erholte sich nachts nicht vollständig. Dad versicherte mir, dass er den Zweig in der Mitte des Erlengestrüpps gepflückt hatte.

Die Erlen saugten den größten Teil des Wassers auf, und für die Setzlinge blieb nicht genügend übrig. Ich erklärte, dass die Erlen für die Umwandlung von Stickstoff in Ammonium vermutlich eine Unmenge an Wasser benötigten. Die Bodenwerte zeigten mir auch, dass die Erle sehr viel Stickstoff zurück an den Boden abgab, wenn ihre Blätter im Herbst abfielen und verrotteten. Dann konnten die Kiefernwurzeln den freigesetzten Stickstoff aufnehmen. »Dieser Setzling sollte jede Menge Stickstoff in seinen Nadeln haben«, sagte ich, »auch wenn er noch so durstig ist.«

»Können wir das überprüfen?«, fragte Dad.

Ich war gern bereit, die Nadeln ins Labor zu schicken, um ihren Stickstoffgehalt bestimmen zu lassen, öffnete die Druckkammer und reichte ihm die Probe. Binnen Sekunden hatte Dad die Nadeln abgestreift und in einem Plastikbeutel gesammelt. Allmählich hatte ich das Gefühl, dass er einen guten technischen Assistenten abgeben würde.

»Wo ist der nächste Setzling, den wir messen?«, fragte er, fieberte seinem nächsten Vorstoß in die Dunkelheit entgegen. Diesmal kam er tatsächlich mit einem Seitentrieb zurück, aus einem Versuchsfeld, auf dem wir die Erlen vollständig beseitigt hatten. Der Wasserstresswert lag bei null. Das Xylem dieser Probe zeigte keinerlei Feuchtigkeitsmangel. Die Setzlinge, in deren Nachbarschaft keine Erlen mehr wuchsen, erholten sich in der Nacht, weil mehr Wasser im Erdboden verfügbar war. Ich versuchte, meine Enttäuschung darüber zu unterdrücken, dass die Setzlinge bislang die offizielle Lehrmeinung bestätigten: dass Erlen im Hochsommer tatsächlich das Wasser für sich beanspruchten, das die Kiefern benötigten. Aber mir ging es ja gerade darum, die Gefahren zu fassen zu bekommen, die durch einfache Schlussfolgerungen und Kurzsichtigkeit entstanden. Was würde die langfristige Beobachtung – gerade wenn man auch einbezog, dass die Stickstoffversorgung lebenswichtig war – ergeben?

Noch dreimal kehren Robyn und ich zur Pflanzung zurück, um die Bodenfeuchtigkeit mit der Neutronensonde zu messen. Und jedes Mal folgten Dad und ich um Mitternacht, um zu sehen, wie die Setzlinge mit dem wechselnden Wassergehalt im Boden zurechtkamen.

Die Ergebnisse überraschten mich.

Als der August zu Ende ging, zeigte die Neutronensonde, dass der Boden unter dem dichten Erlenbestand wieder gut mit Wasser gesättigt war. *Schon jetzt gab es in den Versuchsfeldern mit dichtem Erlenbestand genauso viel Wasser wie in denen mit nackter Erde.* Die Bodenporen füllten sich, von Tautropfen und spätsommerlichem Regen, und nicht nur das, in der Nacht wurden sie mit Grundwasser geradezu geflutet, wenn die Pfahlwurzeln der Erlen Wasser aus der Tiefe des Bodens holten und es durch ihre quer verlaufenden Wurzeln an die oberste Bodenschicht abgaben – ein Prozess, den man *hydraulische Redistribution* nannte. Wasserumverteilung.

Und noch etwas ging in dem kahlen Boden vor, in dem es nichts als Kiefernstecklinge gab. Wenn Regentropfen auf dieses Land trafen, lief das Wasser ab und trug dabei winzige Bodenpartikel fort. Schluff, Lehm und Humuskörnchen wurden in kleinen Rinnsalen davongespült, weil es keine lebendigen Wurzeln gab, die sie festhielten. So wie die Versuchsfelder mit dichtem Erlenbestand von Ende August an und über die nächsten Monate Wasser im Boden speicherten, so verloren es die Felder mit nackter Erde.

Dad und ich prüften mit der Druckbombe, ob die Setzlinge die Veränderung im Bodenwassergehalt spürten. *Als der Wasserbestand wuchs, verschwand die Belastung, die die Setzlinge zwischen den Erlen gespürt hatten, vollkommen.* Mit Ausnahme der kurzen Phase Anfang August hatten die Kiefern in den grün belaubten Erlenflächen nicht weniger Wasser zur Verfügung als diejenigen in nacktem Boden. Es stellte sich heraus, dass in puncto Wasseraufnahme das Abholzen der Erlen, damit die Kiefern besser wachsen sollten, nur einen sehr kurzfristigen Vorteil brachte. Der große Kahlschlag sah also mehr und mehr nach einem Fehlschlag aus. Und nicht nur das – ganz nebenbei ging damit auch noch ein Bodenverlust einher.

Als Nächstes maß ich die Lichtverhältnisse. Die Setzlinge zwischen den wuchernden Erlen bekamen genauso viel Sonnenlicht wie die auf nackter Erde; besseres Licht konnte also das schnellere Wachstum der erlenbefreiten Kiefern nicht erklären. Ein weiterer wichtiger Punkt blieb zu klären: Dons Bodenproben zeigten, dass mit dem Abtöten der Erlen die Anreicherung des Bodens mit Stickstoff *zum Erliegen kam*, denn das stickstoffbindende Bakterium Frankia starb mit dem Tod der Erlenwurzeln ebenfalls ab. Stickstoff ist entscheidend an der Bildung von Proteinen, Enzymen und DNS beteiligt, der Bildung der Blätter, der Photosynthese und der Evolution. Ohne ihn können Pflanzen nicht wachsen. Im Nährstoffhaushalt der Wälder der gemäßigten Zonen spielt er auch nicht zuletzt deshalb eine so wichtige Rolle, weil er sich bei Waldbränden buchstäblich in Luft auflöst. Dass Stickstoffmangel, neben der Kälte, ein Faktor ist, der das Baumwachstum in den Wäldern des Nordens hemmt, ist bekannt.

Doch auch wenn die Anreicherung mit neuem Stickstoff – genauer gesagt mit in Ammonium umgewandeltem Stickstoff aus der Atmosphäre – stockte, sobald die Erlen und ihre Partner, die Frankia-Bakterien, nicht mehr da waren, sorgten die verrottenden Wurzeln und Äste für einen kurzfristigen Schub von anderen Nährstoffen (Phosphor, Schwefel, Calcium) im Erdreich. Im Zuge dieses Verfallsprozesses wurden auch die in den Erlen enthaltenen Proteine und die DNS weiter mineralisiert bzw. aufgespalten in die anorganischen Stickstoffverbindungen Ammonium und Nitrat. So gelangte der Stickstoff wieder in den Kreislauf und wurde als anorganischer Stickstoff freigesetzt. Im Bodenwasser gelöst, waren diese anorganischen Verbindungen dann für die Kiefernsetzlinge leicht zugänglich und steigerten vorübergehend ihr Wachstum. Doch nach ungefähr einem Jahr, wenn die abgestorbenen Erlen längst verrottet und der mineralisierte Stickstoff von Setzlingen, anderen Pflanzen oder Mikroben aufgenommen oder vom Grundwasser ausgewaschen war, sank der Stickstoffgehalt in den Versuchsarealen mit nacktem Boden rapide im Vergleich zu denjenigen, in denen die Erlen ungehindert wachsen durften. Der durch den Verrottungsprozess ausgelöste kurzfristige Stickstoffschub in Gestalt von Ammonium und Nitraten war rasch aufgebraucht. Und dann war keine Erle mehr da, die diesen Stickstoff ersetzen oder aufstocken konnte. Der Quell war ein für alle Mal versiegt.

Bis zum Herbst des ersten Jahres führte das reichhaltige Angebot an Wasser und durch Verrottung freigesetzten Nährstoffen dazu, dass die Kiefernsetzlinge besser wuchsen als die, die wir in der Nachbarschaft neu austreibender Erlen gepflanzt hatten.

Und das war das, was die Entscheidungsträger sahen. Aber würde es den Setzlingen auf Dauer gut gehen, oder würde der drohende Stickstoffmangel ihnen letztlich zum Verhängnis werden? Beim Auswerten der Daten war uns so unheimlich zumute, als legten wir den Setzlingen die Karten.

»Müssen wir denn jetzt warten, bis es ein ausgewachsener Wald ist, bevor wir unsere Ergebnisse bekommen?«, fragte Robyn.

Ich war mir nicht sicher. Ich überlegte, was in den wissenschaftlichen Abhandlungen stand. Dort hieß es unmissverständlich, dass Kiefern Stickstoff aus dem Boden beziehen, nachdem dieser durch stickstoffbindende Pflanzen wie etwa die Erle damit angereichert wurde. Die Kiefernwurzeln – oder die Mykorrhizapilze, die ihre Wurzeln besiedeln – entnehmen diesen Stickstoff wiederum dem Boden.

Was ich nicht verstand, war, warum die Kiefern, die ja doch der Mittelpunkt des Kiefernwaldes waren, sich mit dem begnügten, was andere übrig ließen. Hätten sie nicht eine bessere Überlebensstrategie entwickeln müssen?

Vielleicht würden die Kiefernstecklinge im nackten Boden genug Stickstoff finden, wenn die abgestorbenen Erlen- und Graswurzeln sich erst einmal zersetzt hatten. Vielleicht gab es noch eine direktere Quelle.

Aber vorerst war ich hier an die Grenzen meines Wissens gestoßen.

Als der Oktober kam, hatte ich die Daten über den Stickstoffgehalt der Kiefernnadeln in der Hand. Die Kiefernsetzlinge, die in der Umgebung von Erlen lebten, waren stickstoffreich, denen ohne Erlen mangelte es an Stickstoff. Obwohl die Kiefern zwischen den toten Erlenwurzeln in dem Nackte-Erde-Bereich mehr Phosphor und Calcium aufnahmen, das durch deren Zersetzung entstand, mangelte es ihnen an Stickstoff, eben weil der Boden nicht mehr mit Stickstoff angereichert wurde. Und auch wenn ich ein paar von den Setzlingen zwischen den dichten Erlen durch hochsommerlichen Wassermangel verlor, gediehen die übrigen prächtig, sie waren randvoll mit Stickstoff und Wasser und wuchsen genauso schnell wie die in der nackten Erde. Für meine Begriffe war daraus zu schließen, dass abgesehen von den Wochen größter Belastung im August die Erlen im Boden die Vorräte an Wasser *und Stickstoff* auffüllten. Die Funktionsmechanismen des Waldes erwiesen sich als weit komplexer, als die Theorie vom ungehinderten Wachstum glaubte.

Die Leute, die über diese Strategien entschieden, sahen nur das, was auf Mangel hinwies. Ein flüchtiger Blick, quasi im Vorbeifahren. Wer so schaute, sah Erlen, die den Kiefernsetzlingen die Ressourcen wegnahmen.

Aber wenn man erst einmal einen Schritt Abstand gewann, wenn man die größeren Dimensionen der Landschaft, einen längeren Zeitraum und den Wechsel der Jahreszeiten mit in das Bild aufnahm, dann war deutlich zu sehen, dass dies nicht die ganze Wahrheit war. Dann war deutlich, dass diese Daten nicht von Mangel kündeten, sondern von Fülle.

Dort, wo ich sämtliche Erlen eliminiert hatte, verlor ich überdies deutlich mehr Kiefernsetzlinge an Wühlmäuse und Kaninchen, die sich geradewegs über die Nadeln hergemacht hatten. Die kleinen Geschöpfe, um die Robyn und ich gebangt hatten, hatten sich in den Bergen von abgeholzten Erlen rasant vermehrt. Als einzige noch verbleibende grüne Pflanzen auf den ansonsten vegetationsfreien Versuchsfeldern zogen die Setzlinge sie unwiderstehlich an, und in der ersten Wachstumsphase knabberten die Nager munter an den saftigen Trieben. Alles, was am Ende von den frisch gepflanzten Setzlingen übrig blieb, waren braune Stummel. Die Kaninchen leisteten ebenso gründliche Arbeit wie Robyn und ich zuvor mit unseren Gartenscheren. Andere Setzlinge erlitten Frostschäden, sodass von ihnen nur kurze gelbe Nadeln und schließlich nichts als bleiche, abgestorbene Stämmchen blieben. Wieder andere wurden von der Sonne verbrannt und trugen Blessuren an der Basis davon, wo sonst Blattpflanzen schützenden Schatten spendeten. Bis zum Ende des Sommers war mehr als die Hälfte der Setzlinge, die ohne Erlen in ihrer Nachbarschaft zurechtkommen mussten, eingegangen. Das nackte Erdreich wirkte so unwirtlich wie der Mond.

Andererseits waren fast alle Kiefern, die zwischen Erlen standen, noch am Leben. Sie wuchsen zwar etwas langsamer als die wenigen noch verbliebenen Exemplare auf nacktem Erdreich, aber ihre Nadeln waren gesund und sattgrün. Als ich das Holzvolumen der Setzlinge zusammenrechnete – alle neunundfünfzig Setzlinge, die wir auf dem Versuchsareal mit ungemindertem Erlenbestand gepflanzt hatten –, kam dort weitaus mehr zusammen als in dem Bereich mit nacktem Boden, wo nur eine Handvoll schnell wachsender Kiefern verblieb. Eine größere Anzahl kleinerer Bäume lieferte also mehr Holz als wenige große.

Später sollte ich herausfinden, dass die Erlen an den Stellen, an denen es ihnen gut ging – im Unterschied zu solchen, an denen ich Jahr für Jahr Herbizid versprühte, um sicherzustellen, dass sie und die übrigen Pflanzen nicht erneut Fuß fassen konnten –, den Boden kontinuierlich mit Stickstoff anreicherten. In einem Zeitraum von fünfzehn Jahren würde so dreimal so viel Stickstoff zusammenkommen wie da, wo die Erlen hatten weichen müssen. Der nackte Boden hatte einen kurzfristigen Vorteil – ein zeitlich begrenztes Mehr an Wasser, Licht und Nährstoffen – gegen dauerhafte Nachteile eingetauscht, nämlich das langfristige Absinken des Stickstoffgehalts. Die Unkrautvernichtungsmaßnahmen stopften ein Loch und rissen es an anderer Stelle wieder auf.

Ich kehrte zum Abschluss meines Masterstudiums in die USA, nach Corvallis, zurück und zog zu Don in sein kleines Haus, wo er das Gästezimmer für mich in ein Arbeitszimmer umwandelte, und genoss die Geborgenheit dort. Wir fuhren mit dem Fahrrad zum Campus, gingen am Mittag auf den ländlichen Straßen joggen und nahmen unsere Mahlzeiten im Garten ein. Wir pflückten Äpfel und Heidelbeeren, und er buk Kuchen davon. Es gab Kürbisse und Tomaten im Garten, und er kochte daraus Eintöpfe für Abende mit Freunden, wo seine lockere, gesprächige Art selbst bei mir und meiner Schüchternheit für Entspannung sorgte. Ansonsten konzentrierte ich mich auf meine Seminare und die Forschungsergebnisse. Er arbeitete, kochte und sah sich Baseballspiele im Fernsehen an. Wenn er gerade mal keine Bodenproben sammelte, dann untersuchte er sie im Labor, oder er analysierte Daten oder war mit seiner Aufgabe als Betreuer für Masterstudenten beschäftigt. Acht-Stunden-Tage. Er mochte die Routine. Er gab mir Halt. Er nahm sich die Zeit, mir zu zeigen, wie ich meine Proben mit einem Massenspektrometer analysieren konnte, wie ich die Wasserkapazitäten des Bodens errechnete, überhaupt wie ich Nutzen aus der Unmenge meiner Daten ziehen konnte. Den spätsommerlichen Septembertagen folgten frische Oktoberwochen. Stürmische Novemberschauer wurden zu Schnee im Dezember, so hoch, dass wir auf Skiern zur Uni fahren konnten. Ich las und schrieb und lernte. Ihm machte es nichts aus, dass ich so sehr mit dem Studium beschäftigt war, im Gegenteil, der Ehrgeiz, hinter die Geheimnisse von Kiefer und Erle zu kommen, hatte auch ihn gepackt. An Wochenenden ging es ins Kaskadengebirge, wir wanderten und fuhren Ski. Nun endlich fühlte ich mich in dieser Collegestadt im Pazifischen Nordwesten zu Hause, und er war froh, dass er mich als feste Freundin hatte. Ich glaube, wir begriffen beide gar nicht so recht, wie unbeschwert unser Leben damals war.

Meine Messdaten gaben mir allerdings zu verstehen, dass es bald Ärger geben würde.

Es war offensichtlich, dass das Abtöten der Erlen dazu geführt hatte, dass weniger Stickstoff in den Boden kam. Es hatte nach dem Pflanzen nur ein Jahr gedauert, bis die Auswirkungen des Erlenrodens auf den Stickstoff im Boden in den Stickstoffwerten der Kiefernnadeln greifbar wurden. Dazu kam, dass die von Erlen befreiten Kiefern zwar schneller wuchsen, doch über die Hälfte von ihnen war eingegangen. Ich fürchtete, dass langfristig der fehlende Stickstoff im Boden das Wachstum auch der verbliebenen ungehinderten Kiefern verlangsamen würde. Später sollte ich sehen, dass diese erlenlosen Kiefern so mangelernährt waren, dass sie dem Bergkiefernkäfer zum Opfer fielen und der Großteil der verbliebenen Kiefern daran starb. Drei Jahrzehnte später sollten nur noch zehn Prozent der damals in nackte Erde gepflanzten Bäume stehen.

Die Unkrautbekämpfungs-Apostel übersahen regelmäßig die negativen Auswirkungen des langfristigen Stickstoffmangels und das schließliche Scheitern der Aufforstungen. Wie konnten wir diese Fakten ignorieren? Ich musste sie davon überzeugen, dass die Erlen für die Wiederanreicherung des Bodens notwendig waren und dass sie, auf lange Sicht, das Wachstum der Kiefern beförderten und nicht behinderten. Ich brauchte weitere Beweise, dass die Erlen Helfer waren, nicht bloß lästige Konkurrenz. Aber es konnte Jahrzehnte dauern, bis die Folgen der Erlenbekampfung – der Rückgang bei der Stickstofffixierung,

Verrottung und Mineralisierung – sich sichtbar negativ auf die Produktivität des Waldes auswirkten. So lange konnte ich nicht warten. Außerdem hatte es den Anschein, als reagierten die Setzlinge nahezu unmittelbar auf die Abnahme des Stickstoffgehalts. Nach nur einem Jahr wiesen die Nadeln von Kiefern, die im nackten Erdreich wuchsen, weniger Stickstoff auf als die ihrer Artgenossen in der Nachbarschaft von Erlen. Es musste also noch eine direktere Verbindung zwischen Erlen und Kiefern geben.

Ich zerbrach mir den Kopf darüber, *wie* die Kiefernsetzlinge so schnell an den von den Erlen produzierten Stickstoff kamen. Die gängige Lehrmeinung war, dass der umgewandelte Stickstoff im Laub der Erlen gespeichert wurde, das im Laufe der immer kürzeren Herbsttage abfiel und von einem ganzen Netzwerk von Kleinlebewesen kompostiert wurde. Eine Nahrungspyramide von Geschöpfen, bei der die größeren die kleineren fraßen. Regenwürmer, Schnecken mit und ohne Haus, Spinnen, Käfer, Hundertfüßer, Springschwänze, Tausendfüßer, Enchyträen, Bärtierchen, Milben, Wenigfüßer, Ruderfußkrebse, Bakterien, Protozoen, Nematoden, Archaeen, Pilze, Viren, eine Kette des Fressens und Gefressenwerdens. Mehr als neunzig Millionen Lebewesen in einem einzigen Teelöffel Erde. Beim Verspeisen der Blätter produzierten sie immer kleinere Streupartikel. Wenn sie die Streu und einander gegenseitig fraßen, gaben sie dabei überschüssigen Stickstoff in die Bodenporen ab und sorgten so für ein nahrhaftes Gebräu aus Stickstoffverbindungen, von dem die Kiefernwurzeln zehren konnten. Doch bei diesem Zerfalls- und Mineralisierungsprozess konnten schneller wachsende Pflanzen wie Gräser den Kiefern den anorganischen Stickstoff wegschnappen, und das passte einfach nicht zu den großen Stickstoffkonzentrationen in den Nadeln von Kiefern, die in der Nachbarschaft von Erlen und Gräsern wuchsen.

Eine besonders schaurige Studie zeigte, dass an Wurzelspitzen andockende Mykorrhizapilzfäden in die Mägen von im Boden lebenden Springschwänzen eindringen konnten, die sich von verrottenden Pflanzenresten ernährten. Die Pilzfäden saugten den Stickstoff direkt aus dem Magen der Springschwänze und gaben ihn geradewegs an ihre pflanzlichen Symbiosepartner weiter. Dabei starben die Springschwänze natürlich eines qualvollen Todes. Die Pilze lieferten ein Viertel des von den Pflanzen aufgenommenen Stickstoffs einfach über den Mageninhalt von Springschwänzen!

Ich fragte mich, ob es womöglich einen noch direkteren Weg für den Stickstofftransfer von Erlen zu Kiefern gab, bei dem ebenfalls Pilze am Werk waren. Einen, der nicht auf Destruenten wie die Springschwänze angewiesen war.

Ich durchforstete die Zeitschriften und befragte Bodenkundler, ich besuchte die mykologischen Labors. Mir war noch im Gedächtnis, dass die Fichtenspargel am Stryen Creek – diese weißen Gewächse ganz ohne Chlorophyll – über spezielle monotropoide Mykorrhizapilze verfügten, die sich an die Kiefernwurzeln hefteten, von ihnen Photosyntheseprodukte bezogen und diese direkt an die gespenstischen Pflanzen weitergaben. Wie Robin Hood.

Dann fand ich, was ich suchte. Tagelang hatte ich in der Universitätsbibliothek die Fachzeitschriften durchkämmt, und schließlich stieß ich auf einen neu erschienenen Artikel einer jungen schwedischen Forscherin, Kristina Arnebrant, die soeben herausgefunden hatte, dass ein gemeinschaftlich genutzter Mykorrhizapilz eine Verbindung zwischen Erle und Kiefer herstellen und den Stickstoff auf unmittelbarem Wege weitergeben konnte. Ich verschlang die Seiten dieses Aufsatzes, ich konnte es gar nicht glauben.

Die Kiefern nahmen den Stickstoff gar nicht aus dem Boden auf, sondern sie bekamen ihn direkt von den Erlen, und zwar *über die Mykorrhizapilze*! Als schicke die Erle der Kiefer Vitamine geradewegs durch eine Pipeline. Wenn der Mykorrhizapilz die Erlenwurzel besiedelt hatte, sprossen Pilzfäden zu den Kiefernwurzeln und stellten die Verbindung zwischen den Pflanzen her.

Ich stellte mir vor, dass der Stickstoff von der wohlhabenden Erle – sie hatte riesige Vorräte davon – durch diese Kanäle zu der bedürftigen Kiefer floss, und zwar über ein Konzentrationsgefälle.

Ich stürmte aus dem Lesesaal, zum Telefon im Foyer, und rief Robyn an. Sie war jetzt im Herbst wieder in Nelson, unterrichtete Erstklässler.

»Moment.« Sie musste erst ein Kind davon abhalten, durch den Flur zu rennen, bevor sie mich hören konnte, ein einziger Wortschwall, in dem ich ihr erklärte, wie die Kiefern ihren Stickstoff von den Erlen durch die Vermittlung von Mykorrhizapilzen bekamen.

»Warte, warte, warte. Woher weiß die Pilz-Pipeline, wie sie das machen muss? Und wie kommt die Erle überhaupt auf so eine Idee?«

»Also …« Darauf hätte ich mich verlassen können. Sie nahm mir mit einer einzigen Frage den Wind aus den Segeln. »Vielleicht haben die Erlen mehr Stickstoff, als sie brauchen.«

»Oder die Kiefern liefern den Erlen irgendwas im Austausch?«, schlug sie vor. »Muss jetzt weitermachen!«

Ich schaute den Telefonhörer an, aus dem nur noch das Freizeichen klang, dann lief ich hinüber zu Don, der in seinem Büro über Messergebnissen saß. Ich hätte einen ganz tollen Artikel gefunden, rief ich, der beweise, dass die Erlen sich über ein Pilznetzwerk mit den Kiefern verbanden und ihnen Stickstoff schickten.

»Hm? Was? Jetzt mal langsam.«

Ich ließ mich auf den Stuhl neben seinem Schreibtisch plumpsen, ein Tisch, auf dem ein Computer so groß wie ein Fernsehgerät stand, und auf dem Bildschirm liefen Zahlenkolonnen. Aufgeregt berichtete ich, was ich gelesen hatte.

»Klingt plausibel«, antwortete er. Er erzählte mir von einer neuen Studie aus Kalifornien, in der es hieß, dass derselbe Mykorrhizapilz Wurzeln von Oregoneichen und Douglasien besiedle, und die Wissenschaft versuche herauszufinden, ob dadurch eine Verbindung zwischen den Bäumen entstand. Ob es zu einem Nährstoffaustausch kam.

Ich holte Schokoladenkekse aus meinem Rucksack. Von Don gebacken, die schmeckten viel besser als die, die Ray mir seinerzeit angeboten hatte, und ich verbrauchte, während wir diese neuen Erkenntnisse diskutierten, Brennstoff wie ein Düsenflugzeug. Wenn eine Pflanze wie die Erle, die Stickstoff *aus der Luft* band, diesen Stickstoff einem Baum wie der Kiefer senden konnte, dann war der Stickstoff in den Wäldern vielleicht gar nicht so begrenzt, wie wir dachten.

Wir malten uns aus, was das für die Landwirtschaft bedeutete: Wenn zum Beispiel Leguminosen Stickstoff an Getreide weiterreichen konnten, dann ließen sich Feldfrüchte kombinieren, und man musste den Boden nicht mehr mit Kunstdünger und Herbiziden vergiften.

Mein Verstand war aufgedreht wie eine Uhrfeder, das Pendel in vollem Gange. Die direkte Verbindung zwischen Erle und Kiefer – das, was erklärte, wieso die Kiefer sofort spürte, wenn bei der Erle neu produzierter Stickstoff verfügbar war –, das konnten die Mykorrhizapilze sein. Wurde die Erle beseitigt, bemerkte die Kiefer es auf diesem Wege binnen kürzester Zeit. Wenn ich zeigen konnte, auf welchen Kanälen die Erle den Stickstoff an die Kiefer weitergab, und mit welcher Schnelligkeit, dann mussten wir nicht hundert Jahre Wachstum des Waldes abwarten, um zu beweisen, dass die Entwicklung der Bäume durch das Entfernen der Erlen beeinträchtigt wurde. Der Minutenzeiger in meinem Hirn rückte noch ein Stückchen vor, und die Uhr schlug Mitternacht.

»Meinst du, damit könnte man sie davon abhalten, die Erlen umzubringen?«, fragte ich.

Don tippte etwas auf seiner Tastatur ein, das Kalkulationsprogramm war fertig. »Suzie«, sagte er, »sei mir nicht böse. Wahrscheinlich nicht. Die Forstindustrie will schnelles, billiges Holz, und im Küstengebirge von Oregon sind sie inzwischen so weit, dass sie Douglasien in vierzig Jahren großkriegen statt in Hunderten. Das machen sie schon seit Jahren. Sie scheffeln das Geld nur so – zuerst bringen sie die Oregonerlen um, dann kippen sie Stickstoffdünger auf das Land.« Die Oregon- oder Roterle war ein richtiger Baum, kein Strauch wie ihre Verwandte, die Grünerle, sie nahm den anderen Bäumen also deutlich mehr Licht weg. Deshalb stand sie, obwohl sie mehr als das Zehnfache an Stickstoff an den Boden abgab, ganz oben auf der Abschussliste.

Auf dem Flur machte sich ein letzter Student auf den abendlichen Heimweg. Die Messungen, die ich im Zuge meiner Experimente durchgeführt hatte, ergaben nur einen Teil des Bildes. Es fehlte das, worüber wir noch am wenigsten wussten: die Frage, *wie* die Bakterien und Mykorrhizen an den Wurzeln der Erlen und die anderen unsichtbaren Lebewesen im Waldboden den Kiefern ihre Unterstützung zukommen ließen. Und meine Messungen warfen auch kein Licht auf die größeren Zusammenhänge, darauf, dass der Fluss der Ressourcen nicht etwas ist, bei dem der Sieger alles bekommt – sondern ein Geben und Nehmen, aus wenigem wird mehr, und schließlich entsteht ein dauerhaftes Gleichgewicht. Don hatte recht; der Regierung und den Holzfirmen ging es in erster Linie um billige, schnelle Lösungen, darum, wie sich der größte Profit herausschlagen ließ.

Er sah mir an, wie unglücklich mich das machte. Was ich bräuchte, erklärte er mir, das sei eine schlüssige, überzeugende Geschichte, und meine Daten müsse ich als Waffe einsetzen. Das machte mir wieder Mut. Ich hatte eine Menge Versuche angestellt, bei denen ich Erlen vergiftet hatte, ohne dass es den Kiefern ein größeres Wachstum bescherte. Doch was ich wirklich brauchte, war ein Beweis dafür, dass die Erlen den Kiefern *halfen*.

»Erinnerst du dich noch, wie ich im Sommer auf dem Versuchsareal für deine Masterarbeit Proben genommen habe, um herauszufinden, wie viel Stickstoff die Erlen binden, und wie viel von dem mineralisierten Stickstoff am Ende in den Kiefern landet?« Er schaltete seinen Computer aus. »Aus diesen Daten werde ich ein paar langfristige Voraussagen entwickeln.« Die Prognosen wolle er veröffentlichen, und vielleicht helfe das sogar, in Kanada eine Anstellung zu finden, und dann könnten wir zusammen dorthin zurückgehen. Er wolle sein Vorhersagemodell mit meinen Wachstums- und Stickstoffdaten füttern und dann simulieren, wie unterschiedliche Erlendichte das Wachstum von Kiefern auf lange Sicht beeinflussen würde. Auf Roterlen und Douglasien habe er sein Modell schon angewendet, und wenn er die Daten von Douglasien ohne die Gesellschaft von Roterlen auf hundert Jahren hochrechne, dann sei deren Wachstum geringer.

»Dann *haben* wir also Daten, an denen wir ablesen können, ob die Erlen die Kiefern aktiv unterstützen!« rief ich, jetzt wieder mit der alten Begeisterung. Eben ging die Sonne unter und tauchte die Wände in ein glühendes Orange.

Er griff zu seinem Fahrradhelm – ein Zeichen, dass wir uns auf den Heimweg machen sollten. Mit den Daten allein sei die Schlacht noch nicht gewonnen. Gut möglich, dass das Roden der Erlen die Stickstoffzufuhr unterband, aber bislang hätten wir nur Auskunft über einjährige Setzlinge. Selbst mit seinen Simulationen am Modell würde ich ohne langfristige Ergebnisse niemanden überzeugen können.

»Die Forstleute müssen die Resultate *sehen*«, sagte er. Ich würde sichtbare Beweise brauchen, wenn ich mit meinen Erkenntnissen an die Öffentlichkeit ging.

Ich zurrte meinen eigenen Helm fest. Er hatte recht, das wusste ich.

»Aber ich bin eine so schreckliche Rednerin.« Ich hatte eine Heidenangst, vor Publikum zu sprechen. »Ein Alptraum, den ich oft habe. Mir fallen die Dias herunter, und dann muss ich den ganzen Vortrag improvisieren.« Das einzige Mal, als ich einen Vortrag so ohne Netz und doppelten Boden hatte halten müssen, war ich zur Salzsäule erstarrt und vor lauter Verlegenheit beinahe in Ohnmacht gefallen.

»Tja«, sagte er. »Deshalb bin und bleibe ich Techniker. Aber du kannst dich nicht verstecken, wenn du etwas verändern willst.«

Wir radelten nach Hause. Die Oregon-Ahorne wölbten sich goldgelb über die Straßen, und die Roteichen glichen glutroten Flammen in der kalten, klaren Herbstluft. Wir bogen in eine unbelebte Straße, und ich strampelte kräftig, damit wir Seite an Seite kamen. Unser Weg führte vorbei an alten Cottages, wo die Studenten auf offenen Veranden beieinandersaßen und lasen oder ins Gespräch vertieft waren, und an großen, mehrstöckigen

Verbindungshäusern, vor denen teure Autos parkten und Scharen von jungen Männern Volleyball spielten und Bier tranken. An der Universität von British Columbia, wo ich mein erstes Examen gemacht hatte, hatte es solche Studentenverbindungen nicht gegeben, und für mich war es ein faszinierend fremdes Stück US-Kultur. Ich kam aus dem Staunen gar nicht mehr heraus.

Wir machten einen Bogen um eine tote Beutelratte, und ich fragte mich, was sie wohl von den Menschen gehalten hatte, die sie zu Ungeziefer erklärten, wenn sie Komposthaufen und Grillplätze durchstöberte, und denen es gleichgültig war, eine wie wichtige Rolle sie bei der Bekämpfung von Zecken, Schnecken und anderem Getier spielte. Als wir an einer Kreuzung hielten, fragte ich Don, wie die Firmen reagieren würden, wenn die Wissenschaft ihnen beim Geldraffen in die Quere kam.

Don zuckte die Schultern. »Sie werden eine Strategie wollen, die ihre Profite sichert. Deine Geschichte muss überzeugend sein.«

Er fuhr wieder an, und ich grübelte, wie um alles in der Welt ich die Leute erreichen sollte, die mir helfen konnten, etwas zu verändern. Meine gewohnte Taktik im Umgang mit Konflikten war, dass ich vor ihnen davonlief. Ein hoffnungsloser Fall, wenn es darum ging, mich zu behaupten, von öffentlichen Vorträgen ganz zu schweigen.

»Achtung, Suzie!«, schrie Don und bremste mit aller Kraft. Ein Auto kreuzte direkt vor uns ab und hätte mich beinahe erwischt.

Zu der Zeit, zu der ich meinen Masterabschluss machte, hatte ich mit Vorträgen bei lokalen Forsttagungen schon ein klein wenig Übung. Mühsam erarbeitete ich mir meine Fähigkeiten als

Vortragsrednerin; anfangs präsentierte ich nur gut vorbereitete Dias und Datenmaterial und übte die rhetorische Seite. Dann musste ich das, was ich auf diese Art gelernt hatte, wieder auflockern, damit es nicht langweilig klang. Ich machte alle möglichen Fehler. Einmal sagte ich zum Beispiel: »Dieser Setzling sieht echt scheiße aus«, und die Männer wiesen mich zurecht, dass »eine junge Frau nicht solche Ausdrücke gebrauchen« solle. Aber einmal machte ein bekannter Forscher mir ein Kompliment. »Sie haben Talent zur Rednerin.« Ich wusste genau, dass ich das nicht hatte, aber ich freute mich, dass er mir Mut machte. Ich musste noch viel lernen. Ich hatte etwas zu sagen, aber ich hatte noch nicht gelernt, wie man eine fesselnde Geschichte daraus macht.

Don und ich kehrten endlich nach Kanada zurück. In jenem Herbst – ich war neunundzwanzig, er zweiunddreißig – heirateten wir unter schimmernden Zitterpappeln, nicht weit von Kamloops. Ich hatte es mit der Hochzeit nicht eilig, aber für ihn drängte die Zeit, wenn er sich noch Hoffnungen machen wollte, in Kanada zu bleiben. Und ich war verliebt, da gab es keinen Grund, es nicht zu tun.

Robyn war meine Trauzeugin, Jean Brautjungfer. Robyn, Jean und ich trugen einfache Röcke mit passenden Blusen. Meine hatte Mum ausgesucht, cremeweiß wie die Rinde der Pappeln, diejenige von Robyn hatte die Farbe der Binsen am Seeufer. Jeans Bluse war geblümt und blau wie Wasser. Mum und Grannie Winnie kamen in Violett. Mum machte Gurkensandwiches und buk den Hochzeitskuchen, mit sherrygetränkten Früchten und Marzipanglasur. Grannie flocht mein Haar zu einem Zopf *à la française* und steckte Schleierkrautblüten hinein. Sie ging still zu Werke, wie immer. Als der Zopf fertig war, strich sie meinen Rock glatt. Ich sähe bezaubernd aus, versicherte sie mir.

Fünf Jahre zuvor wäre sie beinahe an Lupus, einer Autoimmunkrankheit, gestorben, jetzt war sie wieder obenauf und widmete sich ihren riesigen Gärten – aber im Alter waren bei ihr die Tränen nie weit entfernt. Immerhin hielt sie sie jetzt im Zaum, verfolgte gespannt, wie ich meinen Platz im Leben an Dons Seite fand.

Robyn stand mit Bill zusammen, jetzt ihr Ehemann; er machte unauffällig Aufnahmen mit seiner Kamera; und auch Jean war frisch verheiratet. Dad und Marlene trafen ein, lästerten zusammen mit Mum darüber, dass Robyn, Jean und ich binnen drei Jahren alle drei geheiratet hatten und dass Kelly es uns jetzt bald nachmachen würde. »Wir kommen ja überhaupt nicht mehr nach mit dem Feiern!«, rief Marlene, die ein Talent hatte, zwischen Mum und Dad für entspannte Stimmung zu sorgen. Die Eltern von Don waren den weiten Weg aus St. Louis gekommen, trotz schlechten Wetters.

Kelly hatte sich das Wochenende freigenommen und schwer in Schale geworfen, mit blassblauen Hosen und einem marineblauen Pullover, den Grannie Winnie für ihn gestrickt hatte, und er trug Schuhe statt der Cowboystiefel. Um diese Zeit des Jahres gab es viel zu tun, das Vieh wurde für den Winter zusammengetrieben, die Bewässerungsröhren auf den Feldern abgebaut, aber ich freute mich, dass er kommen konnte. Tiffany hätte sich so etwas nie entgehen lassen, aber sie musste sich um ihre kranke Großmutter kümmern. Kelly kam zu mir hergeschlendert, mit dem Lächeln, das ich noch von Mabel-Lake-Zeiten kannte, sichtlich guter Dinge. Er hatte sein Mädchen und seine Hufschmiede, er hatte das Landleben, das er liebte. »Glückwunsch, Suzie«, raunte er mir ins Ohr.

Als es zur Trauung ging, griff Tante Betty in die Tasten und spielte »Treulich geführt«, und alle, insgesamt siebzehn, versammelten sich in der Sonne. Don und ich gaben uns das Jawort, die ganze Familie umarmte uns, und dann standen wir einen Moment lang einfach nur da.

Ein wenig später sah ich Kelly abseits bei einer Baumgruppe, allein, die Hände in den Taschen, gedankenverloren. Vielleicht genoss er nur einen Augenblick lang die Stille. So wie wir aufgewachsen waren, wussten wir, was für ein Trost die Stille sein konnte. Oder auch ohrenbetäubend. Sie konnte unsere Gefühle in Schach halten, etwas Bedrückendes verbergen. Kelly blickte auf und lächelte mir zu, zur Bestätigung, dass alles in Ordnung war.

Bill wollte, dass wir für Fotos am See posierten. »Bestimmt bleibst du mit deinen Absätzen im Schlamm stecken«, lästerte er, wies auf das raureifüberzogene Ufer. Ich stakste ein paar Schritte in meinen lila-grünen Stöckelschuhen. »Keine Sorge«, sagte ich, setzte mich auf einen Stamm und zog aus meinem Rucksack ein Paar Wanderstiefel.

»Halt die Kamera ein Stück höher, Bill!«, rief Kelly, als wir uns auf dem Pfad in Positur stellten und Bill uns lachend in der fahlen Sonne aufnahm, unter den Pappeln, am Seeufer schon das erste Eis.

Jetzt war mein Leben genauso schön und ordentlich zusammengeflochten wie der Zopf, der mir über den Rücken hing.

7

Kneipenstreiterei

Halb ohnmächtig vor Angst wankte ich zum Podium. Das grelle Scheinwerferlicht des Konferenzsaals fiel auf ein Meer aus Bürstenhaarschnitten und Baseballkappen. Ich hielt die Fernbedienung für den Diaprojektor in meinen feuchten Händen. Der großzügige Applaus für meinen Vorredner, einen Vertreter von Monsanto, der soeben dafür geworben hatte, mithilfe des Herbizids Roundup reinen Tisch zu machen (sprich: Unkraut zu vernichten)*, verebbte, und es wurde still. Seine Bilder von ungehindert wachsenden Küstenkiefern zwischen toten Zitterpappeln, von Douglasien inmitten von leblosen Birken oder Fichten ohne benachbarte Heidelbeersträucher wirkten noch nach. Fröstelnd in meiner blauen Baumwollhose, die weiße Polobluse schon verschwitzt, war ich froh, dass mir Barb – seit drei Jahren meine Forschungsassistentin vom Forest Service – ihren marineblauen Blazer geliehen hatte. Wir waren beide dreiunddreißig, hatten dieselbe Statur, nicht zu groß und nicht zu klein, auch wenn wir uns ansonsten, vom Hintergrund her, unterschieden wie eine Birke von einer Kiefer – sie die erfahrene Mutter von

* Die Forstwirtschaft spricht von »Läuterung«.

drei Teenagern, und ich brütete noch immer über meinen Büchern.

»Ich danke Ihnen für die Einladung«, hob ich an. Das Mikrofon fiepte, meine Zuhörer verzogen das Gesicht. Es waren Forstleute im Außendienst sowie Behördenvertreter; manche hatten ihre Notizbücher schon bereit, und die jüngeren unter den Frauen beobachteten mich gespannt. Andere unterhielten sich im Flüsterton mit ihren Nachbarn. Ein Mann am hinteren Ende des Saals rief, ich solle lauter sprechen. Der Monsanto-Vertreter hatte kein Wort darüber verloren, ob die Ausrottung der einheimischen Pflanzen mit dem Ziel ungehinderten Wachstums den Koniferen tatsächlich half, besser zu überleben oder schneller zu wachsen.

Ich knöpfte den Blazer zu; Barb machte mir von hinten im Saal mit zwei erhobenen Daumen Mut. Wir waren in der Cowboymetropole Williams Lake, um die Ergebnisse meiner Erlenforschungen zu präsentieren. Ich war mit dem Flugzeug aus Corvallis angereist, wo ich mich im Zuge meiner Doktorarbeit eingehender mit den Beziehungen zwischen Laub- und Nadelbäumen beschäftigte. Sie war mit ihrem grünen regierungseigenen Pick-up aus dem dreihundert Kilometer südlich gelegenen Kamloops gekommen und hatte mich am Flughafen in Empfang genommen, wo ich ihre feuerroten Haare und den viel zu kleinen Disney-Rucksack, ein Erbstück von einem ihrer Kinder, sofort erspähte.

Auf dem Weg vorbei an großformatigen Schwarz-Weiß-Fotos, die die Geschichte der Williams Lake Stampede dokumentierten, hatte ich den Arm um sie gelegt. Es waren Bilder von wettergegerbten Cowboys, die ohne Sattel auf Bullen und wilden Pferden ritten und dabei ihren Hals riskierten, von Männern, die auf der unermüdlichen Suche nach Gold und Pelzen, nach

Reichtum durch Viehzucht viel zu früh ums Leben gekommen waren. Barb hatte mich vorab gewarnt, dass es im Forest Service Stimmen gab, die die Exaktheit unserer Experimente schon jetzt in Zweifel zogen. Aber ich hatte die Gelegenheit beim Schopf gepackt, weil Kelly in Williams Lake lebte und ich damit eine Chance bekam, ihn zu sehen. Wir hatten uns im Pub verabredet, und ich hoffte, dass Tiffany, die er zwei Jahre zuvor mit einer Cowboyhochzeit auf der Onward Ranch geheiratet hatte, mitkommen würde. Der Rodeobetrieb und seine Arbeit als Hufschmied hatten die beiden beschäftigt gehalten in der Zeit, in der ich im Auftrag der Regierung ein ehrgeiziges Forschungsprogramm zur Wiederaufforstung auf die Beine gestellt und Don ein forstökologisches Beratungsbüro aufgemacht hatte. Danach hatten wir dann eine Auszeit genommen und uns beide wieder unseren Doktorarbeiten gewidmet.

Ich klickte mich durch die ersten meiner sorgsam vorbereiteten Dias. Alle schienen aufzuatmen, als ich nach dem Meer von grünen Erlen ein Bild der braunen Stümpfe zeigte, die nach dem Rückschnitt zurückgeblieben waren. Mit Übung hatte ich das Beben in meiner Stimme in den Griff bekommen, und ich vergaß nie, wie Dad mir einmal gesagt hatte, ich solle mir mein Publikum als einen Haufen Kohlköpfe vorstellen. Ich ließ also den Blick über die Reihen von Kohlköpfen schweifen, verweilte kurz bei Barb, dann erklärte ich mit einer Art nervösem Räuspern: »Sämtliche Forschungsergebnisse, die ich Ihnen heute präsentiere, sind von Fachleuten gegengeprüft und in wissenschaftlichen Zeitschriften publiziert.«

Einige der Kohlköpfe nickten beim Anblick meiner Fotos. Barb wirkte zuversichtlich. Don war zu Hause, arbeitete an seiner Promotion, buk und fuhr mit dem Fahrrad zur Uni. Nach ein paar Jahren in einem Blockhaus, das wir uns am Rand von

Kamloops im Wald gebaut hatten, war er nun wieder in Oregon und ganz ins Collegeleben zurückgekehrt. Wir vermissten unser Heim in den Wäldern, aber die kleinstädtische, vom Arbeitermilieu geprägte Atmosphäre dieses Zentrums der Zellstoffindustrie hatte ihm nie recht behagt, und er war glücklich, dass wir nun wieder auf den Landsträßchen rund um Corvallis radelten und joggten und er mich wieder bei der Auswertung meiner Forschungsdaten beraten und an der Stärkung meines Selbstbewusstseins arbeiten konnte.

Ich seufzte ein wenig, als ich mein nächstes Dia anklickte. Das Schaubild zeigte, dass das Beseitigen der Erlen, egal ob nun ganz oder nur teilweise, keinerlei Auswirkungen auf das Wachstum der Kiefern hatte. Die Unkrautbekämpfung, die dazu diente, dass die Anpflanzungen die offiziellen Maßgaben für ungehindertes Wachstum erfüllten – und die Firmen Millionen von Dollars kostete –, hatte die Erträge der Schonungen nicht gesteigert. Trotz der immensen Kosten wuchsen diese von unliebsamer Konkurrenz befreiten Kiefern nicht schneller als die, die inmitten von Erlen standen.

Im Saal machte sich betretenes Schweigen breit. Dave, ein junger, freimütiger Forstangestellter, den ich bei einem Wiederaufforstungsworkshop kennengelernt hatte, beugte sich zu seinem Vorgesetzten hinüber und zeigte auf die Präsentation. Sie hatten brav ihre Anpflanzungen von Unkraut befreit, und ich behauptete nun, dass die Beseitigung der Erlen unsinnig sei. Die einzige Strategie, die bei meinem Masterexperiment das Wachstum der Kiefern befördert hatte, war der apokalyptische nackte Boden, von dem wir sämtliche Pflanzen und Gräser entfernt hatten. Aber diese von Unterholz befreiten Exemplare – die wenigen, die nicht dem Frost oder der sengenden Sonne oder hungrigen Nagern zum Opfer gefallen waren – waren durch das

Überangebot an Licht, Wasser und Nährstoffen aus den verrottenden Kadavern ihrer toten Nachbarn zu hoch aufgeschossenen, gakeligen Bäumen mit großen, seltsam geformten Ästen und geschwollenen Stämmen herangewachsen. Ich atmete tief durch, bevor ich zur Erklärung ansetzte.

»Die Kiefern profitieren nicht davon, dass man nur die Erlen entfernt – man muss sämtliche krautigen Pflanzen und das Reitgras ebenfalls beseitigen, wenn man will, dass die Kiefern schnell wachsen«, sagte ich und zeigte Bilder von den riesengroßen Bäumen, die vereinzelt auf einem radikal von Unkraut befreiten Areal standen. Das Publikum murmelte beim Anblick der grotesken Kiefern mit ihren knorrigen, mit Wunden und Geschwüren übersäten Stämmen. Diese Forstleute wussten, dass solche schnell wachsenden Bäume breite Jahresringe und große Astknorren haben würden, ganz anders als die Bäume, die nach einem Waldbrand langsam nachwuchsen. Aber sie hofften, dass sich diese Mängel bei den kultivierten Bäumen im Laufe der Zeit auswachsen würden, und dass sie, wenn in einem halben Jahrhundert die nächste Holzernte anstand, doch wertvolle Erträge liefern würden. Meine Daten stellten ihre optimistischen Annahmen infrage. Sie wussten auch, genau wie ich, dass sie unter normalen Bedingungen niemals derart radikale Voraussetzungen schaffen konnten – die Kosten von so viel Bodenbearbeitung würden jedes vernünftige Maß übersteigen. Das Einzige, was sie realistischerweise tun konnten, war, die Erlen einmal zurückzuschneiden und die Bodenvegetation stehen zu lassen – was meinen Forschungsdaten zufolge vollkommen nutzlos war. Aber durch die offizielle Strategie des ungehinderten Wachstums waren ihnen die Hände gebunden, und wenn sie ihre Anpflanzungen nicht von den höheren, buschig wachsenden Erlen frei hielten, drohten ihnen Geldstrafen oder kostspielige Nacharbeit. Mir war klar, dass das Konzept sicherstellen sollte, dass nach einer Holzernte staatliche Wälder mit gesunden, ungehindert wachsenden Bäumen entstanden, aber in ihrem Eifer hatten die Verantwortlichen anscheinend vergessen, dass ein Wald sehr viel mehr ist als eine Ansammlung rasch wachsender Bäume. Wenn man in der Hoffnung auf künftige Gewinne mit allen Kräften auf schnelles, frühes Wachstum hinarbeitete, indem man heimische Pflanzen beseitigte, würde das kein gutes Ende nehmen. Für keinen der Beteiligten.

Ich wies darauf hin, dass eine Strategie, die auf besonders große, finanziell lukrative Bäume abzielte, nicht gut sei, wenn sie nicht tatsächlich gesündere Wälder schaffe. Ich war so sehr auf meine Notizen konzentriert, dass mir nicht auffiel, dass die Herrschaften mittlerweile mit verschränkten Armen dasaßen. »Hier sehen Sie, dass die Beseitigung von Erlen erwartungsgemäß die Menge an Licht steigert, die den Kiefern zur Verfügung steht, und das gilt auch für das Wasserangebot in einer Hochsommerwoche; doch dies geschieht auf Kosten der Stickstoffversorgung, sobald die Bestände an toten Pflanzen verrottet sind. Das Ergebnis ist, dass nach fünf Jahren insgesamt kaum eine Verbesserung beim Wachstum eines Bestands zu beobachten ist«, sagte ich und kam dann zu den Daten meiner Wetterstation, die belegten, dass die Beseitigung sämtlicher Pflanzen zu extremeren Temperaturschwankungen führte – zu sengender Hitze am Tag und nächtlichen Bodenfrösten. Jetzt stellte sich das Stottern doch wieder ein, als die wirbelnde Wetterfahne, der überschwappende Regenbehälter, das Gewirr aus Drähten und Sensoren samt dem tickenden Datenlogger sozusagen neben mir Gestalt annahmen. Barb, zukünftige preisgekrönte Fotografin, zielte mit der Kamera auf mich, ein Versuch, mir Mut zu machen.

Jemand meldete sich, und ich forderte ihn mit einer Handbewegung zum Reden auf. »So weit Ihr Versuchsgelände. Aber wie sieht es in der richtigen Welt aus?«, fragte einer der Forstbeamten. Die Männer ringsum nickten.

»Gute Frage«, antwortete ich. Die Spannung stieg. »Ich habe das Wachstum von Baumsetzlingen auf gemäß amtlichen Vorgaben bereinigtem Gelände überprüft, Gelände, bei dem Erlen zurückgeschnitten wurden, Gras und bodennahe Pflanzen hingegen stehen blieben, und sie mit Kontrollarealen verglichen, die gänzlich unbehandelt blieben. Die Ergebnisse sind immer wieder die gleichen. Diese Praktiken garantieren tatsächlich, dass der Baum Platz zum Wachsen hat – höher als alle verbliebenen Pflanzen. Aber ob Pflanzengift eingesetzt oder mit der Säge gearbeitet wird, ob das Gelände feucht oder trocken ist, ob im Süden oder im Norden, ob die Setzlinge Kiefern sind oder Fichten, die Wachstumsrate ändert sich nicht, obwohl ihr Wachstum früher als ungehindert deklariert werden kann. Was mir zu denken gibt, ist, dass die Hälfte der ›ungehinderten‹ Kiefern jetzt Infektionen oder Schäden haben, die sie schließlich töten oder verkrüppeln werden.«

Eins der hohen Tiere der Forstbehörde sah mich ärgerlich an. Er hatte meine Kollegen dazu angehalten, in dem Aufsatz, den ich über die Studie geschrieben hatte, nach Schwachstellen zu suchen, selbst noch als eine wissenschaftliche Zeitschrift es von Sachkundigen hatte gegenlesen lassen und dann veröffentlicht hatte. Alle nannten ihn den Hochwürden, weil er die Forsttechniken, die er selbst mit entwickelt hatte, wie ein Evangelium predigte. Techniken, die die Artenvielfalt und Gesundheit sämtlicher Wälder des Landes gefährdeten. Neben ihm saß Joe, der Verantwortliche für das Vegetationsmanagement im selben Büro des Forest Service, in dem auch Barb und ich arbeiteten und in dem sie mit angehört hatte, was über die Verlässlichkeit unserer Experimente geredet wurde. Die Kombination aus Hochwürden und Joe kam mir plötzlich gefährlich vor.

Barb nickte mir zu, ein Zeichen, mich nicht beirren zu lassen. Ich führte ihnen einen weiteren Puzzlestein vor und erläuterte, wie Dons Modell vorausgesagt hatte, dass die Produktivität von Kiefernwäldern binnen hundert Jahren um die Hälfte zurückgehen würde, wenn es keine Erlen mehr gab, die den Boden mit Stickstoff versorgten. Und dass die Lebenskraft des Waldes noch weiter abnehmen würde, wenn man mit jedem Fällzyklus die Erlen neu beseitigte. Aus dem Modell ging eindeutig hervor, dass Kiefern Erlen in ihrer Nachbarschaft brauchten, um sie mit neuem Stickstoff zu versorgen, und dann würden sie wachsen und für gesunde Wälder sorgen, gerade da, wo der Stickstoffvorrat im Boden geschwunden war, in Ungleichgewicht geraten durch Brand oder Abholzung.

Die Hand einer jungen Frau schoss in die Höhe und wartete nicht darauf, dass ich ihr das Wort erteilte. »Wieso geben wir dann so viel Geld für das Besprühen von Erlen aus, wenn es die Pflanzungen gar nicht besser macht, womöglich sogar schlechter?«

Leute wurden unruhig auf ihren Stühlen, es wurde geflüstert. Meine Nackenmuskeln spannten sich an, aber ich machte weiter, sprach sie direkt an: »Wir sollten uns die Theorie vom befreiten Wachstum genauer ansehen und herausfinden, ob diese Kosten einen Nutzen haben. Ich mache mir um die künftige Gesundheit unserer Anpflanzungen Sorgen.« Ich wünschte, Alan wäre hier, ich klammerte mich an den Gedanken, wie er mir bei meinen Forschungen immer geholfen hatte, und mir selbst auch. Er hätte gewusst, wie man auf diese Fragen antwortete.

Hochwürden sagte etwas zu Joe, und beide lachten. Das waren keine Kohlköpfe mehr. Joe, mutig geworden, hob die Hand und erklärte meine Schlüsse für voreilig. Und fügte hinzu: »Sollten wir nicht mehr Zurückhaltung üben, solange wir keine langfristigen Daten haben?«

Der Ton war milde, aber seine Einstellung war klar. Zu Anfang hatte Joe meine Arbeit unterstützt, dann, als die Ergebnisse Gestalt annahmen, war er umgeschwenkt. Er war ein Mann, der Karriere machen wollte, und Widerspruch gegen die Glaubenssätze seiner Vorgesetzten würde ihn da nicht weit bringen. Ich ermahnte mich, dass ich jetzt keine Schwäche zeigen durfte. Wenn ich jetzt zugestand, dass meine Arbeit noch unvollständig war, würden sie mich damit abtun, und nichts würde sich ändern. Barb beugte sich vor, ermunterte mich, die Herausforderung anzunehmen. Ich ging näher ans Mikrofon heran. Sie drehte ihren Rotschopf in Joes Richtung, warf ihm einen bösen Blick zu. Mit einer Ruhe, die mich selbst überraschte, antwortete ich ihm, dass es zwar wunderbar wäre, könnte man mit langfristigen Ergebnissen operieren, dass aber die Studien bereits zeigten, was für die Zukunft zu erwarten sei. Wenn jetzt im jugendlichen Alter keine Steigerung im Wachstum dieser Bäumchen festzustellen sei, dann seien auch keine großen Verbesserungen mehr zu erwarten. Wir sollten nicht mit größerer Produktivität rechnen. »Die derzeitigen Praktiken zum ungehinderten Wachstum«, fuhr ich fort, »setzen unsere Pflanzungen offenbar einem hohen Risiko auf große Verluste durch vorzeitiges Absterben und geringes späteres Wachstum aus. Umsichtiger wäre es, die angepflanzten Bäume gemeinsam mit ihrer natürlichen Umgebung wachsen zu lassen und sich auf andere Schwachpunkte unseres Aufforstungsprogramms zu konzentrieren, etwa den richtigen Zeitpunkt, die Auswahl der Pflanzen und die Vorbereitung des Geländes.«

Ein paar Männer standen auf und gingen. Einer in der vordersten Reihe redete laut mit seinem Kumpel. Ich versuchte, ihm zu verstehen zu geben, dass er störte, aber er machte weiter und zwang mich damit, heftiger zu werden, wie als Kind beim Hockeyspiel auf der Straße. Dave, der immer bereit gewesen war, neue Praktiken mit mir zu diskutieren, sah den Störenfried böse an.

Am liebsten hätte ich in meinem Vortrag innegehalten und den Mann gefragt, ob er eine Frage habe. Aber innerlich sank mir der Mut, ich wollte keine Szene. Was hätte Grannie Winnie an meiner Stelle getan? Stur und ohne laut zu werden, hätte sie weitergemacht. Mir zitterten die Hände, aber ich klickte weiter zum nächsten Dia und fuhr mit der Beschreibung meiner Vielzahl von Experimenten in anderen Pflanzengemeinschaften fort. Einhundertdreißig, um genau zu sein. Alle repliziert, randomisiert, unter strikter Kontrolle durchgeführt und alle mit ähnlichen Ergebnissen.

Vergiften oder Roden von Weiden trug nicht zu Wachstum oder steigender Überlebensrate von Fichten bei.

Das Roden, Vergiften oder Abfressenlassen von Weidenröschen verbesserte weder bei Fichten noch bei Küstenkiefern das Wachstum.

Weder Roden noch Beweiden von Nutka-Himbeeren half den Fichten.

Beseitigung von Zitterpappeln führte nicht zu dickeren Kiefernstämmen.

Egal ob Vergiften, Roden oder Beweiden, die Beseitigung von Rhododendren, Rostigen Menziesien und Heidelbeeren verschaffte den Fichten in den hoch gelegenen Pflanzungen keinen Wachstumsschub. Ich sah vor mir, wie Robyn die Rhododendren mit Gift besprüht hatte, und selbst da hatten wir schon vermutet, dass alles nur Zeitvergeudung war.

In diesen Bergregionen wurde viel Geld ausgegeben, um Setzlinge auf Kahlflächen heranzuziehen, in Gegenden, in denen sie von Natur aus nicht vorkamen. Zwar überlebten dort, wo man unerwünschten Bewuchs beseitigte, zwanzig Prozent mehr Setzlinge als in den Bereichen, in denen dieser stehen blieb – *aber nur kurzfristig*. In dem gleichen subalpinen Umfeld trug die Herbizidbehandlung von Farnen, von denen am Ende nur noch Nadelpolster blieben, nicht zum langfristigen Überleben von Fichten bei, auch wenn die Stechfichtensetzlinge vorübergehend um ein Viertel schneller wuchsen als dort, wo die Farne am Leben blieben. Diese minimalen, zeitlich begrenzten Erfolge waren denen, die im Forstbetrieb das Sagen hatten, genug.

»Ich habe viel darüber nachgedacht, warum wir in der Regel keine Verbesserungen beim Überleben oder Wachstum von Bäumen verzeichnen können, wenn wir die heimischen Pflanzen entfernen, obwohl die Bäume dann ungehindert wachsen können«, sagte ich. »Und ich habe mich mit der Frage beschäftigt, warum viele der ungehindert wachsenden Bäume von Insekten und Krankheiten befallen werden, sodass es ihnen im Endeffekt schlechter geht. Zum einen glaube ich, wir überschätzen den Konkurrenzdruck, den diese heimischen Pflanzen auf die Koniferen ausüben. An den meisten Stellen wachsen die heimischen Pflanzen nicht so dicht nach, dass sie die Bäume beeinträchtigen. Ich vermute auch, dass die anderen Pflanzen die Bäume vor Ungeziefer und Wetterextremen schützen. Wir sollten unser Hauptaugenmerk nicht auf unkrautfreie Bäume richten, von denen wir uns kurzfristige Wachstumssteigerungen erhoffen, sondern stattdessen überlegen, was den gesamten Waldbestand langfristig gesünder werden lässt.«

Mir kamen Freundinnen in den Sinn, die ihre Augenbrauen so gründlich gezupft hatten, dass sie nicht mehr nachwuchsen.

Aber die Parallele hätte auf dieser Konferenz wohl keiner gesehen.

Ich machte den Leuten klar, dass wir, um die Art von Holzernte zu bekommen, die uns vorschwebte, die neu angepflanzten Wälder wie Ackerflächen behandelten. Und die Regeln für ungehindertes Wachstum würden auf jede x-beliebige Landschaft angewendet. Hohe finanzielle Aufwendungen, verteilt auf die unterschiedlichsten Terrains, meist unter Reduzierung der Artenvielfalt.

Barb und ich bezeichneten so etwas als »Fast-Food-Waldwirtschaft«. Der gleiche breite Besen, eingesetzt in Wald-Ökosystemen jeglicher Art, das war, als beliefere man Menschen aller Kulturen mit den gleichen Hamburgern, egal ob in New York oder Neu-Delhi. Ein Mann mit einer gelben Finning*-Baseballkappe in der dritten Reihe zog einen Beutel Möhren aus der Tasche und begann, sie geräuschvoll zu knabbern. Es war allmählich Zeit für die Kaffeepause.

»Wir sind auf dem Holzweg mit diesen Säuberungsaktionen«, sagte ich. Ein paar Forstleute schmunzelten. Wie immer, wenn ich einen schlechten Witz machte, brach Barb in schallendes Gelächter aus, aber die anderen starrten mich mit versteinerten Mienen an.

Einer von den Behördenvertretern hob die Hand. »Sie haben sich die Rosinen herausgepickt und Pflanzen untersucht, die uns kein großes Kopfzerbrechen bereiten. Dass *die* uns keine Scherereien machen, wissen wir längst.« Hochwürden nickte, obwohl er ebenso wie der Sprecher genau wusste, dass es gerade diese Pflanzen waren, die routinemäßig den Vernichtungs-

---

* Einer der weltgrößten Händler für Agrar- und Forstmaschinen.

aktionen zum Opfer fielen. »Aber wie steht es mit denen, die eine schärfere Konkurrenz darstellen, wie Reitgras und Papierbirken?«

»Guter Einwand«, sagte ich. »Reitgras entzieht dem Boden viel Wasser und Nährstoffe, aber wir haben festgestellt, dass ein Abtöten oder Abgraben die Wachstums- und Überlebensrate von Kiefernsetzlingen nur um etwa zwanzig Prozent erhöht. Aber es gibt unerwartete Nebenwirkungen – die Behandlung verdichtet den Boden und vermindert den Nährstoffgehalt. Die Erosion wird begünstigt, die Vielfalt der Mykorrhizapilze schwindet.«

»Wir baggern bei allen Anpflanzungen das Reitgras ab. Wollen Sie etwa sagen, das ist nicht richtig?«, fragte eine junge Frau. Ich entspannte mich ein wenig, ließ den Blick über den Saal wandern, bis ich ihr wissbegieriges Gesicht fand, das kastanienbraune Haar zu einem Dutt zusammengebunden. Anscheinend machte es ihr nichts aus, dass alle um sie her betreten schwiegen. Hochwürden drehte sich um; er wollte wissen, wer denn auf die Idee kam, *so* eine Frage zu stellen.

»Nun, wir müssen lernen, Nutzen und Nachteile besser gegeneinander abzuwägen«, sagte ich. »Vielleicht gibt es Methoden, die besser für die Setzlinge sind als das Abtragen von Waldboden. Es verheißt nichts Gutes für das langfristige Wachstum, wenn wir die organische Erdschicht entfernen und den Boden verdichten. Wir brauchen bessere Daten, bevor wir eine solche Technik im großen Stil anwenden.«

»Was ist mit den Birken, Suzanne?«, fragte jemand von hinten im Saal. »Um die geht es beim ungehinderten Wachstum doch in erster Linie.« Es war ein Wissenschaftler aus Victoria, der auch an der Frage forschte, ob Birken und Zitterpappeln den Koniferen hinderlich waren oder ihnen halfen. Genau wie ich hatte er weiter reichende ökologische Folgen des Rodens im Blick, aber er hielt sich näher an die offizielle Linie.

Immerhin ein Stichwort, um anzubringen, was ich in puncto Pflanzengemeinschaft mit Papierbirken herausgefunden hatte. »Stimmt. Abholzen, Pflanzengifte oder das Ringeln* von Birken erhöhen den Stammumfang von Douglasien, manchmal bis auf das Anderthalbfache«, sagte ich und projizierte ein Histogramm zu deren Reaktion auf die verschiedenen Behandlungen. Jemand stieß gegen eines der Rollos, ein Sonnenstrahl huschte kurz durch den Raum, und sämtliche Kohlköpfe beugten sich vor. Am liebsten wäre ich einfach nach draußen gelaufen, in die klare, frische Luft. Ich hätte ihnen gern von den Birken erzählt, aber da würde ich in ein Wespennest stechen.

Joe nickte dem Hochwürden zu und zeigte auf die Leinwand, denn endlich sah er, was er sehen wollte.

»Allerdings müssen wir vorsichtig sein, denn je mehr Birken wir entfernen, desto mehr Douglasien sterben an Wurzelkrankheiten«, fuhr ich fort. »Fällen und Ringeln lässt Birkenwurzeln zurück, an denen sich Krankheiten festsetzen und von da zu den Douglasienwurzeln ausbreiten; die Infektionsrate ist um das Siebenfache höher als bei naturbelassenem Wald. Ich fürchte, wir werden das, was wir an frühem Wachstum gewinnen, langfristig durch geringere Überlebensraten wieder einbüßen.«

Ein Spezialist für Baumkrankheiten mahnte zur Vorsicht, da meine Studien nicht zeigten, wie Krankheiten sich in ganzen Wäldern verhielten. Die Pilzschädlinge kämen nur an ganz bestimmten Stellen im Erdboden vor, und wenn ich diese nicht genau lokalisieren könne, sei es gut möglich, dass meine willkür-

---

* Abtöten durch Abstreifen eines ringförmigen Bereichs der Rinde.

lich ausgewählten Versuchsareale – das eine behandelt, das zweite das Kontrollareal – rein zufällig mit einem virulenten Pilzvorkommen in Verbindung gestanden hätten oder eben nicht. Er halte meine Ergebnisse für reine Zufallsprodukte. Mit anderen Worten, ich müsse das Verhalten des Schädlings auf größeren Flächen untersuchen. Diese Diskussion hatten wir auch schon im persönlichen Gespräch geführt und waren übereingekommen, dass meine Thesen stichhaltig waren, da ich die Experimente an so vielen verschiedenen Orten wiederholt hatte; umso ärgerlicher, dass er hier nun wieder seine Zweifel auffuhr.

»Da haben Sie recht«, sagte ich so neutral wie nur möglich, »aber dieses Experiment wurde fünfzehnmal repliziert, deshalb halte ich die Ergebnisse für verlässlich.« Die Kohlköpfe wandten sich dem Forstpathologen zu, gespannt auf sein abschließendes Urteil, und er schüttelte kaum merklich den Kopf, zum Zeichen seiner Expertise auf diesem Gebiet. Zur Bestätigung biss der Möhrenesser umso herzhafter zu.

Der Applaus am Ende meines Vortrags fiel spärlich aus. Die aktiven Forstleute waren dankbar, dass meine Ergebnisse zumindest teilweise dem entsprachen, was sie vor Ort zu Gesicht bekamen, aber die Behördenvertreter murrten. Ihre Fragen an mich folgten dem vertrauten Muster: Die Neuanpflanzungen würden sich in ein undurchdringliches Dickicht verwandeln, wenn man »Unkraut« wie zum Beispiel Birken keinen Einhalt gebot. Sie bräuchten längerfristige Daten, um zu klareren Erkenntnissen zu kommen. Sie hätten nicht vor, nur wegen meiner Experimente ihre Strategie zu ändern. Die Menge löste sich auf und strömte zur Kaffeepause.

Die Teilnehmer standen in Grüppchen, nippten metallisch schmeckenden Kaffee und aßen Muffins. Ich ließ mein Diamagazin fallen, und die Dias stoben in alle Richtungen. Ein junger

Mann eilte herbei, um zu helfen. Die anderen blickten zu mir herüber und setzten ihre Unterhaltungen fort. Mit zittriger Hand füllte ich meine Kaffeetasse; eigentlich war mir ganz und gar nicht nach Kaffee zumute, aber ich wollte unbedingt dableiben und noch ein paar Reaktionen hören. Einige Forstleute sagten: »Guter Vortrag«, Dave erklärte, meine Ergebnisse seien durchaus plausibel, aber sie müssten trotzdem weiter das Gestrüpp entfernen, weil, nun ja, so seien nun mal die Vorschriften. Die Behördenvertreter blieben ins Gespräch vertieft. Keiner von ihnen schien ein Interesse daran zu haben, auf mich zuzugehen, und außerdem hatte Hochwürden seinen Hofstaat um sich versammelt. Barb kam zu mir, denn sie wusste, wie unangenehm – ja geradezu demütigend – es war, wenn man dastand und wartete, dass die Leute etwas sagten. Ich war selbst zu meinen besten Zeiten alles andere als ein Konversationstalent, und jetzt schwirrte mir von dem allem der Kopf. Schließlich packte sie mich und zog mich ins Freie. Wir spürten den Wind auf der Haut; ein Meisenhäher flog vorüber.

»Arschlöcher!«, knurrte sie. »Sie hätten sich wenigstens bedanken können, dass du dir so viel Arbeit gemacht hast, um dahinterzukommen, was zum Teufel wir da in unseren Wäldern anrichten.«

Ich spürte die Erschöpfung. Genau so war es bei Robyn und mir gewesen, wenn wir nach der Herbizidbehandlung der Erlen aus unseren nassen Schutzanzügen gestiegen waren. Jede Zelle in meinem Körper war vollkommen ausgelaugt. Weil wir etwas taten, das wir hassten, obwohl wir den Wald doch liebten. Barb fotografierte die alten Fichten und Zitterpappeln am Rand des Parkplatzes, winzige Fichtensämlinge im Unterholz. Die junge Frau mit dem kastanienbraunen Haardutt blieb stehen und bedankte sich bei mir. Die offizielle Linie würde sich nicht über

Nacht ändern, aber wenn bei anderen verantwortungsvollen Forstleuten wenigstens ein klein wenig hängenblieb, dann war ein Kurswechsel vielleicht doch möglich.

Der Overlander-Pub, ein düsterer Schuppen, roch nach abgestandenem Bier und Kuhdung. Kelly, in abgeschabtem Cowboyhut und schartigen Stiefeln, handelte mit Lloyd, einem grauhaarigen Rancher, um ein Pferd. Die knochigen Ellenbogen hatten beide breit auf die Theke gestützt, die krummen Beine gespreizt, sie beanspruchten ihr Revier. Ich versuchte, Kellys Aufmerksamkeit zu erlangen, aber dazu genoss er das Geplänkel mit Lloyd zu sehr – ein Gesprächsstil, der seinem natürlichen Redefluss entgegenkam, seinen langen Pausen. Ich war nahe genug, um mitzubekommen, dass es um einen Appaloosahengst ging, aber mir war auch klar, dass dieser Handel noch weitere wortkarge Unterredungen brauchen würde. Kelly ignorierte mich, solange er konnte, wie es schon zu Kinderzeiten gewesen war, wenn ich etwas von ihm wollte.

Das ärgerte mich mehr als sonst, weil ich schon den ganzen Tag über Geringschätzung erfahren hatte – das Gefühl nicht dazuzugehören. Barb stieß mich an und wies auf einen Messingspucknapf in der Ecke, halbvoll. In T-Shirts und Shorts, offensichtlich zwei Besucherinnen von außerhalb, erregten wir die Aufmerksamkeit der Cowboys. Einer starrte auf die Jacke, die ich mir, noch von der Konferenz, übers Shirt gezogen hatte, und flüsterte seinem Kumpel etwas Witziges zu. Ich achtete nicht groß darauf. Ich wollte zu Kelly, denn wir hatten uns schon ein ganzes Jahr nicht mehr gesehen. Allmählich schnürte mir die Enttäuschung darüber, dass er sich von dem Pferdehandel nicht einmal den einen Augenblick losreißen konnte, den er gebraucht hätte, um mir Hallo zu sagen, die Kehle zu. Tiffany war leider nicht dabei; die hätte Kelly zu verstehen gegeben, dass ein wenig Aufmerksamkeit angebracht war. Immerhin spürte er meine Ungeduld und gab mir ein Zeichen – zwei Minuten noch.

Nach fünf Minuten wäre ich am liebsten einfach gegangen, aber Barb hatte uns einen Krug Bier geholt, sich an einen Ecktisch gesetzt, und jetzt winkte sie mich herbei. Als Kellys Handel mit Lloyd, wie zu erwarten, zum Stillstand kam, kam er mit einem Krug herübergeschlurft. Lloyd hatte Geld und lud uns ein. Ein Grinsen lief über Kellys breites Kinn, und mein Ärger verflog. Tolle Sache, ihn wiederzusehen. Jetzt widmeten wir uns ernsthaft dem Biertrinken. Es war ein anstrengender Tag gewesen.

»Hast du Onkel Wayne in letzter Zeit gesehen?«, fragte ich.

»Ja. Der alte Gauner hat mir 'n Job besorgt, Vieh zusammentreiben für die Cariboo Cattle Company.« Er spuckte schleimigen braunen Tabaksaft, und mit dem Geschick des Könners landete er genau im Spucknapf. Barb staunte nicht schlecht, und ich war stolz auf meinen kleinen Bruder. Er war exotisch. Machte was her. Unverwechselbar. Kelly hatte mir gefehlt, er und die Unbeirrbarkeit, mit der er sein altmodisches Leben lebte. Er ritt Bullen, er kaute Tabak, er half Kälbern auf die Welt, er beschlug Pferde – ein Cowboy wie aus alten Zeiten.

»Wohnt ihr auf der Ranch?«

»Ja, Tiff und ich haben eine Hütte auf der Onward, nicht weit von der Missionsstation. Du weißt schon, wo früher das Internat für Indianerkinder mit den pädophilen Priestern war.« Er starrte auf seine Stiefelspitzen, angewidert von dem Gedanken, was diese Kerle den Kindern angetan hatten. Ein dunkler Punkt der kanadischen Geschichte. Kelly und ich kannten Kinder, die auf dieser Schule gewesen waren, hatten selbst miterlebt, wie viele davon Schaden fürs ganze Leben genommen hatten. Manche waren davongekommen. Unser Freund Clarence zum Beispiel, der jetzt als Totempfahlschnitzer auf Haida Gwaii lebte.

Freunde von Kelly kamen in die Bar, riefen Hallo und »Kannst du morgen kommen und mir mein Pferd beschlagen?«. Er winkte nur mit seiner Riesenpranke: sicher, natürlich.

»Wo ist Tiffany?«, fragte ich.

»Morgenübelkeit.« Kelly konnte seinen Stolz nicht verbergen.

»Mann, das ist ja irre! Glückwunsch!« Ich sprang auf zum Abklatschen. Umarmungen gab es in unserer Familie nicht, doch Lächeln und Handzeichen erfüllten die Aufgabe gut.

Lloyd, der sich mit einem anderen Cowboy unterhalten hatte, kam herüber und goss uns ein, um mit uns anzustoßen. Ich prostete ein wenig zu schwungvoll, mein Glas schwappte über, und Lloyd füllte es wieder auf. Kelly sprach schon ein wenig schleppend, er klang wie ein Texaner.

»Wie war dein Vortrag?«, lallte er.

Barb war schneller als ich. »Den Scheißern hat es nicht gepasst, dass sie sich von einer Frau was sagen lassen mussten.«

»Die glauben mir nicht«, sagte ich nur. Was mich besonders geärgert hatte, war, wie Joe sich zu Hochwürden hinübergebeugt hatte, als ich die Ergebnisse der Stickstoffmessungen und der Neutronensonde präsentierte. Bei der Erinnerung spannten sich all meine Muskeln an, die übliche Vorbereitung auf eine schnelle Flucht. Die meiste Zeit fiel es uns in unserer Familie schwer, über Gefühlsangelegenheiten zu sprechen. Ich warf einen Blick zu Kellys Freunden am anderen Ende der Bar.

»Und wie man mit Rindern umgeht, wissen die Waldfritzen auch nicht. Das ist verdammt harte Arbeit«, sagte Kelly, »und sie erwarten, dass wir unsere Kühe auf Kommando aus ihren Schonungen raustreiben, buchstäblich im Handumdrehen. Von Sonnenaufgang an bin ich da draußen.«

Ich lachte. Der Raum schwankte zusehends. Ich torkelte zur Toilette und dachte dabei daran, wie Kelly und ich immer den Konflikten zwischen unseren Eltern entflohen waren; wir fuhren mit dem Fahrrad in den Wald und warfen das Lasso nach alten Baumstümpfen, als seien es Kälber. Bei meiner Rückkehr erwartete mich ein neues Glas Bier.

»Aber man kann den Kühen Beine machen«, sagte Kelly. Er war genauso betrunken wie ich. »Man muss sie nur behandeln wie eine Frau.«

Ich starrte ihm in die unsteten Augen, war mir nicht sicher, ob ich richtig gehört hatte. Wenn jemand Dinge sagte, die mich kränkten, war ich jedes Mal so verblüfft, dass ich versuchte, das Gehörte irgendwie umzudeuten. So tat, als sei die Bemerkung gar nicht gefallen. Oder sie abschwächte, entschärfte, und nicht selten zustimmte, obwohl ich ganz anderer Meinung war. Diesmal hatte ich schon viel zu viel getrunken für so ein Manöver. Barb saß noch aufrechter, aber ich war sicher, sie hatte genauso viel intus wie ich.

»Was solln das heißen?« Meine Wangen glühten. Von drüben von der anderen Barseite erklang jetzt aus der Jukebox Willie Nelsons Reibeisenstimme – etwas über Mamas und Babys. Ich hätte gewünscht, ich könnte diese Unterhaltung einfach abschalten, mich in Sicherheit bringen vor dem, was jetzt kam. Barbs Stuhl schrappte über den Boden; mit beiden Händen auf die Tischkante gestützt, versuchte sie aufzustehen, wahrscheinlich wollte sie etwas tun, um mich irgendwie zu beschwichtigen. Lloyd drüben an der Bar grinste, gab dem Bartender Zeichen, uns mehr Bier zu schicken. Er wollte uns besoffen machen, uns weiter aufstacheln.

»Die Kühe sind der Mittelpunkt der Herde. Sie geben Milch für ihre Kälber, das ist ihre einzige Aufgabe im Leben.« Kelly ließ

Kelly lassowerfend bei einem ländlichen Rodeo, frühe 1990er. Jetzt, wo er das Kalb in der Schlinge hat, wird er gleich von dem galoppierenden Pferd abspringen, das Kalb packen und drei seiner vier Beine zusammenschnüren.

die Hände über dem Kopf kreisen, als wolle er eine von ihnen mit dem Lasso einfangen.

»Frauen tun ja wohl mehr als nur Babys füttern. Du willst mich auf den Arm nehmen, was?« Ich war zu betrunken, um die Anspannung in meiner Stimme zu unterdrücken, sämtliche Ungerechtigkeiten dieser Welt schnürten mir die Kehle zu. In nüchternem Zustand wäre ich auf so etwas einfach nicht eingegangen. Hätte gemerkt, dass Kelly das nicht sagte, um mich zu ärgern. Er trank einfach nur ein Glas Bier, nach einer anstrengenden Woche im Sattel. Aber in dem Augenblick hätte ich ihm weiß Gott am liebsten den Hals umgedreht.

Er ließ nicht locker. »Auf die jungen Ochsen kommt es an. Die sagen den Kühen, wo's langgeht.«

»Meinst du das ernst?« Das Gefühlszentrum meines Gehirns hatte alle anderen Regionen fest im Griff.

Mir kam die Galle hoch, ich stieß meinen Bierkrug zur Seite. Barb nahm ihn, ging mit vorsichtigen Schritten zur Theke und gab ihn dort ab wie einen aufgegriffenen Ganoven.

Kelly plapperte weiter über seine beschissenen Kühe.

»Wir Frauen können tun und lassen, was wir wollen. Wir können verflucht noch mal Premierminister werden, wenn uns danach ist!« Ich schwankte auf meinem Stuhl, und mein Bild im Spiegel hinter ihm geriet ins Schlingern. Nein, wie eine Premierministerin sah ich wirklich nicht aus. Was zum Teufel redete ich da?

Ich bekam nicht mit, was Kelly als Nächstes sagte, nur noch: »Hm?« Alles war so unscharf, ich konnte kaum sein Gesicht auf der anderen Seite des Tischs erkennen. »Jetzt müssten wir aber gehen«, sagte Barb. Ich rappelte mich auf und versuchte, mir die Jacke anzuziehen.

»Scheiß auf euch alle!«, schrie ich und stapfte davon, einen Arm im Jackenärmel, den Rest der Jacke schleppte ich hinter mir her. Cowboys, an der Theke bei ihrem Whisky, wandten die Köpfe, einer stieß einen leisen Pfiff aus.

Kelly brüllte mir irgendwas hinterher, als ich torkelnd, begleitet vom Jaulen der Jukebox, das Overlander verließ.

Am nächsten Tag flog ich zurück nach Corvallis, mit dem schlimmsten Kater meines Lebens. Mein Kopf tat weh, die Lippen brannten. Zu Hause angekommen, ließ ich mich mit einem feuchten Tuch über den Augen auf die Couch sinken. Don nahm mich in den Arm. Alles würde wieder gut, sagte er, und Kelly würde darüber hinwegkommen.

Doch stattdessen lebte ich nun nicht nur mit den Leuten von der Forstbehörde, sondern auch mit meinem Bruder im kalten Krieg. Das Lustige an dieser Kneipenstreiterei war, dass es dabei um genau die Frage ging, mit der ich mich in meiner Doktorarbeit herumschlug, die nach der Kooperation in der Natur. Sind Wälder hauptsächlich durch Konkurrenz geprägt, oder ist Zusammenarbeit genauso wichtig, wenn nicht gar wichtiger?

Wir betonen das Übergewicht von Unterdrückung und Wettbewerb in der Bewirtschaftung der Bäume in unseren Wäldern. Und das der Feldfrüchte in den Agrarbetrieben. Und das der Nutztiere auf den Farmen. Wir betonen Lagermentalität statt Koalitionen. Die Vorstellung von Dominanz wird in der Waldwirtschaft durch die Ausmerzung anderer Vegetation, das Einhalten großer Abstände und durch das Ausdünnen umgesetzt, und durch weitere Methoden, die das Wachstum von Individuen der jeweils angebauten Pflanze unterstützen sollen. In der Landwirtschaft ist das die Rechtfertigung für millionenschwere Ackergift-, Kunstdünger- und Gentechnikprogramme, die den monokulturellen Anbau von Hochertragssorten propagieren, anstelle von Vielfalt auf den Feldern.

Mich für einen pfleglichen Umgang mit dem Land einzusetzen schien mir nun der Hauptzweck meines Lebens. Aber mein Versuch, mit den Menschen, die für diese Dinge Verantwortung trugen, in Kontakt zu kommen, war kläglich gescheitert. Ich war ratlos in der Frage, wie ich nun weiter vorgehen sollte, gerade wo ich mich immer so leicht abweisen ließ und nachdem ich mich bei diesem Streit in der Bar als so unfähig erwiesen hatte.

Derweil tauchten überall in der Provinz die Kahlschläge auf wie Krebsgeschwüre, und die Forstwirtschaft vernichtete »Schädlinge«, als läge sie mit ihnen im Krieg. Erste Aktivisten regten sich, ketteten sich an Bäume. Im Clayoquot-Sund gab es gewaltige Proteste gegen die Abholzung, aber ich beteiligte mich nicht; ich kam zu dem Schluss, dass ich mehr tun konnte, wenn ich mich auf meine Forschungen konzentrierte.

Den Sommer verbrachte ich zu Hause, in den Wäldern, in denen ich aufgewachsen war. Ich schrieb Kelly eine Ansichtskarte und bat ihn um Verzeihung, aber er antwortete nie darauf. Mum erzählte, Tiffanys Schwangerschaft entwickle sich prächtig, aber dass er sich nicht mehr meldete, tat mir schon weh. Demnächst würde ich Tante, und ich wollte dabei sein. Aber ich beschloss zu warten, bis die Zeit zum Einlenken für ihn reif war. Ich würde ihn nicht bedrängen. Als Kinder hatten wir oft Stunden miteinander schweigend verbracht, wenn wir im Schatten der Tannen aus umgestürzten Birken Festungen bauten und er einfach Platz um sich her brauchte, um er selbst zu sein. Wir würden das schon wieder hinkriegen.

Aber ich ließ doch den Kopf hängen, wenn ich daran dachte, wie lange Kelly brauchte, um sich zu regen. Warum war es immer so mühsam, miteinander in Verbindung zu bleiben? Eine Familie zu sein?

8

Radioaktiv

Barb und ich wuchteten vierzig taillenhohe Zelte von der Ladefläche ihres Trucks. »Meine Güte, sind die schwer«, stöhnte sie. Jedes Exemplar wog etwa zehn Pfund und bestand aus kegelförmig zusammengenähtem Schattiergewebe, das über ein dreibeiniges Stativ aus Stahlstäben gespannt war. Das gelbe Kopftuch, mit dem Barb ihre roten Locken schützte, war umschwirrt von Stechmücken – Mitte Juni ist Hochsaison –, und ihre muskulösen Arme glänzten von Sonnencreme und Insektenmittel. Äußerlich war sie die Ruhe selbst, in ihrem Inneren die warmherzigste Person, die man sich vorstellen konnte. Wir waren von Vavenby, einer achtzig Kilometer südlich von Blue River gelegenen Bahnstation, über die Berge zu einem Kahlschlag am Nordufer des Adams Lake gekommen, um das zentrale Experiment für meine Doktorarbeit vorzubereiten. Es war einer von insgesamt sechs Versuchen, aber mit Abstand der wichtigste.

Aus den Stümpfen der abgehackten Bäume sprossen bereits junge Birkenschösslinge, andere hatten sich aus Samen entwickelt, die von den benachbarten Wäldern herübergeweht worden waren; sie waren größer und wuchsen doppelt so schnell wie die Koniferen, die wir ein Jahr zuvor gepflanzt hatten. Ich wollte herausfinden, ob diese Birken einfach nur Konkurrenten waren –

ob sie die Ressourcen plünderten, welche die Douglasien zum Wachsen und Überleben brauchten – oder ob sie zugleich Partner waren und für Bedingungen sorgten, die dem Wald als Ganzem zugutekamen. Und wenn die heimischen Laubpflanzen tatsächlich mit ihren nadeltragenden Nachbarn zusammenarbeiteten, dann wollte ich wissen, *wie*. Zur Antwort auf diese Frage testete ich, ob Papierbirken, die Licht abfingen und Douglasien so daran hinderten, mittels Photosynthese Nährstoffe herzustellen, ihnen dafür gleichzeitig Ressourcen zur Verfügung stellten. Schufen die Birken, wenn sie das Licht für ihre eigene Zuckerproduktion nutzten, einen Ausgleich für die verminderte Photosynthese der im Unterholz stehenden Douglasien, indem sie sie an ihren Schätzen teilhaben ließen? Meine Untersuchungen würden mir dabei helfen, herauszufinden, wie Douglasien trotzdem überleben und sogar prächtig gedeihen konnten, obwohl sie in der Nachbarschaft von Birken standen, die in der Forstwirtschaft als starke, unerwünschte Konkurrenten galten. Und wenn die Birken tatsächlich ihren Reichtum mit anderen teilten – die riesigen Zuckermengen, die sie im vollen Licht produzieren konnten –, dann waren es womöglich unterirdische Pfade, auf denen dieser zu den im Schatten stehenden Douglasien kam, nämlich über Mykorrhizapilze, die die beiden Arten miteinander verbanden. Birken, die mit Douglasien kooperierten, und das im Dienste einer gesunden Gemeinschaft.

»Weit ist es mit meinen Nähkünsten nicht her«, murmelte ich, als wir die Drähte festzurrten, mit denen der raue Stoff an den dreibeinigen Gestellen befestigt wurde.

»Aber die Dinger sind unverwüstlich«, entgegnete Barb und bewunderte unsere Sammlung, Seite an Seite aufgereiht wie ägyptische Pyramiden. »Die stehen bombenfest.« Bei ihr konnte man nie lange Trübsal blasen.

Die Schattierzelte mussten nur einen Monat halten. Lang genug, um die Photosyntheserate und die Zuckerproduktion der Douglasien zu reduzieren. Die dichten grünen Zelte würden 95 Prozent des Lichts abhalten, die dünneren schwarzen verminderten es um die Hälfte. Seit dem Streit in der Kneipe waren zwei Monate vergangen, und Kelly hatte sich immer noch nicht gemeldet, aber Barb hatte mir versichert, dass er einlenken würde, wenn für ihn der richtige Zeitpunkt gekommen war.

Barb und ich schleppten die Zelte durch den Kahlschlag zum Versuchsgelände, manövrierten die Pyramiden über Stämme und durch Buchsbaum- und Weidenröschengestrüpp. Unsere Taschen waren vollgestopft mit Maßbändern, Schieblehren und Notizblöcken, Sachen, die wir brauchten, wenn wir den Setzlingen auf den Puls fühlten, bevor wir ihnen das Zelt überstülpten. Aus einer Tüte mit sechzig Zetteln, auf denen entweder »0«, »50« oder »95« stand, zog ich jeweils einen – wie ein Kaninchen aus dem Hut – und wies dem Baum damit willkürlich einen Grad der Verdunkelung zu. Das tat ich zur Absicherung gegen Verzerrungen in den Reaktionen der Bäume, die womöglich durch andere Faktoren als den Lichteinfall verursacht wurden, etwas mir Unbekanntes wie etwa eine unterirdische Quelle. In diesem Falle zog ich eine »95«. Ich stülpte der Douglasie einen Kegel aus dichtem grünem Stoff über und tauchte sie damit für die nächsten Wochen in tiefen Schatten; die stählernen Stangen wurden von einem Blechring gehalten, Ringe, die ich im Jahr zuvor bei jeder der dafür ausgewählten Dreiergruppen einen Fuß tief als Sperre für die Wurzeln eingegraben hatte – Gruppen aus je einem Birkensetzling, einer Douglasie und einer Zeder. Ich rüttelte am Rand – der Blechring steckte fest im Boden – und drückte dann von oben auf den Kegel, bis die stählernen Beine sich ins Erdreich gebohrt hatten. Ich holte einen zerknitterten

Lageplan aus der Tasche meiner rostfleckigen Jeans. Ich liebte Landkarten; sie waren der Schlüssel zu Abenteuern und Entdeckungen. Diese hier zeigte, wo wir die sechzig Dreiergruppen aufgestellt hatten, verteilt über ein Gelände von der Größe eines Olympiaschwimmbeckens.

Ich hatte vor, ein Drittel der Douglasien mit den dichten grünen Zelten abzudecken, ein weiteres Drittel mit den durchlässigeren schwarzen, und das restliche Drittel sollte ganz der Sonne ausgesetzt bleiben. Drei Abstufungen der Lichtmenge, die an die Bäume herankam, von kaum etwas in tiefem Schatten bis zur größtmöglichen Menge in der prallen Sonne. Damit ahmte ich die Vielfalt an schattigen und sonnigen Stellen nach, die junge Douglasien erleben, wenn sie in der natürlichen Gesellschaft größerer junger Birken aufwachsen.

Doch anders als Birken in natürlicher Umgebung, die in der Regel aus Samenkörnern sprießen oder nach einem Kahlschlag aus den Wurzelstrünken gefällter Bäume austreiben und dadurch schneller an Höhe gewinnen als die gepflanzten Nadelbäume, waren in meiner Versuchsanordnung die Birken genauso hoch wie die gepflanzten Douglasien. Sie warfen keinerlei Schatten, und so fügte ich den Schatten künstlich durch das Aufstellen der Zelte zu. Anders als in der Natur boten die Zelte allerdings ausschließlich Schatten und beeinflussten nicht zugleich die Verfügbarkeit von Bodenfeuchtigkeit oder Nährstoffen. Damit würde ich die Wirkung von Beschattung auf den Punkt bringen, als einzelner, isolierter Faktor unbeeinflusst von anderen, unsichtbaren Beziehungen.

Barb war eine Mücke in den Hals gekommen, und so zog sie ihren Moskitohut hervor, ein breitkrempiger Filzhut mit einem Schleier aus feinem Netzgewebe; wir hätten ja wirklich Glück gehabt, meinte sie, dass die Forstbehörde uns eine solche Untersuchung der Wechselbeziehung zwischen Birken und Douglasien überhaupt gestattet habe.

»Ich habe es unter die anderen Untersuchungen gemogelt«, entgegnete ich lächelnd. Mittlerweile hatte ich Übung darin, bei meinen Anträgen auf Forschungsgelder die unliebsamen Sachen zwischen den konformistischeren zu verstecken.

Die Idee, dass Birken und Douglasien womöglich Zucker über Mykorrhizapilze austauschten, beschäftigte mich, seit ich von einer Entdeckung in den frühen achtziger Jahren gelesen hatte; damals hatten Sir David Read, Professor an der Universität von Sheffield, und seine Studenten herausgefunden, dass ein Kiefernsetzling unterirdisch Kohlenstoff an eine andere Kiefer geleitet hatte. Er hatte im Labor Kiefern nebeneinander in einen transparenten Pflanzbehälter gesetzt. Die Wurzeln der Pflanzen hatte er mit Mykorrhizapilzen, aus denen ein unterirdisches Pilznetzwerk wuchs, geimpft, und dann hatte er den Zucker, den eine der beiden Kiefern – der Spender – durch Photosynthese produzierte, mit radioaktivem Kohlenstoff markiert. Dies tat er, indem er den oberirdischen Teil der Kiefern wiederum in durchsichtigen Kästen abschirmte und bei einem davon das natürliche Kohlendioxid der Luft durch radioaktives Kohlendioxid ersetzte. Er wartete, bis die Kiefer es aufgenommen und daraus im Laufe einiger Tage radioaktiven Zucker gebildet hatte. Dann fixierte er unbelichtetes Filmmaterial entlang der Wurzelbox, in der Hoffnung, die Wanderung radioaktiver Partikel dokumentieren zu können, die dieser Spender vielleicht durch das Netzwerk an den Empfänger weitergab. Auf dem entwickelten Film ließ sich der Weg verfolgen, den die aufgeladenen Partikel von Kiefer zu Kiefer genommen hatten. Er führte durch das Pilznetzwerk im Boden.

Ich fragte mich, ob sich dieser Vorgang auch außerhalb eines

Labors beobachten ließ, in echten Wäldern. Zucker ließ sich dem Experiment zufolge von der Wurzel eines Baums an einen anderen weitergeben. Aber wanderte der von außen zugesetzte radioaktive Kohlenstoff-14 nur zwischen Bäumen derselben Art – wie in Sir Davids Versuchsanordnung –, oder konnte er auch zwischen *verschiedenen* Arten weitergereicht wurden, in gemischten Beständen, wie man sie in der Natur oft findet?

Wenn tatsächlich ein Kohlenstoffaustausch zwischen unterschiedlichen Baumarten stattfand, dann war das ein Paradox der Evolution, denn es galt als ausgemacht, dass die Entwicklung von Bäumen sich auf der Basis von Konkurrenz vollzieht, nicht von Kooperation. Andererseits kam mir meine Theorie völlig plausibel vor, denn es schien einleuchtend, dass jeder Baum ein Interesse daran hatte, seine Gemeinschaft zu stärken, wenn er selbst wiederum von dieser Gemeinschaft profitierte. Ich wusste, dass die Leute beim Forest Service das nicht gern hören würden, aber der Gedanke an die Möglichkeit ließ mich nicht los. In Sir Davids Experiment schickte die Spender-Kiefer Kohlenstoff an eine andere Kiefer, und zwar umso mehr, je weniger Licht der Empfänger bekam; er hatte allerdings nicht untersucht, ob der Empfänger seinerseits Kohlenstoff zurückgab. Wenn der Spender von seinem Nachbarn genauso viel zurückbekam, wie er abgab, dann deutete das auf ein Geschäft auf Gegenseitigkeit hin, kein Beteiligter bereicherte sich auf Kosten des anderen. Sir Davids Experiment konnte darüber keine Auskunft geben, denn er hatte nur einen Teil seiner Setzlinge mit radioaktivem Kohlenstoff markiert und keinen Tracer eingesetzt, um zu überprüfen, ob der Austausch auch in die Gegenrichtung funktionierte. Aber wenn ein Partner mehr profitierte, reichte das dann, um sein Wachstum zu steigern? Wenn ja, dann konnte das die vorherrschende Lehrmeinung infrage stellen, dass Kooperation in der Evolution und in der Ökologie von geringerer Bedeutung ist als Konkurrenz.

Ich sah die Birken und Douglasien an den Ufern des Mabel Lake vor mir, wie sie, unterirdisch genauso durch Mykorrhizapilze verbunden wie die Kiefern im Labor, über die Hyphenfäden Botschaften austauschten. Wie bei einer Unterhaltung im erst wenige Jahre zuvor, 1989, erfundenen World Wide Web. Aber statt aus Worten bestanden die Botschaften in meiner Phantasie aus Kohlenstoff. Ich dachte an meine Vorlesungen in Pflanzenphysiologie zurück, rief mir ins Gedächtnis, wie ein Birkenblatt bei der Photosynthese Lichtenergie in chemische Energie (Zucker) verwandelt, indem es das Kohlendioxid aus der Luft mit Wasser aus dem Boden verbindet. Dank ihrer Fähigkeit zur Photosynthese sind die Blätter der Quell chemischer Energie, die Kraftwerke des Lebens. Der Zucker – Kohlenstoffringe (Alicyclen), verbunden mit Wasserstoff und Sauerstoff – sammelt sich in den Zellen der Blätter, und der Saft gelangt dann in die Blattadern, wie Blut, das in die Arterien gepumpt wird. Aus den Blättern kommt der Zucker in die Leitungsbahnen des Phloems – des Gewebes, das den Birkenstamm direkt unterhalb der Borke umhüllt und eine Verbindung zwischen Blättern und Wurzelspitzen herstellt. Sobald der süße Saft in den obersten Siebzellen des Phloems angelangt ist, bildet sich ein osmotisches Druckgefälle zwischen ihnen und den benachbarten Phloemzellen. Wasser, das durch die Wurzeln aus dem Erdboden aufgenommen wird, steigt im Xylem – dem innersten Leitgewebe, das die Verbindung zwischen Wurzeln und Blättern herstellt – nach oben und landet durch Osmose in den obersten Siebzellen des Phloems, wo es die Zuckerlösung verdünnt und damit die Konzentration derjenigen in den angrenzenden Siebzellen angleicht. Der wachsende Druck in den Zellen – der sogenannte *Turgordruck* – drückt die Photosyntheseprodukte durch die glatte Röhre der Kette von Siebzellen abwärts, bis sie schließlich ganz unten in den Wurzeln landen. Genau wie die oberirdischen Teile des Baums, zum Beispiel Knospen und Samen, benötigen auch die Wurzeln Energie und sind Orte des Verbrauchs *(sinks)*. (Im Gegensatz zum Blattwerk als Ort der Energieproduktion – *source* – zählen die Wurzeln zu den *sinks*, den verbrauchenden Organen.) Die Wurzelzellen verstoffwechseln den Zucker sofort und transportieren ihn in benachbarte Wurzelzellen, zusammen mit Wasser, um so ihren Turgordruck zu vermindern. Die Verschiebung von Zuckerwasser aus einer Wurzelzelle in die nächste spielt dabei eine besondere Rolle in der Beziehung zwischen produzierenden und verbrauchenden Organen, in der die Lösung beständig von den Wurzeln zu den Blättern und dann wieder von der Baumkrone abwärts strömt, ein Vorgang, der in der Wissenschaft als Druckstrom *(pressure flow)* bezeichnet wird. Es ist wie beim Blut, das zur Deckung unseres Sauerstoffbedarfs aus dem Knochenmark (unsere *source*) in die Gefäße und anschließend in die Zellen (unsere *sinks*) fließt. Solange die Blätter mittels Photosynthese Zucker produzieren und so die Kraft der Produktionsstätte *(source)* stärken und solange die Wurzeln den transportierten Zucker verstoffwechseln, um mehr Wurzelgewebe aufzubauen, und so die Kraft in der *sink* stärken, bleibt die Zuckerlösung dank dem source-sink-Gefälle zwischen Blättern und Wurzeln unablässig in Bewegung.

Barb und ich verteilten weitere Zelte über das abschüssige Gelände und versorgten die verbliebenen Dreiergruppen. Ich riskierte etwas mit diesem Experiment, denn dass es in den Wäldern unterirdische Netzwerke gab, war zu dem Zeitpunkt eine bloße Vermutung, von Verbindungen zwischen Bäumen verschiedener Arten ganz zu schweigen. Noch weiter hergeholt war die Vorstellung, dass die Stränge des Netzwerks als Verbindungen für die Zusammenarbeit dienen konnten und als Handelsrouten für Zucker. Aber dass diese Synergien wichtig waren, hatte ich als jemand, der in den Wäldern aufgewachsen war, einfach im Blut. Von meinen Wanderungen am dicht bewaldeten Simard'schen Hausberg. Aus der Zeit, als ich mit Kelly auf die Bäume geklettert war, Unterschlüpfe aus ihren Ästen gebaut hatte.

Die Zucker-Transportbahn, die ich mir vorstellte, hörte nicht an den Wurzeln auf. Ich hatte gelesen, dass die Photosyntheseprodukte an den Wurzelspitzen an die Mykorrhizapartner weitergegeben wurden, eine Fracht, die hier von Güterwaggons auf Lastwagen umgeladen wird. Die Pilzzellen hielten die Wurzelzellen umschlungen und verbreiteten sich von da als Fäden im Boden, und in ihnen floss der Zucker aus den Wurzeln. Wasser, das sie aus dem Boden förderten, würde in die Pilzzellen strömen, die es aufnahmen, um einen Ausgleich der Zuckerkonzentration zu derjenigen in den benachbarten Zellen herzustellen, genau wie es in den Blättern und im Phloem geschah. Der wachsende Druck durch die Wasseraufnahme würde die Zuckerlösung in die wurzelumschlingenden Pilzzellen pressen und ebenso in die Hyphen, die der Pilz in den Boden ausstreckte, wie Wasser, das aus einem Hahn flösse und von da nacheinander durch eine Reihe von Häusern. Ein Teil des Zuckers gelänge damit bis in die äußersten Enden des Netzes und regte Hyphen zu weiterem Wachstum an – Hyphen, die dann wiederum mehr Wasser und Nährstoffe sammeln und den Wurzeln zuführen konnten.

Ich hatte vor, Papierbirken mit dem radioaktiven Isotop Kohlenstoff 14 zu markieren, sodass ich das Photosyntheseprodukt auf seinem Weg zur Douglasie verfolgen konnte, und zugleich wurde die Douglasie mit dem stabilen Isotop Kohlenstoff-13 markiert, sodass ich den Weg von *deren* Photosyntheseprodukt zu den Papierbirken sah. Auf die Weise konnte ich nicht nur feststellen, ob Kohlenstoff von der Birke zur Douglasie floss, sondern auch unterscheiden, ob welcher in entgegengesetzter Richtung floss, von der Douglasie zur Birke, wie Lastwagen auf entgegengesetzten Fahrspuren. Indem ich maß, wie viel vom jeweiligen Isotop beim anderen ankam, konnte ich sagen, ob die Birke der Douglasie mehr abgab, als sie im Gegenzug bekam. Und dann wüsste ich auch, ob die Beziehung zwischen Bäumen womöglich weitaus mehr war als nur eine Rangelei ums Licht. Ich würde wissen, ob meine Ahnung stimmte – dass Bäume genau aufeinander eingespielt sind und ihr Verhalten ändern können, je nachdem, was gerade gut für ihre Gemeinschaft ist.

Die Begeisterung, mit der ich eine Woche später wieder nach den Setzlingen sah, beflügelte mich, ein gutes Gegenmittel gegen die anhaltenden Sorgen wegen Kelly. Die Bäumchen waren beachtlich gewachsen, von knöchelhoch auf kniehoch. Barb und ich zogen von einer Gruppe zur anderen, und die Setzlinge grüßten uns mit ihrem frischen Duft, dem schillernden Licht. Diese kleinen Bäume waren quicklebendig. »Du siehst aus, als wolltest du mir ein paar Geheimnisse verraten«, murmelte ich, als ich an einer Douglasie mit kräftigem Stamm zupfte. Ihre Flaschenbürstennadeln berührten bereits die gesägten Blätter der benachbarten Birke. Die Zedern funkelten, wo die Birke einen kühlen Schatten warf und ihre zarten Chloroplasten vor der sengenden Sonne schützte. Wo die Birke sie nicht schützte, waren die Zedern rot verfärbt, um Schaden am Chlorophyll zu verhindern. Die jungen Bäumchen dieser Dreiergruppen waren eine so enge Gemeinschaft, dass sie tatsächlich etwas wie eine gemeinsame Geschichte erzählten – mit einer Art Anfang, einer Mitte und einem Ende.

Barb wollte wissen, warum ich zu den Birken und Douglasien Zedern gepflanzt hatte.

Eine Zeder kann keine Mykorrhizapartnerschaft mit Birken und Douglasien eingehen, aus einem einfachen Grund: Sie verbindet sich mit arbuskulären Mykorrhizapilzen, wohingegen die beiden anderen Ektomykorrhizen bilden. Wenn Zedernwurzeln also etwas von dem Zucker aufnahmen, den Douglasie oder Birke produziert hatten, dann konnte das erst geschehen sein, wenn diese ihn von ihren Wurzeln an den Boden abgegeben hatten. Die Zedern hatte ich gepflanzt, damit sie mir verrieten, wie viel Kohlenstoff in den Boden ging, im Unterschied zu dem, der über das Ektomykorrhizanetzwerk von Birke und Douglasie direkt ausgetauscht wurde.

Mithilfe eines tragbaren Infrarot-Gasanalysators, eines Geräts im Format einer Autobatterie mit einer durchsichtigen, röhrenförmigen Kammer, überprüften Barb und ich, ob die Schattierzelte ihre Aufgabe erfüllten und tatsächlich die Photosyntheserate der Douglasiensetzlinge verringerten. Ich drückte die Befestigungsklammern auf und schob die Röhre über die Nadeln eines nicht unter einem Zelt stehenden Setzlings. Auch im Inneren der Röhre setzten die Nadeln ihre Photosynthesetätigkeit fort, aber statt dass sie die freigesetzten Gase direkt an die Atmosphäre abgaben, strömten diese nun durch den kleinen Apparat, der sie quantifizierte und damit die Photosyntheserate bestimmte.

Das Sonnenlicht drang durch die durchsichtige Kunststoffhülle in die Kammer, und die Anzeige auf der Messskala schlug aus. Begierig absorbierten die Douglasiennadeln das Kohlendioxid in der Röhre, und die Maschine zeigte an, dass die

Douglasie mit der höchstmöglichen Rate Photosynthese betrieb. Barb notierte den Wert, und wir zogen weiter zur nächsten Dreiergruppe, bei der die Douglasie unter einem dichten Zelt stand, das nur fünf Prozent des Lichts durchließ. Als ich die Röhre unter das Schattierzelt manövriert und über die Nadeln geklemmt hatte, atmete ich erleichtert auf. Meine Schattierzelte funktionierten. Die Photosyntheserate des im tiefen Schatten stehenden Setzlings betrug nur ein Viertel des bei dem Setzling in vollem Sonnenlicht gemessenen Werts. Es war auch beruhigend zu sehen, dass die Zelte keinen Einfluss auf die Umgebungstemperatur hatten – sie waren porös genug, um die Luft ungehindert zirkulieren zu lassen –, denn das hätte sich auf die Photosyntheserate auswirken können. Weiter ging es zum nächsten Bäumchen, diesmal unter einem schwarzen Zelt. Bei diesem weniger stark beschatteten Setzling zeigte das Messgerät einen Mittelwert an.

Wir gingen von Bäumchen zu Bäuchen, und jedes Mal bestätigte unsere Messung das Muster. Anschließend testeten wir die Birken. Die Photosyntheserate der im vollen Sonnenlicht stehenden Birken war doppelt so hoch wie die der unter gleichen Bedingungen wachsenden Douglasiensetzlinge, und sogar achtmal so hoch wie die derjenigen im tiefen Schatten der grünen Zelte. Dies bestätigte, dass zwischen ihnen ein steiles Source-Sink-Gefälle herrschte. Wenn die beiden Bäume über ein Mykorrhizanetzwerk miteinander verbunden waren und wenn entlang eines solchen Gefälles tatsächlich Kohlenstoff durch die verbindenden Hyphen transportiert wurde, wie Sir David annahm, dann müsste auch der Überschuss an durch Photosynthese in den Birkenblättern produziertem Zucker zu den Wurzeln der Douglasien fließen. Vom Produktionsort *(source)* in den Birkenblättern zum Verbrauchsort *(sink)* in den Douglasienwurzeln. Ich war wie elektrisiert, als ich die Zahlenreihen betrachtete. Je mehr Schatten die Zelte warfen, desto steiler war das Source-Sink-Gefälle zwischen Birke und Douglasie.

Am Ende des Tages luden wir den Gasanalysator zurück auf den Truck. Ich saß auf der Ladeklappe und vergewisserte mich, dass wir auch nichts liegen gelassen hatten. Barb hatte die Konzentrationen an Kohlendioxid, Wasser und Sauerstoff, die Menge an Licht, mit der die Nadeln beschienen wurden, und die Lufttemperatur im Inneren der Kammer protokolliert. Später fiel mir die Studie von Kristina Arnebrant wieder ein, der jungen Schwedin, die nachgewiesen hatte, dass Erlen Kiefern über Mykorrhizaverbindungen mit Stickstoff versorgten, und ich kehrte am folgenden Tag zurück, um Laubproben von Birken und Douglasien zu sammeln, die ich auf ihre Stickstoffkonzentration untersuchen lassen wollte.

Vierzehn Tage später kamen diese Daten aus dem Labor zurück. Die Birken hatten doppelt so viel Stickstoff in ihren Blättern wie die Douglasien in ihren Nadeln. Das erklärte nicht nur die höhere Photosyntheserate der Birken im Vergleich zu den Douglasien (Stickstoff ist ein Hauptbestandteil von Chlorophyll), es hieß auch, dass es in puncto Stickstoff ein Source-Sink-Gefälle zwischen den beiden Spezies gab. Genau wie Kristina es in ihrer Studie zwischen den stickstoffbindenden Erlen und den nicht bindenden Kiefern festgestellt hatte.

Ich überlegte, ob dieses Source-Sink-Gefälle beim Stickstoff von genauso großer Bedeutung wie dasjenige beim Kohlenstoff zwischen Birke und Douglasie sein konnte. Oder ob vielleicht sogar die Source-Sink-Gefälle beider Elemente miteinander in Beziehung standen. Statt dass Kohlenstoff in vollständigen Zuckermolekülen durch die Pilz-Pipeline floss, konnten die Zucker sich vielleicht auch in ihre Grundbestandteile aufspalten

(Kohlenstoff, Wasserstoff und Wasser), und der freie Kohlenstoff könnte sich mit dem aus dem Boden aufgesaugten Stickstoff in Blättern und Samen zum Beispiel zu Aminosäuren (einfachen organischen Verbindungen, die Ausgangsstoffe der Proteine) verbinden. Die frisch gebildeten Aminosäuren und etwa noch verbliebener Zucker würden dann durch das Netzwerk fließen. Mit Gefällen sowohl beim Kohlen- als auch beim Stickstoff – Kohlenstoff im Zucker sowie Stickstoff plus Kohlenstoff in den Aminosäuren – war die Birke perfekt dafür ausgerüstet, der Douglasie mehr Nährstoffe zukommen zu lassen, als sie im Gegenzug bekam.

Einen Monat musste ich warten, um zu sehen, ob die Douglasien unter den Zelten ihren Stoffwechsel verlangsamten, und die Zeit verging wie in Zeitlupe. Ich machte mit Jean einen Wanderausflug zum Stein River, und diesmal besuchten wir auch den Bittfelsen und tauchten unsere Zehen in das eiskalte Wasser. Tage verbrachte ich zusammen mit meinen Mitarbeitern damit, Bäume auf unseren anderen Experimentierflächen zu vermessen; ich hörte den Anrufbeantworter ab, in der Hoffnung, dass Kelly angerufen hatte. Ich wusste von Dad, dass es ihm und Tiffany gut ging, aber ich hätte trotzdem gern von ihm gehört. Die Tage vergingen, und ich stellte mir vor, dass das Gefälle in der Photosyntheseproduktion zwischen Birke und Douglasie immer steiler würde. Eine Woche kroch vorüber, zwei Wochen, drei Wochen. Der Stoffwechsel der Douglasien im tiefen Schatten, stellte ich mir vor, musste jetzt so langsam sein wie Fliegen in der Kälte. Als meine vierwöchige Zwangspause Mitte Juli dann endlich vorüber war, war die Zeit gekommen herauszufinden, ob die Papierbirke und die Douglasie miteinander kommunizierten.

Gemeinsam mit Dr. Dan Durall, meinem Forschungspartner von der Universität, kehrte ich zurück an den Ort des Geschehens. Er war nicht nur Fachmann für das Markieren von Bäumen mit Kohlenstoffisotopen, sondern zugleich mein Nachbar in Corvallis. Dan hatte gerade ein Projekt für die US-amerikanische Umweltbehörde, die Environmental Protection Agency (EPA), abgeschlossen, in dessen Verlauf er Bäume mit Kohlenstoff-14 markiert und herausgefunden hatte, dass die Hälfte des Kohlenstoffs unter die Erdoberfläche transportiert und dort gespeichert wurde – in Wurzeln, im Boden und in Mikroben sowie Mykorrhizapilzen. Die EPA benötigte dieses Wissen für erste Überlegungen, wie sich Kohlenstoff in Wäldern ablagern ließ, um so dem Klimawandel entgegenzuwirken. Das war Anfang der 1990er Jahre; in einem mittäglichen Seminar an der Oregon State University hatte ich zum ersten Mal vom Klimawandel gehört und war entsetzt über die Katastrophe, die dort vorhergesagt wurde. Als ich, nach Kanada zurückgekehrt, den Managern des Forest Service davon erzählte, wollten sie mir nicht glauben.

Unsere erste Aufgabe bestand darin, ein Zelt auf dem Gelände aufzubauen, denn die Stechmücken waren groß wie Schnepfen. Die Luft war so voll von ihnen – und von Kriebelmücken, Bremsen, Goldaugen und Gnitzen –, dass man keinen Atemzug tun konnte, ohne dass eins von diesen Fluginsekten in Mund oder Nase gelangte. Für unsere Ausrüstung und unsere Proben schleppten wir einen zum Laborarbeitsplatz umfunktionierten Tisch ins Zeltinnere. In der Zeit, die ich brauchte, um zum Wagen zu rennen, Spritzen und Gaskartuschen zu schnappen, zurück zum Zelt zu laufen und den Reißverschluss am Eingang zu schließen, wurde ich so oft gestochen, dass mein Gesicht rot und geschwollen war. Ich atmete auf, als Zelt und Ausrüstung endlich an Ort und Stelle waren. Ohne diesen Schutzraum würden die Insekten uns bei lebendigem Leib auffressen. Mit ihm hatten wir immerhin eine Überlebenschance.

Für das Markieren der Setzlinge hatten wir sechs Tage veranschlagt – zehn Dreiergruppen pro Tag. Bei jeder Dreiergruppe würden wir jeweils einen müllsackgroßen klaren Plastikbeutel über die Birke und über die Douglasie stülpen. Bei der Hälfte der Dreiergruppen würden wir in den Beutel über der Birke mit dem C-14-Isotop markiertes Kohlendioxid injizieren und in den Beutel über der Douglasie das mit C-13 markierte Kohlendioxid. Dies würden die Bäumchen im Lauf von zwei Stunden durch Photosynthese absorbieren und uns so die Möglichkeit geben, den Austausch von Kohlenstoff zwischen den Setzlingen in beide Richtungen zu verfolgen. Kohlenstoff-13 und Kohlenstoff-14 sind minimal schwerere Varianten des normalen Elements C-12 – mit einem Atomgewicht von 13 und 14 anstelle von 12. Diese Isotope kommen in der Natur nur sehr selten vor und können daher als Tracer verwendet werden, um zu beobachten, was mit dem Kohlenstoff bei der Photosynthese und beim Zuckertransport passiert. Bei der zweiten Hälfte der Dreiergruppen würde ich umgekehrt vorgehen – die Birken mit C-13 markieren und die Douglasien mit C-14 –, für den Fall dass der Unterschied zwischen den Isotopen von den Birken und Douglasien registriert wurde und damit einen Einfluss darauf hatte, wie viel Kohlenstoff sie bei der Photosynthese aufnahmen und wie viel sie an ihren Nachbarn weitergaben. Wenn die Bäume die winzigen Massenunterschiede der beiden Isotope registrierten, konnte ich für jedes Isotop die relative Menge des Transfers berechnen, dann um die winzigen Unterscheidungsdifferenzen korrigieren und damit sicherstellen, dass es meine Forschungen zu der Frage, inwiefern Lichtentzug den Kohlenstoffaustausch beeinflusste, nicht verfälschte.

Dan und ich überlegten, wie sich gewährleisten ließ, dass das Kohlenstoffisotop, das die Birke von der Douglasie übernahm, nicht markierter Kohlendioxid war, der in die Luft entwichen war, als wir die Tüten nach der zweistündigen Markierungsphase wieder abnahmen. Ich war so auf die Frage konzentriert, was durch das Mykorrhizanetzwerk fließen mochte, dass ich mir über die winzig kleinen Mengen in der Luft gar keine Gedanken machte. Außerdem hatte ich ja die Zedern zur Kontrolle, die würden eine Mischung aus luft- und bodenübertragenem Kohlenstoff aufnehmen, und das würde mich dann auch über versprengte Ausreißer informieren.

Doch Dan bestand darauf, es besser zu machen. Vor Abnahme der Tüten konnten wir das nicht absorbierte isotopische Kohlendioxid abpumpen und in Röhren auffangen. Damit war Luftübertragung weitgehend ausgeschlossen.

Nach so viel Vorbereitung fieberte ich dem Start der Markierungsaktion für meine Setzlinge entgegen. Es war das gewagteste Experiment, das ich bis dahin unternommen hatte. Es barg das Potenzial, tatsächlich etwas daran verändern zu können, wie wir die Wälder sehen. Es war so groß, und zugleich musste man doch auch darauf gefasst sein, dass überhaupt nichts dabei herauskam. Es war, als würde ich gleich mit einem Fallschirm aus dem Flugzeug springen und womöglich auf der Osterinsel landen. Ich war ganz kribbelig vor Adrenalin. Wenn ich erst einmal die Ergebnisse hatte, würde ich sie Kelly persönlich zeigen, selbst wenn zu dem Zeitpunkt noch weiter Funkstille zwischen uns herrschte. Ich würde ihn und Tiffany besuchen, Kneipenstreit hin oder her.

Am nächsten Tag, wieder im Zelt, testeten wir die Methode, die wir uns ausgedacht hatten, um die Setzlinge mit Kohlenstoff-13 zu markieren. Ich hatte im Fachhandel zu 99 Prozent reines ^{13}C-CO_2-Gas gekauft. Es kam per Post in zwei maiskolbengroßen Kartuschen. Jeder dieser beiden Behälter mit Gas kostete tausend Dollar, und zusammen verschlangen sie ein Fünftel meines Budgets. Um die Entnahme des $^{13}C\text{-}CO_2$-Gases aus den Kartuschen zu üben, nahm Dan eine davon und schraubte einen Regler auf, dann steckte er einen ein Meter langen Latexschlauch auf die Austrittsdüse und befestigte ihn mit einer Schelle. Wir wollten das Gas vorsichtig in diesen Schlauch strömen lassen, also füllten wir einen wurstförmigen Ballon. Wenn der Ballon erst einmal mit Gas gefüllt war, würden wir eine große Injektionsspritze nehmen und fünfzig Milliliter $^{13}C\text{-}CO_2$-Gas abziehen und das dann in den Plastikbeutel über dem Setzling injizieren, sodass dieser das Gas durch Photosynthese absorbieren konnte und vielleicht einige der Isotopen durch die Mykorrhizapilze an seine Nachbarn weitergab. Meine Aufgabe war es, dafür zu sorgen, dass die Klemme am unteren Ende des Schlauches hielt, während er oben den Hahn aufdrehte.

»Bereit?«, fragte er. Als er sich über die Werkbank beugte, tropfte von seinen Augenbrauen der Schweiß.

»Bereit«, antwortete ich. Aufgeregt zog ich die Klemme fest. Bei den Chemiepraktika an der Uni hatte ich das alles gekonnt, aber jetzt im Busch mit den Chemikalien hier machte es mir Angst.

Dan drehte den Hahn am Regler.

»Was zischt da so?«, fragte ich. Das Ende des Schlauchs wand sich am Boden wie eine Schlange, und Gas im Wert von tausend Dollar entwich in diesem Augenblick. Meine Klemme war unter dem Druck abgegangen. Mit dem Zischen des letzten Rests hatte ich den Knoten fertig.

Dan stand mit offenem Mund da. Ich sah ihn an, als hätte ich gerade eine Ming-Vase fallen gelassen.

Zum Glück hatten wir noch die zweite Kartusche.

Wir feilten an unserer Technik zum Injizieren der isotopischen Gase in die Beutel, und dann kam der Moment, an dem wir so weit waren, dass wir die Setzlinge markieren konnten. Es war warm auf dem Kahlschlag und noch heißer in meiner Plastikmontur. Da Kohlenstoff-14 radioaktiv ist, machte ich mir Sorgen wegen der Strahlung und trug einen Schutzanzug, eine Atemschutzmaske, eine riesige Plastikbrille und Gummihandschuhe, die ich mit Isolierband an meinen Ärmeln festgeklebt hatte. Dan hielt mich für verrückt; er selbst zog nur seinen einfachen weißen Laborkittel über, denn er wusste, dass C-14 in der Form, in der wir es verwendeten, keine große Gefahr war. Die Energie der Partikel sei so gering, dass sie kaum eine einzige Hautschicht durchdringen würden. Leicht abzuhalten mit einem Paar Latexhandschuhe. Das Furchteinflößendste an Kohlenstoff-14 ist, dass er am Körper haften bleibt, sich womöglich in der Lunge festsetzt, und dort lange verweilt, denn seine Halbwertzeit beträgt schließlich 5730 (+/–40) Jahre. Kohlenstoff-13 hingegen war ein nicht radioaktives Isotop und somit kein Grund zur Beunruhigung.

Bei der ersten Dreiergruppe nahm ich das Schattierzelt von dem Douglasiensetzling und stülpte ein zylinderförmiges Drahtgestell darüber, wie man es als Rankhilfe für Tomatenpflanzen kennt; ebenso verfuhr ich mit dem Birkensetzling, wohingegen die kleine Zeder frei stehen blieb. Die Drahtgestelle sollten beim Markieren als Stütze für die Plastikbeutel dienen, sodass die Beutel nicht seitlich einknickten.

Jetzt, wo die Drahtkäfige standen, waren wir bereit für den Augenblick, auf den ich ein ganzes Jahr lang hingearbeitet und gewartet hatte, seit dem Moment, an dem ich die ersten Setzlinge gepflanzt hatte. Bereit zu erforschen, ob Birken und Douglasien Kohlenstoff austauschten – ob sie über unterirdische

Netzwerke miteinander kommunizierten. Es fühlte sich an wie ein entscheidender Wendepunkt – jetzt würde sich herausstellen, ob ich recht hatte mit meiner Ahnung, dass Kooperation wichtig war für die Vitalität des Waldes. Wenn ja, trug ich eine große Verantwortung, denn dann musste ich einen Weg finden, dem Wahnsinn des Feldzugs gegen die einheimischen Pflanzen Einhalt zu gebieten. Wir zogen die gasdichten Beutel über die ersten beiden Drahtgestelle – gerade so, als ob man einen Vorhang über einen Papageienkäfig stülpt –, bis die Birke und die Douglasie vollkommen abgedeckt waren. An der Unterseite klebten wir die Beutel mit Isolierband an den Stämmchen der Setzlinge und an den Beinen der Drahtgestelle fest und vergewisserten uns, dass sie überall gut verschlossen waren. Unmittelbar bevor der letzte Klebestreifen angebracht wurde, griff Dan in den Beutel und befestigte mit Klebstreifen eine gefrorene Ampulle mit radioaktivem Natriumbikarbonat. Behutsam injizierte er durch ein Ventil im Beutel mittels einer großen Glasspritze Milchsäure in die gefrorene radioaktive Lösung. Direkt nach dem Einstich tropfte die Säure langsam in die gefrorene Ampulle und setzte das $^{14}C\text{-}CO_2$ frei, das die kleine Birke nun über Photosynthese aufnehmen sollte.

Derweil füllte ich in unserem Zelt fünfzig Milliliter $^{13}C\text{-}CO_2$ aus der maiskolbengroßen Gaskartusche in eine Spritze, um es anschließend in den Beutel mit der Douglasie zu injizieren. Ich schwitzte schrecklich, und davon beschlug immer wieder meine Schutzbrille. Umschwirrt von einer Wolke von Stechmücken und Fliegen, watschelte ich von Dreiergruppe zu Dreiergruppe und nahm meine Injektionen vor, während Dan sich um die Birken kümmerte. Dan bewegte sich im Laufschritt zwischen den Dreiergruppen und unserem Labortisch, wo wir die radioaktiven Ampullen in gefrorenem Stickstoff aufbewahrten. Ich kam kaum nach mit dem Auffüllen meiner $^{13}C\text{-}CO_2$-Spritze am Labortisch, bevor ich zur nächsten Dreiergruppe schlurfte.

Wir ließen den Setzlingen zwei Stunden Zeit, das markierte Kohlendioxid aufzunehmen, dann pumpten wir alle eventuell noch vorhandenen überschüssigen Isotope ab und befreiten die Bäume zum Schluss wieder von den Tüten. Was noch an Gasspuren dort sein mochte, wurde nun rasch von einer sanften Brise verweht.

Als die Tüten abgenommen waren, lief Dan zurück zum Laborzelt, er floh vor den Insektenwolken. Ich watschelte ihm nach, so schnell ich konnte, schloss den Reißverschluss am Eingang und stieg aus meiner Kunststoffrüstung. Wie ein Chirurg streifte Dan die Latexhandschuhe ab und warf sie in den Müllsack. Wir starrten uns an. »Geschafft!«, rief ich.

»Abwarten«, brummte Dan. Da hatte er recht. Die Überprüfung der Setzlinge mit dem Geigerzähler stand noch aus.

Ich zog meinen Plastikanzug und die Chirurgenhandschuhe wieder an, griff zum Geigerzähler und lief zur nächstgelegenen Dreiergruppe. Der Wind war aufgefrischt, und die Blätter der Birkensetzlinge vibrierten an ihren dünnen Stielen; die Douglasie stemmte sich gegen den Wind. Auf der anderen Seeseite türmten Gewitterwolken sich auf wie schwarze Pilzhüte. Ein Eichhörnchen kam gelaufen und blieb auf einem Baumstumpf stehen, um zu sehen, was ich trieb.

Ich hielt den Geigerzähler an die Blätter der mit Kohlenstoff-14 markierten Birke. Ich hielt den Atem an – waren sie radioaktiv? Wenn nicht, dann war unsere ganze Versuchsarbeit für die Katz gewesen. Wenn die Spender das radioaktive Kohlendioxid nicht aufgenommen hatten, dann würden wir auch nicht erfahren, ob sie anschließend organische Verbindungen an die Douglasien der

Nachbarschaft weitergeben konnten. Dan tauchte neben mir auf, mit beklommener Miene.

Ich legte den Schalter um. Ein Knattern kam aus dem Zählrohr. Dans Miene hellte sich auf. Der Zeiger ging ganz nach rechts auf der Skala, das Gerät maß eine hohe Strahlung.

»Oh, gut. Habe ich's doch richtig gemacht«, sagte Dan erleichtert.

»Meinst du, wir finden was in der Douglasie nebenan?«, fragte ich.

»Ich würde es bezweifeln. Ist ja erst ein paar Stunden her, seit wir mit dem Markieren angefangen haben«, sagte er. Er wusste, dass man vorschnellen Ergebnissen nicht trauen konnte. Nach dem, was von Reads Studie zu erwarten war, würde es wahrscheinlich mehrere Tage dauern, bis die Radioaktivität unterirdisch von der Birke an die Douglasie weitergegeben war. Selbst wenn sie in einem Nachbarn zu finden war, würde sie wahrscheinlich zu schwach für den Geigerzähler sein, und wir würden Ergebnisse erst bei der Laboruntersuchung von Proben bekommen.

Aber es konnte doch nicht schaden, wenn ich schon jetzt den Geigerzähler hinhielt? Wir konnten versuchen, schon einmal ein Vorabergebnis zu bekommen, vielleicht schon einen ersten Hinweis darauf, dass in den Douglasiennadeln die Antwort lag. Ich ermahnte mich zur Ruhe. Bestimmt hatte Dan recht; er wusste über das Markieren von Pflanzen mehr als praktisch jeder andere.

Aber egal. Probieren kostete nichts. Instinktiv ging ich zur benachbarten Douglasie und kniete mich hin. Dan folgte mir unwillkürlich und schaute mir über die Schulter. Wir rochen beide das durchdringende Aroma von Douglasienharz, und einen Augenblick lang hatte ich all die Jahre schwieriger Arbeit, die vielen Rückschläge vergessen. Ich wischte sogar das Vorderende der Röhre ab, um sicherzugehen, dass nichts das Signal störte. Der Augenblick der Wahrheit war gekommen. Die Dirigentin streckte beide Hände dem Orchester entgegen, die Musiker setzten die Instrumente an. Das Ohr in Richtung Stamm geneigt, fuhr ich mit dem Geigerzähler über die Nadeln.

Ich hob leicht das Handgelenk, der Auftakt, und der Taktstock meines Geigerzählers knatterte leicht, als der Zeiger auf der Skala ein kleines bisschen ausschlug. Streicher und Holzbläser, die Blechbläser und die Perkussionisten legten alle auf einen Schlag los, ein überwältigender Ton, ein Allegro, wohlklingend, intensiv, magisch. Ich war verzaubert, ich war hellwach, ich tauchte ganz ein, und der sanfte Wind, der durch die Kronen meiner kleinen Birken und Zedern und Douglasien fuhr, schien mich geradewegs emporzuheben. Ich war Teil geworden von etwas, das weit größer war als ich selbst. Ich sah mich zu Dan um, sah sein ungläubiges Staunen.

»Dan!«, rief ich. »Hast du das gehört?«

Er starrte den Geigerzähler an. Aus tiefstem Herzen hatte er uns gewünscht, dass dieses Markieren funktionierte, aber dass wir die Signale der Douglasie tatsächlich *hörten*, übertraf alle seine Erwartungen

Wir hörten zu, wie eine Birke mit einer Douglasie sprach.

C'est très beau!

Gewissheit würden wir erst bekommen, wenn wir die Gewebeproben untersuchten; ein Szintillationszähler reagierte wesentlich empfindlicher auf den radioaktiven Kohlenstoff-14, und mit einem Massenspektrometer würden wir den Kohlenstoff-13-Gehalt messen. Damit konnten wir dann in genauen Zahlen sagen, wie viel markiertes Photosyntheseprodukt zwischen Birke und Douglasie ausgetauscht worden war. Aber schon jetzt, bei diesem ersten Indiz, leuchteten Dans Augen. Ich selbst war völlig aus dem Häuschen, ekstatisch, das Grinsen auf meinem Gesicht hätte ich nicht unterdrücken können. Ich reckte die Hände in den Wind und rief: *Jaaaa!* Tief drinnen wussten wir beide, dass wir da gerade etwas Sensationelles entdeckt hatten, ein Wunder, das zwischen diesen beiden Baumarten geschah. Etwas aus einer anderen Welt. Als fange man aus dem Äther eine geheime Unterhaltung auf, die den Lauf der Geschichte verändern könnte.

Als Nächstes wandte ich mich der Zeder in dieser Dreiergruppe zu, meine Hände feucht vor Aufregung. Aber eigentlich wusste ich die Antwort schon. Ich nahm das Zählrohr und fuhr damit über die geflochtenen Nadeln.

Der Geigerzähler blieb still. Die Zeder lebte in ihrer eigenen arbuskulären Welt. Genau das Ergebnis, das ich brauchte.

Wie lange die Isotope für die vollständige Reise von Setzling zu Setzling brauchten, wusste keiner, und ich beschloss, sechs Tage zu warten. Zeit genug, dass mehr von dem Isotop seinen Weg von den Wurzeln des Spenders durch die Pilzleitungen bis ins Gewebe des benachbarten Setzlings absolvieren konnte. Ich ließ mich auf den Boden sinken, Dan setzte sich neben mich; unsere Instrumente hatten wir im Schoß, der Wind ließ wieder nach, ein einsamer Stärling sang. All die Enttäuschung über die Missachtung meiner Arbeit, der Kummer und Selbsthass darüber, dass ich mich mit Kelly zerstritten hatte, verpufften in diesem Augenblick. Ich legte Dan den Arm um die Schulter und flüsterte: »Da haben wir was richtig Tolles entdeckt.«

Nach den sechs Tagen Wartezeit gruben wir die Bäume aus. Die Birken, Douglasien und Zedern hatten schon beachtliche Wurzeln entwickelt, umeinander geschlungen und mit Mykorrhizageflecht bedeckt. »Sieht aus, als wäre ein Rudel Taschenratten hier eingefallen«, sagte ich, als wir mit der Aktion fertig waren. Wir steckten die Wurzeln und Triebe in Beutel und bauten das Mückenschutzzelt und den improvisierten Labortisch ab.

Im Abfahren schaute ich noch einmal zurück auf das winzige Stückchen Land, das uns erzählen würde, in welchem Maße unsere Setzlinge Beziehungen zueinander eingingen und miteinander kommunizierten. Ein Rabe flog darüber, mit einem gedämpften Krächzen. Mir ging durch den Kopf, dass bei den Nlaka'pamux, auf deren Land wir dieses Experiment durchgeführt hatten, der Rabe als Sinnbild des Wandels gilt.

Am nächsten Tag fuhr ich nach Victoria, mit den Proben in Kühlboxen. Dort gab es einen speziellen Laborplatz, an dem ich meine Gewebeproben zu einem Pulver zermahlen würde, das dann an ein Labor der Universität von Kalifornien in Davis ging, wo der Gehalt von Kohlenstoff-14 und Kohlenstoff-13 in jeder einzelnen Probe ermittelt würde. Zum Umgang mit den radioaktiven Proben hatte ich einen Abzug, eine spezielle Form von geschlossenem Schrank mit einem Glasfenster und einer Lüftungsanlage, die die Luft absaugte, sodass eventuelle radioaktive Partikel aus dem Schrank entfernt wurden und gefahrlos in eine unsichtbare Kammer gelangten, wo sie zur Entsorgung gesammelt wurden. Das Vermahlen der Proben war eine mühsame und anstrengende Arbeit; ich musste das Mahlwerk, ein Metallgerät von der Größe einer Kaffeekanne, unter die Abzugshaube stellen, damit sie den Holzstaub absaugte und die Ausbreitung von Radioaktivität im Labor verhinderte. Und auch um zu verhindern, dass sich der Staub mir auf die Haut legte oder ich ihn einatmete.

Am ersten Tag betrat ich das Labor um acht Uhr morgens, zog meinen Arbeitskittel an, setzte Schutzbrille und Staubschutzmaske auf, gab eine Wurzelprobe in das Mahlwerk und beugte mich unter den Abzug. Stunde um Stunde zerkleinerte ich die Proben, so fein es ging. Nachmittags um fünf verstaute ich die Proben, die ich an diesem Tag bearbeitet hatte, in einem Karton. Ich reinigte den Abzug, den Labortisch und den Fußboden, überprüfte mit dem Geigerzähler, ob irgendwo noch radioaktive Partikel zurückgeblieben waren, wusch mich und verließ das Gebäude. Ich ging zu meinem Hotelzimmer, nahm eine Dusche, aß einen Hamburger im Pub nebenan, ließ mich auf mein Bett fallen und schlief bei laufendem Fernseher ein. An jedem der folgenden vier Tage klingelte mein Wecker um sechs Uhr früh, und dieselbe Routine begann von vorn.

Ich brauchte fünf Zehn-Stunden-Tage, bis ich sämtliche Proben zermahlen hatte. Als ich am letzten Tag den Abzug aussaugte und dabei an meiner Staubschutzmaske herumnestelte, bemerkte ich einen Metallstreifen in dem Teil der Maske, der meine Nase bedeckte. Als ich den Streifen seitlich zusammendrückte, schmiegte sich die Maske wie von Zauberhand an meinen Nasenrücken. Mir wurde ganz mulmig. Ich hatte vergessen, bei meinen Schutzmasken die Nasenbügel ordentlich festzudrücken.

Ich riss mir die Maske vom Gesicht und starrte auf den feinen Staubfilm in ihrem Inneren. Ich fand Reste von Holzstaub in meiner Nase und fiel fast in Ohnmacht. Ich hatte die fein gemahlenen Partikel eingeatmet. Fassungslos ließ ich mich auf den Laborschemel fallen.

Der Fehler ließ sich nicht ungeschehen machen. Was passiert war, war passiert.

Ich rief Dan an, und er beruhigte mich: Es sei unwahrscheinlich, dass etwas von dem Staub in meine Lunge geraten sei; ich solle mich einfach gründlich waschen, dann sei alles in Ordnung. Ich hoffte, er hatte recht. Ich ging zu der Augendusche und spülte mir Augen, Nase und Mund aus. Dann verstaute ich die letzten Ausrüstungsgegenstände und verpackte die verbleibenden Proben in Kartons für den Versand nach Kalifornien.

Einige Monate später war ich wieder an der Oregon State University in Corvallis und brütete über den Isotopdaten, die aus dem Labor in Kalifornien zurückgekommen waren. Mein winziges, fensterloses Büro lag in der hintersten Ecke, ein ehemaliges Labor zur Insektenaufzucht. Die Wärmelampen an der Decke waren schon lange außer Betrieb, und aus den weiß gekachelten Wänden ragten leblose Gashähne. Don arbeitete an seiner eigenen Dissertation, für die er in einem Teil von British Columbia, der so groß war wie Oregon, die Auswirkungen von Kahlschlägen auf Waldzusammensetzung und Kohlenstoffbindung untersuchte und schon bald herausfinden sollte, dass Kahlschläge dazu führten, dass Kohlendioxid in noch nie da gewesenen Mengen an die Atmosphäre abgegeben wurde. Unser Leben bestand mittlerweile nur noch aus Datenanalyse, Joggen und Biertrinken mit anderen Doktoranden.

Wenn ich mich nicht mit meinen Isotopdaten beschäftigte, untersuchte ich im Mikroskopierlabor die Wurzelspitzen von Douglasien- und Papierbirkensetzlingen auf Mykorrhizen. Für meine Experimente hatte ich eigens Birken- und Douglasiensetzlinge in einem Gewächshaus herangezogen; die Erde dafür stammte von meinem Freilandversuchsareal. Einige der Birken und Douglasien wuchsen separat in eigenen Töpfen, andere gemeinsam im selben Topf. Nach acht Monaten Gießen und Beobachten entnahm ich die isolierten Einzelbäumchen und untersuchte ihre Wurzelspitzen unter dem Mikroskop. Die Sporen und Hyphen in der Erde hatten einige der Wurzelspitzen besiedelt. Obwohl die Birken und Douglasien getrennt gewachsen waren, fand ich an ihren Wurzeln überwiegend *die gleichen Pilze*. Und nicht nur eine Pilzart, sondern *fünf*. Pilze, die so verschieden waren wie die Fruchtkörper, die sie produzierten.

Phialocephala mit seinen gespenstisch anmutenden, durchscheinend dunklen Hyphen in und an den Wurzeln von Birken und Douglasien.

Cenococcum mit seinem pechschwarzen Mantel, der einzelne Wurzelspitzen umhüllt und steife Fortsätze wie Igelborsten bildet.

Wilcoxina mit seinem glatten braunen Mantel und den durchsichtigen Myzelien, die zarten beigefarbenen Pilzkappen entspringen.

Thelephora terrestris (Erd-Warzenpilz) mit seinen cremefarbenen Wurzelspitzen und als Fruchtkörper fächerförmige Rosetten aus festem braunem Fleisch mit weißen Rändern.

Der winzige, aber in großen Mengen auftretende *Laccaria laccata* (Rötlicher Lacktrichterling), aus dessen unauffälligen Wurzelspitzen schneeweiße Hyphen sprießen, die Fruchtkörper orange-braun mit kahlen Hüten.

Glühend vor Erwartung wandte ich mich nun den Birken und Douglasien zu, die ich paarweise herangezogen hatte. Frühere Studien hatten gezeigt, dass bei in Gruppen aufgezogenen Artenmischungen ganz neue Mykorrhizatypen in Erscheinung traten, die es an Einzelbäumen gleich welcher Art nicht gab. Es war, als müssten die Bäume einander Anschub leisten, sich anstacheln, möglicherweise indem sie ihren Nachbarn über das verbindende Pilzgeflecht mit Kohlenstoff versorgten.

Als ich die Douglasienwurzeln aus den gemeinsamen Anzuchttöpfen unter das Mikroskop legte, fiel ich beinahe vom Laborhocker. Die Wurzeln wirkten so groß und üppig wie die

Stränge an einem Wischmopp. Noch auffälliger aber war, dass die Pilzarten, die sie besiedelten, vielfältig waren wie die Bäume eines Tropenwalds. Und nicht nur das, ich entdeckte zwei ganz neue Arten an Birke *und* Douglasie: *Lactarius* (Milchling) mit seinem cremeweißen Mantel, die gleiche Farbe wie die milchige Flüssigkeit, die aus den Lamellen seiner milchweißen Fruchtkörper austritt. Und *Tuber* (Echter Trüffel), der die Wurzelspitzen mit hellbraunen keulenförmigen Verdickungen bedeckt und unterirdische schwarze Fruchtkörper hervorbringt, ähnlich den Trüffeln aus dem Périgord.

Ich lief zum Büro des Betreuers meiner Doktorarbeit, Dave Perry. Er saß über seinen Computer gebeugt, und als er aufschaute, schob er sich die Lesebrille ins lange graue Haar. Kein Quadratzentimeter war von seiner Schreibtischplatte zu sehen, alles war von bedrohlich schiefen, im Laufe der Jahrzehnte angesammelten Papierstapeln bedeckt. Die Douglasien, rief ich, die zusammen mit Birken aufwüchsen, sähen wie Weihnachtsbäume aus. Und die, die allein wüchsen, hätten weniger Mykorrhizen.

»O Mann!« Dave sprang von seinem Stuhl auf und klatschte mit mir ab. Er nickte, als ich ihm die bunten Pilze in den gemischten Töpfen beschrieb und dabei begeistert mit den Händen zeigte, wie groß die Wurzeln waren. Er hatte schon selbst gesehen, dass Douglasien und Ponderosakiefern sich eine Pilzart teilten, aber er hätte nicht sagen können, ob die Pilze eine Verbindung zwischen den Bäumen herstellten oder Nährstoffe übermittelten. Dave und ich wussten beide, dass mit diesen Resultaten belegt war, dass Birke und Douglasie das Potenzial hatten, ein stabiles, komplexes, verbindendes Netzwerk herzustellen. Aber noch wichtiger war, dass wir, wie ich es schon aus der Analyse der Isotope bei meiner Feldstudie vermutet hatte, an der

Schwelle zur Lösung der Frage standen, ob die Bäume durch dieses Netzwerk kommunizierten. Dave holte aus seinem Schreibtisch eine Flasche mit Scotch Whisky hervor und goss in zwei Bechergläser je einen Fingerbreit ein. Er war stets mit Begeisterung dabei, wenn einer seiner Studenten seine erste große Entdeckung machte. Ich stellte mir vor, dass Birke und Douglasie zusammen ein Muster knüpften, so prachtvoll wie ein Perserteppich.

Die sieben gemeinsamen Pilze waren, wie wir später herausfinden sollten, nur einige wenige unter Dutzenden von Pilzarten, die Birke und Douglasie verbanden. Die Zedern wurden, wie ich vermutet hatte, nur von arbuskulären Mykorrhizapilzen besiedelt und gehörten dem Netzwerk zwischen Papierbirken und Douglasien nicht an.

Als die Ergebnisse zum Kohlenstofftransfer der in unserem Freilandversuch beobachteten Bäume aus dem Labor eintrafen, hielt ich den Atem an. Aber es stimmte. Meine Schlussfolgerungen waren solide. Das Experiment hatte sämtliche möglichen Variablen berücksichtigt. Allein in meinem fensterlosen Büro überflog ich den Bericht. Meine Wangen brannten, als ich aufgeregt die Zahlenreihen absuchte. Ich ließ das Analyseprogramm laufen, um zu sehen, wie viel Kohlenstoff-13 und Kohlenstoff-14 die Birken und Douglasien aufgenommen hatten und ob Lichtentzug bei der Douglasie die Menge beeinflusste. Immer wieder prüfte ich die Zahlen, nur um ganz sicher zu sein. Ich saß da und traute meinen Augen nicht. Papierbirke und Douglasie *tauschten* durch Photosynthese entstandenen Kohlenstoff, sie schickten ihn hin und her durch ihr Netzwerk. Noch verblüffender war, dass die Douglasien weitaus mehr Kohlenstoff von den Papierbirken bekamen, als sie zurückgaben.

Die Birken waren alles andere als ein »Killer-Unkraut« – sie versorgten die Douglasien großzügig.

Die Menge, die sie ihnen lieferten, war unglaublich – genug, dass die Douglasie Zapfen bilden und sich fortpflanzen konnte. Aber was mich wirklich umwarf, waren die Erkenntnisse in puncto Schatten: Je mehr Schatten die Birke warf, desto mehr Kohlenstoff gab sie der Douglasie ab. Es herrschte zwischen diesen beiden Bäumen eine *koordinierte Kooperation.*

Ich analysierte die Daten immer wieder, um ganz sicher zu sein, dass ich keinen Fehler gemacht hatte.

Aber es stand da, es sagte mir immer wieder das Gleiche, egal, aus welchem Winkel ich es ansah. Birke und Douglasie tauschten Kohlenstoff aus. Sie kommunizierten. Die Birke erkannte die Bedürfnisse der Douglasie und stellte sich darauf ein. Und mehr noch, ich hatte herausgefunden, dass die Douglasie der Birke eine gewisse Menge Kohlenstoff zurückgab. Als gehöre Gegenseitigkeit zu ihrer alltäglichen Beziehung dazu.

Die Bäume waren verbunden, sie kooperierten.

Ich war so aufgewühlt, dass ich mich an die gekachelte Bürowand lehnen musste, um die ganze Tragweite dieser Erkenntnis zu begreifen, denn ich hatte das Gefühl, dass die Erde bebte. Wenn sie Energie und Ressourcen teilten, bedeutete das, dass sie zusammenarbeiteten wie in einem ganzheitlichen, intelligenten System. Dass sie wahrnahmen und reagierten.

Ich musste durchatmen. Nachdenken. Begreifen. Verarbeiten. Am liebsten hätte ich Kelly angerufen, aber zwischen uns herrschte immer noch Funkstille. Doch schon bald würden wir wieder miteinander reden.

Wurzeln verkümmerten, wenn sie allein wuchsen. Die Bäume brauchten einander.

Ich blätterte in einem Stapel von Aufsätzen, die die Auswirkungen des Wettbewerbs zwischen Bäumen beschrieben; daneben lag ein wachsender Berg von Abhandlungen, in denen es darum ging, wie Bäume einander unterstützten. Ich hatte sie auf zwei Stapel gelegt, weil es mich ärgerte, dass die Forschung in zwei Lager gespalten war. In Seminaren kam es zum Streit. Beide Parteien waren im Besitz eines Teils der Wahrheit, doch was noch keiner wirklich erkannt hatte, war die Komplexität der Interaktionen zwischen Bäumen. Obwohl die Grundlage dafür alles andere als geklärt war, ging die wahllose Beseitigung der heimischen Vegetation weiter, die Artenvielfalt des Waldes wurde zerstört. Ich hatte die Wahl: Entweder konnte ich den Entscheidungsträgern all dies vortragen, auf die Gefahr, dass sie versuchen würden, mich mundtot zu machen. Oder ich konnte in meinem Labor bleiben und hoffen, dass irgendwann jemand aus meinen Forschungsergebnissen etwas machte.

Das Bürotelefon klingelte.

Ich stand von meinem Schreibtisch auf, um abzuheben, obwohl Anrufe, die hier landeten, so gut wie nie für mich bestimmt waren.

Ich griff zum Hörer.

Wie aus weiter Ferne hörte ich Tiffany schluchzen, dann stieß sie hervor: »Suzie, ich muss dir was sagen. Kelly ist tot.«

Ich klammerte mich an der Schreibtischkante fest, presste mein Ohr an den Hörer.

Tiffanys Worte kamen abgehackt und stoßweise: die Köpfe der Bewässerungsröhren ausgetauscht. Mit dem Traktor zurück bis direkt vor die Scheune – auf Parkposition – Motor laufen gelassen – vorgerollt bis unter dem Scheunentor durch – Scheunentor eingedrückt – gegen einen Kipplaster gequetscht.

Ich lauschte, zur Salzsäule erstarrt.

Kelly, erzählte sie, habe eine Vorahnung gehabt. Erst letzten

Freitag hatte er Kühe von der Hochwiese auf tiefer gelegenes Gelände getrieben. Das Gras war gefroren, Bäche mit einer Eisschicht bedeckt, die Rinder drängten sich im Novembernebel dicht zusammen. Er spähte in den Nebel und sah einen Cowboy auf sich zukommen. Er freute sich, ihn zu sehen; schließlich war es ein Haufen Arbeit, fünfzig Stück Vieh nur mit seinem Pferd und mit der Hilfe von Nipper, dem Bordercollie, zusammenzuhalten.

Er schaute noch einmal hin; es war ein alter Freund, der sanft seinen verwitterten Hut in seine Richtung lupfte, ihm zulächelte unter seinem grauen Schnurrbart. Er saß bequem im Sattel, lederne Überhosen wärmten ihm die langen Beine.

Plötzlich packte Kelly das Grausen.

Er kannte diesen Cowboy. Aber der war im Jahr zuvor gestorben.

Der alte Mann gab Zeichen, ihm zu folgen, und Kelly tat es. Ganz langsam ritt der tote Rancher durch den wabernden Nebel. Ungläubig gab Kelly seinem Pferd die Sporen, wollte zu dem Mann aufschließen. Der Cowboy drehte sich um, vergewisserte sich, dass Kelly mitkam. Und er kam.

So rasch, wie er gekommen war, verschwand der Alte wieder im Nebel.

Kelly war entsetzt gewesen. Jetzt weinte Tiffany laut. »Ich habe bei ihm im Krankenhaus gesessen, sein Körper war schon kalt. Wie kann er mich einfach alleinlassen?« In drei Monaten sollte das Baby der beiden kommen.

Nach dem Anruf waren meine Ohren taub; als seien sämtliche Laute verstummt. Zeit gab es nicht mehr. Ich zitterte am ganzen Körper und konnte nicht mehr aufhören. Don war unterwegs, er spielte Baseball, aber ich wusste nicht, wo. Ich ging nach Hause, wie betäubt. Ich musste die anderen anrufen –

Mutter, Vater, Schwester, Großeltern –, aber ich wartete, bis Don nach Hause kam, und er half mir, allen Bescheid zu sagen. Jedes Mal durchlebte ich den Schock von Neuem. Als würde man immer wieder neu ins Gesicht geschlagen.

Am nächsten Tag flog ich nach Hause nach Kamloops. All meine Sinne waren benommen, als wäre ich in einen alten Stummfilm geraten.

Die Beerdigung fand in schneidender Kälte statt. Die Zitterpappeln waren kahl, die Douglasien duckten sich unter ihre weitverzweigten Kronen, vom Schnee niedergedrückt. Tiffany hatte die Arme um den Sohn geschlungen, der in ihrem Bauch heranwuchs, ihr Gesicht wie Porzellan, ihre Miene verklärt vom Schmerz. Ich wollte mich zu ihr stellen, einfach nur bei ihr sein, aber ich hatte mit Mum und Dad zu tun. Robyn war ebenfalls im sechsten Monat schwanger, und sie stand zusammen mit Bill und Tiffany hinten in der Kirche. Kellys Freunde waren alle versammelt, erzählten Geschichten darüber, was für ein guter Mann er gewesen war, über Dinge, die sie gemeinsam erlebt hatten. Die Kirchenbänke, die schon lange vor unserer Geburt hier gewesen waren und noch lange hier sein würden, wenn wir alle wieder fort waren, bewahrten in ihrem Holz eine Stärke, mit der nichts von uns es aufnehmen konnte, eine Ernsthaftigkeit, bei der wir allenfalls versuchen konnten, von ihr zu lernen. Kelly lag kalt in einem schlichten Kiefernsarg. Mir stockte der Atem. Ich wollte seine Stirn küssen, aber ich konnte mich nicht vorbeugen. Ich war krank vor Schuldgefühl. Jetzt konnte ich es nie mehr wiedergutmachen. Wir würden uns nie mehr versöhnen, die letzten Worte, die wir miteinander gesprochen hatten, Gemeinheiten, in trunkener Wut und im Missverständnis.

Bruder und Schwester. Für immer entzweit.

9

Quid pro quo

Meine Trauer kam in Wellen. Tränen, Reue, Wut. Don war noch in den Vereinigten Staaten, letzte Arbeiten an seiner Dissertation, ich war also allein. Unsere Nachbarin in Corvallis, Mary, rief an, um mich zu trösten; diese Art von Schmerz brauche Zeit, sagte sie, und ich war ihr dankbar für ihre Freundschaft. Doch mein Kummer ließ nicht nach. Ich konnte mich nicht auf die Arbeit konzentrieren und schuf mir Ablenkung mit Cross-Country-Ski. Bei Tag. Bei Nacht. Lange, anstrengende Skitouren. Ich geißelte mich, aber immerhin tat ich es draußen im Wald, denn trotz all meiner Qualen wusste ich tief in meinem Inneren, dass ich dort Linderung finden würde.

Manchmal, wenn das Schlimmste geschieht, fürchten wir uns nicht mehr vor den Dingen, die uns zuvor Angst eingeflößt haben. Den kleinen Dingen. Dingen, bei denen es nicht um Leben oder Tod geht. Ich stürzte mich auf meine Forschungsarbeit, wenn auch nur, um meine Verzweiflung über das, was ich nicht mehr wiedergutmachen konnte, darin zu vergraben; in meiner Verbindung zu den Bäumen versuchte ich, das zu finden, was ich mit meinem Bruder für immer verloren hatte. Ich bin mir nicht sicher, ob ich die Entscheidung wegen oder trotz Kelly fällte, aber ich beschloss, meine Forschungsergebnisse zu veröffentlichen. Ermuntert von Dave und Dan und den übrigen Betreuern meiner Doktorarbeit, schickte ich einen Artikel an die Zeitschrift *Nature*.

Eine Woche später bekam ich Post vom Chefredakteur. Es war eine Absage.

Die Kritikpunkte schienen jedoch leicht zu beheben, und da ich nichts zu verlieren hatte, überarbeitete ich den Artikel und reichte ihn nochmals ein. So wie ich Treibholz, das immer wieder ans Ufer gespült wurde, zurück in den Mabel Lake geschleudert hatte. So wie Kelly und ich unser selbst gebautes Floß unermüdlich ausgebessert hatten, damit wir die Bachmündung in der nächsten Bucht erkunden konnten.

Nature entschloss sich, die neue Fassung des Artikels im August 1997 als Titelgeschichte zu bringen. Für das Cover nahmen sie eins von Jeans Fotos von einem alten Mischwald aus Birken und Douglasien in der Nähe des Blue River. Ich konnte es kaum fassen. Mein Artikel hatte die Entschlüsselung des Genoms der Fruchtfliege von der Titelseite verdrängt. Außerdem bat die Zeitschrift Sir David Read um eine unabhängige Stellungnahme, die dann in derselben Ausgabe abgedruckt wurde. Er schrieb: »Die Studie von Simard *et al.* untersucht diese komplexen Fragestellungen im Rahmen eines Freilandversuchs und belegt erstmals zweifelsfrei, dass in einem Wald der gemäßigten Zone beträchtliche Mengen Kohlenstoff – die Energiewährung sämtlicher Ökosysteme – durch die Hyphen gemeinsamer Pilzsymbionten von Baum zu Baum, ja sogar von Art zu Art fließen können. Da auf der Nordhalbkugel große Teile der Landfläche von Wäldern bedeckt sind und diese die wichtigste Senke für atmosphärisches CO_2 darstellen, ist ein Verständnis dieser Aspekte ihres Kohlenstoffhaushalts von immenser Bedeutung.«

Nature nannte meine Entdeckung das *wood wide web,* und das öffnete die Schleusentore. Anrufe von Journalisten ließen mein Telefon nicht mehr stillstehen, und Hunderte E-Mails verstopften meine Mailbox. Ich war genauso verblüfft wie meine Kollegen über die Aufmerksamkeit, die mir die Publikation in *Nature* eintrug. Eines Abends brachen auch bei mir die Schleusentore, ich konnte nur noch schluchzen … was in meiner Familie nicht oft vorkam. Ich hatte meine Trauer unterdrückt, damit meine Eltern in Ruhe ihren eigenen Schmerz verarbeiten konnten, aber jetzt gab es kein Halten mehr, und ich weinte, bis meine Tränen versiegten. Ich riss mich zusammen, als die Londoner *Times* anrief, dann der *Halifax Herald.* Ich bekam Post aus Frankreich und einen zerknitterten Brief mit einem Poststempel aus China.

Bei so viel Aufmerksamkeit weltweit würde vielleicht sogar der Forest Service aufhorchen.

Kelly konnte ich nicht retten. Aber etwas anderes vielleicht schon.

Eines Nachmittags erschien Alan an meiner Bürotür. Der Winter nahm kein Ende, meine Stimmung war gedrückt. Trotz des internationalen Presseechos hatte der *Nature*-Artikel beim Forest Service nicht zu einer Kurskorrektur geführt, und ich wusste nicht, was ich nun als Nächstes in Angriff nehmen sollte. Alan riet mir, meine Stiefel anzuziehen und hinaus in den Wald zu gehen, da bekäme ich wieder einen klaren Kopf. Und sobald es mir wieder besser gehe, würden wir die maßgeblichen Leute mit in den Wald nehmen und ihnen zeigen, was diese Forschungsergebnisse bedeuteten. Ich schnappte mir den Autoschlüssel und machte mich auf den Weg zu meinem Versuchsfeld mit den verschiedenen Baumarten, da, wo seinerzeit der alte Rancher versucht hatte, mir mit Gräsern meine Arbeit zu vermasseln.

Am Eagle River bog ich mit meinem Pick-up vom Trans-Canada Highway ab. Eine unberührte Schicht aus Schneematsch bedeckte die Schotterstraße, und das hieß, seit dem Herbst war keine Menschenseele hier gewesen. Ich langte an der alten Birke an, bei der ich die Erde für meine kranken Setzlinge geholt hatte. Ich zog mein Klapphandy heraus und wollte Robyn anrufen, hatte aber keinen Empfang. Sie würde in ein paar Wochen ihr Baby bekommen, genau wie Tiffany. Ich wünschte mir eigene Kinder, aber Don war immer noch mit seiner Dissertation in Corvallis beschäftigt, und die kritische Phase würde ausgerechnet in die Zeit fallen, zu der als Auftakt der Williams Lake Stampede eine Gedenkeier für Kelly geplant war; aber vielleicht sogar besser so, denn Don und Cowboys, das war, als wolle man Öl und Wasser zusammenbringen.

Ich steckte das Telefon wieder weg, griff meine Forstweste und das Bärenspray und ging den letzten Kilometer zu Fuß. Ich brauchte diese eiskalte, feuchte Luft in meiner Lunge, wenigstens *etwas* musste ich spüren, das wirklich echt war. Unter den Bäumen wandern, ihr Aroma, den strömenden Saft riechen, ihre Anwesenheit spüren, sie wissen lassen, dass ich da war und zuhörte.

In dem Altwald neben meinem Versuchsfeld mit der Artenmischung watete ich durch knietiefen Schnee, meine Regenhose nass und schwer. Ein Wolkenfetzen, ein leichtes Schimmern, winkte mir zu. An den Ästen baumelten Strähnen von cremefarbenen Flechten, wie Kellys weiße Hemden, die immer noch bei Tiffany im Schrank hingen. In den Tiefen dieses Waldes lag das zweite Versuchsfeld meiner Doktorarbeit. Dort hatte ich unter dem dichten Kronendach zwanzig Gruppen von jeweils fünf Douglasien gepflanzt, um zu sehen, wie die Setzlinge im tiefen Schatten überlebten, wie lang sie im Halbdunkel durchhalten würden. Bei der Hälfte dieser Grüppchen hatten die Wurzeln der fünf Setzlinge ungehinderten Zugang zu dem Netzwerk der alten Bäume. Bei den übrigen zehn hatte ich die jungen Bäume mit einer einen Meter tiefen Wurzelsperre aus Blech von den Wurzeln der Altbäume getrennt. Genau wie ich es mit den Dreiergruppen aus Douglasien, Birken und Zedern in meinem Wood-Wide-Web-Experiment getan hatte; allerdings hatte ich an dieser Stelle im Schatten des Kronendachs nur Douglasien gepflanzt. Hier oben an der Baumgrenze war die Wahrscheinlichkeit, dass die Douglasiensetzlinge Verbindung zu ihren alten Nachbarn aufnahmen und mit ihnen kommunizierten, noch größer.

Hier wo Sämlinge sich um ihre Eltern scharten, damit sie eine Chance hatten.

Wo die Verbindung zu den Mykorrhizennetzwerken jahrhundertealter Bäume über Leben oder Tod entscheiden konnte.

Wo die Alten den Nachwuchs unterstützen konnten, sodass dieser, wenn sie abstarben und umstürzten, bereitstand, um die entstehenden Freiräume zu füllen. Eine Starthilfe für neue Generationen. Angesichts des Lichtmangels in diesen unteren Bereichen ging ich davon aus, dass die Baumriesen den winzigen Douglasien in weit größerem Maße Kohlenstoff lieferten als die Birkensetzlinge für die Douglasien der Dreiergruppen, mit denen ich auf dem Kahlschlag experimentiert hatte. Die Niagarafälle im Vergleich zu einem murmelnden Bächlein. Das Source-Sink-Gefälle war hier außerordentlich steil, ganz im Einklang mit der Rolle dieser uralten Wächter des Waldes.

Von der ersten Douglasiengruppe in diesem dichten Wald hatte nur ein einziges Bäumchen durchgehalten, und sein kränklich gelber Haupttrieb schaute nur knapp aus der Schneedecke heraus. Das Experiment, das ich mit so viel Schwung gestartet hatte, kam mir jetzt gespenstisch vor. Meine Kehle war wie zugeschnürt, ich fühlte mich beklommen. Eiskaltes Wasser tropfte aus den Baumkronen und lief mir in kleinen Rinnsalen den Nacken hinunter. Die schneebedeckten, tief herabhängenden Zedernäste sahen aus wie bleiche Fischskelette. Stinktierkohl, der in dem humusreichen Sumpfboden zum Leben erwachte, schimmerte schwach, doch alles andere ringsum wirkte fahl und grau.

Fröstelnd streifte ich den Schnee von dem einzigen Überlebenden, noch so jung und doch schon dem Tode geweiht. Ich wischte Eiskristalle von weiteren dunkel verfärbten Stämmchen, insgesamt vier, ihre eingekerkerten Wurzeln abgestorben. Ich tastete am Boden und fand den Blechring der Wurzelsperre, mit der ich diese Gruppe von den alten Bäumen abgegrenzt hatte, um zu testen, ob meine Vermutung stimmte – dass ich damit ihr Schicksal besiegelt hatte. Gerade hier, im Halbdunkel der niederen Waldbereiche, schien die Beziehung zur Familie besonders wichtig.

Mit meinem alten Lageplan in der Hand wanderte ich durch den Nebel zum nächsten Grüppchen. Eine Reihe von grünen Haupttrieben reckte sich aus dem Schnee. Bei diesen Setzlingen hatte ich keine Wurzelsperre eingesetzt und ihnen so die Möglichkeit gegeben, Verbindung zu dem weitverzweigten, vielfältigen Pilznetzwerk der alten Bäume aufzunehmen. Alle waren seit dem letzten Sommer um einen Zentimeter gewachsen, und jeder hatte eine pralle neue Endknospe. Ich schob den Schnee beiseite, der hier wegen der wärmenden Stämme nicht allzu hoch lag, und entfernte die zentimeterdicke Streuschicht. Üppige Mykorrhizen, farbenprächtig wie ein Renaissancegemälde, durchzogen die organische Bodenschicht, und ich fühlte mich plötzlich leichter, zuversichtlich. Ich legte die Wurzel eines Setzlings frei und verfolgte einen dunklen *Rhizopogon* (Wurzeltrüffel-) Strang, der ihn mit einer riesigen Douglasie in ein paar Metern Entfernung verband. Eine andere Wurzel war ummantelt von einem schimmernd gelben Mykorrhizapilz, einem *Piloderma* (Hautrindenpilz), dessen fleischige gelbe Pilzfäden zu einer alten Birke führten. Staunend richtete ich mich wieder auf. Dieser kleine Setzling war über ein großflächiges mykorrhizales Netz mit der alten Douglasie *und* der Papierbirke verbunden.

Ich zog mir die Mütze über die Ohren. Es sah tatsächlich so aus, als versorge das Netzwerk den Setzling. Über das fleischige Pilzgeflecht konnten die alten Bäume ihm Zucker oder Aminosäuren zukommen lassen, zum Ausgleich für die niedrige Photosyntheserate, zu der die winzigen Nadeln in diesem Dämmerlicht in der Lage waren, und für die verschwindend geringen Nährstoffmengen, die er mit seinen noch schwach ausgeprägten Wurzeln dem Boden entziehen konnte. Vielleicht impften die alten Bäume die Setzlinge auch einfach mit ihren eigenen vielfältigen Mykorrhizapilzen, sodass die Bäumchen ohne zusätzliche Hilfe an die fest im Boden gebundenen Nährstoffe gelangen konnten.

Ich grub im Waldboden rings um einen anderen Setzling und fand ein weiteres halbes Dutzend Mykorrhizen an seinen Wurzeln. Mittlerweile wusste ich, dass es mehr als einhundert Arten von Mykorrhizapilzen in diesem Wald gab. Etwa die Hälfte waren Generalisten und besiedelten sowohl Papierbirken als auch Douglasien in einem komplexen Netzwerk. Ein kunstvoll gewirkter Teppich. Bei der anderen Hälfte handelte es sich um Spezialisten, die sich nur entweder mit Birken oder mit Douglasien zusammentaten, niemals mit beiden zugleich. Man ging davon aus, dass jeder dieser Spezialisten eine eigene Nische besetzte. Einige verfügten über die Fähigkeit, dem Humus Phosphor zu entziehen, andere lösten Stickstoff aus morschem Holz. Einige saugten Wasser aus tiefen Bodenschichten, andere taten dies nahe an der Oberfläche. Einige waren im Frühjahr aktiv, andere im Herbst. Es gab Pilze, die energiehaltige Flüssigkeiten absonderten, von denen sich Bakterien ernährten; die wiederum übernahmen andere Aufgaben wie das Zersetzen von Humus, die Umformung von Stickstoff oder die Bekämpfung von Krankheiten. Andere Pilze sonderten weniger Flüssigkeit ab, weil ihre Aufgabe nicht so energieaufwendig war. Die glänzende Oberfläche der *Piloderma*-Mykorrhiza, die ich an der Birkenwurzeln entdeckt hatte, ließ darauf schließen, dass sie reichlich Kohlenstoff enthielt, auf dem sich ein Biofilm aus fluoreszierenden *Pseudomonas-fluorescens*-Bakterien bildete, deren Antikörper das Wachstum des Wurzelschädlings *Armillaria ostoyae* (Dunkler Hallimasch) eindämmten. Wie sich herausstellte, beherbergte die Mykorrhiza des *Tuber*-Pilzes Bakterien der Gattung *Bacillus*, die Stickstoff umwandelten, ein Grund dafür, dass Birkenblätter so viel mehr Stickstoff enthielten als Douglasiennadeln.

Doch über die Funktionen der großen Mehrheit der Mykorrhizapilze wussten wir so gut wie nichts. Bekannt war, dass es in älteren Wäldern eine größere Vielfalt an Pilzen gab als in Neuanpflanzungen und dass diese Arten, die in Symbiose mit Altbäumen auftraten, dick, fleischig und robust waren und Ressourcen in schwer zugänglichen Teilen des Bodens erreichen konnten. Sie erschlossen wichtige Nährstoffe, die dort seit Jahrhunderten in zähen Konglomeraten aus Humus und mineralischen Partikeln schlummerten. Uralte Stickstoff- und Phosphoratome, abgelagert auf Tonmineralen und gebunden in wie Maschendraht miteinander verketteten Kohlenstoffringen.

Dan und ich hatten über Jahre hinweg und zu allen Jahreszeiten Pilzproben genommen und dabei herausgefunden, dass in

Altwäldern spezielle Pilzarten wuchsen, die anderswo nicht vorkamen. Einige traten nur in besonders verregneten Monaten und Jahren in Erscheinung, manche nur ein einziges Mal. Andere fruchteten ausschließlich in trockenen Monaten, und manche Pilze tauchten völlig unabhängig von der Jahreszeit auf. Wir hatten auch Birken- und Douglasienwurzeln ausgegraben in Wäldern, deren Altersspanne von wenigen Jahren bis zu mehreren Jahrhunderten reichte. Wir hatten die DNS der Pilze analysiert und sie zur Artenbestimmung mit einer umfassenden genetischen Datenbank verglichen.

Ich ging tiefer in den Wald hinein, wo sich Hemlocktannen und Fichten unter die Douglasien und Birken mischten. Bei einem Sämling blieb ich stehen und streifte sein Schneemäntelchen ab. Als ich die letzten vereisten Kristalle entfernt hatte, richtete sich sein geschmeidiges Stämmchen langsam auf. *Wir sind allesamt Überlebenskünstler*, dachte ich bei mir. Ich hielt inne bei einer Reihe junger Hemlocktannen, die, als ob sie im Gänsemarsch dort entlangmarschierten, auf einem umgestürzten Baumstamm wuchsen. Wie eine Amme versorgte er sie mit Nahrung – so etwas hatte ich auch am Mabel Lake gesehen. Ich stellte mir vor, dass ihnen das eine ganze Reihe von Vorteilen verschaffte – sie waren geschützt vor im Boden lauernden Krankheitsherden, oder der Stamm brachte sie der Sonne eine Stufe näher. Die Wurzeln der Hemlocktännchen wuchsen über und unter den morschen Stämmen, und sie schlangen sich um die knorrigen Baumwurzeln und wuchernden Ausläufer von Haseln und Vogelbeeren und Oregon-Buchsbäumen wie die Gassen einer engen, verwinkelten Stadt. Wahrscheinlich waren sie allesamt verbunden durch ein gemeinsames ektomykorrhizales Netzwerk. Auch die Zedern und Eiben und Farne und Waldlilien, von denen ich mittlerweile wusste, dass sie arbuskuläre

Mykorrhizen hatten, waren vermutlich vernetzt. Ein nahtloses arbuskurläres Mykorrhizanetz, völlig getrennt von dem ektomykorrhizalen. Aber trotz der separaten Mykorrhizanetze gehörten alle Pflanzen in diesem Wald zusammen und zueinander.

Inzwischen wusste ich, dass Birken und Douglasien verbunden waren und miteinander kommunizierten, aber es ergab keinen Sinn, dass die Birken stets mehr Kohlenstoff an die Douglasien lieferten, als sie im Gegenzug bekamen. Wenn es immer so wäre, würden die Douglasien den Birken nach und nach die Lebenskraft rauben.

Gab es vielleicht Zeiten im Leben der Douglasien, in denen sie mehr an die Birken abgaben, als sie empfingen? Womöglich floss Kohlenstoff in die Gegenrichtung, wenn der Wald älter wurde und die Douglasien dann um vieles höher wuchsen als die Birken.

Schräg einfallende Lichtstrahlen führten mich an die Stelle, an der Wald und Kahlschlag aneinanderstießen. Hier lag das dritte Versuchsfeld meiner Doktorarbeit, das, an dem der Rancher zur Rache Gras ausgesät hatte. Zum Glück waren die Bäume trotzdem gut gewachsen. Die Setzlinge, mittlerweile fünf Jahre alt, waren schon größer als ich. Ich kauerte mich neben eine Birke, umgeben von einem dicken Plastikrand, der aus dem Boden hervorlugte, Teil der metertiefen Abgrenzung, die ich dort eingelassen hatte, um ihr Wurzelsystem zu isolieren. Diese Vorrichtung hatte die gleiche Funktion wie die metallenen Wurzelsperren im Waldinneren. Doch anstatt ganze Gruppen von Setzlingen mit einem Burggraben zu umgeben, hatte ich separate Gräben um vierundsechzig einzelne, in einem Gittermuster gepflanzte Bäumchen gezogen, ein Forst en miniature. Der Kunststoff war nach wie vor fest und unbeschädigt und würde es noch über Jahre hinweg bleiben. Ich wollte herausfinden, ob die Birken die Douglasien im Verlauf von deren Kindheit weiter unterstützten und ob die Douglasien sich dafür irgendwann revanchierten – in schlechten Zeiten vielleicht, im Vorfrühling und Spätherbst, wenn die Birken keine Blätter hatten –, und dies weiter in zunehmendem Maße, wenn die Douglasien als junge Erwachsene die Birken mehr und mehr überragten.

Um dieser Frage auf den Grund zu gehen, verglich ich das von Gräben durchzogene Areal mit einem benachbarten Versuchsfeld, auf dem vierundsechzig Birken und Douglasien ungehindert und im engen Verbund heranwuchsen. Das Anlegen der metertiefen Rinnen hatte etwas von einer archäologischen Grabung in einer antiken Stadt aus Baumstümpfen. Zur Unterstützung hatten Barb und ich einen Helfer mit Minibagger und ein Team von vier jungen Frauen mit Schaufeln angeheuert. Beim Ausheben der Gräben hatten wir weitverzweigte Wurzelstöcke und Granitbrocken aus dem Erdreich entfernt; die Rinnen verliefen entlang der acht Baumreihen, die neunte bildete die äußere Begrenzung. Neun weitere Gräben legten wir rechtwinklig dazu an, sodass ein Raster aus vierundsechzig Erdinseln mit jeweils einem Baum entstand. Nachdem wir diese Inseln mit den Plastiksperren isoliert hatten, die verhindern sollten, dass Wurzeln und Mykorrhizen hindurchwuchsen, und das Grabenlabyrinth wieder mit Erdreich aufgefüllt war, schauten nur noch ein paar Plastikzipfel aus dem Boden hervor. Verborgen im Untergrund war ein perfektes lateinisches Quadrat im Format acht mal acht.

Ich fragte mich, ob die Douglasien hier wirklich kleiner waren als auf dem anderen Areal, wo die Wurzeln sich ungehindert mit denen ihrer Nachbarn vernetzen konnten. Ein Setzling war eingegangen, seine roten Nadeln im Schnee sahen aus wie eingetrocknete Blutstropfen. Ich packte sein schuppiges

Stämmchen und zog ihn aus dem Boden. Die verfaulenden Wurzelstummel waren bedeckt mit langen schwarzen Pilzfäden – Rhizomorphen. Ich klappte mein Taschenmesser auf, schälte die Rinde an der Basis des Stämmchens ab und legte das holzige Xylem frei. Schneeweiße Pilzhyphen bildeten eine Schlinge und bestätigten mir, dass der Tod des Bäumchens von dem Pilzschädling *Armillaria ostoyae* (Dunkler Hallimasch) verursacht war. Ich suchte die mit Plastik ausgekleideten Schützengräben nach weiteren Todesopfern ab – ein Drittel der Douglasien war tot.

Auf dem nicht von Gräben durchzogenen Areal waren alle am Leben, und ich hätte schwören können, dass sie auch größer waren. Ein Rabe flog mit Rauschen seiner Schwingen auf, und ein ferner Lokomotivenpfiff durchbrach die Stille. Ich zückte Schieblehre und Notizbuch und bestimmte den Durchmesser sämtlicher Birken und Douglasien auf beiden Versuchsfeldern. Als die Sonne hinter dem Berg verschwand, machte ich mich, völlig durchnässt und vor Kälte zitternd, auf den Rückweg zu meinem Wagen. Ich ließ den Motor an, drehte die Heizung bis zum Anschlag auf und brütete im abendlichen Dämmerlicht mit meinem Taschenrechner über den Zahlenkolonnen.

Meine Vermutung stimmte. Die Douglasien, die in Verbindung zu den Birken in ihrer Nachbarschaft standen, hatten nicht nur alle überlebt, sie waren auch kräftiger als die Douglasien in dem von Gräben durchzogenen Areal. An den Birken hingegen war keine Veränderung durch die enge Beziehung zu den Douglasien erkennbar, sie waren nicht geschwächt durch die Verbindung. Die Birken litten keinen Mangel durch die Abgabe eines Teils ihres Kohlenstoffs; sie spendeten genug, um das Überleben und Wachstum der Douglasien zu befördern, ohne dabei selbst an Lebenskraft einzubüßen.

Konnten die Birken den Hahn zudrehen, wenn sie merkten, dass die Douglasien keine Hilfe mehr benötigten? Und dann war da immer noch die Frage, ob die Birken ihrerseits von den Douglasien profitierten, vielleicht zu einem anderen Zeitpunkt oder auf eine andere Weise, eine, die aus diesen einfachen Messungen noch nicht ersichtlich war. Keine der Douglasien wies irgendwelche Symptome von durch Hallimasch geschädigten Wurzeln auf. Die Tatsache, dass sie im Verbund mit Birken aufwuchsen, schien sie vor Krankheiten zu schützen – wie ich es schon bei vielen anderen Experimenten beobachtet hatte. Ich hatte Rhonda, in dem Sommer meine Forschungsassistentin beim Forest Service, dazu bewogen, als Masterarbeit meine Untersuchungen zu *Pseudomonas fluorescens* fortzuführen, den fluoreszierenden Bakterien, die nach meinen Erkenntnissen den Dunklen Hallimasch abwehrten. Sie hatte die Menge dieser nützlichen Bakterien in unterschiedlichen Waldtypen bestimmt und in reinen Birkenbeständen viermal mehr davon gefunden als in reinen Douglasienbeständen, vermutlich weil die Birkenwurzeln und Mykorrhizapilze, aktiver durch die höhere Photosyntheserate, mehr Nahrung für die Bakterien bereitstellen, als Douglasienwurzeln das können. In gemischten Beständen aus Birken und Douglasien hingegen hatte sie bei beiden Baumarten dieselben Mengen an Bakterien entdeckt – offenbar waren die winzigen Mikroben in der Lage, sich von den kohlenstoffreichen Birken zu den Douglasien hin auszubreiten, wenn die beiden nur eng genug beieinanderstanden.

Ich verbrachte den Frühling in den Wäldern, allein in unserem Blockhaus in Kamloops, Don nach wie vor im tausend Kilometer entfernten Corvallis mit seiner Dissertation beschäftigt. Wäre er da gewesen, hätten wir über Reitgras und Arnika spazieren können, Zukunftspläne schmieden, entscheiden, ob wir Kinder haben wollten. Er hätte gesagt, dass es Zeit wird, den Garten umzugraben. Hätte die Papierstapel vom Tisch geräumt, die Küche geputzt und etwas Gutes gekocht. Stattdessen flüchtete ich mich in meine Experimente, durchstreifte die an das Grasland angrenzende trockene, offene Steppenlandschaft und die Kiefernwälder in der Bergregion. Vergewisserte mich, wer lebte, wer gedieh. Kurvte mit strähnigen Haaren über Nebenstraßen, der Beifahrersitz übersät mit Landkarten und alten Kaffeebechern voller Apfelbutzen. Fragte bei der Vermittlung nach, ob jemand angerufen hatte.

Im April kam Tiffany mit Matthew Kelly Charles nieder. Zwei Wochen später erblickte Kelly Rose Elizabeth, die Tochter von Robyn und Bill, das Licht der Welt, ihr zweites Kind, drei Jahre jünger als Oliver. Mit ihren Namen erinnerten meine neue Nichte und mein neuer Neffe beide an meinen verstorbenen Bruder. Ich schickte Matthew ein Kinderbettchen und Kelly Rose ein Spitzenkleid. Die Tage wurden länger, der Boden wärmer, und ich fand im Alleinsein allmählich wieder meinen Frieden.

An einem Junitag kehrte ich in mein chaotisches Büro zurück und fand eine Verwarnung vor – meine Zeitschriftenstapel seien ein Brandrisiko. Barb kam dazu und lachte laut. Unter der Ermahnung lag ein Brief des Chefredakteurs von *Nature*. Ein Labor in England hatte sich kritisch zu meinem Artikel geäußert. Er wollte, dass ich die Stellungnahme in Augenschein nahm und der Zeitschrift mitteilte, ob die Kritik stichhaltig genug für eine Publikation war.

Der erste Kritikpunkt besagte, dass die Menge an Kohlenstoff, die laut meinen Messungen über das Erdreich zu der Zeder gelangte – ein Fünftel dessen, was über das Mykorrhizennetzwerk zwischen Birke und Douglasie floss –, groß genug sei, um die durch die Pilze transportierte Menge infrage zu stellen; die Autoren bestritten also, dass das mykorrhizale Netzwerk ein ernst zu nehmender Übermittlungspfad war. Ich setzte mich hin, um meine Erwiderung zu schreiben, und erklärte Barb, dass die Kritiker meinen Signifikanztest nicht zur Kenntnis genommen hatten, aus dem hervorging, dass die durch das Erdreich übermittelten Kohlenstoffmengen nicht nur deutlich, sondern signifikant geringer waren als die, die über das Pilznetzwerk transportiert wurden. Außerdem hatte ich immer betont, dass es mehr als nur einen Kommunikationsweg gab.

Der zweite Vorwurf bezog sich darauf, dass die Menge an Kohlenstoff, die von den Douglasien zu den Birken wanderte, so klein war – lediglich ein Zehntel dessen, was in die Gegenrichtung floss –, dass die Messergebnisse vermutlich fehlerhaft seien und ich folglich nicht behaupten könne, der Transfer funktioniere in beide Richtungen. »Wir haben die Übermittlung in beide Richtungen in dem zweiten Experiment hier nachgewiesen«, sagte ich und zeigte Barb die Laborstudie, in der ich den Freilandversuch nachgestellt hatte.

Im dritten Kritikpunkt wurde mir vorgeworfen, ich hätte meine Setzlinge einer Überdosis Kohlendioxid ausgesetzt, als ich das $^{13}C\text{-}CO_2$ in die Markierbeutel injizierte, und damit die Photosyntheserate der Pflanzen gesteigert und die Wurzeln mit Zucker überschwemmt. In solchen Fällen, so die Argumentation, werde mehr Kohlenstoff an die benachbarte Pflanze abgegeben als unter normalen Bedingungen. Der Vorwurf stützte sich auf die Tatsache, dass ich eine beträchtliche Menge an $^{13}C\text{-}CO_2$ eingesetzt hatte, damit das Massenspektrometer die Mengen an Kohlenstoff-13, die möglicherweise ins Pflanzengewebe gewandert waren, leichter messen konnte. Hier unterschied sich meine Vorgehensweise von der bei Kohlenstoff-14 angewendeten, wo eine geringere Konzentration an $^{14}C\text{-}CO_2$ ausreichte, weil der Szintillationszähler hochempfindlich auf das Isotop reagierte. Barb half mir bei der Suche nach meiner Laborstudie für die Dissertation, die zeigte, dass die CO_2-Dosis im Feldversuch keine Auswirkung auf die Verteilung von Kohlenstoff auf verschiedene Teile der Setzlinge oder auf die transferierte Menge hatte.

Beim letzten Punkt biss ich mir so fest auf die Lippe, dass sie blutete. Dort hieß es, ich könne nicht die Behauptung aufstellen, dass meine Setzlinge ausschließlich kooperierten, anstatt miteinander zu konkurrieren. In Wirklichkeit hatte ich nur die These aufgestellt, dass die Interaktion viele Facetten hatte und dass Birken Kohlenstoff teilten, während sie gleichzeitig um Licht wetteiferten. Ich hatte keineswegs behauptet, dass Konkurrenz niemals eine Rolle spiele. Die Kritiker hatten meine Aussagen verzerrt wiedergegeben, und ich war wütend, dass sie mit ihren Kommentaren offensichtlich darauf abzielten, meine Ergebnisse zu diskreditieren. Zum Schluss der Stellungnahme fasste ich zusammen, dass die Kritik ungerechtfertigt sei, Barb packte sie mit meinen anderen Untersuchungen zu einschlägigen Themen in einen Briefumschlag und brachte ihn zur Poststelle. Binnen einer Woche bekam ich die Antwort von *Nature*: Sie hatten beschlossen, die Kritik nicht abzudrucken.

Und meine Güte, war das ein Fehler.

Binnen eines Monats erhielt ich eine E-Mail von einem Kollegen, der in Australien ein Grundsatzreferat desselben Labors gehört hatte, das Kritik an meinem Aufsatz geübt hatte. Ich nahm auch das auf die leichte Schulter, schließlich ist es in der Wissenschaft üblich, dass Ergebnisse von Kollegen unter die Lupe genommen werden. Akademiker schwingen gern große Reden, und ich betrachtete mich mehr als Wissenschaftlerin denn als Akademikerin. Außerdem war meinen Kritikern vermutlich der Unterschied zwischen englischen Wiesen mit ihren arbuskulären Mykorrhizen, wo sie keinen Kohlenstofftransfer zwischen Gräsern und Blumen beobachtet hatten, und meinen stattlichen Mykorrhizenwäldern, in denen Kohlenstoff wie ein Rodelschlitten hin und her flitzen konnte, nicht bewusst. Nein, beharrte mein Kollege; sie hätten öffentlich auf mich eingeprügelt. Dann kam eine weitere E-Mail von einem anderen Kollegen zu einem Vortrag in Florida. *Oje,* dachte ich, als mir aufging, wie naiv ich gewesen war – ich hätte offensiver auf die Vorwürfe eingehen müssen. Alan hatte die Aufmerksamkeit der Öffentlichkeit einmal als zweischneidiges Schwert bezeichnet. Don riet mir, mich einfach nicht darum zu kümmern. Oder besser noch eine Erwiderung zu veröffentlichen, aber zu keinem von beiden konnte ich mich durchringen. Ich war sicher, der Sturm würde sich legen. Ich war zu müde und zu arglos, um die Tragweite dieser Dinge zu begreifen und mit einer Antwort an die Öffentlichkeit zu gehen. Schon bald publizierten meine ursprünglichen Kritiker einen Artikel, in dem sie ihre Vorwürfe detaillierten.

Wenig später erschienen weitere Zeitschriftenartikel, die meine Ergebnisse mit den Kritikpunkten konfrontierten und beiden Positionen gleich viel Raum gewährten. Ein Schatten fiel auf meine Arbeit. Für Don lag die Lösung nach wie vor auf der Hand. Hör auf, dich zu grämen, und schreibe etwas. »Ja, ich weiß«, sagte ich dann händeringend. Als Dave merkte, wie groß die Blockade bei mir war, schrieb er eine Erwiderung auf die Erwiderung und veröffentlichte sie in der Zeitschrift *Trends in Ecology and Evolution.* Auch andere sprangen mir zur Seite.

Es dauerte lange, bis ich begriff, was vorging, aber schließlich reimte ich mir doch zusammen, dass ich unversehens in einen britischen Wissenschaftsstreit hineingestolpert war. Es hatte eine Debatte darüber gegeben, ob der Kohlenstofftransfer zwischen Kiefern, den Sir David Read im Labor beobachtet hatte, in der freien Natur überhaupt eine Rolle spielte, und das hatte weitere Diskussionen entfacht, unter anderem über die Bedeutung von Symbiosen für die Evolution. Es ging um die Frage, ob Wälder ausschließlich durch Konkurrenz geprägt wurden, eine lang gehegte Überzeugung, die auf der Erkenntnis basierte, dass Wettbewerb eine zentrale Rolle bei der natürlichen Selektion spielte. Die Untersuchungen an Pflanzen mit arbuskulären Mykorrhizen in dem englischen Labor ließen den Schluss zu, dass der Kohlenstofftransfer über mykorrhizale Netzwerke unbedeutend war. Meine eigene Arbeit, die scheinbar aus dem Nichts aufgetaucht war, behauptete das Gegenteil. Ich hatte in ein Wespennest gestochen. Schließlich publizierte ich meine Erwiderung in zwei getrennten Aufsätzen, aber da waren die Erkenntnisse meiner Doktorarbeit schon infrage gestellt.

Ein paar Jahre später hielt ich einen Vortrag bei einer Konferenz, und um reinen Tisch zu machen, ging ich auf den Professor zu, der die ursprüngliche Kritik verfasst hatte. Er war ins Gespräch vertieft, ich stand abseits und wartete auf eine Gelegenheit, ihn anzusprechen. Ich weiß nicht, ob er mich bemerkt hat – ich kann mir nicht vorstellen, wie er mich *nicht* hätte bemerken sollen –, aber er nahm keine Notiz von mir. Nachdem ich eine gefühlte Ewigkeit gewartet hatte, ging ich weg und fand mich damit ab, dass dieser Krieg weniger mit mir und mehr mit den Wissenschaftlern zu tun hatte, die schon lange vor mir gestritten hatten. Ich war bloß eine junge Kanadierin, die ein schon schwelendes Feuer angefacht hatte. Ich wusste nichts über ihre englischen Blumenwiesen, und sie wussten vermutlich auch nicht viel über meine Wälder mit ihren Bäumen wie den Säulen einer Kathedrale.

Aber es war ungeschickt gewesen, meine eigene Erwiderung nicht binnen eines Jahres nach der ursprünglichen Kritik zu publizieren. Unter Akademikern galt so etwas als Eingeständnis des Fehlers. Das wurde mir jedes Mal klar, wenn ich einen neuen Aufsatz las, in dem meine Doktorarbeit zitiert und in den folgenden Sätzen mit den Einwänden konfrontiert und dadurch entwertet wurde. Ich musste mich irgendwie aufrappeln, wieder auf die Beine kommen. Aber ich arbeitete für den Forest Service, und dort wusste man mit meinen Erkenntnissen nichts anzufangen; es gab keinen offensichtlichen Bedarf, keine Geldmittel für die Fortsetzung meiner Arbeit. Ich hielt keine Vorträge vor meinen Behördenkollegen, und ich äußerte mich auch nicht zu der akademischen Debatte. Stattdessen wich ich aus, ging in Deckung, tauchte ab. Ich wünschte mir Kinder, und ich brauchte Zeit mit Don, musste meinen Frieden finden, lernen, mich selbst wieder zu mögen. Ich musste trauern. Ich musste an etwas arbeiten, das weniger vorbelastet war, also widmete ich mich anderen Sorgen des Waldes: den zunehmenden Baumschäden durch Insekten und Krankheiten in einer Zeit, in der die Temperaturen sommers wie winters in ungekannte Höhen stiegen.

Dr. Melanie Jones, einer der Betreuerinnen meiner Doktorarbeit und Professorin am Okanagan University College, ließ die Sache jedoch keine Ruhe. Es war ihr wichtig, sehr sogar. Sie war mitverantwortlich für meine Arbeit und wollte sich der Kritik stellen und die Debatte beenden. Sie beantragte Forschungsgelder, und mit Unterstützung ihrer Studentin Leanne wiederholten wir mein in *Nature* beschriebenes Experiment, diesmal allerdings mit nicht nur einer Isotopengabe im Sommer, sondern weiteren Dosen im Frühling und Herbst, um zu untersuchen, ob sich die Richtung des Kohlenstofftransfers innerhalb des Netzes je nach Jahreszeit veränderte. Ob die Douglasien im

Frühjahr und Herbst mehr an die Birken abgaben, wenn sie selbst wuchsen und die Birken kahl waren, und also das Gegenteil von dem geschah, was ich im Sommer beobachtet hatte.

Die erste Markierungsrunde fand zu Beginn des Frühlings statt, als die Knospen der Douglasien sich öffneten und die ersten Nadeln trieben, die Birken aber noch keine Blätter hatten. Zu diesem Zeitpunkt war die Douglasie in der Rolle des Zuckerproduzenten *(source)*, und die Birke war der Verbraucher *(Sink)*. Die zweite Markierungsrunde führten wir im Hochsommer durch, genau wie bei meinem *Nature*-Experiment, als die Birkenblätter voll entfaltet und reich an Zucker waren und sich das Wachstum der Douglasien im Schatten verlangsamte. In diesem Versuchsabschnitt erwarteten wir eine Bestätigung meiner vorherigen Resultate, nämlich dass Kohlenstoff entlang dem Source-Sink-Gefälle von Birke zu Douglasie floss. Die dritte Markierungsrunde lief im Herbst, wo die Douglasien immer noch an Umfang zulegten und neue Wurzeln bildeten, während das Laub der Birken sich gelb verfärbte und sie die Photosynthese einstellten. Wieder waren die Douglasien die Produzenten und die Birken die Verbraucher.

Unsere Vermutung erwies sich als richtig. Die Richtung des Kohlenstofftransfers wechselte im Lauf der Jahreszeiten. Anders als im Sommer, wo die Birken mehr Kohlenstoff an die Douglasien lieferten, schickten die Douglasien im Frühjahr und Sommer mehr Kohlenstoff an die Birken. Dieser von den Jahreszeiten abhängige Austausch zwischen den beiden Arten legte nahe, dass die Bäume in einem komplexen Verhältnis zueinander standen und im Verlauf eines Jahres womöglich eine ausgeglichene Bilanz erreichten.

Die Birken profitierten von den Douglasien, genau wie die Douglasien von den Birken.

Quid pro quo.

Die Douglasien raubten den Birken nicht einfach den Kohlenstoff, sie gaben ihn in der Vor- und Nachsaison zurück. Die beiden Arten standen in einem gegenseitigen Verhältnis von Geben und Nehmen, abhängig von ihren Größenunterschieden und dem jeweiligen Status als Produzenten oder Verbraucher von Kohlenstoff. Das war das Geheimnis ihrer harmonischen Koexistenz. Immer deutlicher sah ich die Mechanismen des Mykorrhizennetzwerks. Dadurch, dass sie über ein Netzwerk aus Pilzen und Bakterien miteinander verbunden waren, konnten sich Birken und Douglasien die Ressourcen teilen, selbst wenn einer den anderen überflügelte und vorübergehend in den Schatten stellte. Diese Alchemie der Gegenseitigkeit sorgte dafür, dass sie beide gesund und vital blieben.

Aber ich musste diese Ideen immer noch in echten Wiederaufforstungen über einen längeren Zeitraum hinweg überprüfen. Ohne Grundsatzforschungen unter realistischen Bedingungen würde es nicht gelingen, Forstwirten plausibel zu machen, was sie in der Praxis verändern mussten: wie sie verschiedene Arten kombinieren, welche Abstände sie zwischen den Bäumen einhalten, wann sie pflanzen, läutern, ausdünnen oder durchforsten sollten. Ich konzipierte Dutzende von Versuchen in Mischwäldern, um das komplexe Zusammenspiel der diversen Faktoren abzubilden, die Abhängigkeit einer funktionierenden Gemeinschaft von Geländebeschaffenheit, Witterungsverhältnissen und Artenzusammensetzung, vom Alter und Zustand der Bäume.

In meinen eigenen Experimenten quantifizierte ich, in welchem Umfang Birken und Douglasien miteinander konkurrierten beziehungsweise kooperierten, je nachdem, ob sie klein oder groß, alt oder jung waren. Je nach Bodenbeschaffenheit – mager oder fett, trocken oder nass. Und wie sie langfristig zusammen- oder gegeneinander arbeiteten. Diese Untersuchungen zeigten mir, bei welcher Größe die Konkurrenz oder Kooperation zwischen den Bäumen oder beides zugleich am stärksten ausgeprägt war und welche Bodentypen die meisten Probleme bereiteten, sodass sich die Vernichtungsaktionen auf genau diese Faktoren konzentrieren konnten. In einer zweiten Studie untersuchte ich, über welche Entfernungen Birken und Douglasien miteinander konkurrierten und kooperierten und wie sich dies je nach Standort veränderte, sodass ich Forstleuten dabei helfen konnte, Strategien zu entwickeln, bei denen an bestimmten Standorten nur eine geringe Anzahl von Birken in der Nachbarschaft von Nadelbäumen entfernt wurde. In einem weiteren Experiment dünnte ich höhere Birken gleichmäßig auf unterschiedliche Konzentrationen aus und beobachtete die Reaktionen der kleineren Koniferen in den unteren Bereichen des Bestands.

Ich testete verschiedene Methoden des selektiven Umgangs mit Birken, um einzelnen gefährdeten Nadelbäumen ein ungehindertes Wachstum zu ermöglichen. Dabei verglich ich das Entfernen einzelner Birken mit der Astschere, durch den Einsatz von Herbiziden und per Ringelung, dem Durchtrennen der Borke mit einer Kette.

Ich untersuchte, ob die Beziehung zu Birken je nach Koniferenart variierte – ob es Unterschiede zwischen Douglasien, Westamerikanischen Lärchen oder Zedern oder Fichten gab –, und entdeckte, dass dies der Fall war. Jede Spezies kooperierte und konkurrierte an verschiedenen Standorten in unterschiedlichem Maße. Dass ich das Land kannte, spielte eine entscheidende Rolle.

Seit diesen Experimenten sind mittlerweile zwanzig bis dreißig Jahre vergangen, aber die Bäume sind immer noch im jugendlichen Alter, ihre Zukunft bleibt offen. Forstexperimente sind langwierig, und die Lebensspanne eines Wissenschaftlers reicht dafür nicht aus. Eine Möglichkeit, in die Zukunft zu blicken, sind Computermodelle, die vorhersagen, wie sich der Wald über Jahrhunderte hinweg entwickeln wird. Solche Modelle geben uns eine Vorstellung davon, wie es aussehen könnte, wenn wir selbst längst nicht mehr da sind.

Don hatte seine Dissertation abgeschlossen und war wieder zu Hause bei mir in den Wäldern von Kamloops. Er hatte für seine Arbeit als Forstberater ein Büro angemietet und analysierte und prognostizierte die Auswirkungen verschiedener Maßnahmen auf das Wachstum von Bäumen. Ich fragte ihn, ob er ein Modell erstellen könne, das zeige, wie sich der Ertrag von Douglasienbeständen nach einem Jahrhundert »ungehinderten« Wachstums im Vergleich zum selben Zeitraum in Gesellschaft von Birken entwickeln würde. Ich brachte ihm stapelweise Abhandlungen, die ich im Laufe der Jahre zusammengetragen hatte, und er durchforstete sie auf der Suche nach den benötigten Daten: Informationen darüber, wie schnell die Bäume wuchsen und wie hoch sie wurden, wie viel Biomasse jeweils auf Blätter und Äste und Stamm entfiel, wie dicht die Bestände wurden, wie viel Stickstoff die Bäume in ihrem Gewebe speicherten. Mit welcher Geschwindigkeit ihre Blätter Photosynthese betrieben, wie schnell sie verrotteten. All diese Informationen verwendete er, um sein Modell sorgsam zu kalibrieren; er optimierte es Schritt für Schritt, um ein möglichst realistisches Abbild des Waldes zu bekommen.

Schließlich war er für den ersten echten Durchlauf des Modells bereit, und ich kam aus meinem Büro beim Forest Service zu ihm herüber. Er räumte einen Stapel Papiere von einem Stuhl, damit ich mich setzen konnte, und tippte auf seiner Tastatur ein Kommando; über den Monitor liefen grüne Programmzeilen, und es erschienen grafische Darstellungen. »Es ist so, wie du gedacht hast«, sagte er und zeigte auf Diagramme, die bewiesen, dass Kahlschlag und die Entfernung von Birken auf lange Sicht die Produktivität des Waldes minderten. Die Zahlen belegten, dass das Wachstum mit jedem Hundert-Jahre-Zyklus des Abholzens und Ausmerzens weiter abnahm. Ohne das Zusammenspiel mit den Birken, deren Mikroben Stickstoff entlang der Mykorrhizennetze umformten, ohne die Bakterien, die vor Wurzelkrankheiten schützten, nahm das Wachstum von reinen Douglasienbeständen im Laufe der Zeit ab und betrug schließlich nur noch die Hälfte des Wachstums in gemischten Beständen. Im Gegensatz dazu blieb die Produktivität von Birken auch ohne die Douglasien unvermindert. Nach diesem Computermodell waren sie in keiner Weise auf die Douglasien angewiesen. »Aber ich wette, irgendwie sind sie es doch«, sagte ich, beugte mich vor und gab ihm einen Kuss.

Aber so groß meine Forschungserfolge auch waren – die Erkenntnis, dass Bäume tatsächlich davon abhängig sind, wie gut sie mit dem Boden und untereinander vernetzt sind –, es war und blieb doch das Wichtigste in meinem Leben, dass ich mit Kelly reden wollte, mit ihm Zwiesprache halten, die Wunden heilen lassen. Ich erinnerte mich an einen Tag, an dem wir im Garten unserer Großeltern Heidelbeeren gepflückt hatten; damals war er noch ganz klein und bekam einen Riesenschreck, als ein Käfer in das Eimerchen mit seinen zwei Heidelbeeren fiel. »Du musst ganz schnell kommen, Gramps«, hatte er in seiner Panik gerufen. Im Tagtraum sah ich ihn vor mir, wie er in Grannies Garten gestanden hatte, mit der dicksten Tomate in der Hand. Ich sah wieder, wie wir vom Anleger aus Elritzen geangelt hatten, mit selbst gebastelten Angelruten aus Weidengerten. Wie wir an glutheißen Tagen im kalten Wasser der Arrow Lakes über rollende Baumstämme geschlittert waren. Mit dem Kanu über den North Thompson River gepaddelt, um auf Mieko durch die Maisfelder und Pappelhaine zu reiten.

Im Frühjahr darauf legte ich einen Garten an.

Nicht irgendeinen Garten, sondern einen auf der Grundlage meiner Entdeckungen in genau dem Augenblick, in dem er umgekommen war. Einen Garten, in dem die Pflanzen sich die Ressourcen teilen und sich gegenseitig unterstützen konnten. Wo sie nicht in Reih und Glied standen, isoliert und jede ganz für sich, sondern in Gruppen, sodass sie kommunizieren, sich umeinander kümmern konnten. Als Vorbild nahm ich die »Drei Schwestern«, eine Anbautechnik der indianischen Urbevölkerung, bei der Mais, Kürbisse und Bohnen gemeinsam gepflanzt wurden, um das Wachstum von allen dreien zu befördern.

Auf dem winzigen Gemüsebeet in meinem Garten hatte ich die verschiedenen Sorten immer getrennt in Reihen gezogen. Aber in diesem Jahr machte ich kleine Hügel aus fruchtbarer Erde, etwa dreißig Zentimeter voneinander entfernt, und drückte in jeden davon eine Kuhle, wie ein Töpfer, der eine Schüssel formt; die Kuhle verhinderte, dass das Wasser weglief, so wie Grannie Winnie es mir gezeigt hatte. In jede davon legte ich je einen Samen der »Drei Schwestern« und goss sie jeden Tag; nach einer Woche zeigten sich winzige Keimblätter in der schwarzen Krume.

Gartenpflanzen gehen in der Regel Symbiosen mit arbuskulären Mykorrhizapilzen ein, nicht mit ektomykorrhizalen wie die meisten Bäume. Weltweit gibt es nur einige Hundert Arten von arbuskulären Mykorrhizapilzen, aber Tausende von ektomykorrhizalen. Die arbuskulären Mykorrhizapilze sind Generalisten, das heißt, sie können, auch wenn die Zahl ihrer eigenen Arten nicht groß ist, die Wurzeln der meisten Gemüsepflanzen im Garten besiedeln und miteinander verbinden. So zum Beispiel Mais, Kürbisse, Bohnen, Erbsen, Tomaten, Zwiebeln, Karotten, Auberginen, Kopfsalat, Knoblauch, Kartoffeln und Süßkartoffeln.

Wenige Wochen nach dem Keimen hatten sich an den Wurzeln meiner Pflanzen Mykorrhizen gebildet, sie waren miteinander vernetzt. Ich zog eine junge Bohnenpflanze aus dem Boden und betrachtete die winzigen weißen Knöllchen an ihren Wurzeln, Heimat für stickstoffbindende Bakterien. Die Bohnen wandelten den Stickstoff um und führten ihn den Erdhügeln zu, die sie sich mit Mais und Kürbis teilten. Der Mais revanchierte sich, indem er eine Rankhilfe für die Bohnen lieferte. Die Kürbisblätter fungierten als Mulchschicht und sorgten dafür, dass der Boden feucht blieb und Unkraut und Schädlinge nicht überhandnahmen.

Ich stellte mir vor, welche Rolle das Mykorrhizanetz in diesem Reigen spielte, malte mir aus, wie mein Gartennetzwerk Stickstoff von den stickstofffixierenden Bohnen zu Mais und Kürbis transportierte. Wie der hohe, sonnenverwöhnte Mais Bohnen und Kürbisse in seinem Schatten mit Kohlenstoff versorgte. Wie der Kürbis mit dem gesparten Wasser den Durst von Mais und Bohnen stillte.

Mein Garten wuchs und gedieh.

Ich spürte, wie mir vergeben wurde.

Nun machte ich mich daran, Waldwege rings um unser Haus anzulegen. Folgte den Trampelpfaden wilder Tiere. Erkundete die schattigen Waldwiesen mit weichen Moospolstern, die feuchten Mulden voller Wasserbirken, die grasbewachsenen Hänge, wo Kaninchen ihre Bauten in von zerfallenen Wurzeln hinterlassenen Erdlöchern hatten. Die ältesten Bäume samt ihren dicht um sie gescharten Nachkommen. Ich verweilte bei dem Ameisenhaufen, groß wie ein Zweimannzelt, auf dem Tausende von Tierchen wimmelten, beobachtete sie in ihren Marschkolonnen; dann nahm ich den breiten Weg zur alten Kiefer, sprang dabei über Bäche, in denen Nadeln und Flechten schwammen.

Ich dachte mir neue Forschungsprojekte zur hydraulischen Umverteilung bei Douglasien aus, die nachts mit ihren tief in den Boden hinabreichenden Wurzeln Wasser an die Erdoberfläche transportierten und dort flach wurzelnde Sämlinge versorgten, damit sie tagsüber keinen Durst litten. Hatte je jemand untersucht, ob Douglasien Wasser über mykorrhizale Netzwerke leiteten? Vielleicht teilten sie Wasser mit anderen, um die Gemeinschaft zu stärken, indem sie ihren Gefährten in Zeiten des Mangels unter die Arme griffen.

Pflanzen reagieren auf die Stärken und Schwächen ihrer Nachbarn, ein ausgewogenes Verhältnis von Geben und Nehmen, durch das ein wunderbares Gleichgewicht entsteht. Ein Gleichgewicht, das sich auch in der schlichten Schönheit eines Gartens erlangen lässt. In der komplexen Gesellschaftsordnung von Ameisen. Es liegt eine Eleganz in allem Komplexem, in Handlungen, die ineinandergreifen, in allem, was sich zu einem großen Ganzen vereint. Wir können es bei uns selbst sehen, bei dem, was wir allein tun, aber auch da, wo wir gemeinsam handeln. Auch unsere Wurzeln und Systeme verflechten und vermischen sich, verschmelzen und lösen sich wieder voneinander, immer wieder neu, in unendlich vielen winzigen Augenblicken.

Das Telefon klingelte, und ich stand von meinem Küchentisch auf. Ich liebte unser Blockhaus, umrahmt von Douglasien und Ponderosakiefern, inmitten von Wiesen, auf denen altrosa Rosen und gelb die Balsamwurzeln blühten. Aus den Augenwinkeln sah ich den roten Federschopf eines Helmspechts, der am Fenster vorbeiflog und auf einem Douglasienast landete. Er verfolgte, wie ich den Hörer abnahm und der Stimme eines Reporters von der Canadian Broadcasting Corporation, der staatlichen kanadischen Rundfunkanstalt, lauschte. Ob ich morgen ein Radiointerview geben könne? Der Vogel legte den Kopf schief. Ich dachte an die Kritik an meiner Arbeit. Bestimmt würde das darin zur Sprache kommen. Der Specht hämmerte drauflos wie ein Presslufthammer, und nur im Zusammenwirken von Baum und Vogel konnte ein Loch entstehen. Späne flogen bis an mein Fenster. Wieso sollte mir die Kritik eigentlich so viel ausmachen? Ich war schließlich keine eitle Akademikerin, ich tat diese Arbeit für den Wald. Meine Arbeiten waren bekannt, und nun war es an der Zeit, darüber zu sprechen.

Ohne alle Mühen hielt der Baum den Angriffen des Spechtes stand, seine wettergegerbte Rinde und der Schnabel des Vogels spielten perfekt zusammen, im Takt wie die kunstvollen Rädchen in einem Uhrwerk.

»Ja«, sagte ich.

10

Steine bemalen

November. Die Rocky Mountains lagen unter einer dichten Schneedecke.

Ich war allein auf Skiern unterwegs im Gebiet des Mount Assiniboine und machte eine Pause in der unberührten Berglandschaft des Healy Pass. Felsentannen standen gebeugt unter Panzern aus Schnee und Eis, und die Weißstämmigen Kiefern spreizten ihre Äste wie Knochengerüste, dahingerafft von Bergkiefernkäfern und Rostpilzen, eine Folge des Klimawandels. Ich war im dritten Monat schwanger. In dem Jahr, in dem wir wegen Dons Dissertation getrennt gelebt hatten, während meiner langen Nächte nach Kellys Tod, vielleicht auch, weil wir uns beide einsam fühlten, war uns, ohne dass wir ausdrücklich darüber gesprochen hatten, beiden klar geworden, dass es Zeit war, an Nachwuchs zu denken, denn ich war mittlerweile sechsunddreißig und Don neununddreißig. Mit dem Skiausflug zum Assiniboine feierte ich den Segen dieser Schwangerschaft.

Die Käfer wüteten in der Felsrinne. Die Plage hatte vier Jahre zuvor, 1992, im nordwestlich gelegenen Naturpark auf dem Spatsizi-Plateau begonnen, als die Temperaturen wegen des Klimawandels auch in den kältesten Monaten nicht mehr unter minus dreißig Grad fielen, sodass die Käferlarven im dicken

Phloem der alternden Kiefern ideale Bedingungen vorfanden. Früher hatten sich die Populationen von Käfern und Küstenkiefern in dieser Landschaft koevolutionär entwickelt, und nach jeweils rund hundert Jahren hatten beide der nächsten Waldgeneration Platz gemacht. Je geschwächter die Bäume waren, desto mehr leicht brennbares Material sammelte sich an, und Blitze oder Menschen konnten Waldbrände verursachen. Die Flammen lösten die Samen der Kiefern aus ihren verharzten Zapfen und stimulierten tausend Jahre alte Wurzelsysteme zum Austreiben neuer Zitterpappeln, deren wasserhaltige Blätter dann dafür sorgten, dass der junge Wald nicht so leicht Feuer fangen konnte. Wenn die Brände ihre Finger in die Landschaft ausstreckten, kamen sie auf diesen mit Zitterpappeln bestandenen Flächen zum Erliegen, und so bildete sich ein Flickenteppich aus unterschiedlich alten Wäldern, der künftigen Feuern trotzte. Doch Ende des neunzehnten Jahrhunderts hatten europäische Siedler dieses Gleichgewicht gestört; auf der Suche nach Gold brannten sie das Waldmosaik ab und legten dann riesige Flächen mit neuen Kiefernbeständen an, deren Einförmigkeit durch Brandschutzmaßnahmen und den Einsatz von Herbiziden gegen die ertragsmindernden Zitterpappeln noch weiter zunahm. Als diese Kiefernbestände hundert Jahre alt waren und die Erde sich erwärmte, explodierte die Käferpopulation, und die Landschaft verfärbte sich rot wie blutiges Wasser. Die reine Luft strömte in meine Lunge, als ich zwischen den abgestorbenen Weißstämmigen Kiefern dahinglitt. Selig folgte ich den Spuren anderer Skiläufer, fräste aber um Felsstürze und Baumlöcher auch frische Bögen in den Schnee. Don war zu Hause geblieben und wollte eine Wiege zimmern. Beide waren wir zufrieden mit unserem Leben. Doch dann, in der Mitte des Bergsattels, hielt ich inne, um eine Fährte im frischen Schnee zu inspizieren, und spürte, wie eine altbekannte Angst mich überfiel. Die Pfotenabdrücke waren groß wie Untertassen, die Krallen hatten sich einen Zoll tief in den Schnee eingegraben.

Wölfe. Eine einsame Skiläuferin war leichte Beute für sie.

Ich sah zu, dass ich weiterkam, quer über den Pass. Doch schon bald wusste ich nicht mehr, wo ich war. Als ich im Bogen wieder auf die ursprüngliche Route zurückkehrte, ließ der Anblick meiner vereisten, schon mit Schnee überpuderten Spuren mich erschaudern.

Überall frische Pfotenabdrücke.

Drei Wölfe offenbar. Machten sie Jagd auf mich?

Instinktiv lief ich weiter talwärts. Hinter mir drängten sich kahle Felsengebirgslärchen in den Mulden zu Füßen der Gipfel, die goldgelben Nadeln schon abgeworfen. Hier unten standen die Felsentannen in kleinen Gruppen, wurden dichter, je tiefer ich kam. Die Abfahrt in Telemarktechnik mit dreißig Pfund Gewicht auf dem Rücken war anstrengend für die Beine. Mein Baby, nicht größer als eine Unze Gold, brachte mich nicht aus dem Gleichgewicht. Ich zurrte den Hüftgurt fester, um auf dem vereisten, unebenen Untergrund einen besseren Stand zu bekommen, und fuhr mit langsamen Schwüngen bergab.

In einem weiten Bogen nach Osten umging ich eine Schlucht, und in einem zweiten eine steile Passage, dann wandte ich mich wieder nach Westen. Man sah nicht viel, die Bäume standen sehr dicht. Jüngere Küstenkiefern. Offenbar hatte es hier ein paar Jahrzehnte zuvor gebrannt. Bald war ich wieder neu vom Kurs abgekommen und warf einen Blick auf den Kompass. Wenn ich die Orientierung verlor und nicht auf die Hauptroute zurückfand, konnte ich ernsthaft in Schwierigkeiten kommen.

Die Angst ließ mich wieder an andere Sorgen denken, die mich beschäftigten. Ich hatte immer mehr Beweise dafür gefunden, dass Wälder über Intelligenz verfügen – dass sie fähig zu Wahrnehmung und Kommunikation sind –, aber ich scheute davor zurück, mich mit dem Establishment anzulegen. Die Herren würden mich ignorieren oder, schlimmer noch, auslachen, wenn ich ihnen etwas über das Empfindungsvermögen von Pflanzen erzählte. Nein, ich war schwanger und musste Ruhe finden, mein Kind beschützen, das Wertvollste in meinem Leben. Das Radiointerview bei der CBC war bei örtlichen Naturliebhabern und Umweltschützern auf ein gewisses Interesse gestoßen, sogar bei ein paar gleichgesinnten Kollegen in der Forstverwaltung, doch aus der Provinzhauptstadt kam nichts als eisiges Schweigen. Nicht einmal eine E-Mail hatte ich von den maßgeblichen Leuten bekommen, und ich fragte mich, ob Interviews überhaupt der Mühe wert waren. Und das galt auch für Vorträge auf Tagungen. Ich konnte nicht noch mehr an die Öffentlichkeit gehen, als ich es ohnehin schon getan hatte; und jetzt mit dem Baby stand zu viel auf dem Spiel.

Ich kehrte etwa hundert Meter zurück und stieß auf alte Spuren von früheren Skiläufern. Die Wolfsfährten kreuzten sie dreimal. Mittlerweile waren es mindestens fünf Tiere.

Kelly hatte oft von Wölfen erzählt, die ihn auf seinen Viehtrieben begleitet hatten.

Ich lief weiter. Die Küstenkiefern standen nun nicht mehr so dicht, sie waren buschiger, die Äste reichten hinab bis zum Boden. Es sollte ein besonderes Wort geben für die Art von Trauer, die man beim Gedanken an etwas empfindet, das erst noch kommen wird. Zehn Jahre später würden achtzehn Millionen Hektar erwachsener Kiefernwald tot sein; das entsprach etwa einem Drittel der Waldfläche von British Columbia. Die Käfer würden sich weiter voranfressen durch die Bestände aus Weißstämmigen Kiefern, Weymouth- und Ponderosakiefern, in die

Vereinigten Staaten, von Oregon bis zum Yellowstone-Park, und sie würden schließlich die Bankskiefern-Hybriden im borealen Nadelwald von Kanada befallen und eine Epidemie von riesigen Ausmaßen in ganz Nordamerika auslösen, auf einer Fläche, die in etwa so groß war wie Kalifornien; die größte Insektenplage seit Beginn der schriftlichen Aufzeichnungen, und sie würde Brennstoff für verheerende Waldbrände liefern. Die Käfer befielen auch Neuanpflanzungen, vor allem solche mit schnell wachsenden Kiefern, in deren Nachbarschaft man »störende« Birken und Zitterpappeln entfernt hatte.

Ich kam vorbei an einer Gruppe von kahlen Zitterpappeln. Die Wolfsspuren schmolzen in dampfendem Urin. Ein dunkles Orangegelb. Ich folgte der Hauptrichtung aus dem engen Tal; Adrenalin ließ meinen Rucksack leichter wirken. Die Wölfe blieben vor mir, gerade außer Sichtweite, hinterließen nur ihre Pfotenabdrücke. Die Fährte führte geradewegs zu der Hauptroute in Richtung Norden, und mit einem Mal überkam mich eine große Ruhe. Die Wölfe verfolgten mich nicht; sie wiesen mir den Weg. Als das Tal sich weitete, sah ich, dass mein Pfad in einen von Süden herkommenden Weg mündete. Den schlug ich ein; die Wolfsspuren hingegen bogen jäh nach Norden ab. Ein Windstoß wehte über die Stelle, wo sie sich zwischen den Bäumen verloren.

Es kam mir vor wie ein Abschiedsgruß der Wölfe.

Ich entzündete im Schnee eine Kerze für meinen Bruder und für seine Seele, die in diesen Wölfen weiterlebte. Die Küstenkiefern waren hoch und kräftig; ich saß im Schatten ihrer mäch tigen Kronen, die standhaft über ein paar Felsentannen wachten. Ich musste ein wenig hier oben verweilen, da, wo der Fels des Canyons, die mit Schneepanzern überzogenen Baumkronen und das Wolfsrudel zusammengekommen waren. Die Sonne schob sich über die Granitgipfel, und ich reckte ihr mein Gesicht entgegen. Ich packte mein Sandwich aus, bereit, für immer an diesem Ort zu bleiben. Ich fühlte mich willkommen, heil. Rein und sauber und unbehelligt.

Beim Essen überlegte ich, warum Bäume – wie hier die Zitterpappeln und Kiefern – wohl einen Mykorrhizapilz unterstützten, der Kohlenstoff (oder Stickstoff) an einen benachbarten Baum liefert. Dass man Ressourcen mit den eigenen Artgenossen teilt, gerade mit genetisch verwandten, schien zweifellos von Nutzen. Bäume verstreuen den größten Teil ihrer Samen – durch Schwerkraft, Wind oder auch unter Mithilfe des einen oder anderen Vogels oder Eichhörnchens – in ihrer unmittelbaren Umgebung, und das bedeutet, dass viele Individuen im engeren Umkreis miteinander verwandt sind. Die Kiefern, die sich am Rand dieser Wiese drängten, gehörten vermutlich derselben Familie an, auch wenn ihre Gene durch vom Wind herangewehte Pollen weiter entfernter Väter diversifiziert wurden. Diese Baumeltern hatten einige der Gene gemeinsam mit den Bäumen in ihrer Umgebung, und wenn sie Kohlenstoff teilten, um die Überlebenschancen ihrer Sämlinge, ihrer eigenen Nachkommen, zu steigern, würde das dazu beitragen, dass ihre Gene an künftige Generationen weitergegeben wurden. Eine spätere Studie sollte zeigen, dass die Wurzeln von mindestens der Hälfte der Kiefern in einem Bestand miteinander verbunden sind und dass die größeren Bäume den Nachwuchs mit Kohlenstoff unterstützen. Blut ist dicker als Wasser. Vom Standpunkt der Individualselektion ist das einleuchtend. Es entspricht den Darwin'schen Lehren.

Aber meine Forschungen zeigten, dass ein Teil des Kohlenstoffs auch zu nicht verwandten Individuen wanderte, zu Vertretern einer ganz anderen Spezies. Von Birken zu Douglasien und umgekehrt. Ich warf einen Blick auf die Zitterpappeln, deren weiße Stämme in der Sonne erstrahlten, und überlegte, ob sie Kohlenstoff an die Felsentannen zu ihren Füßen weitergaben. Und ob dieser Transfer auch in die Gegenrichtung funktionierte, von Felsentannen zu Zitterpappeln. Die Generalisten unter den Mykorrhizapilzen investierten womöglich in eine Vielzahl von Baumarten, um auf Nummer sicher zu gehen, und für die Bäume wäre die geringe Chance, dass dabei ein Teil des Kohlenstoffs bei einem Fremden landete, nur ein Nebeneffekt – ein Kollateralschaden – des Kohlenstofftransfers an Verwandte. Aber das war nicht das, was ich bei meinen Bäumen beobachtet hatte. Sie lieferten mir Beweise dafür, dass der Kohlenstofftransport mehr war als ein Zufall, mehr als eine zufällige Folge des Nährstoffaustauschs. Nein, meine Bäume bewiesen, dass sie damit sehr wohl eigene Interessen verfolgten. Immer und immer wieder zeigten die Experimente, dass Kohlenstoff von einem Produzentenbaum zu einem Verbraucher wanderte – von einem reichen zu einem armen – und dass die Bäume auf irgendeine Weise steuern konnten, wohin und wie viel Kohlenstoff transferiert wurde.

Ein Eichhörnchen keckerte auf dem Ast eines knorrigen Rocky-Mountain-Wacholders, in der Hoffnung auf ein Stückchen von meinem Sandwich. Ich behielt den Kiefernhäher auf der Spitze eines benachbarten Baums im Auge, mit etwas, vermutlich dem Samen einer Weißstämmigen Kiefer, im Schabel. Ein Rabe – eine Art, die diese energiereichen Samen ebenfalls schätzte – krächzte dazu. Die Weißstämmige Kiefer ist bei der Verteilung ihrer schweren Samen auf all diese Arten angewiesen, sogar auf Grizzlybären. Wieso sollten die alten Kiefern bei der Fortpflanzung auf diese Vögel und Tiere vertrauen, die nichts anderes im Sinn hatten, als ihre Samen zu fressen? Ein paar Samen mussten übrig bleiben, um zu keimen und heranzuwachsen, um den Fortpflanzungserfolg der Altbäume zu sichern. Wie konnten sie sich darauf verlassen, dass genügend Samen übrig blieben? Wenn einer dieser Samenverteiler ausfiel, durch ein Feuer zum Beispiel oder in einem besonders harten Winter, dann konnten andere seine Aufgabe übernehmen. Und nach demselben Muster: Wieso sollte ein Baum Kohlenstoff an einen Pilz-Generalisten liefern – einen Schmierröhrling (Suillus) oder Schleierling (Cortinarius) –, der ihn dann womöglich an einen nicht verwandten Baum abgab? Von der Kiefer zu der Felsentanne zu ihren Füßen?

Ich warf die Sandwichrinde in Richtung Eichhörnchen, und der Rabe und der Kiefernhäher stießen im Sturzflug herab, um sich die Beute zu sichern. Mit zuckendem Schwanz hüpfte das Eichhörnchen von seinem Holzstumpf. So wie die alten Weißstämmigen Kiefern gern bereit waren, ihre Samen an Vögel und Eichhörnchen zu verfüttern, und dabei auf die Vielfalt der Verbreitungswege setzten, musste es einem Baum einen evolutionären Vorteil verschaffen, wenn sein mykorrhizales Versorgungsnetz aus einer Vielzahl von Pilzarten bestand, die ihm als Rückversicherung dienten, falls ein Beteiligter ausfiel.

Noch wichtiger war vielleicht die Fähigkeit der Pilze, sich rasch fortzupflanzen. Mit ihrem kurzen Lebenszyklus wären sie in die Lage, sich veränderten Umweltbedingungen – Feuer, Wind und Klima – weit schneller anzupassen als die beständigen, langlebigen Bäume. Der älteste Rocky-Mountain-Wacholder ist etwa 1500 Jahre alt und die älteste Weißstämmige Kiefer circa 1300; der Erstere steht in Utah, die Kiefer in Idaho. Wo die Bäume, die ich hier sah, Jahrzehnte brauchen würden, ehe sie ihre ersten Zapfen produzierten, und es auch dann nur sporadisch tun würden, konnte ihr Pilznetzwerk nach jedem Regen Fruchtkörper und Sporen hervorbringen und war so theoretisch in der Lage, seine Gene mehrmals pro Jahr neu zu mischen. Vielleicht halfen die schnelllebigen Pilze den Bäumen dabei, sich rascher auf Veränderungen und Unwägbarkeiten einzustellen. Statt darauf zu warten, dass die nächste Baumgeneration Nachkommen produzierte, die besser an die durch den Klimawandel verursachte Erwärmung und Austrocknung des Bodens angepasst waren, konnten sich ihre Symbionten, die Mykorrhizapilze, sehr viel schneller weiterentwickeln, um an die immer fester im Boden gebundenen Ressourcen zu gelangen. Womöglich konnten Schmierröhrlinge, Schleierlinge und Röhrlinge (Boletus) unmittelbarer auf die wärmeren Winter, die Auslöser der Käferplage, reagieren und den Bäumen helfen, durch die kontinuierliche Aufnahme von Nährstoffen und Wasser ihre Widerstandskraft zu stärken.

Der Rabe siegte im Wettstreit um mein Sandwich und flatterte am Häher vorüber in die Höhe, eine Wolke aus Krächzen und Federn. Das Eichhörnchen war nicht nur zu langsam, es hätte auch nie dem Schnabel eines Vogels etwas entreißen können. Es würde stattdessen Kiefernsamen ausbuddeln müssen, wenn die Vögel sie vergruben. Oder es konnte sich an einem Pilzfruchtkörper gütlich tun, den es in den Ästen einer Kiefer zum Trocknen aufgehängt hatte. Mit Nachbarn wie dem Raben und dem Kiefernhäher würde es nicht lange leben, wenn es sich ausschließlich auf das an Kiefernsamen verließe, was der Aufmerksamkeit der Vögel entging. Auf die gleiche Art wie der Baum profitierte auch der Pilz von der Vielfalt, wenn er seine Sporen an Beine wie an Schwingen heftete oder sie von einem Aufwind davontragen ließ, um neue Wirte zu besiedeln.

Wenn der Pilz mehr Kohlenstoff von einem Baum bekam, als er für sein eigenes Wachstum und Überleben brauchte, dann konnte er den Überschuss an notleidende Bäume im Netzwerk weitergeben und damit die Zahl seiner Kohlenstoffkontakte steigern – Rückversicherung beim Erwerb lebenswichtiger Ressourcen. Der Pilz konnte den von einer reichen Zitterpappel erzeugten Kohlenstoff im Hochsommer an eine bedürftige Kiefer weiterleiten und damit sicherstellen, dass er zwei verschiedene gesunde Wirte hatte – Zulieferer von photosynthetischem Kohlenstoff –, falls ein Unglück geschah und einer der beiden abstarb. So wie man sowohl in Anleihen als auch in Aktien investiert, für den Fall, dass der Markt zusammenbricht. Wenn dann einer der Bäume im Netzwerk ausfiel – die Kiefer beispielsweise einer Käferattacke zum Opfer fiel –, dann blieb dem Pilz immer noch die Zitterpappel als Energielieferant. Diese sicherere Kohlenstoffversorgung durch mehrere Baumarten konnte die Überlebenschancen des Pilzes in schwierigen Zeiten deutlich verbessern. Dem Pilz war es womöglich gleichgültig, zu welchen Arten seine Wirte gehörten, solange wenigstens einer seiner Kohlenstofflieferanten funktionstüchtig blieb. Wer in eine vielfältige Pflanzengemeinschaft investiert, geht ein geringeres Risiko ein als der, der sich auf eine einzige Art verlässt. Je größer der Umweltstress, desto erfolgreicher sind die Pilze, die in der Lage sind, mit einer Vielzahl von Baumarten zu kooperieren.

Beschwingt und elastisch, mein Rucksack fest vom Hüftgurt gehalten, machte ich mich wieder auf den Weg entlang des Bryant Creek, in Richtung Süden.

Meine Spekulationen hatten mich beflügelt, aber es gab immer noch Dinge, die mir durch den Kopf gingen. Ich überlegte, wie es mit der Interaktion der Arten in größerem Zusammenhang aussah. Der großen Gemeinschaft der Pflanzen, Tiere, Pilze und Bakterien. Die Individualselektion lieferte vielleicht eine Erklärung dafür, wie die fluoreszierenden Pseudomonaden mit den Mykorrhizapilzen von Birken zusammenarbeiteten, um die vom Hallimasch ausgelöste Wurzelkrankheit bei Douglasien einzudämmen. *Aber gab es die Selektion womöglich auch auf der Gruppenebene?* Individuelle Arten, organisiert zu komplex strukturierten Gemeinschaften, die dem Wohlergehen der gesamten Gruppe dienten? Gab es, vergleichbar den Handwerkszünften in der menschlichen Gesellschaft, kooperative Gilden von Arten? Gemeinschaften, in denen mehrere Baumarten durch ein Netzwerk zur wechselseitigen Unterstützung verbunden waren, so wie man, wie das Sprichwort hieß, ein ganzes Dorf brauchte, um ein Kind großzuziehen – selbst auf die Gefahr hin, dass es in solchen Gilden auch Betrüger gab? Eine solche Gemeinsamkeit würde funktionieren, wenn unser Verhalten strikt auf Gegenseitigkeit beruhte, wie bei dem in beide Richtungen ablaufenden Austausch zwischen Birken und Douglasien und dem dort herrschenden Prinzip der Reziprozität, bei dem die Richtung von Geben und Nehmen sich im Laufe des Sommers umkehrt. Quid pro quo. Aber wie stand es mit dem längerfristigen Austausch? Wenn zum Beispiel die Douglasien schließlich höher wurden als die Birken? Würde sich die der Beziehung zugrunde liegende Quid-pro-quo-Regel dann verändern? Und wie ließe sich das mit unserem menschlichen Leben vergleichen, wenn es im Laufe der Jahre komplexer wird und unsere Beziehungen sich mit zunehmendem Alter verändern? (Wenn Jean mir bei der Kinderbetreuung hilft, wie revanchiere ich mich, wenn sie an einen weit entfernten Ort zieht?) Ich fragte mich, warum zwei Baumarten über einen langen Zeitraum weiterhin kontinuierlich Kohlenstoff austauschten, wo doch die Zukunft so ungewiss war.

Ich dachte zurück an die Strafgefangenen bei meinem Erlenexperiment. Da weder der Gefangenenwärter noch der Aufseher bewaffnet war, hätte jeder der Häftlinge fliehen können. Der

Gefangene, der zum Waldrand hinübergeblickt hatte, hatte ausgesehen, als würde er jeden Moment loslaufen. Hätte ein einzelner im Alleingang beschlossen zu fliehen, wäre das einem Verrat an seinen Mitgefangenen gleichgekommen und hätte womöglich für alle eine Haftverlängerung bedeutet. Wenn er aus reinem Eigennutz gehandelt hätte, wäre der unruhige Gefangene vielleicht entkommen. Andererseits gab es, wenn er sich kooperativ zeigte, und die anderen ebenfalls, eine Chance, dass ihre Strafe wegen guter Führung verkürzt wurde. Aber sie konnten nicht wissen, wie es ausgehen würde, und das war das klassische Gefangenendilemma. Es scheint vernünftiger zu fliehen, aber letztlich sagt sein Instinkt dem Häftling, dass es besser ist zu kooperieren. Studien zeigen immer wieder, dass Gruppen sich in der Regel für die Kooperation entscheiden, selbst wenn der Verrat an den anderen eine höhere individuelle Belohnung verspricht.

Vielleicht stecken Birken und Douglasien, der Dunkle Hallimasch und die fluoreszierenden Pseudomonaden auch in einer Art Gefangenendilemma, bei dem auf lange Sicht der Nutzen der Kooperation in der Gruppe den individuellen Vorteil überwiegt. Wegen des hohen Risikos einer Infektion durch den Hallimasch können die Douglasien ohne die Birken nicht überleben, und die Birken wären langfristig ohne die Douglasien verloren, weil sich im Boden zu viel Stickstoff anreichern und zu einer Übersäuerung führen würde, die für die Birken schädlich wäre. In diesem Szenario erfüllen die kleinen fluoreszierenden Pseudomonaden eine doppelte Funktion: Sie produzieren chemische Verbindungen, die die Verbreitung der Hallimasch-Wurzelkrankheit bei den Bäumen hemmen, und sorgen so dafür, dass es auch weiterhin eine Kohlenstoffquelle für die Gemeinschaft gibt; und sie formen mithilfe des Kohlenstoffs, den das mykorrhizale Netzwerk abgibt, Stickstoff um. War das noch vereinbar mit dem Prinzip der Individualselektion, oder geschah die Selektion hier auf der Gruppenebene?

Die Wölfe profitierten von ihrer Beziehung zu Wald, Schnee und Bergen. Im Wald fanden die Tiere Nahrung, Unterschlupf und Schutz für ihre Welpen, und zusammen mit Elchen, Schneeziegen, Bären und Weißstämmigen Kiefern bildeten sie eine facettenreiche Gemeinschaft, in der die einzelnen Mitglieder sich koevolutionär entwickelten, Erfahrungen sammelten und ein ganzheitliches System bildeten. Ich war so in Gedanken, dass ich beinahe mit zwei Biologen zusammenstieß, den mit Senderhalsbändern versehenen Wölfen auf der Spur. Sie kannten das Rudel gut: Das Leittier sei eine alte Wolfsmutter.

Ich fragte, warum sie den Wölfen folgten. In den länger werdenden Schatten der Berggipfel erzählte mir die Leiterin, eine hagere, wettergegerbte Frau mit dunklem Pferdeschwanz, wie groß der Druck sei, Wölfe im Naturpark abzuschießen, um zu verhindern, dass die Karibupopulation weiter abnahm. Sie schob bei diesen Worten ihre Sonnenbrille hoch; sie wirkte intelligent und entschlossen. Ihr Assistent, ein junger Bursche mit einem Rucksack, bei dessen Anblick sogar Jean vor Neid erblasst wäre, hantierte mit seinem Empfänger.

»Daran sind die Kahlschläge schuld«, entgegnete ich und sah sie an. Die Weiden- und Erlenschösslinge böten attraktive Nahrung für Elche, dadurch wachse ihre Population, und das ziehe Wölfe an. Das Problem sei, dass die Wölfe, die Jagd auf Elche machten, auch Bergkaribus rissen, und die seien durch den Verlust ihres Lebensraums und durch menschliche Einflüsse stark gefährdet. Sie nickte zustimmend, tänzelte dabei auf ihren Telemarkskiern und vergewisserte sich, dass ihr LVS-Gerät eingeschaltet war.

»Ja, auf den Kahlschlägen liegt der Schnee so hoch, dass die Karibus nicht mehr schnell genug vor den Wölfen fliehen können«, bestätigte sie und schaute in die Richtung, in die die Wolfsmutter gezogen war. Und es gebe immer mehr Kahlschläge, weil die von den Käfern befallenen Bäume geschlagen würden, um wenigstens das Holz zu verkaufen.

»Wir müssen los, sonst verlieren wir sie«, sagte der Assistent mit einem Blick auf das Peilgerät und zog den Brustgurt seines Rucksacks fester. Die Forscherin blickte mit zusammengekniffenen Augen auf den vor ihr liegenden Pass.

»Also dann«, sagte sie, und ich verabschiedete mich ebenfalls, beeindruckt von ihrer Entschlossenheit. Der Kiefernwald verschluckte die beiden ebenso unvermittelt, wie sie aufgetaucht waren – was mir wieder vor Augen führte, wie leicht ein Mensch hier draußen spurlos verschwinden kann. Es war schon Nachmittag. Ich musste mich sputen, sonst würde ich die letzten Meilen in der Dunkelheit zurücklegen müssen.

Die Route entlang des Bryant Creek war schnell und führte sanft bergab, und als ich an schwankenden Kiefern vorbeiglitt, die Sonne im Rücken und die steilen Lawinensturzbahnen hinter mir, war ich froh, dass die Wolfsforscher mit ihren Skiern den Schnee auf dem Weg festgefahren hatten. Als ich an meinem Auto ankam, färbten sich die rosafarbenen und violetten Streifen am Himmel über den sanft geneigten Sedimentflächen bereits dunkel.

Ökosysteme haben so viel Ähnlichkeit mit menschlichen Gesellschaften – sie gründen auf ein Fundament aus Beziehungen. Je stärker diese Beziehungen sind, desto belastbarer ist das System. Und da die Systeme unserer Welt aus individuellen Organismen bestehen, können sie sich verändern. Wir Lebewesen passen uns an, unsere Gene entwickeln sich, und wir lernen aus der Erfahrung. Ein System ist ständig im Fluss, weil seine einzelnen Elemente – die Bäume und Pilze und Menschen – unablässig aufeinander und auf ihre Umwelt reagieren. Unser Erfolg bei der Koevolution – unser Erfolg als funktionierende Gesellschaft – hängt von der Stärke dieser Verbindungen zu anderen Individuen und Arten ab. Aus der daraus resultierenden Anpassung und Evolution entwickeln sich Verhaltensmuster, die uns helfen zu überleben, zu wachsen und zu gedeihen.

Ein artenreiches Ökosystem aus Wölfen, Karibus, Bäumen und Pilzen können wir uns vorstellen wie ein Orchester aus Holz- und Blechbläsern, Perkussionisten und Streichern, die gemeinsam eine Sinfonie spielen. Oder wie unser Gehirn, in dem durch das Zusammenwirken von Neuronen, Axonen und Neurotransmittern Gedanken und Mitgefühl entstehen. Oder wie Geschwister, die sich zusammentun, um gemeinsam ein traumatisches Erlebnis wie Krankheit oder Tod zu verarbeiten – ein Ganzes, das mehr ist als die Summe seiner Teile. Die Arten, die in einem Wald miteinander kooperieren, die Musiker in einem Orchester, die Mitglieder einer Familie – sie alle wachsen durch Kommunikation und Feedback, durch Erinnerungen und das Lernen aus der Vergangenheit und machen sich, selbst wenn es chaotisch und unvorhersehbar sein mag, knappe Ressourcen zunutze. Durch diesen Zusammenhalt entwickeln sich unsere Systeme zu einem stabilen Ganzen. Sie sind komplex. Selbstorganisierend. Sie tragen die Merkmale von *Intelligenz*. Wenn wir anerkennen, dass die Ökosysteme des Waldes genau wie menschliche Gesellschaften über diese Art von Intelligenz verfügen, fällt es uns leichter, alte Vorstellungen über Bord zu werfen, wonach sie als unbeweglich, einfach, linear und berechenbar gelten. Vorstellungen, die seit Langem als Rechtfertigung und Vorwand für ihre schnelle Ausbeutung dienen, durch die wir die künftige Existenz von Lebewesen in diesen Waldsystemen gefährden.

Die Wölfe hatten mir ein Zeichen gegeben, genau wie die »Drei Schwestern« in meinem Garten. Sie hatten mir signalisiert, dass ich gegen fehlgeleitete Praktiken in der Forstwirtschaft etwas unternehmen konnte. Meinem Kind würde es nicht schaden, vielleicht würde es ihm sogar nützen, wenn ich mutiger wurde. Vielleicht würde die Hoffnung, die durch meine Adern strömte, auch dieses Kind erfüllen.

Die Wolfsmutter und die Biologen, die ihr folgten, hatten mir Mut gemacht.

Ich spürte die Anwesenheit des Rudels.

Ich spürte, wie Kelly mir Rückendeckung gab.

Ich fühlte mich weniger besorgt und ängstlich, weniger darauf bedacht, in Deckung zu bleiben. Bereit, meinen Beitrag zu den Veränderungen zu leisten, nach denen meine wissenschaftlichen Erkenntnisse verlangten. Ich bekam immer noch Nachfragen von Journalisten zu meinem Artikel in *Nature*. Eine Frau aus Ontario schrieb mir einen Brief, in dem sie mir für meine »Arbeit im Dienste der Menschheit« dankte, und eine weitere Mutter, die sich wegen der Wasserknappheit in Kalifornien Sorgen machte, sprach von meiner »Botschaft der Hoffnung«. Mit diesen Briefen in der Hand saß ich da und wusste, dass ich weitermachen musste, weitermachen für mein Kind. Für alle Kinder, für künftige Generationen. Ich hatte Belege, die die ökologischen Theorien und vielleicht auch die Praktiken der Forstwirtschaft infrage stellten. Ich hielt die Saat des Wandels in Händen.

Monate später bekam eine Journalistin mich in meinem Büro zu fassen. Ich erwähnte meine Schwangerschaft, und dass die

Geburt unmittelbar bevorstehe, und wir scherzten darüber, wie leicht es war, fünfzig Pfund zuzunehmen. Ich lachte immer noch, als sie mich fragte, was meine Forschungen zum Einsatz von Herbiziden ergeben hätten. »Das dürfen Sie jetzt nicht drucken«, sagte ich treuherzig, »aber unter uns gesagt könnte man genauso gut Steine bemalen.« Sie bedankte sich und fügte hinzu, der Artikel werde in zwei Tagen erscheinen.

Jetzt doch nervös, schlurfte ich zu Alans Büro und berichtete ihm, was ich da gerade über bemalte Steine gesagt hatte. Er blickte finster. »Da kannst du sicher sein, dass sie das bringt«, knurrte er.

»Aber ich habe ihr gesagt, das darf sie nicht«, entgegnete ich reumütig und recht kleinlaut. Ein Babyfuß trat gegen meine Bauchdecke, ich japste. Alan gab mir Zeichen, mich zu setzen. Die folgende Stunde verbrachte er damit, die Telefonnummer der Journalistin zu wählen, bis er sie schließlich in Toronto erreichte. Er erklärte, wenn sie meine Bemerkung in dem Artikel bringe, würde ich Ärger bei amtlichen Stellen bekommen, es könne mich sogar den Job kosten. Sie versprach nichts. Ich schämte mich für meine Unvorsichtigkeit, aber ich fühlte mich auch hintergangen, weil sie mir in unserem Gespräch über das Muttersein eine Bemerkung entlockt hatte, die einen Schatten auf meine Botschaft zur Komplexität des Waldes werfen konnte. Und was noch schlimmer war: Ich hatte Alan in die peinliche Lage gebracht, in der er meinetwegen betteln musste, um Unheil abzuwenden.

Am Abend gingen Don und ich vor unserem Haus spazieren, und er mühte sich, mir Mut zu machen. Frisch ausgetriebene Pappelblätter beendeten eben ihr Tagwerk und gingen zur Ruhe. Ich hatte mir gewünscht, dass mein Baby mit dem Öffnen der ersten Knospen im Frühling zur Welt kommen sollte, aber ich war schon zwei Wochen über die Zeit, und die Felsenbirnen standen in voller, weißer Blüte. »Sie ist eine verantwortungsvolle Umweltjournalistin, ich habe Artikel von ihr gelesen«, beschwichtigte er mich und warf einen Stock für den Labrador unseres Nachbarn. Ich wollte ihm glauben. »Du hast jetzt Wichtigeres zu tun«, sagte er noch. Und schließlich hatte ich mir ja vorgenommen, meine Forschungsergebnisse offensiver zu vertreten – ich wollte Schaden von meiner Tochter wenden, aber wenn ich sie schützen wollte, musste ich ihr eine kämpferische Mutter sein. Bei den Balsamwurzeln mit ihren Blüten wie Sonnenblumen machten wir kehrt, und auf dem Heimweg sprach Don von seinen Eltern, die aus St. Louis zu Besuch kommen wollten.

Ein Bad am Abend entspannte meine kribbelnden Beine und brachte mich auf andere Gedanken. Don zündete den Kamin an und sah sich ein Baseballspiel an; ich ging zu Bett und sagte mir, dass alles gut würde. Um Mitternacht wachte ich auf; die Muskeln in meiner Körpermitte zogen sich zusammen wie ein Gummiband – aber ich strich mit der Hand über die Bauchdecke, beschwichtigte das Baby und schlief wieder ein.

Am nächsten Morgen ging ich vor die Küchentür, klaubte die Morgenzeitungen auf und ließ den Blick über die immer grünere Reitgraswiese zu den violetten und gelben Krokussen schweifen, deren Zwiebeln ich im Herbst in die Erde gesteckt hatte. Ich schlug die *Vancouver Sun* auf. Unter der Überschrift »Forschungen zeigen: ›Unkraut‹-Bäume sind lebenswichtig für den Wald« prangte im Vorspann des Artikels meine Bemerkung über die bemalten Steine.

Mit einem Mal waberten die Wände unseres Blockhauses, wie heiße Luft über einem Gehweg. Don starrte mich an, ein Goldspecht flatterte gegen das Fenster. Don sprang auf, stopfte sich dabei noch den letzten Bissen Toast in den Mund. Sein Blick huschte von meinem entsetzten Gesicht zur Artikelüberschrift. Er steuerte mich wieder zurück zur Sitzbank und nahm mir die Zeitung aus der Hand. »Ach, das ist schnell vorbei«, sagte er.

»Ich würde gern meinen Tee austrinken«, sagte ich. »Meinst du, ich kann noch meinen Tee austrinken?«

»Aber klar«, antwortete Don. Auf ihn konnte ich mich verlassen, wenn ich jemanden brauchte, der mir Mut machte.

Als die zweite Wehe kam, griff er zur Tasche, die schon bereitstand, und half mir auf.

Zwölf Stunden später kam Hannah zur Welt.

11

Miss Birch

Meine Bemerkung über die bemalten Steine sorgte in der Provinzhauptstadt Victoria für ein kleines Erdbeben. Zumindest wurde es mir so zugetragen, denn als die Herren in der Chefetage an die Decke gingen, war ich in Mutterschaftsurlaub. Während sie dem Vernehmen nach über mein weiteres Schicksal berieten, kümmerte ich mich um Hannah, die mit ihrem dunklen Haarschopf und den aufmerksamen Augen sofort als Dons Tochter zu erkennen war; unmissverständlich eine von uns.

Ein Kollege aus der Forschung, dem meine Beherztheit imponierte, gratulierte mir per E-Mail und hängte ein Bild von einem Häufchen bemalter Steine an.

Ein anderer Kollege schickte mir sogar einen selbst bemalten Stein.

Ein streitbarer Dozent schlug mir vor, ein Seminar an der Universität von British Columbia zu halten, wo ich offenbar jetzt eine Art Lokalheldin war, auch wenn ich mich ganz und gar nicht so fühlte.

Der Zeitungsartikel brachte meine Stelle beim Forest Service in Gefahr, und er weckte auch neuerliches Interesse an meinem Aufsatz in *Nature*. Ich wurde vom Radiosender CBC für die Sendungen *Daybreak* und *Quirks & Quarks* interviewt, und es gab Artikel im *Times Colonist* aus Victoria und in der Torontoer *Globe and Mail.* Zu den Zeiten, zu denen Hannah nicht schlief, hing sie wie angeklebt an meiner Hüfte, nahm jede Bewegung auf, wenn ich am Telefon mit Journalisten sprach, ich hatte sie so wortwörtlich an meiner Seite, dass ich mir, weil ich sie ja nicht beunruhigen wollte, immer genau überlegte, was ich sagte, knapp und klar, und mit jedem Interview wurde ich mutiger und entschlossener.

Morgens war ich in seltsam ruhiger und gelassener Stimmung, obwohl Hannah auch nachts gestillt werden wollte und ich nicht viel zum Schlafen kam. Sie nahm mich voll und ganz in Beschlag, und schon bald dachte ich kaum noch an bemalte Steine. Don kochte Haferbrei zum Frühstück, bevor er sich auf den Weg in sein Beratungsbüro machte. Mit der schlafenden Hannah im Tragetuch vor der Brust unternahm ich stundenlange Wanderungen, vorbei an dicken Reitgrastuffs, leuchtend grün im Frühjahr, ganzen Teppichen von buttergelber Sommerwurz und wippenden violett-braunen Schachbrettblumen im Schatten von dicht gedrängten Douglasien, von Ponderosakiefern und Zitterpappeln. Irgendwie wusste ich genau, was ich zu tun hatte. Ich konnte es einfach. Jeden Tag wanderte ich, so weit ich kam, bis Hannah aufwachte. Manchmal schaffte ich es bis hinauf ins Bergland zu einem von sumpfigen Wiesen umgebenen See, wo Lerchenstärlinge ihre schrillen Melodien trillerten, Rotflügelstärlinge auf Binsenstängeln schaukelten und *O-ka-lie* riefen und Hüttensänger in ihren aus Kiefernnadeln gewobenen napfförmigen Nestern brüteten. Wenn wir nachmittags wieder zu Hause waren, stellte ich Hannah in ihrem Körbchen, nicht höher als die Baumkinder ringsum, für ein Nickerchen in den Schatten der alten Douglasie. Ich selbst lehnte mich an die schrundige Borke und döste in ihrer Gesellschaft, und Gambelmeisen und Fichtenzeisige gingen derweil im dichten Geäst einer Wasserbirke der täglichen Arbeit nach. *Hey-sweetie* flötete eine Meise, und die Zeisige zwitscherten im Flug unablässig *Tit-a-tit.* Mit den Interviews ging es gut, die Aufregung legte sich, und man ließ mich in Ruhe.

Bis auf einen Vorfall, als Hannah drei Monate alt war. Ich musste mein Forschungsbudget vor einem Ausschuss rechtfertigen, wie alle anderen in der Provinz. Jeder von uns bekam fünf Minuten, um seinen Finanzbedarf für das kommende Jahr darzulegen. Ich hatte eine ehrgeizige Liste von Projekten. An diesem Morgen fühlte ich mich selbst wie ein hilfloses Baby, ich war nervös, weil ich wieder im Licht der Öffentlichkeit stehen sollte, und unsicher, ob sich meine Presseaktivitäten vielleicht doch noch zum Nachteil auswirken würden. Hannah wurde alle zwei Stunden gestillt, also brachte ich sie mit sanftem Druck dazu, vor meiner Präsentation im hinteren Bereich des Hörsaals zu trinken, damit sie dann meinen Auftritt hindurch schlief. Barb stand neben mir im Schatten. Die Herren des Ausschusses saßen mit gespitzten Bleistiften und gezückten gelben Notizblöcken vorn in der ersten Reihe. Knapp bevor ich an der Reihe war begann Hannah zu weinen, und ich gab ihr noch einmal die Brust.

Dann wurde ich aufgerufen. Hannah ließ nicht locker, aber ich zog sie weg, wie man einen Vielfraß wegzerrt, der sich am Bein eines Elchs festgebissen hat, drückte sie Barb in die Arme und stürmte nach vorn. Auf der Bühne hantierte ich mit meinen Folien. Aber die Männer in der ersten Reihe wurden unruhig, einige blickten betreten auf ihre Schuhe, andere raschelten mit Papieren. Ein Taschenrechner fiel klappernd zu Boden. Ich warf einen Blick auf mein weites violettes Oberteil. Zwei Flecken breiteten sich, von punktförmigen Quellen, zusehends aus. »Ach du je«, murmelte ich mit hochrotem Gesicht, mein Lächeln so angespannt wie ein Stacheldrahtzaun, und wäre am liebsten im Boden versunken. Ein älterer Gutachter hustete laut. Mein Vater wäre genauso verlegen oder schockiert gewesen – in seiner Generation hatten die Frauen ihre Kinder nicht gestillt. Kolleginnen saßen mit offenem Mund da, spürten, wie peinlich mir die Sache war. Ich spulte meine Präsentation im Eiltempo ab und suchte das Weite, floh durch die Hintertür mit Barb auf den Fersen. Draußen standen wir in der Sonne, schreckensstarr, dann brach Barb, erfahrene Mutter, die sie war, und durch nichts so leicht aus der Ruhe zu bringen, in schallendes Gelächter aus und lachte so lange, dass ich schließlich mit einstimmte. Einen Monat später wurden meine Mittel bewilligt – nicht in dem Umfang, in dem ich es gefordert hatte, aber immerhin genug, um meine Arbeit fortzusetzen.

Als Hannah acht Monate alt war, kehrte ich aus dem Mutterschaftsurlaub zurück, obwohl ich lange mit dem Gedanken gerungen hatte, ganz zu Hause zu bleiben. Aber ich brannte darauf, meine Forschungsarbeit wiederaufzunehmen, und Don und ich waren auf mein Einkommen angewiesen. Debbie, die Tagesmutter, schien eine patente Frau, aber als ich meine kostbare Tochter zum ersten Mal zu ihr brachte – das Liebste, was ich im Leben hatte, in ihrem fliederfarbenen Strampelanzug und mit den Babyspeckringen an den Handgelenken, dieses Kind, das im gleichen Takt atmete wie ich selbst –, blickte Hannah mich an, als hätte ich sie verraten. Sie schrie und klammerte sich an mich und schluchzte, als ich sie von meiner Brust wegzog und die Tür hinter mir zumachte. Schwer atmend stand ich draußen, hörte, wie sie schrie, und meine Welt geriet ins Wanken.

Was tat ich da? Wollte ich mein Baby wirklich bei einem fremden Menschen lassen, nur damit ich im Büro sitzen und aus dem Fenster starren konnte? War es das wirklich wert? Aber nach einer Woche ging es mir schon besser. Eine weitere Woche später hatte sich die neue Routine eingespielt, und ich konnte wieder an meine Arbeit denken. Ich durfte nicht lockerlassen. Die Monate verstrichen, und immer deutlicher spürte ich es – es war und blieb meine Pflicht, den Verantwortlichen bei der Forstbehörde und auch den Praktikern begreiflich zu machen, was ich da entdeckt hatte.

Alan und ich griffen seine alte Idee wieder auf, eine zweitägige Veranstaltung, die Konferenz und Exkursion verband und einen Überblick vor Ort zum Stand der Dinge bei der Frage geben sollte, ob nun Laubbäume mit den Nadelbäumen konkurrierten oder nicht. Wir würden drei Dutzend Behördenvertreter, Forstwirte und Wissenschaftler einladen und eine Diskussion darüber in Gang bringen, ob die Maßnahmen, die für ungehindertes Wachstum sorgen sollten, die Überlebenschancen und den Wuchs der jungen Bäume tatsächlich verbesserten.

Am ersten Tag ging ich meine Präsentation nochmals durch und packte Hannah, mittlerweile vierundzwanzig Pfund schwer und fast anderthalb Jahre alt, ein extragroßes Lunchpaket für die Kita – drei Fläschchen Milch, Avocadoscheiben, gewürfeltes Hähnchenfleisch, Käsestangen und Erdbeerjoghurt. Ich war fahrig und gereizt, und Hannah spürte, dass etwas nicht stimmte. Don brachte sie zur Tagesstätte und mich zum College, dann fuhr er in sein Büro.

Alan begann mit einem Grußwort und der Präsentation der Tagesordnung. Danach sollten diverse Kollegen ihre Arbeiten zu Kahlschlägen und Ausmerzaktionen in verschiedenen Waldtypen vorstellen: von den fruchtbaren Schwemmlandflächen an der Küste über die langsam wachsenden Fichtenanpflanzungen in der subborealen Zone bis hin zu den Felsentannen in Höhenlagen und den Kiefern im Gebiet des Rocky-Mountain-Grabens. Es machte mich nervös, dass die Herren aus der Hauptstadt die beiden runden Tische ganz vorn im Konferenzraum mit Beschlag belegten. Die Forstleute aus der Region saßen in der nächsten Reihe und die Wissenschaftler weit verstreut in den hinteren Bereichen des Saals, als wollten sie ihre Unabhängigkeit wahren. Alan sagte immer, Forscher dazu zu bewegen, dass sie auf ein gemeinsames Ziel hinarbeiteten, das sei, als wolle man einen Sack Flöhe hüten. Mein Referat sollte den Abschluss bilden und als Einstimmung auf die Präsentation meiner Untersuchungen in den örtlichen Gebirgsökosystemen dienen, die wir bei der Exkursion am folgenden Tag besuchen würden. Einige Vorträge berichteten von dramatischen Wachstumsschüben bei Koniferen nach der Beseitigung eines dichten Geflechts aus Nutka-Himbeeren und Weidenröschen mit Herbiziden, die meisten aber zeigten nur geringere Zunahmen oder gar keine.

Teresa, eine scharfsinnige, besonnene Forscherin aus dem Norden, wies in ihrem Referat darauf hin, dass auf ihren Versuchsarealen eine gewissen Menge an Zitterpappeln stehen geblieben war, ohne dass es bei den Fichten zu Wachstumsminderungen gekommen war, und dass die Laubbäume halfen, Frostschäden an den Koniferen zu vermeiden. Sie sprach hastig und ließ die Entscheidungsträger nicht aus den Augen. Rick, ein hochgewachsener, redegewandter Forstwirt, unterbrach sie und wies auf eine Handvoll auffällig hoher Bäume bei den von Unkraut befreiten Flächen auf einer ihrer Aufnahmen hin – wahre Riesen unter Dutzenden von kleineren. Für ihn war das ein Beweis, dass Bäume, die ungehindert wachsen konnten, sehr wohl das Potential besaßen, ungewöhnlich groß zu werden, zumindest kurzfristig betrachtet. Mein Freund Dave, der sowohl seinen Masterabschluss als auch die Doktorarbeit zeitgleich mit mir gemacht hatte, meldete sich aus den hinteren Reihen zu Wort und unterstützte Teresas These, dass die vollständige Entfernung von Laubbäumen unnötig sei, weil nur ein Bruchteil der Koniferen davon profitiere, die Mehrzahl hingegen klein blieb und noch dazu anfälliger für Frostschäden war, als wenn sie im Schutz der Zitterpappeln standen. Und für die wahllosen Unkrautvernichtungsaktionen werde der hohe Preis einer verminderten Artenvielfalt gezahlt, deshalb sei ungehindertes Wachstum keine sinnvolle Pauschallösung. Aber er räumte ein, dass es an manchen Standorten im Norden, wo sich nach dem Abholzen Wald-Reitgras ausbreitete, den Koniferen nützte.

Als ich an der Reihe war, präsentierte ich Daten aus mehreren Experimenten, die zeigten, dass viele Pflanzenarten – gerade die, die regelmäßig Zielscheibe von Vernichtungsaktionen wurden – den angepflanzten Koniferen, wenn überhaupt, nicht so sehr schadeten wie erwartet. Auf den meisten abgeholzten Flächen wüchsen die Koniferen ebenso gut in der Nachbarschaft von heimischen Pflanzen – Weidenröschen, Reitgras, Weiden – wie ohne sie. Die Wirkung von Birken auf Douglasien sei komplex und hänge ab von Faktoren wie der Dichte der Bestände, der Qualität von Boden und Pflanzgut, der Vorbereitung des Pflanzareals und der Menge an Hallimasch-Wurzelerkrankungen im ursprünglichen Wald. Die Reaktionen seien ein Ergebnis der jeweiligen Bedingungen und der spezifischen Geschichte des Standorts, und es sei unerlässlich, den jeweiligen Wald genau zu kennen. Ich legte Daten dazu vor, wie viele Birken in speziellen Situationen stehen bleiben konnten, um zu gewährleisten, dass die Nadelbäume gut wuchsen, möglichst wenige Wurzelerkrankungen auftraten und die Artenvielfalt gewahrt blieb. Meine Forschungsergebnisse waren schlüssig, aber sie waren auch so jung wie ich selbst. Da, wo meine Erkenntnisse sich mit den ihren deckten, nickten meine Kollegen zustimmend. Voller Optimismus wandte ich mich meinen letzten Schaubildern zu.

Sträucher wie Erlen und Büffelbeeren, erläuterte ich, seien nützlich für benachbarte Nadelbäume, weil sie in Symbiose mit Bakterien lebten, die Stickstoff fixieren können. Ganz zu schweigen, dachte ich im Stillen, von ihrer Rolle als Lieferanten von Nahrung für Vögel, Medizin für Menschen und Kohlenstoff für den Boden. Und von ihrer Rolle bei der Verhinderung von Erosion und Bränden und Krankheiten. Von ihrem Beitrag dazu, dass der Wald ein Ort blieb, an dem man sich gern aufhielt. Die Herren vorn am Tisch beäugten mich anfangs schweigend, doch dann bemerkte ich Stirnrunzeln, und was mich noch mehr beunruhigte, war, dass ein hochrangiger Manager Mitte sechzig mich mit den Worten unterbrach: »Ihre Daten sind noch zu frisch, um zu belegen, dass die anderen Pflanzen die Koniferen nicht auf Dauer überflügeln.«

Ein junger Förster, die Augen im Schatten einer grünen Baseballkappe verborgen, rief vom Nebentisch, meine Forschungsergebnisse deckten sich nicht mit dem, was die Pflanzen in *seinen* Wäldern täten. Dabei blickte er beifallheischend zu der Riege der älteren Männer hinüber. Hochwürden hatte sich bisher nicht zu Wort gemeldet und blieb reglos sitzen, während die anderen an seinem Tisch ihre Papiere zusammenrafften, sichtlich auf Feierabend aus. *Dann mache ich wohl besser erst mal Schluss*, dachte ich. Ich brachte meinen Vortrag zu Ende, Alan bedankte sich bei allen, und offenbar wollten jetzt alle gern ein Bier. Die Herren erhoben sich, und nach ein paar Bemerkungen zu Regularien folgten sie Dave und Teresa zum Entspannen in Duffy's Pub. Ein kleiner Trost für mich war, dass ich noch hörte, wie ein Forstwirt, der sich schweigend Notizen gemacht hatte, zu einem Freund sagte: »Endlich mal was Nützliches. Ich will keine Ausmerzaktionen, wo es nicht nötig ist.«

Don und Hannah warteten schon auf mich. Sie juchzte in ihrem Kindersitz, als ich ihr einen Kuss gab, dann ließ ich mich neben Don auf den Beifahrersitz fallen, legte den Kopf in den Nacken und stöhnte. »Gott, ist das ein Kampf«, sagte ich. »Die anderen hatten gute Daten, aber die hohen Herren wollen trotzdem von meinen Ergebnissen nichts wissen.«

Don, allzeit optimistischer als ich, versicherte mir, draußen im Gelände werde alles ganz anders aussehen, wenn wir die Bäume erst einmal direkt vor Augen hätten.

Tags darauf wollte ich zur Untermauerung meiner Thesen drei Douglasienpflanzungen zeigen, auf denen unterschiedliche Bedingungen herrschten, »die guten, die schlechten und die grottenschlechten«, und vor Augen führen, wie unterschiedlich sich die An- oder Abwesenheit von Birken auf die Kahlschlagpopulationen auswirkte. Eine der Anpflanzungen lieferte ein Beispiel für die große Mehrzahl der Wiederaufforstungen, wo nach dem Kahlschlag ohne fremdes Zutun eine überschaubare Menge von Birken nachwuchs oder sich neu ansiedelte. Die beiden anderen standen für die Extreme: Auf der einen Fläche war eine so große Menge von Samen aufgegangen, dass sich ein dichtes Birkengestrüpp gebildet hatte, auf dem anderen gab es fast gar keinen neuen Bewuchs. Alle drei Anpflanzungen waren noch jung, etwa zehn Jahre, also in einem Alter, in dem normalerweise Unkrautbekämpfungsmaßnahmen durchgeführt wurden, um ein ungehindertes Wachstum der Setzlinge zu gewährleisten. Ich hatte diese Standorte ausgewählt, weil ich zeigen wollte, dass Birken eine weniger bedrohliche Konkurrenz darstellten als gemeinhin angenommen und dass Forstwirte zu

Maßnahmen griffen, die nicht den lokalen Gegebenheiten angemessen waren. Wenn sie die Bedrohung überschätzten, die von ein paar benachbarten Birken ausging, konnte dies unerwartete Konsequenzen nach sich ziehen und womöglich die Zukunft des Waldes gefährden, weil die Reduzierung der Artenvielfalt die Erträge mindern, das Risiko von Krankheiten erhöhen und der Ausbreitung von Waldbränden Vorschub leisten würde. Schließlich entscheidet das, was wir in der frühen Entwicklungsphase tun, über die künftige Widerstandsfähigkeit. Bei Wäldern genau wie bei Kindern.

Ich malte mir aus, dass ich, indem ich meine Thesen direkt im Wald, umgeben von Bäumen präsentierte, meine Zuhörern leichter dazu bewegen konnte, ihre Praktiken zu überdenken und sie dem Geschehen in der Natur besser anzupassen. Denn die Liebe zu den Wäldern war das Einzige, was uns alle verband. Alan und ich hatten eigens für den Ausflug einen blitzblanken Kombiwagen gemietet und fuhren nun mit Forstwirt Rick und Hochwürden auf dem Rücksitz von Kamloops aus am Fluss entlang Richtung Norden. Jean und Barb bildeten mit unserem Geländefahrzeug die Nachhut. Ganz der liebenswürdige Gastgeber, plauderte Alan entspannt über Fällquoten in der Provinz und den Nachholbedarf bei unzureichend wiederaufgeforsteten Kahlschlägen, und alle spekulierten, wer bei der nächsten Vergaberunde von Fördermitteln den Löwenanteil für seine Forschungen bekommen würde, aber ich hielt mich heraus. Außerdem war mir ein bisschen übel, denn ich war seit einigen Monaten zum zweiten Mal schwanger. Ich tat, als studierte ich die Karten und Notizen. Rick erzählte lachend von seinem Lieblingsexperiment im Norden, wo seine Fichten von Gras erstickt wurden, etwas, das genau seine Ansichten bestätigte. Auf der Fahrt vorbei an mit Westlichen Balsampappeln bestandenen

Sandbänken und Geröllhalden mit Douglasien redete Hochwürden über die Durchforstung von Wäldern, die eine bestimmte Dichte überschritten, eine Dichte, die nach seiner Auffassung und der seiner Modellentwickler den Bäumen schadete; durch solche Maßnahmen könnten sie einheitlichere Wälder schaffen, die schneller und berechenbarer wüchsen. Ich brachte es nicht fertig, mich an der Unterhaltung zu beteiligen; ich würde den Wald für mich sprechen lassen.

Kurz vor dem East Barrière Lake hielt unsere Fahrzeugkolonne bei einem jahrhundertealten Bestand aus Douglasien und Papierbirken. Ich hatte mich nie als aufsässigen Menschen betrachtet, aber inzwischen hatte ich mehr und mehr das Gefühl, dass sie mich noch in diese Ecke stecken würden, ehe die Exkursion vorüber war.

Doch der alte Wald fühlte sich milde und friedlich an, als ich auf einer kleinen Erhebung inmitten von etwa fünfunddreißig Meter hohen Douglasien und kleineren Papierbirken stand, Birken, deren laubreiche Äste sich in die Lücken im Kronendach reckten. An freien Stellen drängten sich einige Kohorten von Jungdouglasien. Die Männer stießen sich an, scherzten und tranken ihren Kaffee. Teresa sah einen Saftlecker – eine Spechtart –, und das führte zu einer kleinen Konversation mit Rick über Höhlenbrüter. Alan stand breitbeinig bei einem weiteren der maßgeblichen Herren, fachsimpelte, dass man statt der extrem dicht gepflanzten Fichtenbestände in Schottland eigentlich wieder die dort heimischen Eichenwälder anlegen sollte, um Vögeln mehr Lebensraum zu bieten. Alan, ein Mann, der immer gern Parallelen zog, zeigte auf eine Eulenhöhle in einem Birkenstamm und befand, bei uns erfüllten die Birken die gleiche Funktion wie auf den Britischen Inseln die Eichen. Von der Anspannung des Vortags war nicht mehr viel zu spüren, auch wenn

Hochwürden über die Kälte klagte. Jean und Barb griffen zu Astscheren und schnitten uns den Weg frei.

»Als Erstes möchte ich sagen, dass diese Mischwälder nach unseren Berechnungen insgesamt mehr Holzmasse produzieren als reine Nadelwälder«, hob ich an. »Obwohl es hier weniger Douglasienholz gibt als in einem reinen Douglasienbestand, wachsen die einzelnen Douglasien schneller, und wenn man das Birkenholz hinzunimmt, ist der Gesamtertrag an dieser Stelle um etwa ein Viertel höher als in einem reinen Douglasienbestand. Das liegt zum Teil daran, dass Birken viel Stickstoff an die Koniferen liefern, der ihnen sonst fehlen würde. Außerdem schützen sie die Douglasien vor dem Hallimasch, der ihre Wurzeln befällt und das Wachstum der Bäume verlangsamt, wenn er sie nicht gleich ganz abtötet.«

Rick sagte: »Alles schön und gut, aber seien wir doch mal ehrlich, die Birken hier haben keinen Marktwert.« Ein Nerv in meinem Nacken zuckte. Hochwürden hatte das heitere Geplauder über Eulen und ihre Wohnungsnot vergessen und setzte hinzu, die meisten der alten Birken seien ohnehin morsch. Teresa und Dave standen schweigend daneben, denn sie wussten auch, dass der aktuelle Preis für Birkenkanthölzer gering und viele dieser Birken tatsächlich morsch waren.

»Sie meinen den bisherigen Markt«, sprang Alan mir bei, als hätte er schon vorsorglich am Beckenrand gestanden. »Die Märkte wandeln sich, und die Birke wird am Ende an Wert gewinnen.« Ich stand locker da, entspannte mich in seinem Selbstvertrauen. »Sie wächst hier so selbstverständlich – es ist unsinnig, etwas aufzuhalten, das von Natur aus wachsen will, und dafür eine Menge Geld auszugeben. Stattdessen sollten wir uns lieber um Absatzmöglichkeiten für Produkte aus Birkenholz kümmern. Dann können Kleinbetriebe entstehen, die Fußbodendielen und Möbel herstellen, die wir bisher aus Schweden importieren. Sehen Sie sich doch die Küstenkiefer an – vor zwanzig Jahren war sie in unseren Augen wertlos, jetzt zählt sie zu den kommerziell lohnendsten Arten.« Der Wind fuhr raschelnd durch die zweifarbigen Blätter der Pionierpflanzen und bog sie sanft nach vorn, sodass sie aussahen wie blassgrüne Pfeile.

»Die Birken kauft uns doch kein Mensch ab«, widersprach Rick. »Sie sind zu alt, zu morsch und zu krumm für die maschinelle Weiterverarbeitung, und gegen die marktbeherrschenden schwedischen Birken können wir nichts ausrichten.«

»Das stimmt«, antwortete ich, denn mir war klar, dass er recht hatte. »Aber ich habe Versuche durchgeführt, bei denen wir Birkensämlinge auf verschiedene Dichte ausgedünnt haben. Wir mustern jedes einzelne Stämmchen und lassen die geradesten stehen. Die kranken und krummen entfernen wir, statt darauf zu warten, dass sie das Ausdünnen selbst erledigen. Wenn wir die Bestände auf diese Weise pflegen, können wir in einem Viertel der Zeit, die ein Nadelbaum benötigen würde, gerade und robuste Birken heranziehen.«

»Aber es ist viel zu teuer, die alten Birken aus dem Gestrüpp rauszuholen«, wandte der junge Förster mit der grünen Baseballkappe ein. Deshalb blieben sie nach dem Fällen der Koniferen einfach vor Ort liegen und verrotteten. Teresa nickte, und ich wusste, dass es stimmte, aber ich wollte mit dem Thema vorankommen und darüber reden, wie wir einen Teil der alten Stämme nutzen, die natürlich nachwachsenden Birken kultivieren und zugleich die Bestände gesund erhalten konnten. Wieso war Hochwürden so schweigsam?

»Vielleicht kann die Regierung ja Anreize schaffen«, schlug Alan vor. »Die Firmen könnten die alten Birken umsonst bekommen, ohne dass sie dafür etwas zahlen müssen, und wir könnten junge Birken als kommerziell nutzbare Bäume in Neuanpflanzungen zulassen und bei ihnen die Selektionsmethoden anwenden, die Suzanne erforscht hat.« Alan hob ein Stück Birkenholz auf, das die Brennholzsammler verschmäht hatten, und reichte es Hochwürden, um ihm zu zeigen, dass das Holz selbst jetzt noch einen Wert hatte. Dave stupste mit dem Zeh einen Pfifferling an; die Menschen hier draußen seien in vielerlei Hinsicht von den Birken abhängig, sagte er, Beziehungen, die die Behörden überhaupt nicht sähen.

»Wir haben schon Märkte für Nadelbäume«, befand Hochwürden, sein erster Kommentar an diesem Nachmittag, dann warf er das Stück Brennholz weg.

Ein gelehrter, verständnisvoller Schädlingsexperte drehte einen Birkenstamm um, an dem ein honigfarbener Pilz wuchs, und schälte die papierartige Rinde ab, um das bröselige, feuchte Holz darunter freizulegen. Er entfernte den Fruchtkörper und zeigte auf das lumineszierende Myzel, das den morschen Stamm durchzog. Die Männer drängten sich näher. Wenn eine Birke im Alter von etwa fünfzig Jahren das Ende ihrer Lebensspanne erreicht, wird sie anfälliger für die Hallimasch-Variante *Armillaria sinapina*, und in vielen Fällen besteht die Gefahr, dass sowohl Stamm als auch Wurzeln befallen werden. *Armillaria sinapina* habe viel Ähnlichkeit mit dem Dunklen Hallimasch, befalle aber eher Laubbäume wie die Birke, seltener auch Koniferen. Beide Pilzarten seien in diesen Wäldern heimisch, und beide förderten die natürliche Sukzession und steigerten die Heterogenität und Diversität der Wälder, indem sie Bäume absterben ließen und so Raum für andere Arten schufen. Doch der Dunkle Hallimasch gelte unter Forstleuten als Schädling, weil er besonders die am Markt begehrten schnell wachsenden Koniferen befalle. Durch die Rodung von Birken und Zitterpappeln auf

Kahlschlägen verschärfe sich die Situation noch weiter, weil die frischen Stümpfe dem Pilz reichlich Nahrung lieferten und ihn so in die Lage versetzten, die neu angepflanzten Koniferensetzlinge zu befallen. Das Entfernen der Birken und der damit einhergehende Verlust nützlicher Mikroben sei mit dafür verantwortlich, dass sich die Koniferen nicht mehr so gut gegen Infektionen wehren könnten. *Armillaria sinapina* hingegen biete weniger Anlass zur Besorgnis, weil er normalerweise nicht die einträglichen Nadelbäume schädige. Auf lange Sicht bringe er allerdings die Birken um. Wenn die alternden Birken von innen her morsch würden, färbten sich ihre Blätter gelb, Äste brächen ab, und Insekten und andere Pilze hielten Einzug und konsumierten überschüssigen Zucker. Saftlecker und andere Spechte fräßen die Insekten, und wenn sie eine günstige Stelle fänden, bauten sie Bruthöhlen in dem Holz. Die langlebigen Koniferen eroberten den frei werdenden Raum, beanspruchten die Sonnenstrahlen und Regentropfen für sich und verwerteten die freigesetzten Nährstoffe. »Der Pilz tötet die Birken, und in den Lücken siedeln sich andere Arten an und erhöhen so die Artenvielfalt. Das ist die natürliche Entwicklung dieser Wälder«, erklärte der Schädlingsexperte, begleitet vom beifälligen Murmeln seiner Zuhörer.

»Aber solange sie jung sind, haben Birken eine höhere Photosyntheserate als Koniferen; sie transportieren mehr Zucker in ihre Wurzeln, und am Ende lagern große Mengen im Boden. Wenn wir dazu übergehen, Wälder als mögliche Kohlenstoffspeicher zu betrachten, um den Klimawandel zu verlangsamen, könnte die Birke eine gute Wahl sein«, fuhr ich fort. Ein Goldzeisig klammerte sich an einen gesprenkelten Birkenzweig und pickte an dem kegelförmigen Fruchtstand; dabei rieselten einige Samen auf den Waldboden.

»Den Klimawandel? Darüber müssen wir uns jetzt nicht auch noch den Kopf zerbrechen«, sagte einer der Teilnehmer. Tatsächlich gab es bei den globalen Veränderungen noch so viele Unbekannte, dass wir die Käferplage erst spät mit den steigenden Wintertemperaturen in Verbindung gebracht hatten. Angesichts so vieler Unsicherheiten fühlte die Regierung sich nicht bemüßigt, die allgegenwärtigen Kassandrarufe zum Klima zu beherzigen.

»Nun, die US-Umweltbehörde findet das schon«, erwiderte ich, überrascht, wie bestimmt ich klang. »Ich habe die Prognosen gesehen – schon bald wird der Klimawandel die größte Bedrohung für uns alle sein. Wir werden die Birken und Zitterpappeln brauchen, weil sie schnell wachsen und viel Kohlenstoff im Boden binden, wo er sicher vor Feuer ist.« Anschließend erklärte ich, dass in den meisten Jahren in Kanada mehr Kohlenstoff durch Waldbrände in die Atmosphäre gerät als durch die Verwendung fossiler Brennstoffe und dass wir versuchen sollten, das Risiko zu minimieren, indem wir bei unseren Planungen statt auf Nadel- auf Mischwälder setzten, und auf Korridore aus Birken und Zitterpappeln, die als Waldbrandriegel dienten, weil ihre Blätter mehr Wasser und weniger Harz enthielten als die Nadeln der Koniferen.

»Vom Klimawandel ist hier aber nichts zu spüren«, warf der Förster mit der Baseballkappe ein. »Schließlich war es in diesem Sommer so kalt und nass wie nie zuvor.«

»Ich weiß, es ist schwer, an etwas zu glauben, das wir nicht am eigenen Leib erfahren. Aber die Klimamodelle werden Sie überraschen«, sagte ich und beschrieb mit der Hand eine Kurve in Form eines Hockeyschlägers, um den sprunghaften Anstieg der Kohlendioxidkonzentration in der Atmosphäre seit den 1950er Jahren zu verdeutlichen.

»Sie haben offenbar ein Faible für Birken«, meldete sich der Grünbemützte zu Wort.

»Kann man so sagen.« Ich lachte verlegen.

»Wir sollten sehen, dass wir weiterkommen«, schlug Hochwürden vor. Er flüsterte Rick etwas zu. Als die beiden sich zum Gehen anschickten, folgten die anderen ihnen wie ein Vogelschwarm, und ich zog den Reißverschluss an meinem Pullover höher, zum Schutz gegen den eisigen Wind.

Der Mann mit der Baseballkappe fragte, ob er mit mir tauschen und meinen Platz im Kombiwagen haben könne, in dem die Herrschaften saßen. Ich hätte mich treten können, dass ich so bereitwillig zustimmte, erleichtert bei dem Gedanken, dass ich dann in Gesellschaft von Jean und Barb fuhr. Ich hoffte, dass Alan mir meine Fahnenflucht nicht übelnahm. »Du schlägst dich prima«, sagte Jean und tätschelte mir den Arm, aber überzeugt wirkte sie dabei nicht.

»Das wird noch ein hartes Stück Arbeit«, meinte Barb, dann führte sie das Rudel zurück zur Straße.

»Wenn sie die Birken auf dem ersten Versuchsfeld sehen, laufen sie Amok«, seufzte ich; ich spürte, wie eine Hitzewelle sich in meinen Nervenbahnen ausbreitete wie ein Lauffeuer auf trockenem Gras.

Aber diese Männer wussten, dass es solche Standorte gab, also mussten wir auch darüber reden.

Wir näherten uns dem von mir als »grottenschlecht« bezeichneten Areal, wo die Papierbirken dicht an dicht standen, und in ihrem Schatten ein paar mickrige Douglasien. Hier waren von Anfang an Fehler passiert. Die Waldarbeiter, die die vorhandenen Birken rodeten, hatten den Boden dabei so sehr aufgewühlt, dass er sich ironischerweise in einen perfekten Nährboden für die winzigen geflügelten Samen verwandelte, die im Spätherbst durch die Luft segeln. Dann hatte der für die Aufforstung Zuständige Douglasiensetzlinge geordert, die eher an südlichere Witterungsbedingungen angepasst waren. Was dabei herauskam, war eine regelrechte Katastrophe: Die Setzlinge waren vom ersten Augenblick an dem Untergang geweiht, und die als »Unkraut« unerwünschten Birken gewannen wieder die Oberhand. Mittlerweile hatten die Birken eine Höhe von drei Metern erreicht, und die neu angepflanzten, nicht frostfesten Douglasien waren so gut wie tot. Zweifellos ein extremes Beispiel dafür, dass Birken den Wettlauf gewinnen. Aber diese Etappe der Exkursion bestand aus zwei Teilen, und der zweite sollte klarmachen, worum es mir ging. Auf der gegenüberliegenden Straßenseite waren nämlich sämtliche Birken abgeholzt worden, sodass die Douglasien ungehindert wachsen konnten, und trotzdem waren sie immer noch klein und gelb – ein Beweis dafür, dass das offiziell propagierte Entfernen von Birken nicht die richtige Lösung sein konnte.

Aber schon auf dem Weg in den dicht mit Birken bestandenen Teil merkte ich, dass mein Plan nicht aufgehen würde – die Exkursion steuerte auf ein Fiasko zu.

»Da haben Sie den Beweis! Hier sieht man ganz deutlich, dass Birken die Koniferen umbringen«, murmelte Rick, als er an die erste kränkelnde Douglasie kam. Der Förster mit der grünen Kappe hätte beinahe gejubelt.

»Meine Modelle, die das Verhältnis von Wachstum und Licht berechnen, würden voraussagen, dass diese Douglasie in zwei Jahren abgestorben ist«, sagte Dave. Im Laufe der Jahre war er mir wirklich ans Herz gewachsen, und er gab auch nur ehrlich wieder, was seine Daten besagten. Aber er brachte das Thema zur Sprache, bevor wir eine Chance hatten, die Straße zu überqueren und die Douglasien zu sehen, die ebenfalls bald tot sein würden, auch ohne das Zutun der Birken. Ich hätte ihn erwürgen können.

»Ja, aber mir kommt es ja gerade darauf an zu zeigen, dass so etwas ein unnatürlicher Zustand ist«, erwiderte ich und führte die Exkursionsteilnehmer über die Straße zu der Stelle, wo sämtliche Birken gefällt worden waren. Das Entfernen der Birken zeigte keinerlei Wirkung auf die Gesundheit der Douglasien – sie waren krank, weil man sie am falschen Ort angepflanzt hatte. »Wir können leicht vermeiden, dass Aufforstungen so enden wie diese, indem wir geeignetere Bäume pflanzen und bei der Vorbereitung des Areals darauf achten, dass die Arbeiten nicht in die Zeit fallen, in der die Birken ihre Samen abwerfen. Wir werden Standorte sehen, wo wir durch die bessere Vorbereitung des Bodens und Auswahl des Pflanzguts völlig andere Resultate erzielt haben.« Ich war nervös, aber ich hatte die Exkursion so geplant, dass die Lösung am Ende klar auf der Hand liegen würde.

Wir fuhren weiter zu der nächsten Anpflanzung, der »schlechten«, wo die Birken radikal zurückgeschnitten und die Stümpfe mit Herbizid getränkt worden waren, um die Koniferen von unerwünschter Konkurrenz zu befreien. Im Vergleich zu den mit Birken und Zedern bedeckten Berghängen wirkten die in Monokultur wachsenden Douglasien wie Rasenflächen inmitten einer Prärie. Jean lief zu der Stelle, wo sie die toten Birkenstümpfe mit blauer Farbe bepinselt hatte – es sah aus wie verstreutes Konfetti – und zeigte auf eine Reihe von Douglasiensetzlingen, gelb verfärbt, weil ihre Wurzeln krank waren. Einige Douglasien wirkten gesünder, aber von einem Zehntel war nur noch ein brüchiges graues Skelett übrig geblieben. Als die Birken zurückgeschnitten wurden, hatte der Dunkle Hallimasch die gestressten Wurzeln infiziert und sich von dort zu den Wurzeln der dazwischen stehenden Douglasien ausgebreitet. Douglasien,

Küstenkiefern und Westamerikanische Lärchen waren die bevorzugten Baumarten für Aufforstungen, allerdings auch die anfälligsten für diese Art von Infektion. Rick und Hochwürden marschierten an den kränkelnden Douglasien vorbei, zeigten auf die langen Haupttriebe einiger gesünderer Exemplare und versicherten, dass nur wenige Anpflanzungen von solchen Krankheiten befallen würden. Der Schädlingsexperte ergänzte: »Nördlich des Zweiundfünfzigsten gibt es keinen Hallimasch«, und macht eine Handbewegung in die Richtung, wo die Birkenrinde mit Flechten überkrustet war. Was er damit sagen wollte, war, dass die Krankheit für die nördliche Hälfte der Provinz, auf die Ricks Augenmerk gerichtet war, gar kein Problem darstellte.

Mein Floß lag immer schwerer im Wasser.

Alan verteilte farbige Schaubilder, um zu verdeutlichen, dass die Douglasien bei einem seiner Versuche mit gemischten Populationen doppelt so groß geworden waren wie die hier vor Ort, obwohl er keine Birken entfernt hatte. Die Teilnehmer beugten sich über die farbigen Linien, und Alan gab mir mit einem Blick zu verstehen, dass ich übernehmen solle. Ich sprach über die stickstofffixierenden Bacillus-Bakterien an Birkenwurzeln und über die fluoreszierenden Mikroben, die Antibiotika produzieren und so die benachbarten Douglasien vor Schädlingsbefall schützen. Wenn man eine ausgewogene Menge an Birken samt ihren nützlichen Bakterien stehen lasse, so meine These, könne es der Gesundheit der Douglasien zugutekommen, ähnlich wie eine groß angelegte Impfkampagne. »Die Bakterien leben von Kohlenstoff, der im Zuge des Kohlenstoffaustauschs zwischen Birken und Douglasien durch die mykorrhizalen Netze ausgeschieden wird«, brachte ich heraus, auch wenn das höhnische Feixen des Manns mit der grünem Kappe mich noch so sehr irritierte. »Wir können gezielt einzelne Birken entfernen, um den Douglasien mehr Freiraum zu verschaffen, und die meisten trotzdem stehen lassen, um das Risiko von Krankheiten zu minimieren.«

Rick stellte sich mitten zwischen die Zuhörer und unterbrach mich. Laut einer 1968 begonnenen Studie, sagte er, sei die wirksamste Methode zur Bekämpfung von Hallimasch-Befall an den Wurzeln das vollständige Ausroden der infizierten Baumstümpfe nach dem Kahlschlag und vor der Neuanpflanzung. Ich war schon früher mit ihm im Außendienst unterwegs gewesen, und wir hatten gemeinsam Wiederaufforstungen begutachtet. Auch damals war Unkrautbekämpfung sein großes Thema gewesen, und er hatte mit Vorliebe aus der Literatur zitiert, was mich verwunderte, weil er sich anscheinend mehr dafür interessierte als für die Bäume, die er direkt vor sich hatte. Ich schluckte meinen Ärger hinunter. Das stimme, antwortete ich, das Roden von Baumstümpfen sei gängige Praxis, und es sei erwiesen, dass es funktioniere. Aber wir müssten nach Alternativen suchen, weil das Entfernen der Baumstümpfe den Boden verdichte und heimische Pflanzen und Mikroben zerstöre. »Außerdem ist es kostspielig«, setzte ich hinzu.

»Mag sein, aber es bleibt die verlässlichste Methode«, befand der Schädlingsexperte, als sei die Sache damit entschieden.

Aus der Runde ertönte beifälliges Grummeln, und ich spürte, wie die Stresshormone Hannahs ungeborene Schwester überfluteten.

Als wir schließlich das »gute« Versuchsfeld erreichten, auf dem die schönste Mischung aus Birken und Douglasien in vollkommener Harmonie gedieh, war Rick längst mit seiner Geduld am Ende. Ich hatte keine Chance mehr zu erklären, dass diese Parzelle zeige, wie Birken und Douglasien einander unterstützten; dass zwischen ihnen ein komplexes Gleichgewicht herrsche und wir ihnen nur genügend Zeit lassen müssten, über die Jahreszeiten und Jahre hinweg ihre Zweierbeziehung zu pflegen. Er war wütend, und die Stimmung unter den Herrschaften hatte sich spürbar verschlechtert.

Vielleicht zweifelte er an meinen wissenschaftlichen Fähigkeiten, oder er spürte allmählich, wie sein eigenes Weltbild ins Wanken geriet. Natürlich war selektive Ausdünnung eines Areals manchmal auch notwendig, aber bei der Mehrzahl der Wiederaufforstungen gab es einfach keine Rechtfertigung für das wahllose Zerstören von Laubbäumen und Sträuchern. Doch er hatte nicht vor, sich von mir seine schönen Methoden vermiesen zu lassen. Er kam bis auf wenige Zentimeter an mich heran. Instinktiv hielt ich mir schützend den Arm vor den Bauch, und zugleich ging mir auf, wie unglaublich groß er war. Auf der Suche nach meinen Mitstreitern ließ ich den Blick über die Büsche schweifen, aber sie waren weit in dem Gelände verteilt. Alan war außer Hörweite und unterhielt sich mit Dave. Forstleute begutachten immer irgendwelche Bäume, Knospen, Rinden und Nadeln. Barb und Jean bewunderten die Eleganz einer grazilen Birke.

»Nun, Miss Birch«, sagte er. »Sie halten sich wohl für besonders schlau?«

Fräulein Birke. Es war nicht das erste Mal, dass ich diesen Namen hörte, meist hinter meinem Rücken geraunt. Birch war der clevere, öffentlichkeitstaugliche Ersatz für das Wort, das ein paar von ihnen für mich hatten, wenn sie unter sich waren: *bitch* – Zicke.

Dann explodierte er. »Du hast nicht die leiseste Ahnung, wie die Wälder hier funktionieren!«

Mein Baby bewegte sich zum ersten Mal, und ich bekam weiche Knie.

»Bildest du dir ein, wir lassen das Unkraut hier stehen, bis es die Bäume umbringt?«, brüllte er.

Ich öffnete den Mund, aber ich brachte keinen Ton heraus. Eine Schwarzkopfmeise plusterte ihre Flügel in einem Birkenwipfel. Drei winzige gelbe Schnäbel öffneten sich wie Muscheln neben ihr, aber ihr Betteln um Futter drang nur ganz leise herüber. Jetzt wusste ich es wieder, was Leute an Kommentaren über Frauen parat hatten, die es wagten, eine Meinung zu haben – sogar im Kreis meiner eigenen Familie. Die Herablassung, mit der Frauen hinter ihrem Rücken behandelt wurden, selbst da, wo es nur im Scherz geschah, klingelte mir in den Ohren. Meine Grannie Winnie hatte den Mund gehalten, und höchstwahrscheinlich allein weil es der Weg des geringsten Widerstands war, eine Möglichkeit, Gemeinheiten aus dem Weg zu gehen. Ich hatte mir fest vorgenommen, die Überheblichkeit der Männer nicht herauszufordern, und doch war es geschehen. Barb riss die Augen auf, groß wie Untertassen, und Jean sah aus, als würde sie im nächsten Moment laut schreien.

Die Männer umringten mich, kamen mir näher als die Wölfe damals im Wald, und ich machte einen Schritt zurück.

Alan tauchte an meiner Seite auf. »Zeit zum Aufbruch allerseits«, sagte er. Barb kam herübergelaufen und raunte mir zu: »Scheiße!« Ich hätte mich am liebsten davongeschlichen wie ein geprügelter Hund.

Zi-zi-bäh zwitscherte die Meise – Entwarnung. Die Exkursion war beendet.

An diesem Abend fuhr ich Dave zum Flughafen, und wir schafften es, über unsere Kinder, seine Hütte am Hudson Bay Mountain und die bevorstehende Lachswanderung im Skeena River zu reden. Es dauerte eine Stunde, bis wir auf kurvenreicher Strecke aus den dichten Bergwäldern mit Zedern und Birken ins

Tal kamen und in dem trockenen, offenen Douglasienwald entlang des Flusses an Tempo zulegten. Ich fragte mich, wie wohl die mykorrhizalen Netze zu Füßen dieser beiden unterschiedlichen Kronendächer aussahen. Ich stellte mir vor, dass in dem dichten, feuchten Waldgebiet, in dem die Bäume verschiedenen Arten angehörten, aber gleich alt waren, weil sie sich nach einem verheerenden Feuer, das sämtliche alten Bäume zerstörte, neu angesiedelt hatten, ein wunderbar komplexes Netzwerk mit Hunderten von wirtsspezifischen Pilzen und Generalisten existierte, Pilzen, die Bäume verschiedener Arten miteinander verknüpften, und solchen, die Verbindungen zwischen Bäumen derselben Art herstellten. In dem trockenen Tal wurde der Wald lichter. Hier gab es nur noch Douglasien, häufige Unterholzbrände schufen Freiräume für die Samen der alten Überlebenden mit ihrer dicken Borke, sodass sich der Douglasienbestand immer wieder verjüngen konnte, und ich fragte mich, wie die unterirdische Landkarte hier wohl aussehen würde. Die Altbäume in dieser wasserarmen Gegend unterstützten anscheinend die neuen Sämlinge, aber womöglich spielte dabei auch das mykorrhizale Netzwerk eine Rolle. Vielleicht diente der Pilz im trockenen Erdreich als eine Art Pipeline, die Kohlenstoff und sogar Wasser von den alten zu den jungen Bäumen transportierte, so wie ich es bei dem Versuch für meine Doktorarbeit in einem feuchten Wald bei Birken und Douglasien beobachtet hatte.

Der trockene Wald schien mir der ideale Ort, um das unterirdische Netzwerk zu kartieren, denn die Wahrscheinlichkeit war groß, dass es zwischen Bäumen derselben Spezies mehr Verbindungen gab als in der bunt zusammengewürfelten Baumgesellschaft des feuchteren Mischwalds. Hier in dem überwiegend aus Douglasien bestehenden Wald sollte die mykorrhizale Pilzgemeinschaft eigentlich beherrscht werden von auf Douglasien spezialisierten Pilzen wie dem Wurzeltrüffel (Rhizopogon), sodass sich eine exklusive, in hohem Maße koevolutionär geprägte Partnerschaft entwickelte, in der die jungen Douglasien mittels dieser einen Pilzspezies mit den alten Douglasien verbunden waren – wie Monde in der Umlaufbahn von Planeten. Ein Netzwerk, das aus nur einer wirtsspezifischen Pilzart bestand und Exemplare einer einzigen Baumart miteinander verband, sollte einfacher zu kartieren sein als ein Netzwerk mit einer Vielzahl von Baumarten und nicht auf einen Wirt spezialisierten Pilzen. Vielleicht konnte ich eines Tages eine Karte des trockenen Douglasienwalds anfertigen – einfach, präzise und klar. Für den Anfang wäre das ein überschaubareres Vorhaben als die Mischwälder, in denen ich den Kohlenstoffaustausch zwischen Birken und Douglasien untersucht hatte.

Dave bot mir seine Unterstützung bei der Überarbeitung eines Manuskripts an, das von einer Zeitschrift abgelehnt worden war. Ein Gutachter hatte geschrieben: »Wir können keine Artikel von Leuten publizieren, die glauben, sie müssten nur durch den Wald tanzen und Bäume bestaunen.« Der Kommentar war verletzend, aber ich bekam allmählich Routine, mir solche Abfälligkeiten nicht zu Herzen zu nehmen. Schließlich erreichten wir das von Horstgräsern und Butterblumen umsäumte Flugfeld, am Ostende des Kamloops Lake. Dave ließ den Blick vom Abfertigungsschalter über die orangefarbenen Plastiksitze im Wartebereich zur Gepäckausgabe wandern, und er lachte, weil das Gebäude noch kleiner war als der Flughafen in seiner Heimatstadt Smithers.

Wir aßen Muffins an einem Fenster, unsere Gestalten spiegelten sich in den staubigen Scheiben. Ganz unvermittelt sagte er: »Ich habe mit Rick über den heutigen Vorfall gesprochen. Ich habe ihm klar und deutlich gesagt, dass du eine der besten Wissenschaftlerinnen im Forest Service bist.«

Ich versuchte, mir nicht anmerken zu lassen, dass ich den Tränen nahe war. »Und was hat er gesagt?«, fragte ich, obwohl ich die Antwort eigentlich gar nicht hören wollte.

»Er war anderer Ansicht.« Dave sah mich geradewegs an, aber ich betrachtete einen Cowboy, der sich einen Kaffee bestellte.

»Immerhin ist er ehrlich«, antwortete ich mit einem Lachen.

»Ich verstehe nicht, warum diese Gestalten sich so über dich aufregen«, entgegnete Dave.

Ich wusste es auch nicht. Vielleicht vertrugen sie keine Kritik. Oder sie wollten sich von Frauen nichts sagen lassen. Zweifellos waren sie immer noch wütend wegen meiner Bemerkung über die bemalten Steine. Als Daves Flug aufgerufen wurde, schloss er mich fest in die Arme, dann war ich allein.

Zu allem Überfluss hatte man in meine Personalakte beim Forest Service ein Schriftstück aufgenommen, in dem mir eine Rüge wegen des Interviews mit den bemalten Steinen erteilt wurde. Einer meiner Vorgesetzten schrieb, der Verband der Forstwirte von British Columbia könne mich ausschließen, weil ich der offiziellen Linie der Regierung widersprochen habe, in seinen Augen ein Verstoß gegen das Berufsethos. Die zuständigen Regierungsstellen nahmen meine Forschungen noch genauer unter die Lupe und ließen einen meiner Artikel sogar nach dem Erscheinen nochmals wissenschaftlich überprüfen. Langsam beschlich mich das Gefühl, dass ich von neuen Projekten ausgeschlossen wurde. Meine Forschungsarbeit kam allem Anschein nach zum Erliegen. Einmal, als die Herrschaften drohten, mir die für die Veröffentlichung meines Berichts vorgesehenen Mittel zu streichen, berief Alan eine Telefonkonferenz ein, und ich versicherte ihnen, dass ich nur genügend Geld haben wolle, um meine Erkenntnisse über die Wirksamkeit von Ausmerzungsmaßnahmen in dieser Region zu publizieren.

»Geld ist nicht das Problem. Das Problem sind die Ergebnisse, die Sie vorlegen«, ertönte es aus dem Äther.

»Aber meine Ergebnisse wurden einer gründlichen wissenschaftlichen Überprüfung unterzogen, nicht nur von Regierungsseite, sondern auch durch unabhängige Wissenschaftler«, erklärte ich, mit angespannter Stimme. Im Vergleich zu den Hunderttausenden, führte Alan an, die bereits in zehn Jahre Feldforschungen geflossen waren, seien die zehntausend Dollar für die Veröffentlichung der Resultate ein gut investierter und zudem geringer Betrag. Er ließ nicht locker, und am Ende genehmigten sie widerstrebend die Mittel für die Publikation meines Berichts.

Abend für Abend in der Zeit, in der ich diese Kämpfe ausfocht, fragte ich mich, wenn ich meinen immer dicker werdenden Bauch an Hannahs Bettchen drückte und ihr beim Schlafen zusah, wie es denn je dazu gekommen war, dass mir meine Arbeit so sehr vergällt und ich so demütigend vor meinen Kollegen an den Pranger gestellt wurde. Ich liebte den Wald, war stolz auf meine Arbeit, und dennoch behandelten sie mich wie eine lästige Person, eine Unruhestifterin.

Die Wissenschaftsgemeinde begegnete mir ebenfalls mit Misstrauen. Die Überzeugung, dass Konkurrenzverhalten die einzig relevante Wechselbeziehung zwischen Pflanzen sein musste, war so tief verwurzelt, dass ich, wenn ich Manuskripte zur Veröffentlichung vorlegte, den Eindruck hatte, meine Experimente würden Stück für Stück zerpflückt, um nicht vorhandene Fehler aufzuspüren. Vielleicht war das der normale Gang der Dinge, und ich war einfach nur unerfahren. Aber ich wurde das Gefühl nicht los, dass sie mir übelnahmen, dass ich meine Entdeckungen in *Nature* veröffentlicht hatte und damit wissenschaftlichen Koryphäen zuvorgekommen war, die schon seit geraumer Zeit daran forschten, wie die Vernetzung von Pflanzen ihre Interaktion beeinflusste.

Fünf Monate nach der Exkursion kam meine Tochter Nava zur Welt und bestaunte sofort mit großen Augen die Aufregung ringsumher. Mit Nava im Tragetuch und Hannah auf dem Rücken holte ich Jean ab, und wir durchstreiften die Wälder der Steppenlandschaft, hielten Ausschau nach Blauhähern und Kaktusblüten. Mein 398 Seiten dicker Forschungsbericht, den man behandelt hatte wie den letzten Dreck, wurde veröffentlicht, und die tausend Stück gingen weg wie warme Semmeln. Jahre später zeigte mir ein Förster sein Exemplar davon, der Umschlag zerfleddert und die Lieblingsseiten mit bunten Klebefähnchen markiert; das Buch, versicherte er mir, sei seine Bibel.

Nava (links, ein Jahr alt) und Hannah (drei) vor unserem Blockhaus, 2001

Als Nava acht Monate alt war, kehrte ich zurück an meinen Arbeitsplatz, aber Alan hatte die Zeichen der Zeit längst erkannt. Er riet mir, mich nach einer neuen Stelle umzusehen. Die konservative Partei, die neuerdings am Ruder war, war nicht nur wissenschaftsfeindlich, sie baute auch Stellen im öffentlichen Dienst ab, und so rieten sie allen wissenschaftlichen Mitarbeitern, sich nach Möglichkeit anderweitig zu orientieren.

Wenig später setzte sich mein streitbarer Dozentenfreund an der Universität von British Columbia, mittlerweile Inhaber eines Lehrstuhls dort, wegen der Ausschreibung einer Professur mit mir in Verbindung. Der Gedanke, mich auf eine Universitätsstelle zu bewerben, war mir nie gekommen – eine befristete Stelle mit Aussicht auf Festanstellung; aber ein Mitglied der Findungskommission reiste eigens nach Kamloops, um die Einzelheiten mit mir zu besprechen. Sie ermutigten mich, noch einige weitere Artikel zu publizieren, um meine Chance für die Bewerbung zu verbessern. Aber zu der Zeit fühlte ich mich todmüde; Hannah war drei Jahre , Nava ein Jahr alt. Nava war abgestillt, hing aber immer noch an mir wie eine Klette, und Hannah war ungestüm wie ein Welpe. Und ich liebte unser Haus im Wald, unsere Abendspaziergänge in der nächsten Umgebung und meine Hunderte von Experimenten, die ich gehegt und gepflegt hatte wie meine eigenen Kinder. Außerdem war ich einundvierzig – war das nicht zu alt für den Beginn einer akademischen Karriere?

Ich bewarb mich trotzdem. Don bestärkte mich, sagte aber auch gleich dazu, dass er nicht nach Vancouver ziehen wolle – obwohl ihm das Leben in Kamloops, wo ich meine Stelle bei der Forstbehörde hatte, auch nicht gefiel. Seit er zum ersten Mal die kleine Stadt Nelson auf dem Columbia Plateau nicht weit von Nakusp (wo meine Mum aufgewachsen war) gesehen hatte, wollte er dorthin ziehen. Die Wälder waren üppig, die Stadt überschaubar, das Tempo gemächlich, die Menschen gebildet, liberal und kunstsinnig. Ich konnte es verstehen – die Verlockung war groß. Außerdem lebte mittlerweile der größte Teil meiner engeren Verwandtschaft in Nelson, und unsere Mädchen wären in der Nähe von Mum – Oma »Junebug« –, Tante Robyn und Onkel Bill, ihrer Cousine Kelly Rose und den Cousins Oliver und Matthew Kelly. Aber die Stadt war so klein und abgelegen, dass es für uns dort keine Arbeit gab. Und – unvorstellbar – ich könnte meine Forschungsarbeit nicht fortsetzen. Von der Findungskommission aus hundert Bewerbern in die engere Auswahl genommen, flog ich mitten im Winter zu einem Vorstellungsgespräch nach Vancouver; ich hatte ja schließlich nichts zu verlieren, sagte ich mir.

Ein paar Monate später war ich mit Don und den Mädchen auf dem Weg nach Nelson, um Mum zu besuchen. Die Bergpässe waren gerade erst wieder frei, das Eis auf dem See erst vor Kurzem getaut. Auf dem Kootenay Lake fuhren erste Segelboote, an den Rändern der baumgesäumten Straßen entfalteten die Büffelbeerensträucher ihre Blätter, und Don stieß einen wehmütigen Seufzer aus. Als wir die Kokanee Avenue zu Oma Junebugs Haus hinauffuhren, quietschte Hannah vor lauter Vorfreude auf die Ostereiersuche mit Cousins und Cousine, und Nava lachte mit ihr, obwohl sie gerade erst zwei geworden war und keine Ahnung hatte, warum ihre Schwester so aufgekratzt war. Ihre Oma wartete an der Tür, Malbücher und Buntstifte schon in der Hand. Ein Kätzchen namens Fiddlepuff, mit puschelig grauem Fell und sechs Zehen an jeder Pfote, machte Jagd auf die Schmetterlinge, die über den Rasen flatterten. Hannah stürmte die Treppe hinauf, Nava im Schlepptau, gefolgt von Fiddlepuff, ich klappte meinen Laptop auf und fand eine E-Mail von der Universität. Sie boten mir die Stelle an.

Da müsse ich annehmen, sagte Mum sofort. Plötzlich war es Realität und die Verlockung groß; ich fühlte mich geschmeichelt, irgendwie jünger. Aber Don blieb bei dem, was er schon die ganze Zeit über gesagt hatte. Mit Müh und Not sei er seiner Heimatstadt St. Louis entkommen und habe nicht vor, von Neuem inmitten von Fabriken und Bäckereien, von Schnellstraßen und U-Bahnen, dicht gedrängten Häusern und Wolkenkratzern zu leben, wo er Bäume allenfalls in den städtischen Parks sehe. Ich hielt dagegen, dass ich die Forststelle bald verlieren würde und er sich in Kamloops nicht wohlfühle – da sei die Großstadt vielleicht die Art von Abenteuer, die uns eine Zeit lang guttun würde. Und unsere drohenden finanziellen Probleme wären dann auch gelöst.

Wir standen unter Mums Apfelbaum; die Mädchen waren mit ihr im Haus, Don und ich stritten uns, mit dem immergleichen Refrain, er habe »nicht vor, in Vancouver zu leben«. Er wies in Richtung Kokanee-Gletscher, wo wir wandern und Ski laufen konnten – deswegen sei er nach Kanada gekommen. »Vertrau einfach auf das, was du bist, dann brauchst du diese Stelle nicht«, beschwor er mich. »Gemeinsam haben wir auch hier genug zum Leben.«

Ich blickte hinüber zu den Bergen, wo im Schatten der Zedern Igelkraftwurz und Stinktierkohl wuchsen, dahin, wo einem der süße organische Duft des Waldbodens in die Nase stieg, wo das frische Wasser der Wildbäche das Haar weich machte, wo Heidelbeersträucher auf Baumstümpfen standen und die Geschwänzte Haselwurz ihre zierlichen Blüten entfaltete. Wo die uralten Wälder nach und nach abgeholzt und durch in Reih und Glied stehende Tannen und Kiefern und Fichten ersetzt wurden.

»Aber so eine Chance bekomme ich nie wieder«, wandte ich ein. Ich sah es vor mir, die Vision dieser Arbeitsstelle, wie sie sich in einem Strudel drehte und schließlich im Abfluss verschwand. Don sehnte sich nach einem entspannten Leben, fernab von den üblichen Erwartungen an einen Arzt oder Anwalt oder Buchhalter, möglichst nahe bei einer Skipiste. »Darf ich Ihnen meinen Sohn vorstellen, er ist Arzt«, pflegten seine Mutter und seine Tanten über seinen Bruder und die Vettern zu sagen, und Don plauderte derweil mit seinem Vater übers Angeln und über Baseball. Schon mit neunundzwanzig, als ich ihn kennengelernt hatte, hatte er davon erzählt, dass er sich in die Berge zurückziehen wolle, aber ich war so sehr mit meinen Versuchen beschäftigt gewesen, den Wald zu verstehen, dass ich es nie ernst genommen hatte, nie geglaubt hatte, dass es mehr war, als einfach nur dahergesagt.

Ich löste eine der dreizipfligen Deckschuppen von einem offenen Douglasienzapfen und fuhr mit dem Finger über die rote herzförmige Vertiefung, wo der geflügelte Samen gesessen hatte. In Mums Gartenbeet wuchs ein kleiner Douglasiensämling; die Samenschale war von den Keimblättern abgefallen. Hundert Jahre würden ins Land gehen, ehe die Borke dieses winzigen Bäumchens dick und schrundig war.

»Ich bin auch gern in Nelson«, sagte ich. Aber ich wollte die Professur, weil ich meinen anderen Job bald verlieren würde. Egal, wie wir uns entschieden, einer von uns würde unglücklich sein. Und wenn ich die Arbeit nicht schaffte? Vielleicht war die Stadt ja tatsächlich so schrecklich, wie Don es sich ausmalte. Und ich machte mir Sorgen, dass ich womöglich unsere Töchter überfordern, unsere Ehe aufs Spiel setzen würde.

»Wir brauchen nicht viel Geld. Ein einfaches Leben im Wald«, beharrte Don. Ich ließ meinen Blick über Mums Haus schweifen – gelb und zweistöckig, im viktorianischen Stil gebaut, mit einem steilen Dach, von dem der Schnee gut abrutschen konnte –, über den Zuweg zum Garten des Nachbarn und überlegte, ob er uns hören konnte. Dons Stimme kam mir ziemlich laut vor.

»Und was wird dann aus meiner Arbeit? Da ist bei meinen Forschungen noch vieles offen«, erwiderte ich und schleuderte den Zapfen ins Blumenbeet wie einen Baseball.

»Suze, Nelson ist ein besserer Ort, um Kinder großzuziehen«, antwortete er, und dabei zuckte seine Lippe – etwas, das ich vorher nur ein einziges Mal bei ihm gesehen hatte, als wir uns darüber gestritten hatten, ob wir weiterstudieren und promovieren sollten.

Zum Abendessen gingen wir in das schicke All Seasons Café. Ich bestellte Rotlachs, Don etwas Vegetarisches. Jeder ging den Blicken des anderen aus dem Wege, bis ich schließlich sagte: »Überleg doch mal, wie viel Spaß wir und die Mädchen haben könnten.«

Er schob seinen Teller beiseite und starrte mich an. »Ich weiß genau, was passieren wird. Um in den Wald zu kommen, müssen wir zwei Stunden durch die Stadt gondeln, und wenn wir dann zu dem friedlichen Wanderweg kommen, von dem wir die ganze Zeit geträumt haben, sind schon tausend andere Leute da.« Ich wusste nicht, wie er auf so etwas kam. In meiner Studentenzeit in Vancouver hatte ich beim Wandern oder Skilaufen nie solche Menschenmassen erlebt.

»So schlimm ist es nun auch wieder nicht.«

»Unberührte Natur wie hier gab es in St. Louis nicht.«

»Wir können jeden Sommer nach Nelson kommen.«

»Ich habe nicht vor, den Hausmann zu spielen«, knurrte Don, und der Gast am Nebentisch schaute zu uns herüber.

»Ich bin doch auch noch da, du musst es nicht allein machen.« Ich zwang mich, leise zu sprechen.

»Nein, ich weiß, wie es auf solchen akademischen Posten zugeht. Ich habe gesehen, wie die Professoren an der Oregon State sich halb totgeschuftet haben. Ich kenne dich doch, du wirst nonstop beschäftigt sein, und ich kann mich dann um die Kinder kümmern, weil ich wahrscheinlich ohnehin nicht genug Arbeit finde.« Dons Arbeitsfeld, Erstellen und Analysieren von Forstdaten, war klein, der Kundenkreis hochspezialisiert, und in Vancouver kannte er kaum jemanden. Die Alternative war eine Anstellung bei einer größeren Beraterfirma, aber der Gedanke, nach so vielen Jahren der Selbstständigkeit wieder die Weisungen eines anderen befolgen zu müssen, behagte ihm nicht. Er hatte sich schon immer weniger für die praktische Arbeit vor Ort interessiert als ich, vielleicht gerade *weil* er aus der Stadt kam. Vielleicht interessierte er sich auch mehr dafür, Dinge auf seinem Computer oder in seiner heimischen Werkstatt zusammenzubasteln. Wie auch immer: In diesem Augenblick hätte man denken können, wir beide kämen von verschiedenen Planeten.

Am nächsten Tag besichtigten wir ein zum Verkauf stehendes Grundstück außerhalb von Nelson, hoch über dem Kootenay River. Ein Paar hatte dort ein Stück Wald gerodet, und von der Lichtung aus blickte man weit über den Fluss. Die Nadeln der himmelwärts strebenden Lärchen waren leuchtend grün, die vierzig Meter hohen, dunklen Kronen der Douglasien strotzten vor Kraft. Auf der rechteckigen freien Fläche, auf der das Haus hätte entstehen sollen, stand ein Kinderwagen, und aus dem Zelt trat eine junge strohblonde Frau mit einem Baby auf dem Arm und einem kleinen Kind an der Hand. Sie hatten versucht, sich hier ein Zuhause aufzubauen, aber die Frau hatte aufgegeben, weil es in dem Zelt weder Heizung noch fließendes Wasser gab. Ihr Mann bot an, uns das Grundstück zu zeigen. Ich schleppte Hannah und Nava über Baumstämme und durchs

Gebüsch, und wir setzten uns unter die Lärchen. Don redete mit dem Mann über Geld, und ich dachte, wie wunderschön, aber auch wie unmöglich dies alles war. Wir würden unsere gesamte Zeit damit zubringen, Holz zu hacken und einen Garten anzulegen, und *hätten beide keinen Job*. Wir gingen mit den Kindern zum Lakeside Park, später stöberten wir auf der Baker Street in Kunst- und Buchläden, und während all der Zeit stritten wir weiter über Geld, darüber, wie wir in Zukunft leben wollten und was die beiden Alternativen für uns bedeuteten. Und wir kauften Eis an der Theke von Wait's News, wo Grannie Winnie uns schon Jahrzehnte zuvor Eis gekauft hatte, als ich noch ein Kind war.

Ein paar Tage später saßen wir mit den Mädchen unter dem Apfelbaum im Garten, und Don sagte: »Okay, wir geben deinem Job zwei Jahre. Länger halte ich es nicht aus.«

Ich fiel ihm um den Hals, und Hannah stürmte zu ihrer Oma und rief: »Wir ziehen nach Manöver!«

Wir wagten den Sprung ins kalte Wasser. Von nun an konnte der Forest Service mir keine Vorschriften mehr machen – ich konnte forschen, wie ich es für richtig hielt, solange ich das Geld dafür auftrieb. Ich konnte mich wieder den grundlegenden Fragen nach den Beziehungen zwischen den Lebewesen im Wald widmen, Überlegungen, die von ersten Vorstellungen von Verbundenheit und Kommunikation zwischen Bäumen zu einem ganzheitlicheren Verständnis von Waldintelligenz herangereift waren.

Meine erste Lehrveranstaltung hielt ich im Herbst 2002; damals pendelte ich noch die 380 Kilometer (einfache Strecke) zwischen Vancouver und Kamloops – wir warteten, dass wir unser neues Haus, einen Kasten in der Stadt, übernehmen konnten und das Blockhaus im Wald einen Käufer fand. Zum ersten Mal seit Hannahs Geburt war ich zwei Nächte die Woche allein, ein Gefühl, als habe jemand die Leinen meines Bootes losgemacht. Aber es war auch aufregend, mal einen Abend ganz für mich allein zu haben, ohne Kinder im Schlepptau spazieren zu gehen, ein Buch zu lesen und nicht sofort einzuschlafen, im Autoradio Songs von Jewel zu hören, ohne dass sich jemand beschwerte. An Halloween packten wir unsere Sachen und zogen in unser neues Wohnviertel in Vancouver; Hannah war mittlerweile vier und Nava zwei. Hannah trug stolz ihr Löwenkostüm, Nava verkleidete ich als Kälbchen. Wir ließen die unausgepackten Kartons stehen und zogen zusammen um den neuen Häuserblock, und Hannah, die es sich von den Scharen der anderen Kinder abschaute, rief zum ersten Mal »Süßes oder Saures« und stürmte mit einem Kissenbezug als Sack von Tür zu Tür. Als wir noch in unserem Blockhaus waren, waren die Nachbarn zu weit entfernt gewesen und sie noch zu klein. Nava kuschelte sich an mich, den Kopf auf meine Schulter gelegt. In dieser Nacht schliefen die Kinder in Nestern aus Wolldecken zwischen den Umzugskartons in ihrem Zimmer im ersten Stock. Don und ich beobachteten die Schatten von fallenden Blättern an der Wand im Erdgeschoss und lauschten den Schritten auf dem Bürgersteig. Sirenen näherten sich heulend, Flugzeuge donnerten im Landeanflug direkt über unser Dach, und ich fragte mich, was um alles in der Welt ich da angerichtet hatte.

In jenem Sommer änderten die Behörden ihre Richtlinien zur Wiederaufforstung und reduzierten den Herbizideinsatz in den Wäldern der Provinz um die Hälfte. Offiziell bekam ich nie etwas darüber mitgeteilt, aber nach und nach erfuhr ich doch, dass die Veränderungen zu einem beträchtlichen Teil meinen Forschungen zu verdanken waren.

Die ersten Jahre auf einer befristeten Assistenzprofessur mit Aussicht auf Festanstellung waren die härtesten meines Lebens. Ich steckte bis zum Hals in der Arbeit, plante Lehrveranstaltungen, schrieb Anträge für Forschungsmittel, baute ein Forschungsprogramm auf, warb um Teilnehmer dafür, gab eine Zeitschrift heraus, verfasste wissenschaftliche Aufsätze. Scheitern kam nicht infrage. Von älteren Kollegen bekam ich zu hören, eine Vorgängerin von mir habe ein Kind bekommen, habe nicht mehr genug publiziert und sei dann nicht übernommen worden. Ich hatte uns einen ganzen Sack voll neuer Sorgen beschert.

Jeden Morgen weckten Don und ich die Kinder um sieben Uhr, machten sie fertig für den Tag und brachten sie in die Kita und zur Schule. Ich arbeitete unter Hochdruck bis fünf Uhr nachmittags und spielte nach dem Abendessen mit den Mädchen. Anschließend bereitete ich bis zwei Uhr nachts meine Vorlesungen für den folgenden Tag vor und fiel ins Bett. Nach dem Aufstehen ging das alles wieder von vorn los. Ich war am Ende meiner Kräfte, holte mir eine Erkältung nach der anderen, an vielen Tagen fühlte ich mich wie zerschlagen. Don war zuständig für alles andere. Er holte die Kinder aus der Kita, kaufte ein, kochte das Essen, und in den Pausen dazwischen arbeitete er. Er war mehr Hausmann, als er es sich je hätte träumen lassen. Aufträge zur Datenanalyse oder Modellentwicklung waren Mangelware, denn die Regierung hatte die Mittel für forstwissenschaftliche Projekte gekürzt. Einige seiner Kunden waren vom Forest Service in Kamloops gewesen, und einige Male war er nicht zum Zuge gekommen, weil er zum richtigen Zeitpunkt nicht vor Ort war. Das Stadtleben setzte ihm zu, und er verbrachte immer mehr Zeit mit dem Fahrrad auf einsamen Straßen.

Morgens saß er an seinem Computer, machte sich Sorgen um unbezahlte Rechnungen, und nachmittags ging er mit den Mädchen oft ins Schwimmbad Maple Grove, während ich mit meinen Kursen und Manuskripten beschäftigt war. Er bekam auch interessante Aufträge – einmal sollte er ein Modell entwickeln, das die Einflüsse verschiedener forstwirtschaftlicher Praktiken auf die Bergkiefernkäferplage darstellte –, aber das war nicht genug. Und er behielt recht, was das Aufwachsen der Mädchen in der Stadt anging. Wir mussten tatsächlich mehr auf sie aufpassen, sie zum Turnen und zu Radtouren chauffieren, statt sie einfach im Wald neben dem Haus spielen zu lassen. Don ging mit ihnen zum Drachensteigen und Fahrradfahren, ins Aquarium und ins Technikmuseum. Er spendierte ihnen Slushys und Hot Dogs. Am Wochenende radelten wir mit dem Trailerbike um die Stadt, machten Strandausflüge, picknickten mit unseren Freunden oder suchten uns einen Park, wo die beiden im Regen auf der Schaukel sitzen konnten. Aber als ich ein Jahr nach der vereinbarten Zweijahresfrist meine Festanstellung bekam, wurde es in unserer Beziehung schwierig.

Derweil machte ich immer neue Entdeckungen, denn jede Frage führte zur nächsten. Ich hatte Forschungsgelder und Studenten und erhielt eine Auszeichnung für gute Lehre. Aber gerade zu der Zeit, zu der meine Bemühungen, die Sprache und Intelligenz des Waldes zu entschlüsseln, wuchsen und gediehen, entwickelte meine Ehe sich in die umgekehrte Richtung: Die Kommunikation wurde immer brüchiger und riss schließlich ab. Der Abend kam, an dem ich nach einem weiteren Streit über Vancouver und Dons Unzufriedenheit schließlich nachgab und einem Umzug nach Nelson zustimmte. Im Semester würde ich wochentags in einer Dienstwohnung der Universität wohnen und übers Wochenende nach Nelson fahren, und danach ginge es für die nächste Woche wieder neu in die Stadt. Neun Stunden hin, neun zurück.

Es war ein schwieriger Kompromiss, aber zugleich nahm, noch unbestimmt und träumerisch, in den Zeiten, in denen ich über den Schlaf meiner Töchter wachte, in meinen Gedanken ein immer komplexeres Bild unterirdischer Konstellationen Gestalt an. Gemeinsam mit meinen Studenten verfolgte ich, wie Wasser, Stickstoff und Kohlenstoff von alten Douglasien zu winzigen Keimlingen in ihrer Nähe flossen und ihnen beim Überleben halfen. Ich fand Beweise für meine früheren Theorien, dass junge Sämlinge im tiefen Schatten alter Bäume auf solche Hilfslieferungen über mykorrhizale Verbindungen angewiesen waren. Ich entdeckte, dass die Netzwerke in Altwäldern weit stärker ausgeprägt und komplexer waren, als ich mir je hatte träumen lassen, auf großen Kahlschlägen hingegen nur einfach und rudimentär. Je größer ein Kahlschlag, desto mehr wurden offenbar die Netzwerke in Mitleidenschaft gezogen.

Aber der Gedanke, dass ich den Herbst in Vancouver verbringen sollte und Hannah und Nava in Nelson waren, war für mich einfach unvorstellbar. Kleinigkeiten brachten mich aus der Fassung – die Vorbereitungen für die Feldforschungssaison, Bitten um Begutachtung von Manuskripten, die Jahresabschlussberichte für Geldgeber. Eines Tages fuhr ich unter großem Zeitdruck nach der Arbeit zum Hort, um die Mädchen abzuholen, quälte mich durch den Innenstadtverkehr zu einem Laden, der für mich ein Pergamentbild von Ahornblättern und Reitgras gerahmt hatte, und dann ging es in aller Hast auf den Heimweg zum Essen. Hannah quengelte, sie hatte Hunger, und Nava stimmte mit ein; ich befahl ihnen, still zu sein, aber die Stimmen wurden nur umso schriller. »Schluss jetzt!«, schrie ich, fuhr an die Seite und trat auf die Bremse. Das Bild flog gegen den Rücksitz, und das Glas zerbrach. Die Mädchen waren erschrocken, ich selbst entsetzt, als ich mir klarmachte, dass es ebenso gut sie hätte treffen kön-

Ich (45), Nava (5), Don (48) und Hannah (7) in unserem Haus in Vancouver im Sommer 2005. Damals hatte ich gerade meine Festanstellung als Assistenzprofessorin an der Universität von British Columbia bekommen.

nen. Ich befreite sie aus ihren Kindersitzen, dann setzte ich mich auf den Bordstein und schluchzte; meine Augen brannten wie Feuer. Hannah und Nava weinten beide und schlangen mir die Arme um den Hals, und ich hielt die beiden ganz fest. Hannah beruhigte sich wieder, dann auch Nava. Hannah schniefte, strich mir das Haar zurück und sagte: »Alles wird gut, Mama.«

Ich brachte das beschädigte Bild zurück in die Galerie und erklärte, es sei mir aus der Hand gefallen. Als sie anriefen und Bescheid gaben, dass es repariert war, stellte ich mir vor, dass ich das Bild von Blättern und Gräsern mit einer neuen Glasscheibe zurückbekommen würde – aber sie hatten die Scherben zusammengesetzt wie bei einem Puzzle. Ich beschloss, dass es mir so besser gefiel.

Rissig und zerfurcht wie ein altes Gesicht, die Veränderungen unwiderruflich.

Gerade um die Zeit, als der Umzug nach Nelson anstand und ich den Kopf voll hatte mit Gedanken an die Trennung in der Vorlesungszeit, wurde ein Stipendium für ein Projekt bewilligt, in dem ich das unterirdische Labyrinth eines Altwalds kartieren wollte. Die Fragen, die ich gestellt hatte, lauteten: Wie ist dieses Netzwerk aufgebaut? Lässt sich aus seinem Aufbau die Intelligenz der Natur beweisen?

Wie konnten wir helfen, den Nachwuchs großzuziehen, ohne dass wir dabei den Wald zerstörten?

12

Neun Stunden am Steuer

Ich fuhr in eine Haltebucht, zog die Handbremse fest und schnappte mir meine Weste. Dann rannte ich über die Forststraße, schlug nur kurz einen Haken um einen schwer beladenen Lastwagen, der im Licht der späten Vormittagssonne aussah wie ein riesiger Grashüpfer, und rief aus vollem Halse *»Wuuhuu«*, um Bären, die sich womöglich dort herumtrieben, tiefer in den Wald zu scheuchen.

Das Herz schlug mir bis zum Hals; ich hatte genau das gefunden, wonach ich suchte – einen Berghang, vom Bachlauf am Fuß bis hinauf zur Kuppe bedeckt mit Douglasien sämtlicher Altersstufen. Die ältesten Baumriesen mussten an die fünfunddreißig Meter hoch sein, mit Ästen kräftig genug, um alle paar Jahre ihre Samen über die schattige, mit Nadeln und Humus bedeckte Bodenschicht zu ihren Füßen zu verstreuen. Die Jungbäume, die aus diesem Nährboden sprossen, sahen aus wie Kinder auf einem Schulhof: Grüppchen von Sämlingen und Schösslingen tummelten sich unter den wachsamen Augen ihrer riesenhaften Lehrer. Von der Straße aus wirkte die Silhouette des Waldes so zerklüftet wie die Skyline von Manhattan.

Ich kraxelte die steinige Böschung hinunter, hielt einen Moment auf einem Felsbrocken inne und sog tief die Waldluft in mich ein, dann machte ich einen Satz über einen Graben. Ein reiner Douglasienwald, wie geschaffen für die Kartierung eines Mykorrhizennetzwerks. Mein erster Abschlusskandidat, Brendan, hatte 2007 in seiner Masterarbeit nachgewiesen, dass tatsächlich ein einziger Mykorrhizapilz, der Wurzeltrüffel Rhizopogon, fast die Hälfte der Wurzelspitzen von Douglasien umhüllte – an den übrigen fanden sich hier wie anderswo etwa sechzig weitere Pilzarten –, und dass allein aus diesem Pilz das Rückgrat des Mykorrhizenskeletts bestand. Junge Bäume wurden ebenso von Rhizopogon besiedelt wie alte, und das war entscheidend für die Beantwortung der Frage, ob das unterirdische Netzwerk jungen Douglasien half, im Schatten ihrer älteren Artgenossen heranzuwachsen. Ob das Myzel des Rhizopogon der Schlüssel zu der ständigen Regeneration des Waldes war, seiner Fähigkeit, sich zu verjüngen und fortzubestehen, ganz gleich was geschah. Außerdem hatten Forscher bereits wichtige Teile der Rhizopogon-DNS entschlüsselt, mit deren Hilfe sich ein Pilz-Individuum – ein Genet mit einem ebenso unverwechselbaren genetischen Fingerabdruck wie ein menschliches Individuum – von anderen unterscheiden ließ, eine wichtige Voraussetzung für die Kartierung der einzelnen Pilzstränge, die die Bäume miteinander verbanden. Bei anderen Pilzarten, die es in diesem Wald gab, war dies noch nicht gelungen. Die Voraussetzungen waren ideal, um daraus einen Begriff, ein Bewusstsein für das Maß der Verbundenheit zu entwickeln. Das Maß, in dem, wenn meine Vermutung stimmte, die jungen Douglasien aus dem Pilzgarten der alten Bäume versorgt wurden. Das Gras raschelte unter meinen Schritten, der Bach gurgelte; ich stieß mich am Ufer ab und landete mit beiden Beinen auf der gegenüberliegenden Seite. »*Wuuhuu*«, rief ich noch einmal, so laut, dass meine Stimme den Ansturm des Wassers übertönte und sogar noch von der Böschung widerhallte, *»wuuhuu, wuuhuu …«*

Direkt am Bachlauf waren die Bäume dicht und kräftig, auf der Anhöhe spärlicher und kleiner. Dort oben musste der Boden trockener sein, weil das Wasser wie ein Schlitten in voller Fahrt von der Granitkuppe talwärts schoss. Wenn ich den Aufbau des Netzwerks in dem trockenen, höher gelegenen Bestand mit diesem feuchten Wald in der Tiefe verglich, konnte ich herausfinden, ob die Verbindungen dort oben, wo Wassermangel herrschte, dichter und komplexer waren, von größerer Bedeutung für das Gedeihen eines Sämlings. Dort wo das Überleben der jungen Bäume davon abhängen mochte, dass sie die Myzelien anzapften und dadurch etwas von dem Wasser abbekamen, das die alten Bäume mit ihren Pfahlwurzeln in den tiefen Ritzen des Granitgesteins aufgenommen hatten. Gut möglich, dass der Zugang zum Myzelnetz der älteren Bäume für Sämlinge auf ausgetrockneten Böden lebenswichtiger war als an feuchten Stellen – auf dem trockenen Boden würde es ihnen das zum Fußfassen notwendige Wasser liefern.

Auf dem Weg am Bachufer entlang hielt ich im Humus Ausschau nach Abdrücken von Bärentatzen. Auf dem Wildpfad am Wasser war kein Kot zu sehen, aber ich spitzte trotzdem die Ohren, achtete auf alles, was über das normale Blätterrascheln im blutroten Dickicht des Seidigen Hartriegels hinausging. Nach zwanzig Metern bergauf in Richtung Kuppe erreichte ich den ersten Altbaum, umringt von einer kreisrunden Formation von Sämlingen, ein Ring wie Navas Hula-Hoop-Reifen. Ich zückte meinen T-förmigen Zuwachsbohrer, um das Alter des Baums zu bestimmen, dankbar, dass der Griff orangefarben war, denn die Blätter der Nutka-Himbeersträucher waren tellergroß und hätten alles verschluckt, was hinunterfiel. Ich setzte den

Bohrer auf Schulterhöhe an und trieb ihn von einer Rille der dicken Borke aus bis in die Markzone vor. So bekam ich einen kleinen Querschnitt der Jahresringe, ein Streifenmuster aus dem Inneren.

Zum Auswerten markierte ich an dem Bohrkern mit einem Stift die Dekaden und kam auf ein Alter von 282 Jahren. Ich entnahm Proben bei einem weiteren Dutzend Bäume in der Nähe des ersten, alle unterschiedlich hoch und dick, und ihre Altersspanne reichte von fünf Jahren bis zu nochmals mehreren Jahrhunderten. In diesen Wäldern brannte es alle paar Jahrzehnte, wenn die Sommer trocken waren und es eine Fülle an leicht brennbaren Materialien gab. Zweige und Nadeln von alten Bäumen sammelten sich auf dem Waldboden an, hohe Grashalme alterten und verdorrten, und dichte Bestände von jungen Douglasien erstickten die wasserhaltigen Zitterpappeln und Birken. Ein einziger Funke genügte, um ein Waldstück in Brand zu setzen. Dabei überlebten die alten Bäume in aller Regel, aber vom Unterholz blieb nichts mehr. Wenn ein Brand und ein Mastjahr mit reicher Zapfenernte zusammenkamen, keimte eine neue Generation von Samen.

Ich verstaute die Bohrkerne in bunten Trinkhalmen, verschloss die Enden mit Kreppband und beschriftete jede einzelne Probe, damit ich später in meinem Universitätslabor das Alter nochmals überprüfen und den jährlichen Radialzuwachs unter dem Mikroskop messen konnte. Und ich konnte das Wachstum in jedem Jahr mit den zugehörigen Niederschlags- und Temperaturdaten vergleichen. Ich fuhr mit dem Daumen über die Spitze meiner Pflanzkelle, vergewisserte mich, dass sie scharf genug war, und folgte einer dicken Wurzel von der Basis meines ersten Altbaums bis zu einer Stelle, an der sie nur noch fingerdick war. Dort trug ich den Waldboden ab und suchte nach rostbraunen Trüffeln, den schorfigen Fruchtkörpern des Rhizopogon. Die Kelle drang durch die Schichten aus Streu, Moder und Humus bis zu den darunter liegenden körnigen Mineralien, dort, wo die letzten Spuren von Humus und verwitterten Tonen endeten und Wurzeln und Mykorrhizen nach Nährstoffen suchten.

Nach einer halben Stunde, in der die Mücken meine Stirn zerstachen und Zweige mir die Knie wund scheuerten, stieß ich auf einen pralinengroßen Trüffel. Er steckte genau zwischen der Humusschicht und dem mineralischen Boden. Als ich die organischen Krümel abkratzte, entdeckte ich ein Büschel schwarzer Pilzfäden, das von einem Ende des Trüffels zu den Wurzeln des alten Baums führte. Ich verfolgte einen weiteren fleischigen Strang in die Gegenrichtung, und er endete bei einer Ansammlung von Wurzelspitzen, die aussahen wie die durchscheinenden weißen Blüten von Katzenpfötchen. Der feine, weiche Pinsel, den ich mir aus Hannahs Malkasten geborgt hatte, war ideal, um sie zu säubern. Eine der Wurzelspitzen wirkte besonders einladend, und ich zog behutsam daran, so wie man einen verirrten Faden aus einer Naht zupft. Ein Sämling in einer Handbreit Entfernung wackelte leicht. Ich zog nochmals, diesmal fester, und das Bäumchen neigte sich widerstrebend. Ich betrachtete meinen alten Baum, dann den kleinen Schössling in seinem Schatten. Der Pilz *verband den alten Baum mit dem jungen Schössling.*

Ein Büschel Zweige in der Nähe bebte leicht, und ein gelber Schmetterling flatterte über die Wiese. Der Wind drehte. Ich blickte hinüber zu den Gräsern, die die Baumgruppe einrahmten, und sah die Halme zittern. Ich war daran gewöhnt, aus den Augenwinkeln zu beobachten, ob irgendwo Bären, Kojoten oder Vögel lauerten, aber alles war ruhig.

Als ich einer anderen Wurzel des alten Baums nachspürte, stieß ich auf einen weiteren Trüffel, dann noch einen. Ich hielt sie mir beide unter die Nase und atmete den modrigen, erdigen Geruch nach Sporen und Pilz und neuem Leben. Ich verfolgte die schwarzen fleischigen Barthaare beider Trüffel zu dem Wurzelgewirr von Sämlingen aller Altersstufen und jungen Bäumchen. Je länger ich grub, desto deutlicher nahm das Gefüge Gestalt an – dieser alte Baum war verbunden mit jedem einzelnen der jüngeren Bäume, die rings um ihn her gesprossen waren. Später würde ein weiterer meiner Studenten, Kevin, an diesen Ort zurückkehren und die DNS von fast jedem Rhizopogon-Trüffel und Baum sequenzieren – und dabei herausfinden, dass die meisten der Bäume durch das Myzel des Trüffelpilzes miteinander verknüpft waren und dass die größten, ältesten Bäume mit nahezu allen jüngeren in ihrer Umgebung in Verbindung standen. Einer hatte Verbindungen mit siebenundvierzig anderen, zum Teil in zwanzig Metern Entfernung. Unsere Schlussfolgerung war, dass der gesamte Wald vernetzt war – allein durch das Myzel des Rhizopogon. Wir publizierten diese Ergebnisse im Jahr 2010, gefolgt von zwei weiteren Aufsätzen mit zusätzlichen Details. Wenn wir in der Lage gewesen wären zu untersuchen, welche Rolle die sechzig anderen Pilzarten bei der Verbindung der Douglasien spielten, hätten wir mit Sicherheit ein noch dichteres, vielschichtigeres und komplexeres Geflecht gefunden. Ganz zu schweigen von den arbuskulären Mykorrhizapilzen, die die Leerstellen einer solchen Landkarte gefüllt hätten, da sie vermutlich die Gräser und krautigen Pflanzen und Sträucher zu einem eigenen Netz verknüpften. Und von den ericoiden Mykorrhizapilzen, die ausschließlich die Heidelbeersträucher vernetzten, und, wiederum davon unabhängig, den Mykorrhizen von Orchideen.

Die Überreste einer Eichhörnchenmahlzeit am Fuß eines feuchten Baumstamms veranlassten mich, den Blick nach oben zu richten und in den Baumkronen Ausschau nach Spuren der Zapfen aus dem Vorjahr zu halten. Douglasien produzieren nur sporadisch Zapfen, im Einklang mit den klimatischen Veränderungen im Laufe mehrerer Jahre. Im Sommer, wenn die Zapfen sich öffnen, werden die Samen durch Wind oder Schwerkraft, Eichhörnchen oder Vögel verteilt und keimen in den warmen Saatbeeten aus Mineralien, Holzasche und teilweise verrotteten organischen Materialien. Diese Mischung ist ein idealer Nährboden.

Durch das Korsett der Äste sah ich über mir einen Habicht kreisen. Im Wald ist man selten allein, und ich fühlte mich ein wenig unbehaglich. Aber die sanfte Brise zerstreute meine Bedenken, und ich setzte meine Arbeit fort, grub mit der dünnsten Klinge meines Schweizer Taschenmessers einen Keimling aus, nicht größer als ein Weberknecht. Ich zog am Oberende des freigelegten Stiels, und eine Radicula (Keimwurzel) – eine der winzigen ersten Würzelchen – löste sich aus dem rotbraunen Humus. Sie sah aus wie ein Stückchen feines Knochenporzellan und erinnerte mich an Robyns Schienbein, das aus einer klaffenden Wunde hervorblitzte, als sie mal mit dem Dreirad gestürzt war und unser Vater sie ins Haus trug. Diese unerschrockene Wurzel war so verletzlich wie die Knochen eines Kindes, und sie sicherte ihr Überleben, indem sie biochemische Signale an das im mineralischen Erdreich verborgene Mykorrhizennetzwerk sandte, dessen lange Fäden zur Krallenhand der alten Bäume führten. Das Myzel des alten Baums verzweigte sich und sandte seinerseits Signale, Zeichen für die jungfräulichen Wurzeln, sich zu öffnen, sich in einem Fischgrätmuster zu verzweigen und sich bereitzumachen für die bevorstehende Vereinigung.

Ich ging in die Hocke und betrachtete die Radicula durch meine Taschenlupe, versuchte, das fragile Gebilde mit meinen schmutzverkrusteten Fingernägeln aufzudröseln, in der Hoffnung, Pilzmyzel zu finden, dem es womöglich schon gelungen war, die Zellen der Wurzelrinde zu umhüllen. Das Liebeswerben erfolgreich zum Abschluss zu bringen. Meine Nägel waren zu stumpf! Ich drehte mich um, sodass das Sonnenlicht auf meine Hände fiel, und untersuchte die zerzupfte Wurzel auf talgartige Spuren zwischen den Zellen. Beim Eindringen umhüllt der Pilz die Wurzelzellen, bildet eine Art Gitter – ein Hartig'sches Netz –, das die Farbe von Bienenwachs oder Meerwasser oder Rosenblättern haben kann. Über dieses Hartig'sche Netz liefert der Pilz dem Sämling Nährstoffe, bereitgestellt durch das gewaltige Myzel der alten Bäume. Im Gegenzug versorgt der Sämling den Pilz mit winzigen, doch lebenswichtigen Mengen an photosynthetischem Kohlenstoff.

Die Wurzeln dieser kleinen Bäumchen waren fest im Boden verankert gewesen, bevor ich sie herausgelöst hatte. Die alten, lebenserfahrenen Bäume hatten ihrem Nachwuchs in Wasser gelöste Kohlenstoff- und Stickstoffportionen zukommen lassen und so die Keimwurzeln und Kotyledonen – die Keimblätter – mit Energie, Stickstoff und Wasser versorgt. Die Kosten für diese Unterstützungsmaßnahmen waren für die Alten unerheblich, denn sie konnten aus dem Vollen schöpfen – sie hatten mehr als genug. Die Bäume kündeten von Geduld, von der langsamen, aber stetigen Beharrlichkeit, mit der Jung und Alt miteinander teilen und überdauern und sich nicht unterkriegen lassen. Genau wie die Standhaftigkeit meiner Töchter mir Halt gab, und ich sagte mir, dass ich die Kraft besaß, diese Zeit der Trennung zu überstehen. Außerdem sollte ich in einem Jahr ein Sabbatjahr zugestanden bekommen, dann konnte ich ihnen

Hannah (rechts, 8 Jahre alt) und Kelly Rose (10) beim Heidelbeerpflücken auf einem Kahlschlag in der Nähe von Nelson, British Columbia, 2006. Auf der frei gewordenen Fläche haben sich Fichten und Felsentannen angesiedelt. Die Höhe der verkohlten Baumstümpfe zeigt, dass der Wald im Winter abgeholzt und die Schlagabfälle anschließend verbrannt wurden.

wieder das Mittagessen kochen, Hähnchenschenkel und Gurkenscheiben und Apfelsinen, in die ich lächelnde Gesichter schnitt; ihnen zeigen, wie man einen Gokart baut und Blumen pflanzt, und Nava und ich würden wieder Zeit haben, einander, immer eine Seite im Wechsel, *Mercy Watson Wunderschwein* vorzulesen. Doch bis zu diesem magischen Jahr würde ich jedes Wochenende durch die Berge kurven, damit ich den Anschluss an ihr Leben nicht verlor, Mutterdasein im Zeitraffer.

Sobald das Hartig'sche Netz in den Keimwurzeln der Jungpflanzen fest etabliert war und die Altbäume zum Ausgleich für die noch spärliche Photosyntheserate der Keimblätter für ausreichend Nachschub sorgten, konnte der Pilz neue Hyphenfäden entwickeln, um im Erdreich nach Wasser und Nährstoffen zu suchen. Wenn die Miniaturkronen der Bäumchen dann neue Nadeln trieben, würden sie eigenen Photosynthesezucker in das Myzel einspeisen, sodass der Pilz noch entlegenere Bodenporen erkunden konnte. Und wenn die Wurzel ordentlich Fuß gefasst hatte und das Leben so reibungslos ablief wie der Handel auf dem Börsenparkett, konnte sich an der wachsenden Wurzel ein Myzelmantel – eine Art Hülle – bilden, gerade so als schlüpfe die Wurzel in eine Jacke aus Pilzgespinst, aus der noch mehr junge Hyphen in den Boden wuchsen. Je dicker der Mantel und je größer die Menge an Pilzfäden, die die Wurzel ernähren konnte, desto extensiver konnte das Myzel die Bodenmineralien umschließen und desto mehr Nährstoffe konnte es den feinen Körnchen entziehen und im Austausch zu den Wurzeln zurücktransportieren. Wurzel zeugt Pilz zeugt Wurzel zeugt Pilz. Die Partner unterstützen einander, eine positive Feedbackschleife, bis schließlich ein Baum daraus geworden ist und ein Kubikfuß des Bodens von einhundert Meilen Myzel durchzogen. Ein Netz des Lebens, vergleichbar unserem eigenen Gefäßsystem aus Arterien, Venen und Kapillaren. Ich flocht mir zwei der entwurzelten Sämlinge ins Haar und machte mich wieder auf den Weg bergauf.

Ein Knacken.

Ich riss das Bärenspray aus dem Hüftgürtel und legte den Finger auf den orangefarbenen Sicherheitsdruckknopf, den Blick auf eine Erlenblättrige Felsenbirne gerichtet. Vorsichtig, unter Blätterrascheln, bog ich einen Zweig zur Seite, dann stieß ich einen erleichterten Seufzer aus. Es war nur ein Baumstumpf, seine verkohlte Rinde schwarz wie Bärenfell. *Meine Güte*, dachte ich. *Da merkt man, wie müde ich von der Autofahrt bin, den ganzen Morgen von der Küste bis hierher.*

Ich streifte weiter durch den Wald, duckte mich unter den Kronen alter Bäume mit dicker Borke, schritt über Grasflächen besprenkelt mit Sämlingen, bahnte mir einen Weg durch Dickichte aus schlanken Schösslingen, und die ganze Zeit über schwirrten mir die Forschungsergebnisse meiner Studenten durch den Kopf, mein Verstand ratterte wie eine Rechenmaschine. Diese jungen Bäume begannen ihren Lebensweg im Schatten der alten, indem sie ihr riesiges Myzel anzapften und von ihnen so lange Starthilfe erhielten, bis sie genügend Nadeln und Wurzeln ausbilden konnten, um allein zurechtzukommen. Von den Douglasiensamen, die ein anderer meiner Studenten, François, im Umfeld erwachsener Bäume ausgesät hatte, hatten da, wo er ihnen die Möglichkeit gegeben hatte, Verbindung zu dem Pilznetzwerk alter Bäume aufzunehmen, doppelt so viele überlebt wie an den Stellen, an denen er sie mithilfe von Pflanzbeuteln isoliert hatte, deren feine Poren nichts außer Wassermolekülen durchließen.

Die Sämlinge erneuerten diesen Wald im Verbund mit den alten Bäumen.

Ich setzte mich zur Rast auf einen Baumstumpf und nahm einen großen Schluck aus der Wasserflasche, und dabei fiel mir ein Grüppchen von Sämlingen auf, nicht größer als Dachnägel. Ein unterirdisches Netzwerk konnte die Erklärung dafür sein, wie Sämlinge über Jahre, ja Jahrzehnte hinweg im Schatten überleben konnten. Diese Altwälder konnten sich aus eigener Kraft erneuern, weil die Eltern dem Nachwuchs halfen, auf eigenen Füßen zu stehen. Am Ende würden die Jungen selbst die Silhouette des Waldes beherrschen und andere unterstützen, wenn sie eine Kraftspritze benötigten.

Die Sonne stand im Zenit, doch trotzdem vergewisserte ich mich der Uhrzeit auch noch auf meinem BlackBerry. Bis Nelson waren es noch 476 Kilometer, und wenn ich vor Mitternacht zu Hause ankommen wollte, musste ich spätestens um vier Uhr losfahren. Jean hatte mich gedrängt, mir dieses neumodische Telefon zu kaufen – sie nannte es meinen BlueBerry –, und es veränderte mein ganzes Leben, entscheidend in dieser Zeit, in der ich so viele Stunden mit dem Auto unterwegs war. Ich schaute in meine E-Mails und sah, dass einer meiner Anträge auf Fördermittel abgelehnt worden war. Aber ein anderer war bewilligt: Geld für ein Projekt, bei dem ich in den trockenen Douglasienwäldern des Landesinneren untersuchen wollte, welche Auswirkungen Kahlschläge auf die mykorrhizalen Netzwerke hatten. *Ja!*, dachte ich. Das wochenlange Feilen an Formulierungen und Finanzplänen hatte sich ausgezahlt. Ich staunte über diese kleine Maschine und darüber, wie das Internet mir das Gefühl gab, dass ich mit der ganzen Welt verbunden war.

Und dieser Wald war ja auch tatsächlich wie das Internet – das World Wide Web. Nur dass nicht Computer über Drähte oder Funkwellen in Kontakt waren, sondern Bäume mittels Mykorrhizapilzen. Der Wald kam mir vor wie ein System aus Zentren und Trabanten, in dem die alten Bäume die großen Schaltstellen waren und die jüngeren die kleineren, ein System, in dem über die Pilzleitungen Nachrichten in alle Richtungen übermittelt wurden. Im Jahr 1997, als mein Artikel in *Nature* erschienen war, hatte die Zeitschrift vom »Wood Wide Web« gesprochen, und das erwies sich nun als viel prophetischer, als ich gedacht hatte. Damals wusste ich nur, dass Birken und Douglasien über ein einfaches Mykorrhizengeflecht Kohlenstoff austauschen. Aber dieser Wald offenbarte mir ein weit komplexeres Bild. Die alten und jungen Bäume waren größere und kleinere *Kommunikationsknoten*, durch Mykorrhizapilze verwoben zu einem komplexen Muster, über das die Erneuerung des gesamten Waldes gesteuert wurde.

Wespen schwärmten aus einem Loch zwischen Holzabfällen. Als mich die erste stach, stürmte ich den Hang hinauf. Er war steil wie eine Rolltreppe, meine Forstweste bleischwer. Oben angekommen ließ ich mich auf den Boden fallen und drückte mir die Wasserflasche auf die geschwollene Stelle. Die alten Baumriesen auf dieser Kuppe standen in großen Abständen, und die jungen Bäumchen waren nicht so zahlreich und weiter verstreut. Eine Folge der Trockenheit. Nutka-Himbeeren und Heidelbeersträucher gab es hier oben nicht, verdrängt von Reitgrasbüscheln mit ihren langen Halmen, den Häubchen von Seidenlupinen und dem einen oder anderen Büffelbeerenstrauch. Lupinen und Büffelbeeren konnten Stickstoff binden, den sie diesem langsam wachsenden Bestand zuführten. Obwohl der Südhang trocken war, wirkte die Pflanzengemeinschaft intakt, frei von invasiven Unkräutern, wie ich sie bei meinem Parkplatz am Straßenrand bemerkt hatte. Dieser Wald lag am Nordrand des wasserarmen Großen Beckens. Weiter südlich war es meist zu trocken für Bäume, und die heimischen Prärieflächen waren mit Horstgräsern bewachsen. Doch dieses ursprüngliche Grasland wurde gefährdet durch das Vordringen exotischer Unkräuter, und in diesem Fall raubten mykorrhizale Netzwerke den Gräsern die Lebensgrundlage. Die durch weidendes Vieh verbreiteten Flockenblumen zapften die Mykorrhizen an den Seitentrieben der Gräser an und stahlen Phosphor direkt aus ihren Wurzeln. Statt die Gräser zu unterstützen, wie sie es bei Birken und Douglasien taten, beschleunigten die Pilze hier das Sterben heimischer Arten, dessen Ursprünge bis in die Zeit der ersten Viehhalter zurückreichten. Vermutlich infizierten die Pilze die heimischen Gräser mit Giften oder Krankheiten und vollendeten so ihr Zerstörungswerk. Oder sie hungerten sie aus, entzogen ihnen die Energie und besiegelten damit den Niedergang der Prärien. Wie die Invasion der Körperfresser. Oder die Kolonisierung Amerikas durch die Europäer.

Mit meinem Zuwachsbohrer entnahm ich Proben aus einer Reihe von Altbäumen auf der Hügelkuppe. Der älteste war 302, der jüngste 227 Jahre alt. Die größten, ältesten Bäume waren die grauen Eminenzen des Waldes. Ihre dicke Borke war vom Feuer gezeichnet, deutlich mehr als bei den Bäumen in den feuchteren unteren Bereichen, denn die Hitze und Trockenheit hier oben zog Blitze geradezu an. Deshalb die großen Altersunterschiede. Ich blickte nochmals auf mein Telefon. Zwei Uhr. In einer Stunde würde Don Hannah und Nava von der Schule abholen.

Ich kratzte mit meiner Kelle das Erdreich beiseite. Genau wie bei den alten Bäumen am Bachlauf stieß ich auch hier auf Trüffel und Tuberkel – von einer Pilzrinde umhüllte Ansammlungen mykorrhizaler Wurzeln – und goldgelbe Pilzstränge, die aussahen wie Kometenschweife. Bäume und Pilze standen in engem Kontakt. Verglichen mit den Douglasien weiter unten, gab es hier, wo der Boden trockener war und die Bäume stärker unter Stress litten, sogar noch mehr Verbindungen. Kein Wunder! Hier auf der Kuppe investierten die Bäume mehr in die Mykorrhizapilze, weil sie auf mehr Gegenleistung angewiesen waren.

Ich lehnte mich an den ältesten Baum, mindestens fünfundzwanzig Meter hoch, mit Ästen wie den Rippen eines Wals. Sämlinge keimten im Halbkreis entlang der Kronentraufe, die Nadeln wie Spinnenbeine gespreizt, und ich grub einen davon mit meinem Messer aus. Pilzfäden baumelten an den Wurzelenden – das beflügelte mich, und der Wespenstich war schon fast vergessen. Ich klemmte den Sämling samt seinem Mykorrhizabüschel zwischen die Seiten meines Notizbuchs, damit ich ihn mir zu Hause genauer ansehen konnte. Aber eigentlich war das gar nicht nötig: Diese kleinen Sämlinge waren mit dem Netzwerk der alten Bäume verbunden und bekamen auf diese Art genügend Wasser, um die trockensten Tage des Sommers zu überleben. Meine Studenten und ich hatten bereits nachgewiesen, dass die tief wurzelnden Bäume in der Nacht Wasser aus den tieferen Bodenschichten mithilfe von Kapillarkräften nach oben transportieren und es mit flach wurzelnden Pflanzen teilten, sodass der gesamte Archipel eine längere Dürreperiode unbeschadet überstehen konnte.

Ohne eine solche Verbindung kann der Tod eines Sämlings in den heißen Augusttagen fast unverzüglich eintreten, die Nadeln verfärben sich rot, und am Wurzelhals bilden sich Brandwunden, sodass bei Wintereinbruch nichts mehr von dem Bäumchen übrig ist. Für diese jungen Rekruten entscheidet ein kleiner Zugewinn an Ressourcen in Augenblicken der Verletzlichkeit über Leben und Tod, es geht um alles oder nichts. Doch sobald sie mit ihren Wurzeln und Mykorrhizen in das Labyrinth der rotbraunen Poren vordringen, wo die Bodenpartikel mit einem Wasserfilm überzogen sind, legen sie richtig los und fassen Fuß. Ein solches, durch nichts in seinen Möglichkeiten beschränktes Wurzelsystem war weit robuster als die dicken Wurzelkolben, die sich in der Baumschule in ihren Styroporröhren bildeten, wo die zur Aufforstung bestimmten Setzlinge derart mit Wasser und Nährstoffen überschüttet wurden, dass sie keine geeigneten Wurzeln entwickeln konnten – oder mussten –, um eine Partnerschaft mit Pilzen einzugehen, die ihnen dann dabei halfen, Kontakt mit dem Boden aufzunehmen. In der heißen Augustsonne verbrauchten ihre dicken Nadeln eine Unmenge an Wasser, aber die Wurzeln verhielten sich so, als seien sie immer noch eingesperrt, unfähig, die Hilfe der alten Bäume anzunehmen, wenn der Boden auf den trockenen Kahlschlägen ausdorrte und rissig wurde.

Ich ging von dem nordwärts gelegenen Halbkreis von Sämlingen zurück zu dem alten Baum; unterhalb seiner Krone wuchs nicht einmal Gras. Hier war kein einziger Sämling zu sehen. Die dichte Krone ließ kaum Licht oder Niederschlagswasser durch, und die Wurzeln waren so dick, dass sie fast alles an Nährstoffen und Wasser aufsaugten. Aber François sollte später herausfinden, dass es einen Ort gab, an dem günstige Bedingungen für Sämlinge herrschten: einen ringförmigen Bereich um die Kronentraufe, den Rand der Baumkrone, wo das Wasser von den äußersten Nadeln abtropfte. Nicht zu nahe, damit sie nicht durch die Bedürfnisse des alten Baums ausgezehrt wurden, und nicht zu weit entfernt, sodass die Gräser in den Zwischenräumen ihnen nicht das wegnehmen konnten, was sie zum Wachsen benötigten.

Ich duckte mich unter die nach Süden gewandte Seite der Krone des alten Baums, wo die Sonne erbarmungslos brannte, und blickte bergab auf ein Geröllfeld. Hier war es so heiß und trocken, dass kein Netzwerk einen Sämling vor dem Verbrennen bewahren konnte. Unter extremen Bedingungen – in der Wüste zum Beispiel – konnte auch der Pilz keinen Baum mehr versorgen. Ein alter Baumstamm lag schräg am Hang und würde irgendwann über das Geröll in die Tiefe rutschen; an einer Stelle war das Kernholz frisch freigelegt, und Kolonnen von Käfern und Ameisen schleppten weiße Pilzfäden ab. Kratzspuren. Bär, dachte ich, aber schon ein paar Tage alt. Eine ganze Kaskade von Douglasiensämlingen bedeckte den Waldboden an der Nordseite des Stamms, wo es über seine ganze Länge einen Hauch von Schatten gab. Dieser winzige Vorteil bedeutete, dass ein bisschen weniger Wasser verloren ging, ein Quäntchen mehr in den Bodenporen haftete, der entscheidende Unterschied, von dem das Überleben abhing. Ich fragte mich, ob die weißen Myzelfächer mit dem alten Baum verbunden waren und dazu beitrugen, dass das Holz feucht blieb. Diese Sämlinge, folgerte ich, waren nur am Leben, weil die Pilze von irgendwoher Wasser heranholten.

Meine Haut brannte von der Sonne, und ich kehrte zurück in den Schatten und sah nach dem Wespenstich. Ich sollte meinen Mädchen zeigen, wie man einen Backpulverumschlag macht. Ich hatte mich an den alten Baum gelehnt, der diesen Halbmond aus Sämlingen über sein Mykorrhizennetzwerk ernährte, und betrachtete die Nadeln der Baumkinder. Sie bebten in der Nachmittagsluft.

Die alten Bäume waren die Mütter des Waldes.

Die Mittelpunkte des Netzwerks waren *Mutterbäume.*

Nun, Vaterbäume auch, denn jede Douglasie hat sowohl männliche Pollen- als auch weibliche Samenzapfen.

Aber ... mir kam es wie das Verhältnis zwischen einer Mutter und ihren Kindern vor. Die Älteren kümmern sich um den Nachwuchs. Genau das war es. *Mutterbäume. Mutterbäume verbinden den Wald.*

Dieser Mutterbaum war der zentrale Knotenpunkt, um den die Sämlinge und jungen Bäumchen sich scharten, verbunden durch die Hyphen diverser Pilzarten, unterschiedlich in Farbe und Dichte – Schicht um Schicht ein starkes, komplexes Netz. Ich zückte Bleistift und Notizbuch und zeichnete eine Karte: Mutterbäume, Jungbäume, Sämlinge. Verbindungslinien. Das Muster, das so entstand, erinnerte an ein neuronales Netzwerk, an die Neuronen in unserem Gehirn, manche stärker, manche weniger stark miteinander verknüpft.

Heiliger Strohsack.

Wenn so ein mykorrhizales Netz den gleichen Bauplan hatte wie ein neuronales, waren dann die Moleküle, die zwischen den Bäumen hin- und herwanderten, womöglich Botenstoffe? Die Signale, die die Bäume austauschten, konnten genauso wirken wie Neurotransmitter, die chemischen Stoffe im Gehirn, die uns befähigen zu denken und zu kommunizieren. War es möglich, dass Bäume ihre Nachbarn ebenso deutlich wahrnahmen wie wir unsere Gedanken und Stimmungen? Mehr noch, beeinflusste die soziale Interaktion zwischen Bäumen ihre gemeinsame Realität, genau als ob zwei Menschen sich unterhielten? Hatten Bäume eine ebenso rasche Auffassungsgabe wie wir? Konnten sie sich, so wie wir, auf der Grundlage ihrer Signale und Interaktionen permanent anpassen, korrigieren und neu ausrichten? Allein an dem Tonfall, mit dem Don »Suze« sagte, und an einem flüchtigen Blick konnte ich erkennen, worauf er hinauswollte. Womöglich war die Beziehung zwischen Bäumen genauso feinfühlig, genauso eingespielt. Sandten sie ebenso präzise Signale wie die Neuronen in unserem Gehirn, um die Welt zu begreifen? Ich kritzelte ein paar rasche Berechnungen auf der Grundlage unserer Isotopenexperimente. Mir ging auf, dass das Verhältnis der transportierten Kohlenstoff- und Stickstoffmengen auf verblüffende Weise dem Verhältnis ihrer Atome im Molekül einer Aminosäure namens Glutamat entsprach. Zwar hatten wir es bei unseren Experimenten nicht ausdrücklich darauf angelegt, die Bewegung von Kohlenstoff und Stickstoff in Form von Glutaminsäure nachzuverfolgen, aber andere Forscher hatten nachgewiesen, dass genau diese Aminosäure tatsächlich über Mykorrhizennetzwerke transportiert wurde.

Ich startete eine kurze Suche auf meinem BlackBerry. Glutaminsäure war der am häufigsten vorkommende Neurotransmitter im menschlichen Gehirn, und es war der Wegbereiter für die Entstehung weiterer Botenstoffe. Es war sogar noch häufiger als Serotonin, bei dem die Kohlenstoffmenge im Vergleich zu Stickstoff nur marginal höher lag.

Der Habicht kreiste um den benachbarten Hügel, nun in Gesellschaft von zwei weiteren, und ihre Schatten glitten über den geröllreichen Wald. Wie ähnlich konnte ein mykorrhizales Netzwerk einem neuronalen *tatsächlich* sein? Die Architektur des Netzwerks und die Botenmoleküle, die über die Verbindungen von Knoten zu Knoten wanderten, waren mit Sicherheit vergleichbar. Aber wie stand es mit den Synapsen? Waren die nicht entscheidend für die Signalübermittlung in einem neuronalen Netzwerk? Dies mochte auch eine wichtige Rolle bei der Frage spielen, wie ein Baum bemerken konnte, ob seine Nachbarn gestresst oder gesund waren. So wie die Neurotransmitter in unserem Gehirn Signale über den synaptischen Spalt hinweg von Neuron zu Neuron übertragen, wurden Signale vielleicht auch an der Schnittstelle zwischen Pilz- und Pflanzenmembran in einer Mykorrhiza weitergeleitet.

Konnten Informationen in mykorrhizalen Netzwerken genau wie in unseren Gehirnen über Synapsen übermittelt werden? Es war bereits bekannt, dass Aminosäuren, Wasser, Hormone, Signalstoffe, Allelochemikalien (Gifte) und andere Metaboliten die Synapse zwischen Pilz- und Pflanzenmembran überqueren. Da konnten doch andere Moleküle, die über das Mykorrhizennetzwerk von einem anderen Baum kamen, vielleicht ebenfalls über diese Synapse weitergereicht werden?

Vielleicht war ich da einer Sache auf der Spur: *Sowohl neuronale als auch mykorrhizale Netzwerke übertragen Informationsmoleküle über Synapsen.* Moleküle bewegen sich nicht nur durch die Zellmembranen aneinandergrenzender Zellen und die Poren benachbarter Pilzzellen, sondern auch über Synapsen an den Apizes (Spitzen) verschiedener Pflanzenwurzeln oder Mykorrhizen. Chemische Stoffe werden in diese Synapsen ausgeschüttet, und anschließend muss die Information dem elektrochemischen Source-Sink-Gefälle folgend von Pilz-Wurzelspitze zu Pilz-Wurzelspitze übertragen werden, ähnlich wie in einem neuronalen Netz. Anscheinend spielten sich in einem Mykorrhizennetzwerk die gleichen elementaren Vorgänge ab wie in unserem Nervensystem. Ihnen verdanken wir die Geistesblitze, mit denen wir Probleme lösen, die Impulse, mit denen wir wichtige Entscheidungen fällen oder unsere Beziehungen neu ausrichten. Vielleicht sind beide Netzwerke die Grundlage für das Entstehen von Bindungen, Kommunikation und Zusammenhalt.

Es war schon allgemein anerkannt, dass Pflanzen ihre nervenartigen Strukturen dazu benutzen, ihre Umwelt wahrzunehmen. Blätter, Stängel und Wurzeln spüren und begreifen ihre Umgebung und ändern dementsprechend ihr Verhalten – ihr Wachstum, die Fähigkeit, Nährstoffe aufzuspüren, ihre Photosyntheserate und die Häufigkeit, mit der sie ihre Stomata schließen, um Wasser zu sparen. Auch Pilzhyphen nehmen ihre Umgebung wahr und verändern ihre Architektur und reagieren darauf. So wie sich Eltern und Kinder, wie meine Mädchen, Don und ich uns an veränderte Bedingungen anpassen, uns umorientieren, Neues lernen und schwierige Situationen meistern. Heute Abend würde ich zu Hause sein. *Mutter sein.*

Das lateinische Verb *intellegere* bedeutet begreifen oder wahrnehmen.

Intelligenz.

Die mykorrhizalen Netze könnten Merkmale von Intelligenz aufweisen.

Im Mittelpunkt des neuronalen Netzwerks im Wald standen dic Mutterbäume, so zentral für das Leben der Baumkinder wie ich für das Wohlergehen von Hannah und Nava.

Es wurde Zeit, also erhob ich mich, wenn ich auch die Wärme der Baumrinde an meinem Rücken nicht gern hergab. Aber ich war in Hochstimmung, beflügelt von meinen Gedanken, und ich spürte eine Verwandtschaft zu den Mutterbäumen, war dankbar, dass sie mich akzeptierten und mir diese Einsichten schenkten. Ich stieg hinauf zur Hügelkuppe, wo es nach meiner Erinnerung eine Abkürzung zur Straße gab, und folgte einem Wildpfad ungefähr in die richtige Richtung. Die dicken Pilzstränge der Rhizopogon-Trüffel, die feinen Myzelfächer der fragilen Wilcoxina-Pilze (ein Becherling) und die Hunderte von anderen Pilzarten in diesem alten Wald, sie alle verfügten über einzigartige Strukturen und Fähigkeiten zum Aufspüren, Transportieren und Übermitteln. Ihre langen Fäden suchten nach verborgenen Schätzen, die sie mit ihren Rankenfingern umschlossen. Auf all diesen Routen mussten die Informationsmoleküle durch die Pilzbahnen reisen. Entlang des Source-Sink-Gefälles von reich zu arm.

Mein schmaler Pfad vereinigte sich mit einem größeren, wie eine lose Faser, die in ein Seil geflochten wird. Ich wusste, dass die Netzwerke komplex waren, mit dicken, autobahnartigen Strängen und einem Gespinst aus feinen Hyphen, sozusagen den Nebenstraßen. Die dicken Stränge selbst bestanden ebenfalls aus vielen einfachen Hyphen, die sich verzwirnt hatten und eine äußere Rinde um einen Hohlraum formten. Durch diese röhrenartigen Stränge konnten sich Informationsmoleküle bewegen wie Wasser durch eine Pipeline.

Der Hauptweg verbreiterte sich, ein paar Biegungen noch, dann würde die kleine Straße wieder vor mir auftauchen. Die

Douglasien-Mutterbaum

von Pilzarten wie dem Rhizopogon gebildeten Rohrleitungen dienten der Kommunikation über größere Entfernungen, die feinen Myzelfächer von Pilzarten wie Wilcoxina dagegen mussten zu sofortigem Austausch fähig sein. Sie waren in der Lage, chemische Stoffe schnell zu transportieren, um spontanes Wachstum und rasche Veränderungen anzustoßen. Als bei Grannie Winnie Alzheimer diagnostiziert wurde, hatte ich nachgelesen, was die Plastizität unseres Gehirns fördert und was sie vermindert. Vielleicht ließen sich die Langstreckenleitungen des Rhizopogon mit den starken Verbindungen in unserem Gehirn vergleichen, die durch Wiederholung, Eliminierung und Rückbildung entstehen und für unser Langzeitgedächtnis verantwortlich sind, während die feineren, schneller und zahlreicher wachsenden Hyphen von Wilcoxina dafür sorgten, dass die mykorrhizalen Netzwerke sich an neue Bedingungen anpassen konnten, ähnlich unseren schnellen, flexiblen Antworten auf neue Situationen – eine Fähigkeit, die meiner Großmutter verloren ging.

Grannie Winnies Langzeitgedächtnis funktionierte noch. Sie wusste, dass sie Kleidung tragen musste; sie konnte sich bloß nicht mehr erinnern, wie viele Shirts sie bei heißem Wetter anziehen und ob sie ihren BH vorn oder hinten zuhaken sollte. So wie Rhizopogon-Stränge für den Langstreckentransport von Lösungen zuständig sind, kamen Grannie Winnies Erinnerungen an Kleidung über im Laufe des Lebens ausgetretene Pfade im Gehirn. Aber ihre Fähigkeit zur raschen Anpassung und ihr Kurzzeitgedächtnis nahmen mit dem Verlust neuer Synapsen ab, als verlöre sie die Verbindungen, die sich mit den von Wilcoxina für die Bäume gebildeten Myzelfächern vergleichen ließen.

Die dicken, komplexen Stränge, die von den Mutterbäumen ausgingen, mussten den Transfer zu den heranwachsenden Sämlingen effizient und in großem Umfang sicherstellen. Die feineren Myzelgespinste dienten dazu, den neuen Keimlingen dabei zu helfen, sich an drängende, spontan auftretende Bedürfnisse anzupassen, beispielsweise an einem besonders heißen Tag neue Wasservorkommen aufzuspüren. Eine dynamische, aktive, anpassungsfähige Unterstützung für die heranwachsenden Pflanzen, eine Form von fluider, problemlösender Intelligenz.

Unser eben bewilligtes Forschungsprojekt würde am Ende zeigen, dass das komplexe mykorrhizale Netzwerk bei einem Kahlschlag im Chaos endete. Ohne die Mutterbäume verlor der Wald seine Organisation. Wenn die Sämlinge im Laufe von ein paar Jahren zu kleinen Bäumchen heranwuchsen, würde der junge Wald versuchen, ein neues Netzwerk aufzubauen. Doch ohne den Beitrag der Mutterbäume würde es vermutlich nie wieder das sein, was es einmal war, gerade bei der Größe der Kahlschläge und dem Klimawandel. Der in den Bäumen gespeicherte Kohlenstoff, und noch einmal so viel in Boden, Myzel und Wurzeln, würde im wahrsten Sinne des Wortes verpuffen und in die Atmosphäre gelangen. Was dann?

War das nicht die wichtigste Frage in unserem Leben?

Ich kam an eine monumentale Baummutter, ein wahres Bollwerk, mit dicken Ästen, die fast bis zum Boden hinabreichten und beinahe selbst schon Bäume waren. Im Vergleich zu ihren Nachbarn waren Größe und Alter dieser Baumin ehrfurchteinflößend – sie sah aus wie die Mutter aller Mutterbäume. Ein »Protz«, wie man unter Forstleuten sagt – viel älter, größer und mit einer weiter ausladenden Krone als alle anderen, eine einsame Überlebende uralter Katastrophen. Sie hatte Jahrhunderten von Bodenfeuern getrotzt, denen andere früher oder später zum Opfer gefallen waren. Ich suchte mir einen Weg zwischen Massen von Sämlingen bis zu ihrer Kronentraufe und hob einen Zapfen auf, den vielleicht ein Eichhörnchen hinuntergestoßen hatte. Seine Deckschuppen waren überpudert mit weißen Sporen. Das Leben dieses Baums hatte begonnen, als das Land noch unter der Obhut der Secwepemc gestanden hatte, lange vor der Ankunft des weißen Mannes. Damals hatten die indianischen Ureinwoh-

Bei der Arbeit, unterwegs in unserem VW-Bus im Jahr 2007. Damals war ich siebenundvierzig.

ner Feuer gelegt, um Lebensraum für Jagdtiere zu schaffen, Platz zum Wachsen für wertvolle heimische Pflanzen oder um Wege für den Handel mit benachbarten Stämmen anzulegen, und hatten die Flammen so unter Kontrolle gehalten, dass die dicke Borke der Baummutter nie ganz verbrannte. Ich war sicher, wenn ich ihr eine Bohrprobe entnommen hätte, wäre ich etwa alle zwanzig Jahre auf kohlschwarze Jahresringe gestoßen, wie die Streifen eines Zebras. Ich war beeindruckt von ihrer Ausdauer, ihrem Jahrhunderte überspannenden Lebensrhythmus. Es war eine Frage des Überlebens, kein Akt des Willens, kein Luxus. Ihre Rinde erglühte im Licht der schon tiefer stehenden Sonne.

Ein Strahlen.

Ich kehrte zurück zu dem Pfad, nahm mir vor, das, was mir da zu Mutterbäumen durch den Kopf ging, so schnell wie möglich zu publizieren, und kam um die letzte Wegbiegung vor der Straße.

Am Wegrand, nur zwei Meter von mir entfernt, lugten zwei Bärenjunge im Teddybärenformat durch den violetten Rittersporn und rosa Frauenschuh. Das eine war braun, das andere schwarz, und sie schauten mich aufmerksam an. Hinter ihnen, im schwarzen Pelzmantel, ihre Mutter. Alle drei brummten, dann verschwanden sie blitzschnell im Dickicht aus Heidelbeersträuchern und Birken. Ungläubig stand ich da. Allein, unversehrt.

Rasch schritt ich weiter, über den Zuweg zur Forststraße, und fragte mich, ob sie mich womöglich den ganzen Tag über begleitet hatten.

In der Abenddämmerung quälte ich mich auf Serpentinenstraßen über die Monashee Mountains.

Die Rücklichter des Wagens vor mir machten einen Schlenker.

Beine so lang, dass sie bis ans Dach meines Wagens reichten, darüber der Torso eines Elchs.

Die Müdigkeit verlangsamte meine Reaktionen, trotzdem riss ich das Steuer nach links und bremste ab. Als ich an der Elchkuh vorüberfuhr, blickte ich ihr durch die Windschutzscheibe geradewegs in die Augen, dann verschwanden sie und der Elch selbst wieder in der Dunkelheit. Uralte Augen, die bis auf den Grund meiner Seele geblickt hatten. Sie wussten, dass ich dieses Tempo nicht durchhalten konnte.

Erst um zwei Uhr nachts bog ich in unsere Auffahrt in Nelson, so zerschlagen, als hätte mich ein Lastwagen überrollt. Ich stahl mich in Hannahs Zimmer, und sie regte sich, als ich ihr einen Kuss auf die Stirn gab. Dann kroch ich zu Nava unter die

Decke. Ihr Bett, aus Vancouver mitgebracht, war kaum groß genug für uns beide. Als ich ihre Hand mit beiden Händen umfasste, hätte ich schwören können, dass ihre Finger seit dem vergangenen Wochenende gewachsen waren. Sie drückte mir die Hand.

2008 war mein Sabbatjahr, die erhoffte Ruhepause, und ich schrieb zwei Aufsätze über das Konzept der Mutterbäume. Aber im darauffolgenden Herbst kehrte ich wieder ich an meinen Arbeitsplatz zurück, und die endlosen neunstündigen Autofahrten begannen von Neuem. Die Mädchen gingen in die Schule und tanzten, und Don passte auf sie auf, lief Ski und bekam hin und wieder einen Auftrag für ein Computermodell; ich hingegen wurde immer erschöpfter, und Don und ich stritten uns häufiger als früher.

In meinem Labor gab es viel zu tun, und außerdem war ich ständig auf der Jagd nach Forschungsgeldern und schrieb weitere wissenschaftliche Abhandlungen. Wie bisher unterrichtete ich und beschäftigte mich mit der Frage des ungehinderten Wachstums in Neuanpflanzungen. Im Jahr 2010 veröffentlichte ich drei Zeitschriftenartikel, die nachwiesen, dass Küstenkiefernplantagen, bei denen man auf ungehindertes Wachstum setzte, durch die Klimaerwärmung in Gefahr kamen. Jean half mir beim Zusammentragen der Daten, und Don analysierte sie. Wir hatten herausgefunden, dass mehr als die Hälfte der Kiefern in der Provinz infolge von Insektenbefall, Krankheiten und anderen Stressfaktoren wie zum Beispiel Dürre abstarben. Mehr als ein Viertel der Wiederaufforstungen musste als gescheitert gelten.

Auf der Rückfahrt von einem alljährlich im Herbst stattfindenden Forschungscamp, Ende August 2010 und nicht lange nachdem ich die Ergebnisse meiner Kiefernstudie bei einer

Tagung von Provinzvertretern vorgestellt hatte, hielt ich an einer Tankstelle und warf einen Blick auf mein iPhone. Ich fand eine Nachricht von der Forstbehörde, in der mir vorgeworfen wurde, wir hätten bei der Untersuchung der Infektionen durch Rostpilze *(Endocronartium harknessii),* d.h. bei einem der fünfzig schädigenden Faktoren, einen veralteten Maßstab angewendet. Infektionen an Ästen gälten mittlerweile nur noch dann als tödlich, wenn sie zwei Zentimeter vom Hauptstamm entfernt seien, nicht vier. Was sie plötzlich auf den Gedanken gebracht hatte, dass Infektionen in vier Zentimetern Entfernung keine Bedrohung seien, in zwei Zentimetern Entfernung jedoch sehr wohl, war mir unbegreiflich; zumal sie zu der Erkenntnis just in dem Augenblick gekommen waren, zu dem wir unsere Ergebnisse veröffentlicht hatten. Eine weitere, unabhängige Studie hatte allerdings bestätigt, dass die Mehrzahl der Kiefernanpflanzungen nicht gesund war. Doch was mich am meisten ärgerte, war eine Mail von einem bis dahin von mir hochgeschätzten Statistiker im Staatsdienst, einem Mann, den ich bewunderte und der unseren Forschungsansatz gebilligt hatte. Jetzt plötzlich schrieb er, wir hätten unser Experiment nicht häufig genug repliziert.

Auf meinen vielen Fahrten durch die Berge zwischen Vancouver und Nelson sah ich an allen Ecken, wie aus den von Käfern getöteten Wäldern ein Krebsgeschwür aus Kahlschlägen entstand, und mein Zorn auf die Praktiken der Forstwirtschaft wuchs. Gemeinsam mit einer Kollegin von der University of Northern British Columbia, Dr. Kathy Lewis, veröffentlichte ich in der *Vancouver Sun* einen Leitartikel mit der Überschrift »Nur neue Methoden retten unseren Wald«. Wir schilderten das Meer von Kahlschlägen und erläuterten, wie sie die landschaftliche Vielfalt zerstörten und mit weitreichenden Konsequenzen für ökologische Prozesse wie Wasserhaushalt, Kohlenstoffkreislauf und Artenwanderung einhergingen. Wir schrieben über junge Wälder, die der leichten Verwertbarkeit wegen in Monokultur angelegt waren und nun infolge von Insektenbefall, Krankheiten und abiotischen Faktoren vor sich hin kümmerten, und wir prophezeiten, dass der Klimawandel dies noch weiter verschlimmern würde. Einschneidende Kürzungen bei den Geldern für forstwissenschaftliche Forschungen hätten dazu geführt, dass es in British Columbia kaum noch möglich sei, den wahren Zustand unserer Wälder zu erfassen und angemessen darauf zu reagieren. Unser Artikel schloss mit einem Aufruf zum Kurswechsel, um Umwelt und Wirtschaft von British Columbia zu stärken. Wir ließen einen zweiten Artikel folgen, in dem wir Vorschläge zur Lösung des Problems machten.

An dem Morgen, an dem der erste der beiden Artikel erschien, war ich zu Hause, tigerte in unserem Wohnzimmer auf und ab und malte mir die giftigen Antworten aus, die aus der Hauptstadt kommen würden. Ich war müde, doch voller Kampfgeist. Im Laufe des Tages kamen bei der Zeitung zustimmende Kommentare von einhundert Forstleuten an, und in einem davon hieß es: »Danke, Kathy und Suzanne, für eine treffende und genaue Darstellung der schmutzigen kleinen Geheimnisse von British Columbia«. Ich wandte mich mit einer Petition an das Forstministerium, in der ich forderte, in der gesamten Provinz wieder Forschungsmittel bereitzustellen, und sammelte die Unterschriften von Dutzenden von Kollegen. *»Brava«*, schrieb ein emeritierter Professor der Universität von British Columbia, doch von seinen aktiven Kollegen unterzeichneten nur wenige.

Wenn ich am Wochenende zu Hause war, fand ich keinen Schlaf. Einmal lief mir im Dunkeln bei der Fahrt über die Pässe ein Hirsch vors Auto. Ein andermal gab meine Lichtmaschine bei minus zwanzig Grad den Geist auf, und ich rollte im Leerlauf talwärts, schaffte es nur mit Not bis zu einer Werkstatt.

Ein Sonntag kam, spätabends auf dem Rückweg zur Uni, schwarze Ringe starrten mich von da, wo die Augen sein sollten, aus dem Rückspiegel an, und mit einem Mal wusste ich, dass ich so nicht weitermachen konnte. Auch Don war mit seinen Kräften am Ende. Ich hielt diese Autofahrten nicht mehr aus, und er war frustrierter denn je, weil ich meine Arbeit nicht an den Nagel hängte. »Wir haben euch beide von ganzem Herzen lieb, aber euer Dad und ich haben beschlossen, uns zu trennen«, eröffnete ich Hannah, vierzehn, und Nava, zwölf, im Wohnzimmer, am 20. Juli 2012. Don war bleich, ich ließ den Kopf hängen – wünschte mir so sehr, dass alles wieder heil würde, wollte Hannah beschützen, die wie betäubt dasaß, und Nava, die fassungslos ihre Schwester anstarrte.

Don saß aufrechter. Und immerhin brachte er heraus: »Für euch zwei wird das ein Spaß. Jede bekommt ein Zimmer mehr!« Hannahs Miene hellte sich auf, und sie fragte, ob sie ein Doppelbett haben könne. Nava sah Hannah an und wippte ein- oder zweimal auf der Couch.

Mum half, und ein glücklicher Zufall wollte es, dass gerade zu der Zeit ein kleines, hundert Jahre altes Haus nicht weit von unserem bisherigen zum Verkauf angeboten wurde, sodass die Mädels und ich schon wenig später umziehen konnten. Wir strichen Navas Zimmer in einem blassen Türkis, das von Hannah pastellgelb und den winzigen Balkon vor Navas Fenster im oberen Stock lindgrün. Dort saßen wir abends und ließen den Blick über den See zu den Bergen schweifen. Ich drückte die Mädchen an mich und atmete ihren Kinderduft, und manchmal schliefen wir dort draußen ein, wo die Bergluft den Tag davonwehte. Ich

Douglasien-Mutterbaum, gut 100 Jahre alt, im Küstenregenwald im Süden von British Columbia. Bei den benachbarten Bäumen handelt es sich um Douglasien, westliche Hemlocktannen und westliche Rotzedern, das Unterholz ist reich an Schwertfarn und roter Heidelbeere. Die Blätter des Schwertfarns werden von den indigenen Völkern des pazifischen Nordwestens als Schutzschicht in Grubenöfen, zum Einwickeln gelagerter Lebensmittel und als Bodenbelag und Einstreu verwendet. Die unterirdischen Rhizome werden im Frühjahr ausgegraben und geröstet, geschält und gegessen. Die roten Beeren der Heidelbeere werden als Fischköder verwendet, getrocknet, zu Kuchen püriert und zu Saft verarbeitet, um den Appetit anzuregen oder den Mund zu spülen.

Sitka-Fichten-Mutterbaum zwischen westlichen Hemlocktannen und Fichtenschösslingen entlang des Yakoun River auf Haida Gwaii. Einige der Setzlinge wachsen auf verrottenden Ammenstämmen, die sie vor Fressfeinden, Krankheitserregern und Dürre schützen. Die Haida, Tlingit, Tsimshian und andere Völker der Westküste ernten die Fichtenwurzeln, um daraus wasserdichte Hüte und Körbe zu fertigen, und sie essen die innere Rinde oder trocknen sie zu Kuchen, die sie zusammen mit Beeren essen. Die rohen Jungtriebe enthalten große Mengen an Vitamin C.

Suillus lakei mit weißen Pilzmyzelen, die von der Basis des Stiels ausgehen. Der Pilz bildet seine Früchte aus den Pilzfäden, die sich durch den Waldboden ausbreiten und sich mit den Bäumen in der Nähe verbinden. Die Bäume versorgen den Pilz mit Zucker aus der Photosynthese im Gegenzug für Nährstoffe, die der Pilz aus dem Boden aufnimmt.

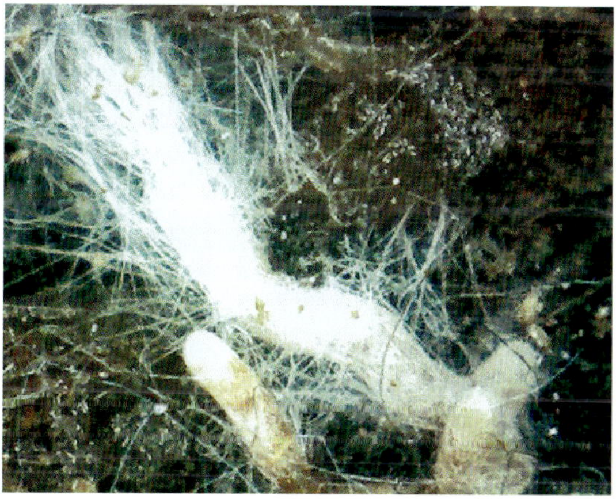

Ektomykorrhizale Wurzelspitzen mit einer Vielzahl an austretenden Pilzhyphen. Dieses Foto wurde in einem Minirhizotron am Oak Ridge National Laboratory aufgenommen.

Schwarzbärenmutter mit ihren beiden Jungen.

Weißkopfseeadler

Westliche Rotzeder

Rhizomorphen, die aus einer Matte von Ektomykorrhizapilzen herausragen.

Ektomykorrhiza-Pilznetzwerk in den oberen Schichten (Horizonten) eines Bodenprofils.

Tausend Jahre alter Mutterbaum der Westlichen Rotzeder im Stanley Park bei Vancouver, British Columbia. Die vertikale Narbe stammt vom traditionellen Abziehen der Rinde. Ein solcher Baum wird daher als »kulturell veränderter Baum« (»culturally modified tree«, oder »CMT«) bezeichnet

Suzanne Simard, sitzend an einem Mutterbaum (Westliche Rotzeder).

wünschte, ich hätte ihnen die Trennung ersparen können, aber ich wusste auch, dass sie auf lange Sicht lieber eine gesunde Mutter und einen glücklichen Vater haben wollten. Als der Hochsommer kam, die Temperaturen stiegen und die Wälder dürr waren von der Trockenheit, brannte es überall in der Provinz, und über dem Tal hing der Rauch.

13

Bohrende Fragen

»Die Zeit reicht locker, um bis ganz nach oben und vor Einbruch der Dunkelheit wieder ins Tal zu kommen«, sagte Mary, als wir uns auf dem Schlackenweg in Richtung des Tam McArthur Rim in Oregon in Bewegung setzten.

Die Nachmittagssonne stand hoch. Für mich war Marys Umgang mit Zeit immer noch ein bisschen gewöhnungsbedürftig. »Mary-Zeit«, das hieß ein gemächlicher Start in den Tag, bei dem es zuerst einen Milchkaffee gab und wir uns dann die Landkarten vornahmen und überlegten, wohin wir wandern wollten. Ich war gewohnt, dass alles schnell gehen musste – Kinder ins Auto packen, Essen und Rucksäcke schleppen, selbst wenn es nur ein kleiner Ausflug war –, aber an diesem Tag hatten wir es ruhig angehen lassen und in ihrem Garten erst einmal Tomaten und Gurken für das Mittagessen gepflückt. Sie kannte den Weg wie ihre Westentasche, wusste ganz genau, wie lang man bis zu ihrem Lieblingsaussichtspunkt brauchte und wie viel Zeit uns davor für die Pflege ihrer Kürbisse und Bohnen blieb.

»Wir liegen perfekt in der Zeit«, sagte Mary mit einem Lächeln in meine Richtung, als wir um zwei Uhr nachmittags den Startpunkt unserer Wanderung erreichten. »Perfekt in der Zeit« war eine wichtige Zutat für ein gelungenes Abenteuer. Sie stapfte los, als gehöre sie hierher, so bodenständig wie die alten Kiefern inmitten der Schlackenfelder, die ausgefransten Schnürsenkel fest verknotet, die zerfledderte Gürteltasche umgeschnallt und die Bändel des Strohhuts unter dem Kinn zusammengebunden. Dass die jüngeren Wanderer mit ihren Hightech-Rucksäcken uns beim Aufbruch schon wieder entgegenkamen, störte sie nicht im Geringsten. Der Rand des Basaltplateaus lag dreihundert Meter über uns, ein Weißkopfseeadler schwebte über den Wipfeln der von Wind und Wetter gezeichneten Bäume. Wie wunderschön, perfekt war es, bis in den Abend mit ihr allein auf diesem Wanderpfad zu sein. Ich wollte gern mehr Mary-Zeit. Ich berührte sie sanft an der Schulter und sagte: »Bei Sonnenuntergang sind wir oben auf der Klippe.«

Mary war unsere Nachbarin in Corvallis gewesen, zu der Zeit, als Don und ich an unseren Dissertationen arbeiteten. Ende August war ich ein paar Tage bei ihr zu Besuch gewesen, als ich im Rahmen einer Tagung meine Forschungsergebnisse zu mykorrhizalen Netzen präsentierte. An den Abenden hatten wir uns über Wander- und Kanutouren unterhalten, über Bücher, die wir gelesen, und Filme, die wir gesehen hatten, darüber, dass Nava nun schon in der achten Klasse war und Hannah in der zehnten und dass sie die beiden seit dem Kindergarten nicht mehr gesehen hatte. Und wir hatten den Weißstämmigen Kiefern in den Cascades von Oregon einen Besuch abgestattet. »Vielleicht kannst du mir ja so einen Mutterbaum zeigen«, hatte sie gesagt, nachdem sie sich die atemlosen Berichte über meine jüngste Entdeckung angehört hatte. Mary war in den kalifornischen Sierras aufgewachsen und war eine geübte Wanderin; nach der Promotion hatte sie eine Zeit lang in Australien gearbeitet und war dann nach Corvallis gekommen, wo sie in der Grundlagenforschung tätig war, physikalische Chemie. Und sie, antwortete ich, könne mir helfen herauszufinden, was an chemischen Stoffen in dem Netzwerk unterwegs war. All die Jahre hatte sie allein gelebt und sich ganz auf ihre Arbeit konzentriert, die Entwicklung von Tinten für Tintenstrahldrucker, und sie hatte den Autounfall verarbeiten müssen, bei dem ihre Freundin ums Leben gekommen und eine weitere verletzt worden war und sie selbst auch schweren Schaden genommen hatte.

»Was sind das für Klümpchen?«, fragte Mary und zeigte auf die gelben Harztropfen auf der Borke der abgestorbenen Küstenkiefern am Wegesrand.

»Harztrichter des Bergkiefernkäfers«, keuchte ich in der dünnen Luft auf 2200 Metern Höhe. Ich konnte kaum Schritt mit ihr halten, obwohl ihr rechtes Bein mit Metallplatten zusammengeschraubt und gut zwei Zentimeter kürzer war als das linke. Ich knibbelte ein bisschen von dem Harz ab – es war zäh wie alter Kaugummi – und legte es ihr in die Hand. »Deswegen ist der Baum abgestorben?«, fragte sie; blonde Haarsträhnen lösten sich aus ihrem Pferdeschwanz, die Sonnenbrille baumelte an einem Band um ihren Hals. Die Kiefer, erklärte ich, versuche, sich mit Harz gegen den Käfer zu wehren, wenn er sich in ihre Borke hineinbohre; die eigentliche Todesursache aber seien die Bläuepilze, die an den Beinen des Insekts in das Holz eingeschleppt würden. Diese Pilze breiteten sich im Xylem aus, verstopften die Zellen und unterbänden die Wasserzufuhr aus dem Boden.

»Der Baum ist verdurstet«, sagte ich.

»Meine Güte, es ist also ein richtiger Todeskampf für den Baum«, sagte sie und bot mir einen Schluck aus ihrer Wasserflasche an, dann trank sie selbst. »Das war mir gar nicht klar.«

Überall abgestorbene Bäume, so weit das Auge reichte. Bei einigen waren die Nadeln schon rot verfärbt, bei anderen noch grün. Nur die Lupinen blühten noch violett zwischen den grauen Stämmen, Grouseberry-Sträucher mit ihren fuchsienroten Beeren süß wie Himbeermarmelade schimmerten – sie profitierten von dem freien Zugang zu Sonnenlicht und Wasser. »Die Käfer töten die alten Kiefern, und wenn ein Feuer das Harz in den Zapfen schmelzen lässt, fallen die Samen heraus. Deshalb wachsen junge Küstenkiefern nach einem Brand in so dichten Gruppen.« Ich legte einige der Beeren, nicht viel größer als Regentropfen, auf Marys Handfläche, zeigte auf ein Grüppchen von jugendlichen Kiefern; ursprünglich, erläuterte ich ihr, seien diese Wälder bunt gemustert gewesen, ein Mosaik aus Beständen unterschiedlichen Alters, teils alt, aber zum größten Teil zu jung für einen Insektenbefall. »Heutzutage sieht das anders aus.« Viele Bäume seien infolge von Brandschutzmaßnahmen so alt und so groß geworden, dass ihr Phloem dick genug war, eine wimmelnde Brut von Larven zu beherbergen. Die Käferplage hatte im Nordwesten von British Columbia begonnen und sich von dort in Richtung Süden bis nach Oregon ausgebreitet. Mittlerweile waren in ganz Nordamerika 40 Millionen Hektar Wald abgestorben oder lagen in den letzten Zügen.

Käfer und Pilz hatten sich in Koevolution mit der Kiefer entwickelt, doch in den zurückliegenden Jahrzehnten waren durch Waldbrandunterdrückung riesige Flächen mit alternden Kiefern entstanden, der ideale Nährboden für eine Plage epischen Ausmaßes. Weil die Wintertemperaturen nicht mehr lang genug auf minus dreißig Grad fielen, um die Larven abzutöten, die sich vom Phloem ernähren, war das perfekt eingespielte, symbiotische Artengleichgewicht gestört. Beim Anblick dieser Katastrophe packte die Menschen, die all das mit ansehen mussten, das nackte Grauen.

»Werden all diese Bäume sterben?«, fragte Mary und stapfte weiter bergauf, die Waden bedeckt mit rostrotem Staub, die nackten Arme muskulös vom Brennholzstapeln für den Winter, ihr Gang längst angepasst an die zusammengeflickten Knochen.

»Einige werden überleben, aber die meisten nicht«, antwortete ich. Die Kiefern produzierten ein ganzes Arsenal von Abwehrstoffen – *Monoterpenen* –, um die Käfer am Vordringen zu hindern. Es freute mich, dass auch Mary sich Sorgen um diese Bäume machte. Sie fuhr mit der Hand über einen toten Stamm, packte eine Handvoll roter Nadeln und hielt sie mir zur Begutachtung hin. »Dieser Befall ist so heftig, dass die meisten Bäume nicht in der Lage sind, die Käfer abzuwehren. Die Schwärme sind sogar auf Satellitenbildern zu erkennen«, erklärte ich.

Sie zeigte auf eine kleine Kieferngruppe mit kräftigen, jadegrünen Nadeln – da sehe die Zukunft aber doch nicht ganz so düster aus. Ich stimmte zu, wenn auch ein klein wenig beklommen. Das großflächige Waldsterben im gesamten Westen war ein erschütternder Anblick. Einzelne Kiefern konnten ihre Verteidigungsanstrengungen durch eine größere Produktion von Monoterpenen erhöhen, trotzdem hatten nicht viele diese Käferattacke überlebt. Zu Füßen der toten Kiefern hatten Felsentannen neu ausgetrieben, obwohl der Tannentriebwickler ihre Nadeln und Knospen angefressen hatte, ein weiteres Insekt, das den Nadelwäldern des Westens schwer zusetzte. Aber trotz der Raupen, die sich in den Trieben der Tannen einnisteten, und der von Käfern befallenen Kiefern war dieser Wald hier noch längst nicht tot. Es gab viele gesunde Jungbäume, und in den Lücken, die die umgestürzten Kiefern hinterlassen hatten, breiteten sich andere Pflanzen aus. »Die Bäume, die überleben, sollten nachfolgende Generationen hervorbringen, die sich besser gegen die Käfer wehren können«, sagte ich. Ich musste langfristiger denken, statt mich wegen der Bäume, die jetzt starben, zu grämen. Mary nahm mich beim Arm und sagte: »Du musst Geduld haben, Suzie, irgendwann wird es besser.« *Sie hat recht*, dachte ich. Trotzdem, schlimmer hätte die Lage kaum sein können – überall in den Tälern vom Yukon bis nach Kalifornien starben die Kiefern.

»Es ist sogar möglich, dass die Tannen und Kiefern sich gegenseitig vor Insektenangriffen warnen«, erzählte ich im Weitergehen. Eine chinesische Wissenschaftlerin, Dr. Yuan Yuan Song, habe mit mir zusammen erforscht, ob von Tannentriebwicklern befallene Tannen womöglich benachbarte Kiefern vor der drohenden Gefahr warnten. Spontan hatte sie bei mir angefragt, ob sie nach ihrer Promotion für fünf Monate zu uns kommen und untersuchen könne, ob das Warnsystem, das sie unter Laborbedingungen bei Tomatenpflanzen entdeckt hatte, auch in den Wäldern zwischen Nadelbäumen funktionierte. Yuan Yuan hatte bereits nachgewiesen, dass Tomatenpflanzen ihre Stresssignale an benachbarte Tomaten sandten, und wir waren beide neugierig, ob zwischen Bäumen eine ähnliche Form der Kommunikation existierte.

Ein Meisenhäher flog vor Mary her und kicherte *Quii-uu*.

In noch nicht einmal einer Stunde erreichten wir die Hochfläche; je weiter wir über Wiesen mit Bärengras und Vulkangestein vorankamen, desto spärlicher wurden die Felsentannen. Mary stopfte glänzende Obsidiansplitter und poröse Bimssteinbrocken in ihre Tasche, ein paar davon auch in meinen Rucksack. »Der hier wird Nava gefallen«, sagte sie und polierte einen Stein mit dem Saum ihres T-Shirts. Wir kamen an die Klippe, Steilwände aus Basalt, und folgten dem Pfad dort. Gruppen von tausendjährigen Weißstämmigen Kiefern zogen sich an dieser Kante entlang und bildeten die Baumgrenze.

Ich zeigte Mary die zu Fünfergruppen angeordneten Nadeln, ihr Unterscheidungsmerkmal von den Küstenkiefern mit ihren paarweise stehenden.

Bei der Weißstämmigen Kiefer sorgen Kiefernhäher für die Verbreitung der Samen, anders als bei der Küstenkiefer, die Feuer benötigt, damit ihre Zapfen sich öffnen. Wie aufs Stichwort ließ sich ein grauschwarzer Vogel mit einem Zapfen im Schnabel aus einer Baumkrone gleiten und flatterte über das Lavafeld, vermutlich um seine Beute in einem bevorzugten Hohlraum zwischen den Felsen zu verstecken. Das erklärte, warum Weißstämmige Kiefern in der Regel in Grüppchen wuchsen. Die beiden Arten waren voneinander abhängig: Die Vögel brachten die Samen auf fruchtbaren Boden und erhielten als Gegenleistung einen Vorrat an guter Nahrung; im Zuge ihrer koevolutionären Entwicklung in einer unwirtlichen alpinen Umgebung hatten sich die Gene der beiden Arten durch Rekombination und Mutation Schritt für Schritt perfekt an unendlich langsame Veränderungsprozesse angepasst.

»Sind diese Weißstämmigen Kiefern Mutterbäume?«, wollte Mary wissen, als wir eine Gruppe von drei knorrigen Exemplaren umrundeten, deren Äste sich dem Wind entgegenreckten. Am Abend zuvor hatten wir uns den kurzen Dokumentarfilm *Mother Trees Connect the Forest* (Mutterbäume verbinden den Wald) angesehen, den ich zusammen mit einer meiner Doktorandinnen und einem Filmemacher gedreht hatte, der ebenfalls als Assistenzprofessor an der Uni tätig war, und in dem die Studentin einen Vergleich zwischen diesen subalpinen Bäumen und denen des Regenwalds anstellte. Ich zeigte auf das höchste Exemplar in der Gruppe und erklärte, dass Mutterbäume immer die größten und ältesten sind. Ich fasste sie an der Hand und duckte mich unter die Krone des Baums, um zu sehen, ob seine Wurzeln sich um die der benachbarten Bäume schlangen. Mary zeigte auf eine Ansammlung von Sämlingen am äußeren Rand des Kronendachs. Diese Baumgruppe mit ihrem dicken, weitverzweigten Wurzelwerk war ohne Zweifel über ein Mykorrhizennetzwerk verbunden.

Wir erreichten Marys Lieblingsplatz an der Abbruchkante, gerade als die Sonne im Westen verschwand und die zweieinhalbtausend Meter hohe Bergkette den rot-grünen Wald zu ihren Füßen in tiefen Schatten tauchte. Es lag auf der Hand – bei der nächsten Etappe meiner Suche musste ich mich der Frage widmen, ob Bäume einander vor Krankheit oder Gefahren warnten, ob die sterbenden Arten überdauern oder ob andere an ihre Stelle treten würden. Mary packte die Sandwiches aus, mit den Tomaten und Gurken vom Vormittag, und ich entkorkte unsere Weinflasche, während die lange Reihe uralter Vulkane – die Three Sisters im Süden, Jefferson, Washington und Adams im Norden – sich von gelb zu rosa verfärbte. Im Vergleich zu diesen monumentalen Gipfeln wirkten die angrenzenden Hänge winzig. Diese Berge waren anders als die Rocky Mountains in meiner Heimat, wo die Gipfel dicht beieinanderlagen, aufgefaltete metamorphe Gesteins- und Sedimentschichten, ein Grat hinter dem anderen. Mary reckte ihr Gesicht den letzten Sonnenstrahlen entgegen, und wir genossen beide die Freiheit, die Gemeinsamkeit. Ein altbekannte Gefühl stellte sich ein, ein Schweben, sanft und tief wie Schnee, wenn er sich langsam auf das Bergland legt.

Am nächsten Morgen pflückte sie erdig-süße Heidelbeeren und mischte sie mit Brombeeren, und wir aßen im Schatten ihres Quittenbaums. Sie las mir eine Passage aus Ken Keseys *Manchmal ein großes Verlangen* vor und lud mich für den Herbst zu einer Kanutour auf dem Willamette River ein. Ich wollte nicht weg; jede Faser in meinem Körper sträubte sich dagegen. Ich blieb, bis die Zeit kaum noch reichte, um es bis Mitternacht noch dahin zu schaffen, wo ich am nächsten Morgen mein Feld-

Beim Inspizieren der Wurzeln einer Westamerikanischen Hemlocktanne im Garten von Robyn und Bill in Nelson, British Columbia, 2012. Westliche Hemlocktannen haben flache Wurzelsysteme, mit denen die Bäume die knappen Nährstoffvorräte im Boden junger Gletschermoränen erschließen können. Wie viele in British Columbia wohnen Robyn und Bill direkt am Wald. Sie haben das Unterholz gerodet, um das Maß an brennbarem Material zu reduzieren – so mindern sie die Gefahr eines außer Kontrolle geratenden Feuers, das auf die Kronen der Bäume und von da auf das Haus überspringen könnte. Mit dem Klimawandel hat die Waldbrandgefahr in den Kleinstädten von British Columbia rapide zugenommen.

---

forschungsseminar halten sollte, elfhundert Kilometer weiter im Norden. *Mary-Zeit. War ich verliebt?* Hundert Kilometer hinter der kanadischen Grenze, wo die herbstliche Kälte schon nach den Bäumen griff, hielt ich an einer Telefonzelle und rief sie an. Der Schnee war ein Schock für meine nackten Arme, noch warm von der Sonne in Oregon. Ich nahm die Einladung zum

Kanufahren an; ich würde kommen, sobald ich im September wieder an der Uni war.

Die Leitung summte, jener ganz besondere Ton, der sich bei tiefster Ruhe einstellt.

»Ich kann's gar nicht erwarten«, sagte sie.

Eine Woche später, auf der Rückkehr nach Nelson, wo ich Hannah und Nava bei den Vorbereitungen für das neue Schuljahr helfen wollte, fuhr ich über eine Strecke von hundert Meilen an abgestorbenen grauen Bäumen vorbei, Opfer des Bergkiefernkäfers. Ein Stück weiter, westlich von Kamloops, stand eine einsame Ponderosakiefer mit ermattet geneigter roter Krone. Ich wollte sehen, wie alt sie zum Zeitpunkt ihres Todes gewesen war und ob etwas nachwuchs, um sie zu ersetzen. Ich schritt auf diese Baummutter zu, und ihre vertrockneten Nadeln knisterten unter meinen Füßen. Kein Kleiber sang auf ihren ausgebreiteten Armen mehr sein *Qui-qui-qui-qui.*

Ich drückte meinen Zuwachsbohrer gegen ihre orangebraune Borke, aber das Gewinde ließ sich in die trockene Korkschicht nicht hineindrehen. Schuppen lösten sich wie die Stücke eines Puzzles, mit ausgebleichtem Holz unter dem Kambium. An ihren Fingerspitzen baumelten vertrocknete Zapfen, die Schuppen geöffnet, die Samen verstreut – ihr letzter Seufzer. Dem Anschein nach zu urteilen war sie seit mindestens einem Jahr tot. Zu meinen Füßen lagen zarte Knochen und zerbrochene Eierschalen, ein Nest, das aus ihrer Krone herabgestürzt sein musste. Der Boden war trocken und zeigte tiefe Risse. Der Tod des Baums war auch für die Vögel, die Eichhörnchen und Pilze das Ende gewesen. Auf der gegenüberliegenden Seite des Tals war die Luft geschwängert vom Rauch eines Buschfeuers, der Thompson River kohlschwarz statt blau. Sämtliche Ponderosakiefern im Bereich zwischen dem grasbewachsenen Talgrund

und den Douglasien in den Höhenlagen waren tot. Die Douglasien waren blutrot verfärbt, befallen vom Tannentriebwickler. Die Spuren des Todes in diesem Wald brachten die Erinnerung an das zurück, was Mary und ich am Tam McArthur Rim gesehen hatten – obwohl Mary bestimmt sogar hier noch gesagt hätte, dass da doch immer noch Leben sei.

Mein BlackBerry zeigte drei Uhr nachmittags; noch sieben Stunden bis nach Nelson. Ich suchte rund um das Knochengerüst der toten Baummutter nach Sämlingen und entdeckte ein Grüppchen von zweijährigen, das sich in eine Felsspalte duckte. Diese Baumkinder waren die Einzigen, die jetzt noch die Gene des Mutterbaums weitergeben konnten. Als ich in die Knie ging, um sie zu untersuchen, sprangen Grashüpfer unter den herabhängenden Rispen der Dachtrespen hervor – eine heimische Grasart, die sich auf dem unfruchtbaren Boden binnen kürzester Zeit ausgebreitet hatte. Wenn die Sämlinge der Weißstämmigen Kiefern im kalten Boden der subalpinen Zone überleben konnten, dann würden es die Sämlinge der Ponderosakiefer hier unten bestimmt auch schaffen. In ihrem Alter sollten sie eigentlich gut im Boden Fuß gefasst haben, auch wenn Pilze und Bakterien die Sand- und Schluffpartikel hier nicht mehr zu den krümligen Gebilden verbanden, zu der Struktur, die das Wasser im Boden speicherte. Ich schob die Metallfühler meines neuen Bodenfeuchtesensors – ein großer Fortschritt seit der Neutronensonde – in die lockere Erde, um den Wassergehalt des Bodens zu messen. Nur zehn Prozent, kaum genug. Schwer zu glauben, dass diese Sämlinge noch am Leben waren. Vielleicht saugten ihre Mykorrhizen das wenige Wasser aus den trockenen Krumen. Das brüchige Skelett des Mutterbaums spendete immer noch ein wenig Schatten, und ich überlegte, ob sie wohl lange genug durchgehalten hatte, um Hilfestellung zu leisten. Ich hatte gelesen, dass absterbende Gräser über arbuskuläre Mykorrhizen Phosphor und Stickstoff an ihre Nachkommen übermittelten, und fragte mich, ob diese Baummutter im Tode das Gleiche getan hatte. Ob sie ihren Kindern die letzten Wassertropfen mitsamt ein paar Nährstoffen vermacht hatte.

Die Bäume waren so schnell gestorben, die Käfer hatten sich so rasch vermehrt, und die Sommer waren in solchem Tempo wärmer geworden, dass die Natur offenbar nicht die Zeit gehabt hatte, sich darauf einzustellen und mit den Veränderungen Schritt zu halten. *Quelle tristesse.* Selbst wenn diese kleinen Sämlinge ihre Kindheit heil überstanden, würde die mangelnde Anpassung wahrscheinlich dazu führen, dass sie als Heranwachsende anfällig für Krankheiten und Schädlinge waren und vermutlich den von der Wissenschaft prophezeiten Klimaveränderungen zum Opfer fallen würden. Die Ponderosakiefernwälder waren im Begriff, sich in Grasland zu verwandeln, und zugleich wurden die Douglasienwälder von den Ponderosakiefern erobert.

Auf mehr konnte der Wald nicht hoffen? Wahrscheinlicher war, dass Gräser wie die Dachtrespe – zusammen mit der Rispenflockenblume und der Kleinen Klette – den ausgedörrten Boden erfolgreicher besiedeln würden als die Bäume, zumindest hier unten im Tal. Mit ihrer üppigen Samenproduktion konnten sich diese schnell wachsenden Pflanzen leicht in einem durch die Unterdrückung von Waldbränden und extreme Klimabedingungen geschwächten Waldbestand ausbreiten. Menschen hatten es sich leichtgemacht, und das wurde den Bäumen nun zum Verhängnis. Ironischerweise verfügten wohl ausgerechnet die Unkräuter, die den Untergang der Wälder besiegelten, über Gene, die sie dazu befähigten, den steigenden Temperaturen und veränderten Niederschlagsverhältnissen zu trotzen.

Die Sonne färbte die Kronen der schwer gebeutelten Douglasien in der Ferne blutrot. Aber die Ponderosakiefern, die sich unter sie gemischt hatten, schimmerten wie Smaragde; dort in höheren Lagen waren sie noch gesund, hatten die Käferattacke überlebt. Ich nahm an, dass die Kiefern weiter oben, wo mehr Regen fiel, nicht so sehr unter Stress standen. Doch im Unterschied zu den Kiefern litten die Douglasien in diesem Randbiotop – dem Übergangsbereich zwischen tiefer und höher gelegenen Waldgemeinschaften – unter der Trockenheit, denn ihre Pfahlwurzeln reichten nicht so tief in den mineralischen Untergrund, und das schwächte die Abwehrkräfte gegen ihre speziellen, im Zuge der Koevolution entstandenen Pflanzenschädlinge. Vermutlich war das der Grund, warum der Tannentriebwickler ihnen so schwer zusetzte.

Ging es den Ponderosakiefern dort oben wegen ihrer langen Pfahlwurzeln und der größeren Regenmengen so gut, oder lag es an der Vernetzung mit den benachbarten Douglasien? Mein damaliger Doktorvater Dave Perry hatte bereits herausgefunden, dass diese beiden Arten in den Wäldern von Oregon über mykorrhizale Netzwerke verbunden waren, und hatte angenommen, dass die Douglasien genügend Nährstoffe abgaben, um die Wachstumsrate der Ponderosakiefer zu beeinflussen. Vermutlich ging das Gleiche auch hier vor.

Die Verbindung der beiden Baumarten durch das Pilznetzwerk konnte womöglich mehr bewirken als den bloßen Austausch von Ressourcen. Wenn die Douglasien, die infolge der Dürre eingingen, Platz machten für besser an die steigenden Temperaturen angepasste Kiefern, *standen sie dann selbst im Sterben noch mit den Kiefern in Verbindung und kommunizierten mit ihnen*? Konnten die Douglasien die Kiefern vor drohenden Gefahren an den neuen Standorten *warnen*? Es konnte doch sein, dass sie den Kiefern Informationen über die Krankheiten schickten.

Die Tomatenpflanze meiner Kollegin Yuan Yuan hatte ihren Nachbarn durch das verbindende arbuskuläre Netzwerk nicht nur Warnsignale über die Infektion mit einem Krankheitserreger gesandt, sondern die Nachbarpflanzen hatten daraufhin ihre Abwehrgene aktiviert. Mehr noch: Die Gene der Nachbarpflanze hatten große Mengen an Abwehrenzymen produziert. Diese Enzyme sorgten offenbar für die Unterdrückung des Schädlings, denn als der Pilz die vorgewarnte Tomatenpflanze infizierte, blieb sie, so erstaunlich das war, trotzdem gesund. Jetzt unterstützte Yuan Yuan mich bei meinen Überlegungen, ob dieses Phänomen auch bei kränkelnden Douglasien auftrat, und wir wollten herausbekommen, ob die Kiefern in ihrer neuen Umgebung bessere Überlebenschancen hatten, wenn die Douglasien sie über ihre missliche Lage informierten.

Ich hob zwei Puzzleteile von der Borke des Mutterbaums auf, eins für Hannah und eins für Nava, und legte sie als Glücksbringer aufs Armaturenbrett. Bei der Fahrt über den Monashee Pass in der Abenddämmerung verschwammen die Umrisse der Straße vor meinen Augen, bis ich mich an das Scheinwerferlicht gewöhnt hatte. Als die Fähre mich auf der anderen Seite der Arrow Lakes absetzte, war ich todmüde. »Seht euch vor den Hirschen in der Dämmerung vor«, hatte Grannie Winnie uns immer gewarnt, und als mir das nun wieder in den Sinn kam, stieg eine vertraute Angst auf. Ich berührte den Knoten, den ich vor Kurzem in meiner Brust ertastet hatte, und nahm mir vor, den Besuch bei meiner Ärztin nicht zu lange aufzuschieben. Sicher hatte sie recht, kein Grund zur Beunruhigung. Auf meiner letzten Mammografie war nichts Auffälliges zu sehen gewesen.

»Geben Sie mir die Achtzehner-Kanüle«, sagte der Onkologe zu der Krankenschwester und zeigte auf eine feine, kurze Nadel auf dem Tablett.

Ich lag mit dem Gesicht nach unten auf dem erhöhten Operationstisch, meine linke Brust hing durch ein kreisrundes Loch, sodass sie von unten zugänglich war. Die Mischung aus Desinfektionsmittelgeruch und Körperausdünstungen in dem winzigen Biopsieraum verschlug mir den Atem. Ich sehnte mich nach dem wohltuenden Schatten eines ausladenden Mutterbaums – ganz gleich, ob er tot oder lebendig war. Vor mir war ein Monitor, auf dem ich das weiße spinnenartige Gebilde in meiner Brust sah. Ich wiederholte das Mantra, das ich von Jean gelernt hatte: *Every little thing is gonna be alright*. Ich war Waldbewohnerin, Nichtraucherin, Mutter von zwei Stillkindern, unternahm lange Wanderungen und Skitouren und ernährte mich gesund. Mary drücket mir die Hand und flüsterte: »Mach dir keine Sorgen.«

Die Auslösevorrichtung der Biopsienadel machte *POPP*, ich spürte den Stich in meiner Brust.

»Hmm. Geben Sie mir die Sechzehner«, sagte der Arzt.

Die Schwester griff zu einem größeren Kaliber. Die Nadeln lagen säuberlich aufgereiht, von dünn und kurz bis dick und lang, und erinnerten mich an die Kanülen, die ich verwendet hatte, um $^{13}C\text{-}CO_2$ in die Plastikbeutel zu injizieren, die Dan und ich über meine Setzlinge gestülpt hatten. Jede Nadel hatte einen geschliffenen Schaft wie die geschärften Bodenprobennehmer, mit denen man auch Wurzeln durchdrang. Mary schaute auf den Monitor und behielt die Nadeln im Blick, stand dabei an die Wand gelehnt. Der Frau, die zäh genug für den Aufstieg zum Tam McArthur Rim zu jeder Tages- und Nachtzeit war, schwanden die Sinne, wenn ein anderer Schmerzen litt. Ich hatte nie den Brief vergessen, den sie mir nach Kellys Tod geschrieben hatte – wie leid es ihr tue und wie sehr sie meinen Kummer spüre; und dass es manchmal schlimmer werde, bevor die Besserung kam. Sie hatte mitgelitten, und ich hatte mich in meinem Schmerz nicht ganz so allein gefühlt.

»Dieser Knoten ist steinhart. Die Nadel hier kriege ich auch nicht rein.« Die Stimme des Arztes klang angespannt. »Versuchen wir es mit der Vierzehn.«

Das Wort »Krankheit« ging mir durch den Sinn. Eine Unordnung im Körper.

Every little thing is gonna be alright.

»So, eine Probe hätten wir. Vier brauchen wir noch.« Schweiß stand dem Arzt auf der Stirn, sein Atem roch nach Kaffee.

Noch vier Proben? Das hörte sich nicht gut an. Die Schwester hantierte mit den Instrumenten. Marys Finger wurden feucht, aber ich klammerte mich trotzdem weiter daran. Als wäre ich an einer Klippe abgerutscht, und sie hielt mich fest. Ich dachte an die Weißstämmigen Kiefern, die wir auf unserer Wanderung gesehen hatte, die Mutterbäume, die Käfer und Rostpilze überlebt hatten, an ihre Nachkommen rings um sie her, dort oben, wo bis weit in den Sommer der Schnee lag.

Geschäftsmäßig wurden die Nadeln weitergereicht, kaum ein Wort fiel.

»Keine Ahnung, was das noch wird«, sagte er grimmig.

Alles Blut wich aus meinem Kopf. Was wollte er damit sagen? Mary ließ meine Hand los, sie schwankte, und die Schwester fing sie auf und half ihr auf einen Stuhl. Abrupt streifte der Arzt seine OP-Handschuhe ab, sagte, in einer Woche seien die Ergebnisse da, und ging davon. Die Schwester murmelte etwas Tröstendes, und Mary half mir beim Zuknöpfen der Bluse. Sonst war sie die Ruhe selbst, jetzt zitterten ihre Finger.

Wir schafften es bis zu meinem Auto, in einer Seitenstraße hinter der Klinik geparkt, doch dann packte mich die Panik. Was sollte ich jetzt machen? Hannah und Nava anrufen? *Lieber Himmel.* Was, wenn es Krebs war?

»Wir sollten den Mädels keine Angst machen«, sagte Mary. Sie fasste mich am Handgelenk, hielt mich zum langsamen Atmen an, durch die Nase. »Gewissheit haben wir erst, wenn die Ergebnisse der Biopsie kommen.«

Ich drehte den Zündschlüssel, aber sie hielt mich auf. »Nein, lass uns warten, bis du ruhig bist.« Das war wieder Mary-Zeit. Ich legte die Arme aufs Steuerrad, lehnte mich dagegen, sie streichelte mir den Rücken. Wenn es nach mir gegangen wäre, wäre ich sofort losgerast, hätte versucht, vor all dem davonzulaufen, und es nur noch schlimmer gemacht.

In meiner Collegewohnung konnte ich weinen, ich klammerte mich an Mary. Kindergeschrei vom Spielplatz. Meine Pflanzen auf dem Fensterbrett reckten sich zum Licht hin, und ich stand auf, wie auf Autopilot, und gab ihnen mit einer Tasse Wasser. Ich rief Mum und Robyn an und Mums Cousine Barbara, eine Krankenschwester, die Brustkrebs überstanden hatte. Sie versprach mir, wir würden das gemeinsam durchstehen. Jean konnte ihre Sorge nicht verbergen. »Du schaffst das, Trüffelschwein«, sagte sie – der Spitzname, den sie mir schon zu Unizeiten gegeben hatte, weil ich so gern im Erdboden wühlte. Es tat gut, meinen alten Kosenamen zu hören. Ich geisterte durch die Wohnung wie in anderen Sphären; ich müsse doch Hunger haben, beschloss Mary und machte Hühnchen mit Schokoladensoße, klapperte mit den Töpfen, stöberte in meinem Schrank nach Schokolade und Dosenbohnen.

Und das stimmte. Ich nahm sie in die Arme; ja, ich hatte einen Riesenhunger.

»Ach liebes Klümplein mein«, sangen Mary und ich,* »wirst schon gutartig sein.« Robyn hatte mir eingeschärft, das müsse ich singen, immer wenn ich es mit der Angst zu tun bekäme. Mary und ich erklommen einen steilen Pfad zwischen kühlschrankgroßen Felsbrocken und Berg-Hemlocktannen, die Stämme vom Gewicht des Schnees gebogen wie Pistolengriffe. Wir hatten uns von unserem Wochenendplan nicht abhalten lassen – einer Wanderung auf den Sigurd Peak, wo der Ashlu in den Squamish River mündet, nicht weit von Vancouver –, denn das war um vieles besser als zu Hause Trübsal zu blasen. Don und ich waren übereingekommen, den Mädchen nichts zu sagen, schließlich war die Wahrscheinlichkeit, dass es Krebs war, gar nicht so hoch. Was sie nicht wussten, konnte ihnen nicht wehtun.

Der Serpentinenweg war eine willkommene Ablenkung; ich wanderte mit kurzen, entschlossenen Schritten, das Lied als Dauerschleife auf den Lippen, zwischendurch immer wieder von Ängsten gepackt. Die Hemlocktannen schien all das nicht zu kümmern, und ihre Ruhe und Gelassenheit taten mir gut. Sie waren von Natur aus zäh, klammerten sich wie Bergziegen an die Felsen, warfen mit Zapfen um sich, als seien es Pennymünzen, und trotzten standhaft allen erdenklichen Unbilden. Auf dem Gipfel sahen wir Gletschereis, das, hilflos dem Klimawandel ausgeliefert, immer schneller talabwärts kroch. Ich wollte weitergehen, das Unbehagen, das mich umtrieb, in Energie umsetzen, aber Mary ließ sich auf den Boden plumpsen und holte unser Picknick hervor.

»Also den Eindruck, als ob du krank wärest, machst du wirklich nicht«, sagte sie und legte Äpfel und die Wraps mit den

* *»This little light of mine«*, ein Weihnachtslied.

Resten der mexikanischen Soße vom Vortag für uns zurecht. Mein Appetit sei doch ganz ordentlich, fand sie. »Du bist gerade sechshundert Meter in zwei Stunden aufgestiegen, trotzdem scharrst du mit den Hufen und kannst es kaum abwarten, bis wir weitergehen.«

»Aber ich verstehe nicht, warum ich dauernd so müde bin«, sagte ich und tastete unwillkürlich nach Knoten in meiner Achselhöhle.

Mary drängte mich, Haferkekse zu nehmen; sie wusste, wie gern ich sie aß. Ich müsse die Wollmütze aufsetzen, sagte sie, als sie sah, wie ich vor Kälte bibberte – und was für eine kluge Idee es doch gewesen sei, Fleecepullis einzupacken. Sie redete, was ihr in den Sinn kam, den Blick gesenkt, alles, damit nur der Knoten nicht zur Sprache kam. Ich setzte mich hinter sie und schlang Arme und Beine um sie, und als sie sich an mich lehnte, flüsterte ich »Danke«. Als wir wieder am Ausgangspunkt ankamen, hatten wir achtzehn Kilometer zurückgelegt und waren heiser vom vielen Singen. Ich würde die Sorgen aus meinen Gedanken verbannen, bis die Ergebnisse der Biopsie da waren – nur noch ein paar Tage. Außerdem mussten die Daten der Kohlenstoff-13-Messungen, die ich früher im Jahr zusammen mit Yuan Yuan bei einem Treibhausversuch mit dem Massenspektrometer vorgenommen hatte, jetzt bald eintreffen, ein Experiment, bei dem wir untersucht hatten, ob die Douglasien tatsächlich Stresssignale an die Ponderoasakiefern sandten, und auf dessen Resultate ich sehr gespannt war.

Und schließlich hatte ich ja auch noch zwei Lehrveranstaltungen, fünf neue Graduates und einen Postdoktoranden, in dessen Arbeit es um die zentrale Fragestellung meines Forschungsprogramms ging: Welchen Einfluss haben in Zeiten des

Klimawandels mykorrhizale Netzwerke auf die Verjüngung von Waldbeständen?

Wir fuhren geradewegs zum Pub, und Mary kam mit zwei Gläsern Starkbier auf die Veranda, von wo man auf den gletscherblauen Squamish River blickte. Die verschneiten Gipfel der Tantalus Range standen als schwarze Silhouetten im Licht der untergehenden Sonne. Mary stieß mit mir an, sagte mit ihrem schönsten Gälisch-Akzent *»Sláinte«*, aus dem Inneren der Bar wehte die samtene Stimme von k.d. lang* herüber, und ich rückte meinen Stuhl näher an den ihren. Sie nahm meine Hand, grinste mir zu wie eine Mitverschworene, bereit zu jeder Schandtat, dann legte sie den Kopf in den Nacken, genoss die letzten Sonnenstrahlen, und ich schaute derweil einem Fischadler zu, wie er ein Stück weiter flussaufwärts auf einem riesigen Nest landete. Aber ich spürte eine Woge der Angst.

Ich hatte die neuen Daten auf dem Bildschirm.

Und war sprachlos.

Die Douglasien, die Yuan Yuan und ich mit dem Tannentriebwickler infiziert hatten, hatten die Hälfte des über Photosynthese produzierten Kohlenstoffs in ihre Wurzeln und Mykorrhizen gesteckt, und zehn Prozent waren geradewegs zu den benachbarten Ponderosakiefern gewandert. Was mich jedoch dazu bewog, sofort eine Mail an Yuan Yuan zu tippen, mittlerweile Professorin an der Hochschule für Land- und Forstwirtschaft in Fujian, war die Tatsache, dass ausschließlich die Kiefern, die über ein Mykorrhizennetzwerk mit den sterbenden Douglasien verbunden waren, von diesem Vermächtnis profi-

* Bekannte kanadische Singer Songwriterin

tiert hatten, nicht die, deren Verbindungsmöglichkeiten unterbunden waren.

Bevor ich auf »Senden« klickte, schaute ich zum Fenster hinaus auf den Pazifik. Ein Weißkopfseeadler mit einem zappelnden silbernen Fisch im Schnabel segelte landeinwärts und landete auf einer Douglasie am Ufer. Die Woche war zu Ende, und noch immer hatte ich keinen Anruf von meinem Arzt erhalten. Ich hörte nochmals meine Sprachbox ab und tröstete mich mit dem Gedanken, dass es ja auch ein gutes Zeichen sein konnte.

Ich schaute mir die Daten ein weiteres Mal an, ließ den Blick über die Zahlenkolonnen gleiten und hauchte: *»Saint chats!«* Ich schickte meine Mail an Yuan Yuan, dann lehnte ich mich mit einem Grinsen zurück.

Auf diesen Triumph hatten wir ein ganzes Jahr lang hingearbeitet – und jetzt war die Antwort endlich da. Ihren Vorschlag zur Zusammenarbeit hatte ich sofort angenommen, zumal ich ihre Arbeiten schon in einem meiner Artikel zitiert und ihre Entdeckungen in meinen Kursen diskutiert hatte. Sie hatte unsere Kenntnisse über mykorrhizale Netzwerke mit Schwung vorangetrieben und die endlosen Debatten darüber, wie eine Verbindung zwischen zwei Pflanzen aussehen mochte, beherzt hinter sich gelassen und einfach kurzerhand ihre im Labor herangezogenen Pflanzen mit einer Vielzahl von netzbildenden Hyphen geimpft. Manche in der Wissenschaft waren immer noch mit der Frage beschäftigt, ob die Einbeziehung in ein Netzwerk das Gedeihen der Empfängerpflanze womöglich beeinträchtigte, aber sie war schon einen wesentlichen Schritt weiter. Sie hatte nicht nur die Wachstumsreaktionen der Tomatenpflanzen auf der Empfängerseite untersucht, sondern auch die Aktivitäten ihrer Abwehrgene gemessen, die Produktion von Abwehrenzymen und ihre Krankheitsresistenz. Unerschrocken hatte sie den

Bericht über ihr Tomatenexperiment in der vom *Nature*-Verlag herausgegebenen Zeitschrift *Scientific Reports* veröffentlicht. Zur Antwort hatte ich ihr von einer Idee geschrieben, über die ich nachsann, seit die Insektenplagen unsere Wälder in ein Meer aus toten Bäumen verwandelt hatten: Wenn sterbende Bäume mit neu ankommenden Arten kommunizierten, bot uns das eine Möglichkeit, die Wanderung von Baumarten zu unterstützen, sobald sich die Lebensbedingungen für die alten Wälder an ihren ursprünglichen Standorten verschlechterten. Ein solches Warn- und Hilfssystem – beispielsweise kranke Douglasien, die den Kiefern rieten, ihr Verteidigungsarsenal aufzustocken – könnte wichtig sein für das Gedeihen der neuen Arten oder Rassen (Genotypen), wenn die alten Wälder schwanden.

Wenn es mit den verletzten Mutterbäumen allmählich zu Ende ging, übergaben sie dann ihre verbleibenden Kohlenstoff- und Energievorräte an ihre Nachkommen? Als Teil des aktiven Sterbeprozesses, so wie alternde Gräser ihre verbleibenden Photosyntheseprodukte als Starthilfe an die nächste Generation weitergaben? Oder ging, was noch in ihrer sterbenden Zellen war, einfach an das übrige Ökosystem über, da Energie weder erzeugt noch vernichtet werden kann?

Gelang es uns, diese Zusammenhänge aufzudecken, dann würden wir besser voraussagen können, wie Baumarten bei ansteigenden Temperaturen nordwärts und in höhere Lagen migrierten – an Orte also, die besser zum Programm ihrer Gene passten. Mit den weiter ansteigenden Temperaturen erkranken die Wälder, viele Baume sterben, wie wir es jetzt schon allenthalben sahen; aber neue, den wärmeren Bedingungen bereits angepasste Arten sollten nachfolgen. Und ebenso war zu erwarten, dass die Samen der sterbenden Baumarten sich in neuen Gegenden ausbreiteten, die ihrem natürlichen Habitat nun besser entsprachen. Zu den problematischen Punkten solcher Prophezeiungen gehörte, dass die Bäume in Rekordtempo wandern mussten – mehr als einen Kilometer im Jahr, im Unterschied zu den noch nicht einmal hundert Metern, die sich in der jüngeren Vergangenheit nachweisen ließen. Vor allem aber herrschte offenbar die Vorstellung, die Bäume zögen auf ein gänzlich leeres Gelände, so als ob der Vorgängerwald den Platz vollständig geräumt habe, wie auf einen vom Unterwuchs befreiten Kahlschlag, wo die neue Generation von Pflanzbäumen auf einer Tabula rasa beginnen würde. Als seien die vorherigen Bewohner komplett fortgezogen und hätten zum Abschied noch den Waldboden gefegt; das Alte machte dem Neuen Platz. Aber mich konnte so eine Vorstellung nicht überzeugen. Zumindest ein paar der alten Bäume – das Vermächtnis des früheren Waldes – würden bleiben. Nicht alle Bäume starben ab; das hatten Mary und ich am Tam McArthur Rim gesehen. Es war zu erwarten, dass diese Alten den Neuankömmlingen bei ihrer Ansiedlung helfen würden, vielleicht indem sie sie in ihr Mykorrhizennetzwerk aufnahmen und sie zu Anfang mit einem Nährstoffschub versorgten oder indem sie ihnen Schutz vor der sengenden Sonne oder sommerlichen Frösten boten.

Als Yuan Yuan ein Jahr zuvor herübergekommen war, im Herbst 2011, hatten wir eimerweise Mutterboden von den Douglasien- und Ponderosakiefernwäldern bei Kamloops geholt, der Versuchsaufbau war schon per E-Mail besprochen, und wir konnten sofort loslegen. Auf der Fahrt über die Küstengebirge zu den trockenen Wäldern im Inland hatten wir viel gelacht, sie mit einem tiefen, rauen Glucksen. Wir verstanden uns auf Anhieb, vielleicht weil wir uns als Frauen im Wissenschaftsbetrieb beide mit denselben Schwierigkeiten auseinandersetzen mussten, und wir hatten das Interesse an Pflanzennetzwerken gemeinsam. Die Art, wie sie ohne alle Umwege die Arbeit anpackte, imponierte mir, die Leidenschaftlichkeit, mit der sie nach Antworten suchte, die Ungeduld, den Spaten in die Hand zu bekommen.

Im Gewächshaus der Universität stellten wir neunzig Vierliter-Pflanzgefäße auf die Tische und füllten sie mit der Walderde. In jedes setzten wir je einen Douglasien- und einen Ponderosakiefernsetzling, variierten dabei aber das Maß, in dem die Kiefer mit den Mykorrhizen der Douglasie Verbindung aufnehmen konnte. Dazu setzten wir ein Drittel der Ponderosakiefern in erdgefüllte Pflanzbeutel aus einem Gewebe, dessen Poren groß genug für Pilzhyphen waren, aber Wurzeln keinen Durchlass boten; ein zweites Drittel pflanzten wir in Beutel aus einem Gewebe so dicht, dass nur Wasser sich zwischen Douglasie und Kiefer bewegen konnte. Und das dritte Drittel schließlich kam ohne Beutel direkt in die Erde, sodass die Kiefernmykorrhizen sich ungehindert mit denen der Douglasien verbinden und die Wurzeln frei wachsen konnten. Wir wollten ein Drittel der Douglasien in jeder Versuchsgruppe mit dem Tannentriebwickler infizieren, von einem zweiten Drittel würden wir mit der Schere die Nadeln abschneiden, und das dritte blieb unverändert als Kontrollgruppe. Insgesamt also neun verschiedene Varianten, ein vollständiger Versuchsplan, jede Gruppe zehnfach repliziert.

Wir warteten, dass die Bäumchen wuchsen, Yuan Yuan zusehends nervöser, denn die fünf Monate, die sie bleiben konnte, vergingen wie im Flug. Aber sie gab die Hoffnung nicht auf, dass die Mykorrhizen sich gut genug entwickeln würden und wir das eigentliche Experiment noch durchführen konnten, bevor ihr Visum ablief.

Nach vier Monaten untersuchten wir einige Setzlingswurzeln unter dem Stereomikroskop, und Yuan Yuan geriet in Panik, als ich sagte, sie sähen noch kahl aus. Als Nächstes nahm ich einige dünne Querschnitte, presste sie auf einen Objektträger und schob diesen unter das zusammengesetzte Mikroskop: Jetzt sah man Hartig'sche Netze. Die Wurzeln von Douglasie und Ponderosakiefer waren beide vom selben Mykorrhizapilz besiedelt worden, Wilcoxina. Damit hatten wir den Beleg dafür, dass Douglasie und Kiefer über ein mykorrhizales Netzwerk der Wilcoxina verbunden waren, außer in der Gruppe mit dem feineren Gewebe, und hatten grünes Licht für unsere Nadelexperimente.

Yuan Yuan eilte zur Insektenaufzuchtstation und holte ihre wimmelnden Raupen. Ich selbst lief zum Mykorrhizalabor, holte die Schere und Alkohol zum Desinfizieren. Dann gingen wir zusammen ins Gewächshaus und knöpften uns die Douglasiennadeln vor. Sie stülpte luftdurchlässige Beutel über ein Drittel der Setzlinge und steckte jeweils ein paar Tannentriebwickler hinein, damit sie sich über die Nadeln hermachen konnten. Bei einem weiteren Drittel der Bäumchen schnitt ich die Nadeln mit der Schere ab und ließ nur ein paar Zweige für die Photosynthese stehen. Das letzte Drittel blieb unangetastet.

Einen Tag nach dieser Attacke auf die Nadeln zogen wir gasdichte Plastiktüten über die Douglasien und injizierten $^{13}C\text{-}CO_2$. In der anschließenden Wartezeit malten wir uns aus, wie die Zuckermoleküle durch die Pilznetze flossen wie Milchshake durch einen Strohhalm. An diesem Abend rief ich zu Hause an; Nava erzählte aufgeregt, dass sie Spitzentanz fürs Ballett übe, Hanna feilte an ihren Hip-Hop-Schritten. Die Tanzaufführung sollte erst in ein paar Monaten stattfinden, am Muttertag, aber ich konnte es kaum erwarten, endlich nach Hause zu kommen. Tags darauf nahmen Yuan Yuan und ich Proben von den Nadeln und wiederholten dies auch an den beiden folgenden Tagen, um zu überprüfen, ob Abwehrenzyme gebildet wurden. Nach sechs Tagen zogen wir sämtliche Setzlinge aus ihren Töpfen, zermahlten sie zu Pulver und schickten die Proben an ein Labor, das mit seinem Massenspektrometer analysieren sollte, ob über das Pilznetz Kohlenstoffisotope von den Douglasien zu den Kiefern gewandert waren.

Ein paar Monate danach konnten wir uns die Ergebnisse ansehen, Yuan Yuan in Jinshan und ich in Vancouver.

»Siehst du, dass umso mehr Kohlenstoff in die Wurzeln der Douglasie gelangt, je mehr Nadeln sie verliert?«, mailte ich an Yuan Yuan – obwohl wir an entgegengesetzten Enden der Welt saßen, hatten wir dieselbe Tabelle vor uns. »Ja, ich hatte mir schon gedacht, dass wir das finden«, schrieb sie zurück; es sei eine bekannte Verhaltensstrategie, mit der angegriffene Bäume versuchten, ihr Überleben zu sichern. Ein paar Minuten später ergänzte sie: »Aber ich habe noch nie gesehen, dass Kohlenstoff nach dem Blattverlust in die Triebe eines Nachbarbaums wandert.« Die geschädigten Douglasien wurden zur Kohlenstoffquelle, und die rasch wachsenden Kiefern hatten den Stoff geradewegs in ihre Haupttriebe gepumpt.

»Dazu passen auch die Daten über die Abwehrenzyme«, tippte sie fünf Minuten später und schickte ein Schaubild mit. Die von dem Schädling befallenen Douglasien hatten, wie nicht anders zu erwarten, ihre Abwehrenzymproduktion gesteigert, und die Ponderosakiefern hatten es binnen eines Tages *ebenfalls getan*. »Aber schau mal«, schrieb ich, »das passiert nur, wenn die beiden Baumarten miteinander vernetzt sind.«

In der Mail von Yuan Yuan, die daraufhin in meinem Postkorb landete, stand nur ein Wort: »Wow!«

Die Abwehrenzyme der Kiefer – vier an der Zahl – hatten dramatisch zugenommen, in perfektem Einklang mit der Kohlenstoffzufuhr, und beides zeigte sich nur, wenn die Kiefer unterirdisch mit der Douglasie verbunden war. Selbst eine kleine Verletzung der Douglasie löste eine Enzymantwort bei der Kiefer aus. Die Douglasien gaben den Kiefern von ihrer Belastung Nachricht, und das *binnen vierundzwanzig Stunden*.

Das Verhalten der Bäume ergab einen Sinn. Über Jahrmillionen hatten sie die Verbindungen zu ihren Symbiosepartnern und Konkurrenten entwickelt, ein gemeinschaftliches System, das ihr Überleben sicherte. Die Douglasien hatten Warnsignale gesendet, dass der Wald in Gefahr war, und die Kiefern waren aufmerksam gewesen, hatten die Signale über das verbindende Netzwerk aufgefangen und darauf reagiert, ihren Beitrag dazu geleistet, dass die Gemeinschaft intakt blieb, auch weiterhin ein Ort, an dem ihre Nachkommen gesund heranwachsen konnten.

Und schlagartig war mir klar: Ich musste meinen Kindern nahe sein, trotz meiner Ängste, genau wie die sterbenden Bäume den Baumkindern. Ich loggte mich aus und tastete nach dem Knoten; seit der Biopsie war er nicht mehr so groß. Ich rief Mary an, jetzt wieder in Oregon – sie hatte im selben Moment zum Telefon greifen wollen.

»Ich muss nach Hause und es den Mädchen sagen.« Ich berichtete ihr von Yuan Yuans und meiner Entdeckung, dass die sterbenden Douglasien ihren Kohlenstoff den Kiefern gaben. Das Gleiche müsse der abgestorbene Mutterbaum, den ich mir angesehen hatte, getan haben; nur so hatten seine zweijährigen Baumkinder die Dürre überstanden. Es sei ein Zeichen – ich müsse meinen Töchtern meine Liebe schenken, ihnen geben, was ich nur könne, für den Fall, dass auch ich bald starb. Ich dürfe keine Zeit verlieren, müsse all die gemeinsame Zeit, die ich durch meine Arbeit fernab von zu Hause verloren hätte, wieder wettmachen.

»Langsam, langsam, du redest wirres Zeug«, beschwichtigte mich Mary, als ich immer weiterplapperte, ihr versicherte, die Versuchsergebnisse hätten mir sagen wollen, dass ich nach Hause fahren und die Mädchen auf das vorbereiten müsse, was womöglich bevorstand. »Außerdem hat sich der Arzt noch nicht bei dir gemeldet.«

Sie bot an, nach Nelson zu kommen, mit dem Flugzeug, damit sie mir beistehen konnte, wenn ich es meinen Töchtern sagte. Die beiden mochten Marys handfesten Humor, ihre Bescheidenheit, ihr Handwerksgeschick. Einmal war sie mit dem Werkzeugkasten bei uns aufgetaucht und hatte binnen einer Stunde sämtliche Schrauben der wackligen Stühle angezogen. Sie hätte den beiden klipp und klar gesagt, wie die Dinge standen. Aber ich musste das allein machen, wir mussten uns gemeinsam auf diese Sache einlassen, so gut wir konnten.

Sie sei doch selbst gerade erst wieder zu Hause angekommen, entgegnete ich, da solle sie sich erst einmal ausruhen.

Robyn wollte nach der Schule vorbeischauen, dann könnten wir alle zusammen feiern, dass der Knoten gutartig war. Sie war optimistisch. »Fahr nach Hause«, sagte sie. Den Mädchen nahe sein, Ruhe bewahren, keine Panik.

Ich verabschiedete mich beim Leiter meiner Abteilung bis zur folgenden Woche.

Seit meiner Biopsie waren fast zwei Wochen vergangen. Wenn ich am nächsten Tag nichts hörte, würde ich in der Praxis anrufen. Ich bat Mum, bei dem Telefonat dabei zu sein, und meine Großcousine Barbara, die Krankenschwester, wollte auch noch aus Nakusp herüberkommen.

Auf der Fahrt über die Bergpässe spürte ich mich diesem sterbenden Wald nahe, seiner Harmonie, der wunderbaren Verbundenheit in einem festen Netz, über das er seine Weisheit an die nächste Generation weitergab, so wie es meine Großmutter Winnie bei mir getan hatte. Aber die kranken Bäume wurden abgeholzt, um wenigstens die toten Stämme zu verkaufen. Ich fragte mich, ob wir mit unserer Geldgier den sterbenden Bäumen die Möglichkeit zum letzten Zwiegespräch mit ihren Kindern raubten.

Hannah und Nava warteten schon, als ich ankam und Pizza mitbrachte, und auch Don war da. Ich nahm meine Töchter in den Arm und küsste zuerst Hannahs Stirn, dann die von Nava. Hannah zeigte mir ihren neuen Biologie-Experimentierkasten – sie hätten eine prima Lehrerin, und über Forstökologie hätten sie auch schon gesprochen. Nava tanzte eine Arabesque, dann nahm sie meine Hand und verneigte sich zum Penché; für den Auftritt im Frühjahr übten sie einen Tanz zum »White Winter Hymnal« ein, und sie sollten blaue Kleider dazu tragen und Blumen im Haar. Wir standen in der Küche, an die Anrichte gelehnt, und aßen Pizza; Don erzählte, dass es auf den Bergspitzen schon geschneit habe, der Winter komme früh dieses Jahr, bald würden wir Ski fahren können. Die Mädchen liefen nach oben zu ihren neuen Doppelbetten, widmeten sich wieder ihren iPods, und ich hätte mich in den Hintern treten können, dass ich sie nicht einfach aufs Sofa gesetzt und ihnen gesagt hatte, was los war. »Ich weiß, du machst dir Sorgen, Suze«, sagte Don, als die beiden die Treppe hinaufpolterten, »aber du bist doch immer gesund gewesen. Du wirst sehen, da ist nichts.« Er stand da, Hände in den Taschen, lächelte mich an. Sein Talent, mir Mut zu machen, war noch wie eh und je.

»Danke, Don«, sagte ich, aber ich wandte den Blick ab.

Ich verzog das Gesicht, wollte verhindern, dass Tränen kamen. Don zog seine Schuhe an, dann umarmte er mich. »Hör mal, ich kenne dich doch. Du bist stark wie ein Ochse, du stehst das durch, egal, was kommt. Aber ruf an, wenn du was weißt.« Einen Moment lang stand er da, musste sich an die neue Lage der Dinge erst noch gewöhnen; dann packte er seine Jacke und verschwand durch die Hintertür. Ich sah den Rücklichtern die Gasse hinunter nach. Dann ging ich mit dem Rest der Pizza nach oben. Die Mädchen und ich standen auf Navas Balkon und betrachteten den Sonnenuntergang über dem Elephant Mountain, den Schnee dort oben, wie er schimmerte im rosa Licht.

Als es zu kalt zum Draußensein wurde, setzten wir uns auf Navas Bett, und ich erzählte ihnen, dass ich ein paar Untersuchungen hätte machen müssen und die Ergebnisse morgen bekäme. Sie sahen mich erschrocken an, aber ich versicherte ihnen: »Egal, was da kommt, ihr sollt wissen, dass ich das durchstehe – dass wir es alle zusammen durchstehen.«

Hannah wollte wissen, wie der Test gemacht würde, Nava, was Brustkrebs war, und ich erzählte, was ich wusste und dass auch sie zu Untersuchungen gehen müssten, wenn sie älter waren. Alle Frauen müssten das, sie müssten auf sich aufpassen. Sie umarmten mich, ich sagte ihnen, dass ich sie liebte, und als ich ihnen ihren Gutenachtkuss gab, war mir schon wieder leichter ums Herz.

Am Freitagmorgen gingen die Mädchen zur Schule, und ich stürmte meinen liebsten Bergpfad hinauf, wollte den Anruf noch ein paar weitere Stunden verschieben, lief durch den lichten Wald, ließ die Ponderosakiefern hinter mir, stieg auf zu Douglasien und Zitterpappeln, dann zu den Küstenkiefern weiter oben. Der Oktoberfrost hatte den Pfad mit fedrigen Eiskristallen überzogen, und auf dem Weg zur Kuppe kam ich an zwei Braunbären vorüber, die die reifen Heidelbeeren schleckten. Oben angekommen rief ich Mary an und sagte ihr, jetzt sei ich so weit, dass ich mit dem Doktor reden könne. Auf meinem Weg nach unten machte ich einen Bogen um die Bären, denn schließlich wussten wir alle drei, wer der Stärkere war. Ich sog den Vanilleduft der Ponderosakiefern ein. *Every little thing is gonna be alright.* Ich malte mir aus, wie das Wasser durch die Pilzverbindungen wanderte, zwischen den Ponderosakiefern und den Douglasien und zwischen den Küstenkiefern und den Zitterpappeln. Unter diesen Bäumen war ich zu Hause, sie waren meine sanftmütigen Freundinnen, meine Vertrauten.

Auf der Gasse sah ich Mum kommen, mit Tassen Kaffee, ihr weißes Haar schimmerte. Barbara kam mit einer Hackfleischkasserolle, mit einem Geschirrtuch abgedeckt. Beide ließen sich auf meiner Veranda nieder, saßen auf der Bank und tranken Kaffee, und da klingelte das Telefon im Haus. Ich ging nach drinnen und kam mit dem Mobilteil wieder heraus. Mum und Barbara waren schlagartig still, verfolgten durch die Dampfwolken ihrer Tassen, was ich tat.

Ich hörte mir an, was der Arzt zu sagen hatte. Untersuchungsergebnisse, Möglichkeiten, so viele Worte, dass ich sie gar nicht alle verarbeiten konnte. Ich dachte an die Mutterbäume, wie sie Schutz und Nährstoffe und Schatten vor der Sonne boten, andere behüteten und für sie sorgten, auch noch, wenn sie ihrem Ende schon nahe waren. Ich dachte an meine Töchter. Meine wunderschönen, kostbaren Töchter, strahlende Blumen, die wuchsen und erblühten.

Ich schloss die Augen.

Nicht einmal Mutterbäume können ewig leben.

14

Geburtstage

»Hier sind ein paar Überlebende«, sagte Amanda, meine Masterstudentin, unter die Kronentraufe des Mutterbaums gebückt. Es war Ende Oktober, auf halber Strecke zwischen Kamloops und dem Rodeoplatz, auf dem ich dreißig Jahre zuvor Kelly zugeschaut hatte. Schnee rieselte sanft wie der Atem eines Babys.

Der Mutterbaum, eine Douglasie, sah schwer mitgenommen aus, die Krone zerfetzt durch Fällarbeiten in direkter Nachbarschaft und der Stamm beschädigt von einem Holzschlepper, der den Baum beim Zurücksetzen gerammt hatte. Doch die Douglasie hatte im Laufe des Sommers viele Zapfen produziert, und das machte sie zum Anziehungspunkt für Schwarzkopfmeisen, die sich auf den Zweigen tummelten. Ich bewunderte die Unbeirrbarkeit, mit der diese Baummutter ausharrte und sich trotz traumatischer Verluste um ihren Nachwuchs kümmerte. Meine Brustamputation sollte in einem Monat stattfinden, und die weitere Behandlung hing davon ab, ob der Krebs schon in die Lymphknoten gestreut hatte. Barbara hatte mir geraten, es mir nicht zu schrecklich auszumalen. Zum Glück erschienen gerade zu der Zeit mehrere Aufsätze von mir und meinen Mitstreitern über die Architektur der Mykorrhizennetzwerke, das half sehr; ich war eifrig mit der Weiterentwicklung des Konzepts der

Mutterbäume beschäftigt, und die positive Aufnahme unseres Films *Mother Trees Connect the Forest* machte mir Mut. Ein hoch angesehener Wissenschaftler hatte mir geschrieben, meine Entdeckung werde »den Blick der Menschen auf den Wald für immer verändern«. Und es tat gut, hier draußen bei den Mutterbäumen zu sein.

Die Frage beschäftigte mich, ob Douglasien womöglich in der Lage waren, Verwandte zu erkennen, eine Fähigkeit, die wir gemeinhin nur Menschen und Tieren zubilligen. Ich machte mir Notizen, wenn ich auf meinen langen Autofahrten zum Tanken anhielt und bei solchen Gelegenheiten Listen mit unerledigten Aufgaben erstellte. Allerdings war der Gedanke nicht die Ausgeburt nächtlicher Stunden am Steuer, sondern eine andere hatte mich darauf gebracht. Dr. Susan Dudley von der McMaster-Universität in Kanada schrieb in einem Aufsatz, dass eine einjährige Pflanze – der Meersenf, *Cakile edentula*, der auf den Sanddünen der Großen Seen heimisch war – zwischen Nachbarn, die Geschwister (Nachkommen derselben Mutter) waren, und solchen, die von anderen Mutterpflanzen abstammten, unterscheiden könne und dass die entsprechenden Signale durch die Wurzeln übermittelt würden. Und nun überlegte ich, wenn ich im Mondlicht durch die schroffe Felslandschaft kurvte, ob dies auch bei Koniferen so sein könnte. Douglasienwälder waren genetisch divers; rings um die Mutterbäume siedelten sich sowohl windbestäubte eigene Nachkommen als auch fremde Sämlinge an. *Konnten die Mutterbäume zwischen verwandten und fremden Sämlingen unterscheiden?*

Seit wir entdeckt hatten, dass heranwachsende Douglasien in das Mykorrhizennetzwerk alter Bäume eingebunden waren, hatte ich mich gefragt, ob auch hier genetisch Verwandte erkannt wurden und ob dabei durch die Wurzeln übermittelte

Signale im Spiel waren, wie es Susan bei ihrem Meersenf beobachtet hatte. Wenn ja, musste die Kommunikation über die Pilzverbindungen laufen, denn die Baumwurzeln waren alle umhüllt von Mykorrhizapilzen. Selbst wenn es regionale Unterschiede bei Douglasienpopulationen gab, mit weniger genetischen Variationen in eng begrenzten Tallagen als auf offenen Bergrücken, sollte es in der unmittelbaren Umgebung von Mutterbäumen eine Vielzahl von Verwandten geben. Wenn Verwandte über Jahrhunderte hinweg in enger Nachbarschaft zusammenlebten, musste es für sie doch von Vorteil sein, wenn sie einander erkannten. Wenn sie sich gegenseitig unterstützten und das Erbgut der Familie weitergaben. Womöglich konnte der Mutterbaum sein Verhalten ändern – Freiräume schaffen –, um die eigenen Nachkommen zu fördern. Oder Nährstoffe und Signale gezielt an die eigenen Nachkommen übermitteln. Sie vielleicht sogar wegscheuchen, wenn die Bodenbeschaffenheit ungünstig war. Womit nicht bestritten werden soll, wie wichtig genetische Diversität für die Anpassungsfähigkeit, Stärke und Widerstandskraft eines Waldes ist. Doch in dem vielfältigen Genpool konnte es auch wichtig sein, dass alte Bäume ihre an die örtlichen Gegebenheiten angepassten Samen verstreuten und die eigenen Nachkommen unterstützten.

Ich war noch nie vor neuen Ideen zurückgescheut und ließ mich von der Wissenschaft längst nicht mehr so leicht einschüchtern wie früher, zumal meine Artikel über Mykorrhizennetzwerke neuerdings ein positiveres Echo fanden. Ich hätte nicht sagen können, weswegen. Vielleicht lag es daran, dass immer mehr Studien meine ursprüngliche These über den Kohlenstoffaustausch zwischen Birken und Douglasien bestätigten, vielleicht lag es auch nur an meinem mittlerweile höheren Bekanntheitsgrad. Aber wie dem auch sein mochte, ich konnte mir jetzt erlauben, riskantere Fragen zu stellen. Und Amanda war mit Begeisterung dabei. »Gut möglich, dass es eine Sackgasse ist«, hatte ich gesagt und sie gewarnt, dass die Wahrscheinlichkeit, dass Douglasien-Mutterbäume ihre Verwandten erkannten, nicht allzu groß war und wir womöglich nichts finden würden. Aber selbst dann würde sie lernen, wie man einen Versuch aufbaut.

»Nun, wie sieht es aus?«, fragte ich, als wir drei winzige grüne Schirmchen inspizierten, die sie sechs Monate zuvor in einem Pflanzbeutel so groß wie eine Butterbrottüte gesetzt hatte. Amanda, eins fünfundsiebzig groß und athletisch vom Spiel in der Baseball- und Hockeynationalmannschaft, ließ sich vom Schnee nicht beirren und inspizierte einen weiteren Pflanzbeutel. Sie zeigte auf ein Grüppchen rot verfärbter Baumkinder und sagte: »Viele von den Verwandten sind am Leben, aber die Fremden sind abgestorben.« Mit dem Mutterbaum nicht verwandt und nicht verbunden, waren die Fremden der sommerlichen Dürre zum Opfer gefallen.

Auf dem Weg zu den übrigen vierzehn Mutterbäumen, die beim Abholzen als Lebensraum für Wildtiere stehen geblieben waren, gingen mir düstere Gedanken durch den Kopf. Ich hatte von einem Freund erzählt bekommen, ein einflussreicher Kollege habe ihn gefragt: »Du glaubst doch nicht wirklich, dass Bäume miteinander kooperieren, oder?« Eine Bemerkung, die ich von Forstwirten der alten Schule erwartet hätte, aber nicht aus den Hallen der akademischen Freiheit. Dreißig Jahre tobte die Schlacht um das Dogma, dass Konkurrenz die einzige Form pflanzlicher Interaktion sei, die im Wald eine Rolle spiele, nun schon, und heute hatte ich plötzlich wieder das Gefühl, dass die Gegenseite womöglich doch noch die Oberhand gewann.

Ich folgte Amanda über Baumstämme und durch Pfützen bis zum nächsten Mutterbaum, die Zweige überzuckert mit Pulverschnee. Sie fragte, ob ich mich ausruhen wolle; da habe sie volles Verständnis. »Ach, das geht schon«, murmelte ich, ließ mich aber trotzdem auf einen Baumstumpf sinken, wo ich saß und die Ergebnisse notierte, zu denen sie bei der Untersuchung der Pflanzbeutel kam. Genau wie unter dem ersten Mutterbaum hatten auch hier mehr genetisch verwandte Sämlinge überlebt als fremde, vor allem da, wo die Beutelvariante eine Verbindung zum Netzwerk zuließ. Ich kaute an meinem Bleistift. Es war denkbar, dass auch Birken in gemischten Beständen mehr Kohlenstoff an verwandte Birken abgaben als an Douglasien, aber das hatte ich bei den Experimenten für meine Doktorarbeit nicht untersucht. Und sterbende Douglasien sandten womöglich, wenn sie Kohlenstoff an ihre Nachbarn abgaben, wie es mein Experiment mit Yuan Yuan gezeigt hatte, mehr an andere Douglasien als an Kiefern; allerdings waren die Douglasien, die wir paarweise gepflanzt hatten, im Gewächshaus nicht gut genug gediehen, sodass wir die Gegenprobe nicht hatten machen können. Einer meiner Examenskandidaten hatte nachgewiesen, dass Douglasienmütter Douglasienkindern Starthilfe leisteten, aber zu der Zeit waren wir noch nicht auf die Idee gekommen nachzuforschen, ob sie verwandte Sämlinge gegenüber fremden begünstigten. Im Kontext der Evolution klang es plausibel, dass eine Baummutter, ganz gleich welcher Spezies, zuerst einmal die eigenen Nachkommen bevorzugt.

Amanda hatte mit ihrer Masterarbeit ein Jahr zuvor begonnen, im Herbst 2011, und sich – nach der Veröffentlichung unserer Karte des mykorrhizalen Netzwerks – der nächsten offensichtlichen Frage gewidmet: ob Mutterbäume genau wie der Meersenf die eigenen Nachkommen erkennen und sie mit besonderen Zuwendungen bedenken. Ich wusste bereits, dass Mutterbäume Ressourcen mit Fremden teilten – das hatten meine Studenten und ich ausgiebig untersucht, bevor ich von Dr. Susan Dudleys Arbeit erfuhr. Wenn Mutterbäume genetisch Verwandte erkannten, speziell über mykorrhizale Netzwerke, äußerte sich das dann in Fitnessmerkmalen – wurden genetisch Verwandte größer, hatten sie bessere Überlebenschancen als Fremde? Vielleicht zeigte sich die Fähigkeit zum Erkennen von Verwandten auch an Anpassungsmerkmalen wie Wurzel- oder Triebwachstum. Das waren die Fragen, denen Amanda mit diesem Feldversuch und mit zwei Gewächshausexperimenten an der Universität nachging.

Ich ruhte mich aus, Amanda überprüfte weiter die Pflanzbeutel. Im Frühjahr hatte sie im Umkreis der fünfzehn Mutterbäume jeweils vierundzwanzig davon eingegraben. Zwölf dieser Beutel hatten so große Poren, dass die mykorrhizalen Hyphen des Mutterbaums hindurchwachsen und die Keimlinge besiedeln konnten. Bei der anderen Hälfte waren die Poren so klein, dass sich keine Netzwerkverbindungen bilden konnten. In jeweils sechs dieser Pflanzbeuteltypen hatte Amanda Samen des Mutterbaums (Verwandte) beziehungsweise Samen anderer Mutterbäume (Fremde) gesät. Diese vier Kombinationsmöglichkeiten aus zwei Beuteltypen und zwei Verwandtschaftsverhältnissen kamen bei jedem der fünfzehn Mutterbäume zum Einsatz. Die große Anzahl und die Berücksichtigung sämtlicher Faktorkombinationen in einem vollständigen Versuchsplan sollte uns in die Lage versetzen, verlässliche Aussagen zu treffen. Um sicherzustellen, dass unsere Ergebnisse nicht nur für diesen speziellen Standort Gültigkeit besaßen, hatten wir das Experiment auf zwei weiteren Versuchsfeldern repliziert. Dieser Kahlschlag in der Nähe von Kamloops war der heißeste und trockenste Standort, die beiden anderen lagen weiter nördlich und waren kühler und feuchter.

Für das Aussäen genetisch verwandter Samen hatte Amanda im Herbst Zapfen von unseren insgesamt fünfundvierzig Mutterbäumen gesammelt. Bei Exemplaren, die weniger als zehn Meter hoch waren, hatte sie sie einfach mit der Gartenschere abgeknipst, für höhere Bäume eine Helferin mit einer Schrotflinte angeheuert. Ich malte mir aus, wie diese ihre Winchester anlegte und den Lauf nach oben richtete, stellte mir den ohrenbetäubenden Knall vor, herunterfallende Zweige und Zapfen, Eichhörnchen, die sich eiligst in Sicherheit brachten, ohne dabei die unverhoffte Beute aus den Augen zu verlieren. Im Winter wurde ein Trupp von jüngeren Studenten damit beauftragt, die Samen aus den Zapfen zu lösen und auf ihre Keimfähigkeit zu überprüfen. In diesem Jahr hatte es das Klima nicht besonders gut mit den Douglasien gemeint, und viele Samen waren taub.

Wir erreichten den letzten der Mutterbäume an diesem Standort. Amanda wischte für mich den Schnee von einem Baumstumpf; sie schenkte uns Tee ein, und der Dampf wärmte mir Hände und Gesicht, während sie akribisch jeden einzelnen Pflanzbeutel inspizierte und mir zurief, wie viele Sämlinge überlebt hatten.

Mein Telefon klingelte. Mary war wieder wohlbehalten zu Hause und versprach zurückzukommen, sobald sie ihre Pflanzen in den Winterschlaf geschickt hatte. Sie war nach meiner Diagnose sofort nach Nelson gekommen. Als ich meiner erweiterten Familie noch am selben Tag eröffnete, dass Mary und ich ein Paar waren, meinte Mum zur Antwort nur, sie sei froh, dass ich jemanden hätte. Ich war stolz auf meine Familie, darauf, dass sie es akzeptierte, dass sie uns alle einfach so annahm, wie wir waren.

Es schneite immer stärker. Noch bevor ich die Zahlen zusammengerechnet hatte, war mir klar, dass Amanda und ich mehr erreicht hatten als nur die Bestätigung, dass Douglasiensämlinge in der Regel besser gediehen, wenn sie mit einer gesunden Douglasienmutter (egal ob verwandt oder nicht) vernetzt waren: Nein, das Experiment bewies, dass genetisch verwandte Sämlinge bessere Überlebenschancen hatten und sichtlich kräftiger waren als fremde im selben Netzwerk – ein klarer Beleg dafür, dass Douglasienmütter ihre eigenen Nachkommen erkannten. Ich schlug vor, das Schicksal dieser Bäumchen noch ein weiteres Jahr lang zu verfolgen.

»Wäre mir lieber«, stimmte Amanda zu und verstaute ihre Notizen im Rucksack. Sie hatte ein ganz besonderes Verhältnis zu diesem Experiment, ihrem ersten überhaupt, und ich stellte mir vor, wie sie immer wieder hierher zurückkehren würde, solange ihre Bäumchen am Leben waren. Allein schon die Geborgenheit im Schutz dieses Mutterbaums war den langen Weg wert.

Jean begleitete mich zu einem Selbsthilfekurs für Krebskranke in Vancouver. Dort erklärten uns Fachleute, wie wir unsere Überlebenschancen verbessern konnten: durch Bewegung, gutes Essen, ausreichend Schlaf und weniger Stress. Das Wichtigste aber seien stabile Beziehungen; und wir sollten immer darüber sprechen, wie wir uns gerade fühlten. *Was uns ausmacht, sind unsere Beziehungen*, sagte ein Arzt. Das eine Merkmal, das allen, die den Krebs besiegen, gemeinsam ist: dass sie nie die Hoffnung aufgeben.

Mon Dieu! C'est ça!, dachte ich. *Das ist etwas, woran ich arbeiten kann.* Ich war immer noch so in mich gekehrt und dünnhäutig, ließ mich allzu leicht von den Urteilen anderer aus der Bahn werfen. Ich war viel zu freundlich gewesen, als ein Förster zu mir sagte: »Diese beschissenen Mutterbäume kommen weg. Irgendwann fallen die sowieso um, und wenn wir sie fällen, können wir sie wenigstens noch zu Geld machen.« Nach wie vor hatte ich Angst, zu meinen Überzeugungen zu stehen, mit Zähnen und Klauen zu kämpfen. Aber war das nicht gerade das, was ich von meinen Bäumen lernen konnte? Dass Gesundheit abhängig ist von der Fähigkeit, Bindungen einzugehen und zu kommunizieren? Diese Krebsdiagnose sagte mir, dass ich mehr Ruhe finden musste, mehr Rückgrat zeigen und dass ich über das reden musste, was ich von den Bäumen gelernt hatte.

Bei der Operation wurden mir beide Brüste entfernt. Als ich aus der Narkose erwachte, waren Mary und Jean, Barbara und Robyn an meiner Seite. Ich warf einen Blick auf meinen nun flachen Oberkörper und drückte die Morphiumpumpe. Ein paar Tage später war ich zurück in meiner Wohnung, aß Grünkohl und Lachs, meine Narben feuerrot und die blauen Flecken so dunkel wie Auberginen. Ich ging hundert Meter, dann weitere hundert und nochmals hundert, fest entschlossen, Weihnachten bei Hannah und Nava zu sein. Wir warteten nur noch auf die vollständigen Ergebnisse der Biopsie. »Wenn die Lymphknoten frei sind, brauchst du vielleicht gar keine weitere Behandlung mehr«, sagte Barbara.

Auf dem Weg aus der Stadt bekamen wir die Nachricht, dass der Krebs meine Lymphknoten befallen hatte.

Die beiden Onkologen, Dr. Malpass in Nelson und Dr. Sun in Vancouver, erklärten mir, ich bekäme eine neuartige »dosisdichte« Chemotherapie mit acht Infusionen im Abstand von jeweils zwei Wochen, verteilt über vier Monate, die wirksamste Behandlungsmethode für meine Art von Krebs. Sie waren der Ansicht, dass ich jung und fit genug war, um das zu verkraften. In der ersten Phase werde mir eine Kombination aus zwei älteren Medikamenten verabreicht, Cyclophosphamid und Doxorubicin – das, was Barbara den »roten Teufel« nannte –, in der zweiten Paclitaxel, ein Wirkstoff aus der Pazifischen Eibe. Dr. Malpass, schlaksig und einfühlsam, würde sich während der Chemo um mich kümmern, und Dr. Sun, zierlich und immer zu einem Lachen aufgelegt, sollte die Nachsorge übernehmen. *Ich hätte nach Nelson ziehen und ein ruhiges Leben mit meiner Familie führen sollen*, dachte ich, als sie mich über die möglichen Nebenwirkungen aufklärten. Es gab die üblichen – Übelkeit, Erschöpfung, Infektionen. Und die nicht ganz so üblichen – Schlaganfall, Herzinfarkt, Leukämie. Don hatte recht gehabt – ich hätte diese Stelle an der Universität nie annehmen sollen. Und ja, ich hätte bei meinen frühen Experimenten kein Roundup spritzen sollen, hätte nicht vergessen dürfen, den Sicherungsmechanismus an der Neutronensonde zu überprüfen, und beim Zermahlen der radioaktiven Setzlinge hätte ich den Nasenbügel an der Staubmaske festdrücken müssen. Und der ganze Stress wegen meiner gescheiterten Ehe hatte sicher auch seinen Teil beigetragen.

Ein paar Wochen später, Anfang Januar 2013, gab mir eine Krankenschwester die erste Infusion, und der kirschrote Teufel strömte durch meine Adern. Ich stellte mir vor, wie die Krebszellen schrumpften, und blickte dabei aus dem Krankenhausfenster und sah zu, wie auf einen einsamen Baum der Schnee fiel. Diese Baumin – ganz bestimmt war es ein weiblicher Baum – wachte über das Krankenhaus, über die Stadt zu ihren Füßen und die Eschen, Kastanien und Ulmen am Straßenrand, über Bäume, die andere Bäume unterstützten, und Menschen, die anderen Menschen halfen. Reiß dich zusammen – wenn diese Baumin leben konnte, obwohl ihre Wurzeln keinen Kontakt zu der Wildnis des Waldes hatten, konnte auch ich den Kampf gewinnen. Tags darauf stand ich auf Skiern und lief, mit Robyn und Bill im Gefolge, zwanzig Kilometer auf meiner Lieblingspiste, wie um zu zeigen, dass ich zäher war als der Krebs. Ich kam an einem Kahlschlag vorüber, die neu gepflanzten Kiefern einen Meter größer als im Jahr zuvor, und dankte den Bäumen an den Rändern, dass sie den Setzlingen unter die Arme griffen. »Ich brauche eure Hilfe. Ich muss wieder gesund werden«, sagte ich, als ich oben ankam – wo sie still und unverrückbar standen. Als ich unter ihren Ästen weiterglitt, berührten einige von ihnen mich am Arm. Am nächsten Tag schaffte ich mit Mühe und Not eine Runde von einem Kilometer; mein Körper fühlte sich an wie ein nasser Zementsack, und ich konnte mich kaum von der Couch bewegen, als Bill kam, um nach mir zu sehen. Er war Filmemacher, ungeheuer kreativ, aber gerade jetzt hatte er eine Flaute und deshalb Zeit, sich um mich zu kümmern. Er saß geduldig bei mir, ohne viele Worte, ohne Aufhebens, war einfach nur da. Nach einer Woche, als die Medikamente sich in meinen Zellen eingerichtet hatten, stand ich wieder auf Skiern, erst für zwei, dann für fünf, dann zehn Kilometer, immer mit dem wachsamen Bill auf den Fersen.

»Schau mal meine Pirouette«, sagte Nava und stellte sich auf die Zehenspitzen. Ich hielt ihre Hand über dem Kopf fest, und sie drehte sich wie ein Kreisel. Hannah zog die glitzernden, schwarz-goldenen Sneaker an, die Oma Junebug ihr geschenkt hatte, und machte einige Breakdance-Bewegungen, Tuts und Swipes. Ich probierte selbst einen Schritt, aber meine Füße fühlten sich taub an. Wunderbar choreografierte Tänze, perfekt trainierte Körper – Darbietungen, von denen ich den Blick nicht lassen konnte, mit Tränen in den Augen.

Ich ging davon aus, dass die Chemotherapie bis zum Muttertag abgeschlossen sein würde, dem Wochenende ihres großen Abschlusskonzerts, der alljährlichen Frühjahrsaufführung; aber bei meiner zweiten Infusion zeigte Dr. Malpass mir eine Röntgenaufnahme meines Brustkorbs. Cheryl, eine erfahrene Chemotherapie-Schwester in geblümter Schwesterntracht, blickte besorgt auf den Bildschirm; Annette, die andere Schwester, tätschelte derweil Patienten am Tropf die Arme und fragte, wie sie sich fühlten. »So was habe ich noch nie gesehen. Ihr Herz hat sich in den letzten zwei Wochen um 25 Prozent vergrößert«, sagte Dr. Malpass und zeigte auf das Röntgenbild, auf dem der Portkatheter, den der Chirurg mir unter dem rechten Schlüsselbein implantiert hatte, deutlich zu erkennen war. Vorher-nachher-Aufnahmen zeigten Lunge, Rippen und Herz. *Das bin ich – zumindest mein neues Ich*, dachte ich und fuhr mir mit der Hand über den Oberkörper, Rippen wie Lineale.

»Verstehe«, flüsterte ich.

»Sie hätten einen Herzanfall bekommen können«, sagte er. »Wir müssen weitere Untersuchungen machen – und bitte hören Sie mit dem Skilaufen auf und konzentrieren Sie sich auf den Kampf gegen den Krebs.«

Hannah schlug mir vor, ich solle stattdessen spazieren gehen. Sie kuschelte sich an mich, als wir an diesem Abend zusammen ein paar Folgen *Glee* sahen. Mein Laptop stand auf einem Bücherstapel auf dem eichenen Couchtisch, die Hausaufgaben der Mädchen ruhten. Wir saßen am Erkerfenster und aßen Kichererbsen mit Süßkartoffeln und Reis. Auf der anderen Seite des Sees erglühte der Elephant Mountain. Wir sahen die Doppelhochzeit von Kurt und Blaine und Brittany und Santana und verfolgten, wie Santanas Großmutter endlich einsah, dass zwei Frauen heiraten können. Es war mir ein bisschen peinlich, aber Hannah fand die Szene toll, Nava auch, und ich dankte dem Himmel, dass Kinder heutzutage so viel toleranter sind. »Ich kann nur auf ebenen Wegen gehen«, sagte ich, als die Folge zu

Ende war. Ich hatte noch nie eine Skisaison versäumt, und das galt auch für die Mädchen. Gleich als sie laufen konnten, hatten sie damit angefangen. »Nächstes Jahr ist der Schnee sowieso besser, Mama«, versicherte mir Nava.

Wir würden durchhalten. Wir *mussten* durchhalten.

Nach der Herzuntersuchung erhielt ich grünes Licht für die nächste Chemotherapie, und Mary kam, um mir beizustehen. Bei unserer Ankunft saß eine zierliche siebzigjährige Frau mit Kopftuch auf dem Stuhl am Fenster. »Die hat unseren Platz geklaut«, flüsterte Mary. Wir suchten uns einen anderen. Es gab vier Behandlungsplätze, in jeder Ecke des Zimmers einen. Beige Vorhänge sorgten für einen Hauch von Privatsphäre; in der Mitte des Raums war die Schwesternstation, auf einer Seite eine

---

Januar 2013, zwei Wochen nach Beginn der Chemotherapie, unmittelbar bevor mir die Haare ausfielen

Reihe von Panoramafenstern. Die Frau nestelte an ihrem Beutel mit Tabletten – die gleichen Tabletten, mit denen ich mich mittlerweile so gut auskannte. Die rosa Pillen gegen Übelkeit, die blauen gegen Mundsoor, die widerlich schmeckenden für die Verdauung. Ich schlüpfte durch den Vorhang, stellte mich vor. Sie hieß Anne, und ihr Mann lag herzkrank in einem anderen Zimmer, hatte nicht mehr lange zu leben.

Tags darauf in der Dusche schaute ich zu den Füßen hinunter und erblickte meine Haare. Wie ein Perücke im Regen. Ich berührte meinen Kopf, und die verbleibenden Haare lösten sich wie Samen von einer Pusteblume. Als ich am Spiegel vorbeiging, brachte ich es nicht über mich hinzusehen. »Komm, wir gehen in den Wald«, sagte Mary. Ich setzte zwei warme Mützen auf, die erste anstelle meiner Haare, die zweite, um die Kopfhaut vor dem eisigen Wind zu schützen, und wir wanderten im Schneegestöber zwischen Zedern, die alten umringt von jungen. »Natürlich«, hauchte ich, als wir an den jungen Bäumchen vorüberglitten und mir durch den Kopf ging, dass Sämlinge die Anfänge von Netzknoten zwischen weiter entfernten Mutterbäumen waren, sie würden wachsen und am Ende schließlich selbst Mütter sein. Die immerwährende Verbindung zwischen Alt und Jung, das Zusammenspiel zwischen den Generationen und mit allem was lebt, das ist das Vermächtnis des Waldes, das Fundament unseres Überlebens.

Mary brachte mir jeden Morgen das Frühstück ans Bett, las mir ein Kapitel aus *Mrs. Pollifax kommt wie gerufen* vor, und danach unternahm ich, gestützt auf ihren Arm, einen mühseligen Spaziergang am Ufer des Kootenay Lake. Sie bereitete den Grünkohl mit Lachs zu, beschwerte sich, dass der kanadische Grünkohl beinhart sei, und manchmal mogelte sie auch eine Hähnchenpastete oder ein Schälchen Eis in den Speiseplan.

Bei meiner dritten Chemo bat Dr. Malpass mich, mit einer anderen Patientin zu sprechen. Lonnie und ihre Schwester, beide Mitte vierzig, kamen an meinen Platz, um sich mit mir über Lonnies eigene »dosisdichte« Therapie zu unterhalten, die gleiche wie meine. Sie drückte ihre Handtasche, ein altmodisches Exemplar mit Knipsverschluss, fest an sich und starrte auf meine Infusionsschläuche. »Es ist gar nicht so schlimm«, versicherte ich ihr, obwohl ich mich von Runde zu Runde schwächer fühlte.

»Ich will meine Haare nicht verlieren«, sagte Lonnie mit gepresster Stimme und starrte auf meine Strickmütze. Was für eine Gemeinheit, dass wir diesen Teil unserer Identität verlieren, ausgerechnet dann, wenn wir ihn am nötigsten brauchen. Ich bot ihr an, sich nach ihrer ersten Infusion bei mir zu Hause auf dem Sofa auszuruhen, und sie nahm an. Beim nächsten Mal kam sie wieder. Schon bald machten wir Witze darüber, wie wir sämtliche Sofas und Kleider, Mützen und Perücken auf den Müll werfen würden, sobald wir die Chemo überstanden hatten. Lonnie wohnte im Wald, eine halbe Stunde außerhalb der Stadt, und manchmal saßen wir bei ihr auf der Couch, betrachteten die Bäume und Schneemassen rings um ihr Haus und sehnten den Frühling herbei.

»Du solltest Anne kennenlernen«, sagte ich, und bald waren wir drei eine verschworene Gemeinschaft, die Textnachrichten schossen nur so hin und her.

Auf einer Skala von eins bis zehn notierte ich jeden Tag, wie ich mich fühlte: Erschöpfung, Stimmung, Benommenheit – das sogenannte Chemobrain, die Unfähigkeit, zusammenhängend zu denken, sich an Wörter zu erinnern, in vollständigen Sätzen zu sprechen. Je weniger Energie ich hatte, desto schlechter war meine Stimmung: An den Tagen unmittelbar nach der Chemo war ich deprimiert. Ein simpler Spaziergang um den Block kam mir vor, als müsse ich gegen eine schwere Strömung anschwimmen, und mir ging auf, dass es sich so anfühlen musste, wenn das Leben zu Ende ging, wenn man einfach nicht mehr die Energie aufbrachte, auch nur noch einen einzigen weiteren Schritt zu gehen. Der Tod verlor seinen Schrecken, wenn man nicht essen, nicht auf die Toilette gehen und nicht von der Couch aufstehen konnte. Wenn man nicht seine Skier anschnallen und den Weg am Fluss entlanglaufen oder den Kindern etwas zu essen machen konnte. »Ich versuche mit aller Kraft, ich zu sein«, schrieb ich in mein Tagebuch und sehnte mich danach, wieder ein normales Leben zu führen, mit meinen Mädchen zum Skilaufen zu gehen. Einen Tag lang fühlte ich mich besser, dann ging es wieder bergab, dann wieder ein Aufschwung und gleich darauf der nächste Absturz, bis ich mich schließlich wieder aufrappelte – unmittelbar vor der nächsten Chemo. »Sie fahren Achterbahn«, sagte Dr. Sun, als ich ihr die Wellenlinie meines Stimmungsbarometers zeigte.

Ich wisse nicht, ob ich weitermachen könne, sagte ich zu Dr. Malpass, als die vierte und letzte Behandlungsrunde mit dem roten Teufel anstand. Selbst das Weinen tat mir weh. Er schlug Medikamente vor, Schlaftabletten und Sonnenlicht, und versprach, bei den letzten vier Runden mit dem Eiben-Medikament werde es mir besser gehen.

Anne schickte eine SMS: »Denk an das, was du sein willst, nicht an das, was du nicht sein willst.« Stark wie meine Bäume, dachte ich, wie mein Ahorn. An diesem Nachmittag setzte ich mich unter meine Ahornin, die Schaukel hing reglos da. Ich lehnte mich mit dem Rücken an den Stamm, das Gesicht von der Sonne gewärmt, und spürte, wie ich mit ihren Wurzeln verschmolz. Ehe ich michs versah, war ich schon eins mit ihr geworden, ihre Fasern verbunden mit den meinen, aufgenommen in ihr Kernholz, ihr Herz.

Amandas Verwandtschaftsexperiment auf den drei Kahlschlägen war nur der Anfang. Da ihre Masterarbeit nicht allein auf einem Feldversuch beruhen konnte, der womöglich fehlschlug, hatten wir parallel dazu ein Gewächshausexperiment ersonnen, in dem sie über acht Monate hinweg einhundert Sämlinge herangezogen hatte – für diesen Versuch die »Mutterbäume«; dann pflanzte sie in fünfzig der Anzuchttöpfe zusätzlich einen genetisch verwandten Sämling und in die anderen fünfzig jeweils einen fremden. Von diesen Neuzugängen – verwandten wie fremden – steckten jeweils fünfundzwanzig in Pflanzbeuteln, deren Poren groß genug waren, um mykorrhizale Verbindungen zu ermöglichen, und die anderen in feinporigen, bei denen keine solchen Verbindungen entstehen konnten. Diese Pflanzentandems ließen wir wachsen, bis die Mutterbäume ein Jahr alt waren und ihre neuen Nachbarn vier Monate.

Schon im März – unmittelbar vor meiner vierten Begegnung mit dem roten Teufel – hatte Amanda mir gemailt, dass sie für die Untersuchung der hundert Töpfe bereit sei. »Vorher solltest du noch mit Brian die Mutterbäume mit $^{13}C\text{-}CO_2$ markieren, um zu sehen, ob sie mehr Kohlenstoff an genetisch Verwandte abgeben als an Fremde«, hatte ich geantwortet. Gefangen in meinem Körper, hatte mich die Frage nicht mehr losgelassen, ob die Mutterbäume womöglich, wenn sie sich mit ihrer Verwandtschaft identifizierten, ihr auch gezielt mehr Kohlenstoff zukommen ließen. Brian, mein neuer Postdoktorand, war für mich eingesprungen und unterstützte jetzt meine Examenskandidaten bei ihren Experimenten und der Auswertung der Daten. »Keine Sorge, Suzanne, ich habe alles im Griff«, versicherte er mir mit seinem britischen Akzent. Wir hielten Videokonferenzen, wenn meine Verfassung es zuließ. Am Tag der Markierungsarbeiten fühlte ich mich wie ein Bergsteiger ohne Sauerstoff; ich wäre liebend gern dabei gewesen, war aber zugleich froh, dass sie ohne mich weitermachten. »Wir waren die ganze Nacht im Gewächshaus«, schrieb Brian, nachdem sie die Bäumchen aus der Erde geholt, die Mykorrhizen gezählt und Gewebeproben für die Kohlenstoff-13-Analyse zermahlen hatten. Mit einem Seufzer lehnte ich mich auf der Couch zurück.

Einen Monat später konferierten wir über Skype, auf dem Bildschirm Amandas Zahlen und Tabellen. Sie begrüßte mich mit den Worten: »Hey, du siehst gut aus.«

»Ja, danke, man tut, was man kann«, antwortete ich und drehte den Laptop so, dass meine Augenringe möglichst nicht zu sehen waren. Amanda trieb die Daten vor sich her wie den Puck mit ihrem Eishockeyschläger. Ich war mit Hannah und Nava bei einem ihrer Spiele gewesen, und von der Reihe hinter uns kam der Jubel ihrer Eltern, Loris und George, und ihrer Tante Diane. Amanda war Spielführerin der Frauenmannschaft der Universität von British Columbia, blitzschnell auf ihren Schlittschuhen und geschickt mit dem Schläger. Sie wusste, wie man strategisch vorgeht, den Treffer im Blick.

»Verwandte Nachbarpflanzen haben mehr Eisen als fremde«, begann sie ihren Bericht und deutete mit dem Cursor auf die Unterschiede zwischen den beiden Arten von Nachbarn; das Gleiche zeigte sie mir anschließend bei Kupfer und Aluminium. »Das könnten Nährstoffe sein, die die Mutterbäume an ihren Nachwuchs schicken«, überlegte ich – ich sah es vor mir, wie sie den Puck mit einem schnellen Schlag ihrer Mittelstürmerin zuspielte; die preschte geradewegs in Richtung Tor, schob ihn blitzschnell an eine Flügelspielerin weiter, und Amanda hatte sich derweil schon zur Verteidigung an der blauen Linie postiert. Die drei Mikronährstoffe, sagte ich, seien entscheidend für die Photosynthese und das Wachstum der Sämlinge, und wir spekulierten gemeinsam, ob Eisen, Kupfer oder Aluminium vielleicht auch in den Signalstoffen enthalten waren, die der Mutterbaum zu seinen Nachkommen schickte.

So wie man sich einen Puck zuspielt.

»Verwandte Sämlinge haben auch kräftigere Wurzelspitzen als fremde und sind stärker mit den Mykorrhizapilzen der Mutterbäume besiedelt«, fuhr sie fort. Ihr Cursor flitzte nur so über die Daten.

»Ja das passt doch!«

»Meinst du, die Tatsache, dass Mutterbäume, die in der Nähe ihrer eigenen Nachkommen wachsen, auch kräftiger sind, hängt irgendwie damit zusammen?«, fragte Amanda. »Das würde heißen, dass Signale in beide Richtungen übermittelt werden.«

Natürlich war es so. Verbindungen und Kommunikation beeinflussen die Eltern ebenso wie die Kinder.

Am nächsten Tag ging ich wieder auf Skype und begutachtete zusammen mit Amanda und Brian die Isotopendaten. Noch bevor sich das Bild ganz aufgebaut hatte, rief Brian schon aufgeregt: »Schau dir das an!«

»Es sind nur geringe Mengen«, erklärte Amanda, »aber die Mutterbäume schicken mehr Kohlenstoff an die Mykorrhizapilze ihrer eigenen Verwandten als an die der anderen! Die Moleküle, die an die Verwandten geschickt werden, enthalten offenbar Kohlenstoff *und* Mikronährstoffe.« Ein Mauspfeil huschte über den Bildschirm.

»Wahnsinn«, hauchte Brian, auch wenn der Kohlenstoff es nicht ganz bis in die Triebspitzen der verwandten Sämlinge geschafft hatte. Ich hatte schon beobachtet, wie Kohlenstoff von

Birken in die Triebe von Douglasien wandert und von sterbenden Douglasien in die Triebe von mit ihnen vernetzten Kiefern, deshalb überraschte es mich, dass der Kohlenstoff von einer Mutter hier in den Mykorrhizapilzen ihrer Verwandten hängen blieb und nicht bis in die Spitzen gelangte. Aber Amandas Baumkinder hatten nur ein Fünftel der Masse der unterstützten Kiefern in dem gemeinsam mit Yuan Yuan durchgeführten Experiment, bei dem wir die Douglasien ihrer Nadeln beraubt hatten. Deshalb nahm ich an, dass Amandas Bäumchen einfach noch zu klein waren, um ein Gefälle zu erzeugen, das stark genug war, um den Kohlenstoff in die Triebe zu ziehen. Und nicht nur das: Amandas Spenderkiefern waren wohl als Kohlenstoffquellen weniger ergiebig als Yuan Yuans absterbende Douglasien, weil sie den größten Teil des Kohlenstoffs für ihr eigenes Wachstum und Überleben verwendeten, statt ihn in das Netzwerk einzuspeisen. *Wenn ich diese verfluchte Chemotherapie jemals überstehe*, dachte ich, *muss ich das noch in einem neuen Experiment überprüfen, mit sterbenden Mutterbäumen und größeren Verwandten.*

»Selbst wenn nur eine winzige Menge in die Mykorrhizapilze der Sämlinge gelangt, könnte sie über Leben oder Tod entscheiden, solange der Nachwuchs so klein ist«, versicherte ich. Für Keimlinge, die im tiefen Schatten oder in der sommerlichen Dürrezeit um ihr Überleben kämpften, konnte die geringste Unterstützung, der leiseste Vorteil lebenswichtig sein, wenn sie zum richtigen Zeitpunkt kamen. Und schließlich: Je größer, je gesünder der Mutterbaum, desto mehr Kohlenstoff gab er ab.

Und das ist noch nicht alles, dachte ich beim Ausloggen. In meiner Küche bildeten sich Eisblumen am Fenster. Ich freute mich auf den Besuch von Mary und auf den von Jean. Kommunikation unter Verwandten ist wichtig, aber auch im größeren

Verbund spielt sie eine entscheidende Rolle. In einigen Baumfamilien des Experiments gaben die Mutterbäume sogar ebenso viel an die Mykorrhizen eines Fremden ab wie an die eigenen Nachkommen. Natürlich sind nicht alle Familien gleich. Auch Wälder sind Mosaike. Genau das macht sie stark und gesund. Birken und Douglasien, obwohl verschiedene Arten, versorgten sich gegenseitig mit Kohlenstoff, und sie gaben davon auch den Zedern über ihr einzigartiges arbuskuläres Mykorrhizanetz etwas ab. Diese alten Bäume bedachten nicht nur die eigenen Nachkommen, sie sorgten auch dafür, dass die Gemeinschaft, in der sie ihren Nachwuchs aufzogen, intakt blieb.

Bien sûr! Mutterbäume verschaffen ihren Kindern einen Startvorteil, aber sie kümmern sich auch um das Dorf, damit die Kinder gute Lebensbedingungen vorfinden.

Amanda und ich musterten die Daten aus ihrem Feldversuch. Nur neun Prozent der Samen auf den drei Kahlschlägen hatten gekeimt. Ich erinnerte mich, wie ich auf den Baumstümpfen gesessen und mir Notizen gemacht hatte, und sie hatte die Pflanzbeutel inspiziert, jemand, der noch gar keine Ahnung davon hatte, was es hieß, wirklich müde zu sein. Doch gerade aus der größten Verzweiflung wächst oft die Hoffnung, und ich wäre die Letzte, die nicht zupacken würde, wo sich ein vielversprechender Ansatz ergibt.

»Die Korrelation zwischen dem Maß, in dem Verwandtschaftsbeziehung hergestellt wird, und der Trockenheit des Klimas ist gering«, sagte Amanda, fast entschuldigend, »aber dass es so ist, war auch bei dem Gewächshausexperiment schon zu sehen.« Offenbar waren Verwandte an trockenen Standorten abhängiger von den Mutterbäumen als an feuchten. Speziell an der trockensten Stelle war die Mutter helfend eingesprungen, vielleicht indem sie Wasser über das Netzwerk an die Sämlinge schickte.

Halb ausgetrunkene Sprudelgläser standen überall auf dem Tisch, an dem ich saß und mein Tagebuch führte. Meine Energie war heute auf Stufe fünf, die Stimmung außergewöhnlich. Vielleicht sollten wir in unserer Gesellschaft die alten Mutterbäume hegen – nicht sie fällen, wie es meist geschah –, damit sie ihre Samen auf natürlichem Weg ausstreuen und den eigenen Nachwuchs hüten können. Vielleicht war das Abholzen der Alten, selbst da, wo es ihnen schlecht ging, doch nicht der richtige Weg. Die Sterbenden haben noch viel zu geben. Wir wussten bereits, dass die Altbäume Lebensraum für Vögel, Säugetiere und Pilze boten und dass diese auf sie angewiesen waren. Es war auch bekannt, dass Altbäume weit mehr Kohlenstoff speicherten als junge. Sie bewahrten die gewaltigen Mengen, die im Boden schlummerten, und sie sorgten für frisches Wasser und saubere Luft. Diese alten Seelen hatten große Veränderungen erlebt, und das schlug sich in ihren Genen nieder. Durch all den Wandel waren sie weise geworden, und dieses Wissen gaben sie an ihre Nachkommen weiter – sie lieferten Schutz, Geborgenheit für die nachkommenden Generationen, das Fundament, auf dem sie heranwachsen konnten.

Die Tür fiel ins Schloss. Nava und Hannah waren aus der Schule zurück, ihre Wollmützen schneebedeckt. Hannah brauchte Hilfe bei den Matheaufgaben, und wir schlugen die Bücher auf.

Was immer noch unbeantwortet war – die wichtigste offene Frage –, war dies: Nutzten alte Douglasien-Mutterbäume, wenn sie nicht mehr gesund waren – von Krankheiten befallen, gestresst durch die vom Klimawandel verursachte Trockenheit oder einfach nur am Ende ihres Lebens angekommen –, die letzten Augenblicke, um verbliebene Energie und Substanz an ihre Nachkommen weiterzugeben? Angesichts so vieler sterbender

Wälder sollten wir herausfinden, ob die älteren ein Erbe hinterlassen. Yuan Yuan und ich hatten bereits gesehen, dass gestresste Douglasien mehr Kohlenstoff an benachbarte Kiefern weiterleiteten als gesunde, und Amanda hatte zudem entdeckt, dass in der Nachbarschaft gesunder Mutterbäumchen genetisch verwandte Sämlinge besser mit Nährstoffen versorgt waren als fremde und dass ihre Mykorrhizapilze mehr Kohlenstoff bekamen. *Aber bislang hatten wir noch nicht beobachtet, ob sterbende Mutterbäume ihr Kohlenstofferbe in die Triebe, in das Herzblut ihrer Nachkommen weiterleiteten, über das Pilznetz hinaus.* Deshalb konnten wir nicht belegen, dass der Kohlenstofftransfer in die Pilze tatsächlich die Widerstandskraft der genetisch verwandten Sämlinge steigerte. Wir wussten nicht, ob der Pilz den Kohlenstoff für sich selbst behielt, wie ein Mittelsmann, oder ob der von der Baummutter geschickte Kohlenstoff tatsächlich eingesetzt wurde, um das Überleben ihrer Kinder zu sichern.

Und wenn der nahende Tod eine Baummutter dazu brachte, mehr als je zuvor von ihrer eigenen Substanz an den photosynthetischen Apparat ihrer Kinder weiterzugeben, dann hatte das Auswirkungen auf das gesamte Ökosystem.

Es würde Jahre dauern, bis wir die vollständige Antwort bekämen. Aber als ersten Schritt dazu musste ich es jetzt die Krankenhaustreppe hinauf schaffen, zum Antritt meiner Behandlung mit Paclitaxel.

Einem Medikament gewonnen aus Eiben.

»Du musst dich zusammenreißen, um Navas willen«, sagte Robyn zu mir und versuchte, sich ihre eigene Sorge nicht gar zu sehr anmerken zu lassen. Ich starrte auf die Geschenke, die ich einpacken musste. Mein Portkatheter war übersät mit Einstichstellen, der Rachen infiziert und mit einem weißen Belag überzogen, mein kahler Schädel juckte. Beim Gedanken an die Salamisandwiches, die ich für die Geburtstagsparty machen wollte, wurde mir übel. Auf der Vitrine stapelten sich meine Medikamente, zusammen mit der Tabelle, die Mary angelegt hatte, um den Überblick über meine Tablettenflut zu behalten. Die Nadeln für die Injektion von Filgrastim in die Bauchdecke lagen gut sichtbar bereit, zur Erinnerung an mein allabendliches Ritual. Ich hatte einen Geschmack wie Kacke im Mund – wortwörtlich. Die Übelkeit war nach den Paclitaxel-Infusionen nicht so schlimm, aber dafür war die Erschöpfung noch größer. Selbst mich über das zu freuen, was mir am meisten bedeutete, fiel mir schwer: Zeit mit meinen Töchtern.

»Ich kann nicht.«

»Doch, du kannst«, sagte sie, mit stillem Nachdruck. Sie machte die Sandwiches fertig und wickelte sie in Butterbrotpapier.

Robyn wohnte in diesen Wochen bei mir, solange Mary nicht da war. Sie schlief im Flur vor meinem Zimmer und wachte beim kleinsten Stöhnen auf. Sie kam jeden Tag direkt nach dem Unterricht in ihrer ersten Klasse und machte das Essen.

Nava linste um die Ecke. Heute war ihr dreizehnter Geburtstag. Sie hatte ihr Lieblingskleid angezogen, weinrot mit rosa Blümchen, eine Erinnerung daran, dass der 22. März der erste Tag nach Frühlingsanfang war. In einer Stunde würden sich fünf Freundinnen im Lakeside Park versammeln, nur ein paar Blocks von unserem Haus. Sie sah mich an, mit ihren meergrünen Augen, und wollte wissen, ob die Party trotz allem steigen könne.

»Ach, Süße.« Ich stand unter Mühen auf. »In null Komma nichts bin ich im Park.«

Sandwiches, Limonade, Schokoladenkuchen. Ich zog den Bollerwagen mit dem Proviant für die Party und den Ballons, auf dem Weg zum Picknicktisch. An manchen Stellen lag noch Schnee, und die Äste der Ahorn- und Kastanienbäume waren kahl, die Rosenstöcke in Jutesäcke gehüllt, aber der Sand bis hinunter zum Wasser war voller Fußspuren. Als Hannah und Oma Junebug eintrafen, war Tante Robyn gerade dabei, Servietten und Becher zu verteilen – alles in Gelb, Navas Lieblingsfarbe –, und die beiden bestanden darauf, dass das Geburtstagskind gleich seine Geschenke auspackte: einen türkisfarbenen Becher mit der schwarzen Aufschrift »Nava«. Meine Mum stellte eine kleine Schachtel vor Nava und sagte: »Die Uhr hier hat Grannie Winnie mir geschenkt, als ich dreizehn wurde. Ich möchte, dass du sie jetzt trägst.« Nava probierte sie an – das ovale Zifferblatt war mit Perlmutt verziert, das Armband eine Kette aus goldenen und silbernen Herzen.

Es gab Pappteller mit Ballerinenmotiven. Die Mädchen aßen ihre Sandwiches und tranken Orangenlimonade, von der sie knallrote Lippen bekamen, und wir steckten die Kerzen auf den Kuchen mit dem gelben Schriftzug »Nava« auf der Schokoladenglasur. Früher hatte ich an den Geburtstagen der Mädchen immer eine Schatzsuche organisiert, mit raffinierten Clous und Labyrinthen und Preisen. Heute schlug Hannah Eierlaufen vor; einen Karton Eier und sechs Löffel hatte sie mitgebracht. Auf ihr Drängen ließ ich die Mädchen in einer Reihe antreten, jedes mit einem Ei auf einem Löffel. Auf mein Kommando stürmten sie unter großem Gelächter in Richtung Ziellinie, und die Eier gingen klatschend zu Boden, auch das von Nava.

Eine Brise wehte vom See herüber, das erste Segelboot des Jahres kreuzte in dem eiskalten Wind, die kahlen Äste der Zitterpappelklone leuchteten weiß, die Kronen der Birken glutrot, die Äste der Ponderosakiefern und Douglasien reckten sich dunkel dem Frühling entgegen.

Ich steckte Kerzen auf den Kuchen, zündete ein Streichholz an und beugte mich über den Kuchen, damit der Wind die Flammen nicht auspusten konnte. »Du darfst dir was wünschen!«, sagte Tante Robyn, und als Nava Atem holte, wünschte auch ich mir etwas: Gesundheit für uns alle, und dass ich bald wieder bei meinen Bäumen sein konnte. Dann pusteten wir alle gemeinsam, nur um auf Nummer sicher zu gehen. Ein letztes Flämmchen flackerte, bis ein Windstoß es löschte, und wir sangen »Happy Birthday«. Ein Meisenhäher blickte interessiert. »Danke, Mum«, sagte Nava mit einem strahlenden Lächeln. Ich flüsterte: »Süße, die ganze Welt steht dir offen« – und auch ich fühlte mich wie neugeboren, mit neuem Mut erfüllt. Ich fasste sie bei den Schultern, und sie setzte an zu einer eleganten Chaîné, drehte sich fünfmal um die eigene Achse, und bei jeder Drehung trafen sich unsere Blicke. Dann berührte sie ein letztes Mal meine Finger und ließ los.

Ich nahm mir fest vor, dass ich *hier sein* würde, wenn meine Kinder ihren Schulabschluss machten. Am 22. April wurde Hannah fünfzehn. Geboren am Earth Day. Nava war am Frühlingsanfang zur Welt gekommen, dem Tag des Innehaltens, an dem wir an das Land, das Meer, die Lebewesen und aneinander denken – wie hätte ich mich nicht über diese Laune der Natur freuen sollen, die unglaubliche Symbolik dieser zwei Geburtstage?

Im Herbst desselben Jahres würde ich mich aus dem Kreis meiner Familie herauswagen und zum ersten Mal versuchen, auch fremden Kindern etwas von meinem Wissen zu vermitteln. Obwohl die Erschöpfung immer noch anhielt, wollte ich auf einer TEDYouth-Konferenz in New Orleans vor einhundert allesamt auf Sitzsäcken hockenden Vierzehnjährigen sprechen. Ich würde meinen Auftritt so lange mit Mary proben, bis er gut

Nava an ihrem dreizehnten Geburtstag, dem 22. März 2013

genug war, um es auf die YouTube-Site zu schaffen. Mary hatte eine Engelsgeduld mit mir und half mir mit kleinen Gedächtnisstützen, damit ich – mein Verstand war immer noch benommen, denn auf die Chemotherapie folgten Bestrahlungen – einen zusammenhängenden Vortrag zustande brachte. Ich wollte die Natur in Begriffen des menschlichen Lebens schildern, obwohl ich wusste, dass so etwas in der Wissenschaft auf Kritik stoßen würde, und sprach mit Absicht von »Müttern« und »Kindern«, damit die Zuhörer meinen Gedankengängen besser folgen konnten. Der Moderator war ein wahres Energiebündel, der ideale Gegenpol zu meiner eigenen versonnenen Art. Nach meinem siebenminütigen Vortrag mit Bills wunderbaren Bildern von Bäumen und Netzwerken im Hintergrund war er vor Begeisterung ganz aus den Häuschen. Das Video kam tatsächlich ins Internet und bekam über siebzigtausend Klicks; ich selbst erhielt eine Einladung zu der zwei Jahre später stattfindenden TED-Hauptkonferenz. Ich war glücklich, dass meine jüngsten Publikationen gut aufgenommen wurden – mehr als tausend wissenschaftliche Arbeiten nahmen inzwischen auf meine Handvoll Überblicksartikel Bezug.

Nicht lange nach Navas Geburtstagsparty scharten Lonnie, Anne und ich in unserer Krebs-Selbsthilfegruppe uns um Denise. Bei ihrem ersten Besuch in der Chemotherapiestation hatte sie weinend die Flucht ergriffen, weil ich halb tot auf meinem Stuhl gesessen hatte und sie sich vorstellte, dass es ihr bald genauso gehen würde. Anne, Lonnie und ich waren ja schon ein Netzwerk, sandten einander Nachrichten über all unsere Wehwehchen und Ängste, schenkten uns gegenseitig Glückssteine und Gedichte, tauschten uns aus über diese Creme oder jene Tinktur, die gegen Halsschmerzen oder Ausschlag halfen. »Euer Körper wird euren Gedanken folgen, also denkt heilende Gedanken«, schrieb uns Anne. Um diese Zeit, zu der wir unsere letzten Infusionen durchstanden, war sie längst für uns alle zum Mutterbaum geworden.

Denise kam mit zum Mittagessen, und schon gehörte sie zu unserer verschworenen Gemeinschaft dazu. Auf meinem runden Tisch servierte Lonnie ihren Borschtsch, Denise glutenfreie Kräcker, ich Grünkohlsalat. Anne brachte Pralinen aus Bitterschokolade mit und fand, man könne sich schließlich nicht an *alle* Regeln halten. Meiner Mundschleimhaut ging es immer schlechter, Lonnie konnte kaum noch schlafen, Denise hatte ein taubes Gefühl in den Füßen, nur Anne rief uns immer wieder ins Gedächtnis, dass wir mit der Chemo fast fertig waren. »Licht am Ende des Tunnels«, versicherte sie. Aber der größte Lichtblick, das wussten wir alle, war unsere Freundschaft, zusammengeschweißt durch die niederschmetternde Diagnose und all die Qualen; gemeinsam hatten wir dem Tod ins Auge geblickt und nie zugelassen, dass eine von uns aufgab, hatten uns gegenseitig Mut zugesprochen, wenn ein Punkt kam, an dem wir dachten, wir könnten es keine Sekunde länger mehr aushalten. Eine Gemeinschaft, in die ich mich so fest eingebunden fühlte, dass es mir die Angst vor dem Tode vertrieb. Lonnie wollte wissen, ob sie mit der blonden Perücke besser aussah als mit ihren echten Haaren, und wir riefen: »Ja!«.

»Wir sollten uns einen Namen geben«, schlug Lonnie vor. »Die BFFIs, Brustlose Freundinnen für immer.«

»Aber ich habe doch noch Brüste«, wandte Denise ein.

Ich versicherte ihr, auch mit Lumpektomie erfülle sie die Aufnahmebedingungen.

Eine Woche später, nach ihrer dritten Infusion, begegnete ich Anne auf dem Weg ins Behandlungszimmer. »Mein armer Dan, es geht zu Ende mit ihm«, sagte sie und nestelte an ihrem Schal, doch bevor ich antworten konnte, wie leid mir das tue, tätschelte sie mir den Arm.

Ein paar Stunden später schrieb sie uns, dass Dan in ihren Armen gestorben war.

Dr. Malpass behielt recht. Die Paclitaxel-Infusionen waren besser verträglich als die Medikamente zu Beginn der Chemotherapie; ich fühlte mich etwas stärker und nahm meine Waldspaziergänge wieder auf. Paclitaxel ist ein Wirkstoff, der aus dem Kambium der Eibe gewonnen wird – ein niedriger, buschiger Baum, der unter alten Zedern, Ahornen und Douglasien wächst. Die Ureinwohner kannten ihre Kräfte, behandelten Krankheiten mit Aufgüssen und Umschlägen daraus, kräftigten ihren Körper, indem sie sich mit den Nadeln einrieben, badeten in einem Sud davon, um ihn zu reinigen. Aus dem Holz dieser Bäume machten sie Schüsseln und Kämme und Schneeschuhe, schnitzten Haken und Speere und Pfeile. Als auch die moderne pharmazeutische Industrie auf die krebsheilenden Eigenschaften der Eibe kam, plünderte sie die Bäume, wo sie konnte. Ich fand Eibenkinder – ihre Seitentriebe genauso lang wie ihr Stamm –, denen man die Rinde abgeschält hatte, sodass sie aussahen wie gekreuzigt, geschundene Gespenster. In den letzten Jahren hatte die Industrie allerdings Verfahren zur künstlichen Herstellung von Paclitaxel entwickelt, sodass die Eiben nun wieder unter dem kühlen Dach des Waldes wuchsen. Doch dort, wo man die Altbestände kahl schlägt, um die schützenden Stämme zu Geld zu machen, verbrennen diese kleinen geschuppten Bäume in der Sonne.

Als Mary kam, gingen wir die Eiben besuchen, fanden sie in den wechselnden Schatten der Zedern und Ahornbäume, die Zweige prächtig, die Borke urtümlich und schuppig, Bäume von einer Statur nicht größer als ein Hobbit. Wo ihre unteren Zweige den Boden berührten, hatten sie zu neuen Stämmen gewurzelt und wanden sich um die Mutterbäume. Ich nahm einen Zweig in die Hand, ließ die Nadeln hindurchgleiten, zweireihig angeordnet, dunkelgrün auf der Ober- und graugrün auf der Unterseite. Die Haut dieser Baumfrau fühlte sich seidig an, obwohl sie schon eine alte Dame war, ihre ältesten Verwandten in England Tausende von Jahren alt. Ich zupfte ihr zur Begrüßung an der Borke, und ein Stück löste sich. Das Kambium schimmerte purpurrot.

Als ich meine letzte Paclitaxel-Infusion bekommen hatte, nahm ich Hannah und Nava mit zu diesem Hain. Tellerkräuter und Stinktierkohl blühten. »Das sind die Eiben, die meine Medizin herstellen«, sagte ich, und wir legten die Arme um die knorrigen Stämme. Ich bat die Bäume, auf meine Töchter achtzugeben, auf alle Töchter, so wie sie mich gehegt hatten. Als Gegenleistung versprach ich ihnen, sie zu schützen, sie zu befragen, mir Weisheiten von ihnen sagen zu lassen, die noch keiner kannte. Anders als die meisten Koniferen in diesem Wald bildeten sie Beziehungen über arbuskuläre Mykorrhizen – traten sie da in Kontakt mit den Zedern und den Ahornen? Ich war sicher, sie palaverten mit den größeren Bäumen und den winzigen Pflanzen an ihren Wurzeln – der geschwänzten Haselwurz, der Knotenwurz und der Schattenblume. Eine aktive, vernetzte Nachbarschaft kurbelte womöglich die Eibe bei der Paclitaxelproduktion an, sodass sie mehr und kräftigeren Wirkstoff produzierte.

Da war doch wohl zu erwarten, dass ich ihr etwas im Gegenzug gab?

Ich stellte mir vor, wie ich zwischen den Eiben umherstreifen würde, wenn es mir wieder besser ging, den beißenden Geruch ihres Safts einatmen, sie mir in ihrem Schatten genauer ansehen. Ich fragte meine Töchter, was sie davon hielten, auf unserer Wanderung zwischen Zedern und Ahornen, die hoch über die Eiben hinaus in den Himmel wuchsen, und Hannah sagte: »Das solltest du machen, Mama.« Wir duckten uns unter die Kronen der Mutterbäume, tanzten einen Reigen entlang der Linie ihrer Nachkommen. Nava nahm den Schal ab, den sie von Mary bekommen hatte, und legte ihn der ältesten der Bauminnen um, ihre Äste so lang, dass sie bis auf den Boden reichten.

Unsere modernen Gesellschaften halten es für ausgemacht, dass Bäume nicht über die höheren Fähigkeiten der Menschen verfügen. Dass sie keine Fürsorge kennen. Dass sie einander nicht heilen und behüten. Aber jetzt wissen wir, dass Mutterbäume ihre Nachkommen hegen und pflegen. Douglasien, zeigt sich, erkennen ihre Verwandtschaft und unterscheiden sie von Bäumen aus anderen Familien oder anderen Arten. Sie kommunizieren miteinander, sie schicken Kohlenstoff, den Baustein des Lebens, nicht einfach nur durch die Mykorrhizen zu ihren Verwandten, sondern zur ganzen Gemeinschaft des Waldes. Sie halten diesen Wald zusammen. Nach allem, was wir nun wissen, verhalten sie sich zu ihren Nachkommen nicht anders als Menschenmütter, die ihren Töchtern ihre besten Rezepte weitergeben. Geben ihre Lebenskraft, ihre Weisheit an sie weiter, damit das Leben weitergeht. Auch die Eiben gehörten zu dieser Gemeinschaft, tauschten sich mit ihren lebenslangen Nachbarn aus, und auch mit Leuten wie mir, die Genesung nach einer Krankheit suchten oder einfach nur in ihrem Schatten spazierten.

Ein paar Tage nach meiner letzten Behandlung, als das Paclitaxel sein Werk in meinen Zellen vollendete, kam Jean den weiten Weg über die Monashee Mountains, um mir beim Anlegen meines Gartens zu helfen, die feierliche Rückkehr zu einem Leben in der Natur. »Gut siehst du aus, Trüffelschwein«, sagte sie, obwohl ich noch ziemlich blass war. Wir arbeiteten stundenlang, gruben den Boden um, in dessen feuchten Krumen sich die Würmer ringelten, gruben, bis uns der Rücken wehtat und wir Blasen an den Händen hatten. Dann ließen wir uns in den Schatten plumpsen und tranken Kombucha. Am nächsten Tag säten wir Bohnen, Mais und Kürbisse. Sobald die Samen keimten, würden ihre Keimwurzeln Signale an die arbuskulären Mykorrhizapilze senden, und die Pilze würden die Pflanzen zu einem engmaschigen Netz verbinden, genau so, wie ich es mir bei den Eiben, Zedern und Ahornen auf der anderen Seite des Sees vorstellte. Wenn die hohen Zedern erwachten, würden sie die schläfrigen kleinen Eiben mit Zucker füttern, und die würden diese Energie für den Aufbau ihrer schuppigen Borke und die Herstellung winziger Mengen von Paclitaxel nutzen. Sobald die Ahorne ihre Blätter entfalteten, würden sie in Wasser gelösten Zucker an die im Schatten wachsenden Zedern und Eiben schicken und so dafür sorgen, dass sie an trockenen Sommertagen genügend zu trinken bekamen. Vielleicht revanchierten sich die Eiben im Spätherbst bei den Ahornen und Zedern, ließen ihnen Zuckerreserven aus ihren grünen Zellen zukommen und versüßten ihren Nachbarn so den Winterschlaf. Mykorrhizapilze würden sich daranmachen, die mineralischen Körnchen zu umhüllen, und dabei Milben, Nematoden und Bakterien aktivieren.

Ich legte einen weißen Samen in ein Loch, das ich in die Erde gedrückt hatte. In ein paar Wochen würde es hier im Boden nur so wimmeln, und bis zum Muttertag würden die »Drei Schwestern« zum Leben erwacht sein.

An dem Tag, an dem meine Krebstherapie für erfolgreich abgeschlossen erklärt wurde, warnte Dr. Malpass mich zugleich, dass ich eine Rückkehr der Krankheit nicht überleben würde. Ich wollte, dass er mir versicherte, dass ich wirklich wieder gesund sei, aber er zuckte nur die Achseln und sagte: »Suzanne, das Leben ist und bleibt unberechenbar – jetzt ist es an Ihnen, das Beste daraus zu machen.«

Zu Hause setzte ich mich unter meine Ahornin, an der sich die ersten jungen Blätter zeigten, und lauschte den Eichhörnchen in der Krone. Sie hatte im Winter einen dicken Ast verloren, und jetzt schloss sie mit ihrem Saft die Wunde, und trotzdem trieb sie mit Macht neue Blätter aus. Sie hatte große Mengen an Samen produziert, vielleicht ihre letzten; einige davon würden zu Nachkommen heranwachsen, andere den Eichhörnchen als Futter dienen.

Nach wie vor beschäftigte mich die Frage, was geschah, wenn ein Mutterbaumleben zu Ende ging. Gaben die sterbenden Mütter ihre letzten Kohlenstoffvorräte an Mitglieder der eigenen Familie ab – verschenkten womöglich in einem einzigen Schub alles, was sie noch hatten –, und gelangte dieses Geschenk über das Pilzgeflecht, das die winzigen Wurzeln der Baumkinder umgab, hinaus und weiter in die frisch erstehenden Blätter, wo es dann half, die jugendliche Photosynthese zu kräftigen? Der letzte Atemzug einer Mutter, mit dem sie ihren Nachkommen Leben einhaucht – und damit ein Teil von ihnen wird.

Ich stocherte ein wenig in meinem Garten, wollte nachsehen, ob die Erbsen gekeimt hatten, und staunte, als ich zwischen ihren ersten Wurzelfädchen einen Ahornkeimling sah.

15

Den Stab weitergeben

Hannah zerquetschte eine riesige Stechmücke an ihrem Nacken. Als sie über die zerfledderte Plastikabgrenzung rings um die Wurzeln der jungen Douglasie stieg, sagte ich: »Du musst erst ihre Borke berühren, Süße, zum Zeichen, dass du sie respektierst.« Hannah legte die Hände auf die glatte Oberfläche des Bäumchens, dann schlang sie das Maßband um den Stamm und rief mir den Durchmesser zu – »acht Zentimeter!« –, so dick wie ein Softball. Dann rief sie »zwei« – unser Kürzel für »schlechter Zustand«, gelblich verfärbte Nadeln, Anzeichen einer Wurzelerkrankung. Jean notierte die Zahlen auf dem Datenblatt. Meine Nichte Kelly Rose richtete den kleinen Laserhöhenmesser erst auf die Wurzeln, dann auf die Endknospe. »Sieben Meter«, rief sie. Nava und ich vermaßen derweil eine benachbarte Birke – halb so groß wie die Douglasie –, zu deren Füßen Hallimasche wuchsen.

Wir waren an den Adams Lake zurückgekehrt, zu einer der Versuchsflächen, auf denen ich 1993 zwischen Douglasien und Birken ein Gittermuster aus metertiefen Gräben ausgehoben und die einzelnen Wurzelstöcke so mit Plastik umhüllt hatte, dass die mykorrhizalen Verbindungen zwischen den Bäumen unterbunden wurden. Einundzwanzig Jahre später, im Juli 2014, war deutlich zu erkennen, dass die voneinander isolierten Bäume vor sich hin kümmerten, das Immunsystem geschwächt, ihre Lebensfähigkeit beeinträchtigt. Nur dreißig Meter entfernt lag das blühende Kontrollareal, wo ich die Hyphenverbindungen intakt gelassen hatte.

Seit dem Ende meiner Chemotherapie war etwas mehr als ein Jahr vergangen; Jean und ich waren mit Nava, Hannah und Kelly Rose, inzwischen vierzehn, sechzehn und achtzehn Jahre alt, im Gelände unterwegs, um ihnen zu zeigen, wie ein Wald funktionierte, und dass in einem solchen Ökosystem tatsächlich alles mit allem verbunden war, die verschiedenen Arten alle voneinander abhängig, wie meine Forschungen mir seit Jahrzehnten bestätigten; Weisheiten, mit denen die indigenen Völkern überall auf der Welt schon seit Ewigkeiten vertraut waren. Dieser Ausflug in die sommerliche Natur bot mir Gelegenheit, meine Mädchen in dieses Wissen einzuweihen.

»Hier, setzt euch die Moskitonetze auf«, sagte Jean. Sie holte grüne Imkerhüte aus einer Tasche ihrer Arbeitsweste und zeigte den Mädchen, wie sie sie über den hochgesteckten Pferdeschwanz ziehen mussten. »Cool«, sagte Kelly Rose – die Erleichterung war ihr anzuhören.

Auf diesem Gelände fanden sich einige meiner ältesten Experimente. Wir schlossen die Messungen an den neunundfünfzig Bäumen des mit Gräben durchzogenen Bereiches ab und begaben uns zum grabenlosen Kontrollareal, das Unterholz dicht von Nutka-Himbeeren und Heidelbeeren. »Zumindest ist es hier unter der Birke kühl«, sagte Nava. Sie war jetzt eins siebzig groß, genauso groß wie Robyn, und überragte damit Hannah und Kelly Rose, die es beide bei Grannie Winnies Maß belassen hatten, eins fünfundfünfzig. Alle drei Mädchen hatten von Grannie Winnie die besonnene Zähigkeit geerbt – sie packten eine Arbeit an, machten nicht viel Aufhebens darum, lachten gern, waren freundlich und sanft, gaben aufeinander acht. Mädchen, die nicht mit der Wimper zuckten, wenn es darum ging, auf einen Baum zu klettern, sich an einem Ast entlangzuhangeln, den höchsten Apfel zu pflücken und einen Apfelkuchen daraus zu backen. Nava zog einen Streifen der papierdünnen Birkenrinde ab und maß den Umfang. »Wo kommen die denn her?«, fragte sie und zeigte auf winzige Löcher, in vollkommen gleichmäßigen Reihen rings um den Stamm gebohrt.

»Saftlecker«, erklärte ich. »Sie hämmern ein Loch in die Rinde, lecken den Saft auf und fressen die Insekten.« Nava machte einen Sprung zur Seite, als ein veritabler Schnatz sich ihrer roten Weste näherte und dabei *Chu-chu-chu* zirpte. »Oh«, sagte ich lachend, »Kolibris mögen ihn auch.« Fuchsrot, glitzernd wie ein Juwel, schoss er zu einem aus Spinnweben und Samenflügeln gebauten Nest mit vier winzigen aufgesperrten Schnäbeln. Die Birke nebenan hatte ein Elch umgeknickt, beim Verzehr ihrer zarten Triebe. Auch an den Ufern des Adams River, einen halben Kilometer östlich von hier, wo die Birken dreißig Meter hoch waren, fraßen Wapitis und Hirsche und Schneeschuhhasen die Zweige und Knospen, Biber bauten ihre Burgen aus den wasserfesten Stämmen, Schneehühner nisteten im Laub, Saftlecker und andere Spechte schlugen Höhlen, die dann später Eulen und Habichte nutzten. Die Wurzeln dieser ehrwürdigen Birken tranken das Wasser des von Gletscherbächen gespeisten Flusses, Wasser, das sich im Herbst von den Leibern der laichenden Lachse rot färbte.

Ich überlegte, ob die Birken auch durch tote Fische gespeist wurden, von ihren Substanzen, die in den Boden des Flussufers zurückkehrten.

Binnen weniger Stunden stand fest, dass die Birken, deren Wurzeln ohne Begrenzung wachsen und Kontakte mit den

Douglasien aufnehmen konnten, fast doppelt so groß waren wie die, die in ihren Bezirken eingesperrt waren, und sie hatten keinerlei Krankheiten. Im Vergleich zu den Birken am Bach, die wir zwei Jahrzehnte zuvor ausgelichtet hatten, waren diese hier kleiner, aber sie waren gesund, die papierne Borke dick, die Lentizellen (Korkporen) dicht, die Anzahl der Zweige gering, gut zum Korbflechten. Die größeren Birken waren genau von der Art, von der Mary Thomas, eine Älteste der Secwepemc, uns gesagt hatte, sie lieferten die beste Rinde. Von ihrer Großmutter Macrit hatte Mary gelernt, wie man die Rinde abzog, ohne den Baum zu verletzen, so wie diese es schon von ihrer Großmutter gelernt hatte und Mary es an ihre eigenen Enkelinnen weitergeben würde. Gelernt, wie man die Rinde so abzog, dass das fleischige Kambium intakt blieb, denn das stellte sicher, dass der Baum neue Generationen säte. Aus der Rinde machten sie Körbe aller Größen; in manchen würden sie Nutka-Himbeeren, Cranberrys und Erdbeeren sammeln. Die wasserdichte Borke der größeren Beeren unten am Fluss gab perfekte Kanus ab, die üppigen Blätter lieferten Seife und Shampoo, der Saft Stärkungsmittel und Medizin, und das Holz war das beste, um Schüsseln zu schnitzen und Schlitten zu bauen. Wenn man sie verantwortungsvoll hegte – sie in gutem Boden aussäte, mit guten Nachbarn, in genügender Zahl und mit ungehinderten Wurzeln –, dann konnten selbst diese Birken der Bergwälder die besten Lieferanten von beinahe allem werden, was man für das Leben im Wald brauchte.

Auch die Douglasien, natürlich zwischen den Birken verteilt, waren ein wenig kräftiger als die, die wir durch Gräben getrennt hatten; vor allem aber waren sie kerngesund. In den ersten Jahren hatten die Mykorrhizenverbindungen zu den Birken das Höhenwachstum der jungen Douglasien befördert, und selbst jetzt, wo sie erwachsen waren, spielte diese Starthilfe noch eine Rolle. Auch nach zwei Jahrzehnten gediehen die Douglasien in der Nachbarschaft von Birken besser als da, wo sie von ihren Nachbarn abgeschnitten worden oder ausschließlich im Verbund mit anderen Douglasien herangewachsen waren. Sie hatten mehr Nährstoffe zur Verfügung – die gehaltvollen Birkenblätter waren der Grundstoff für den Boden – und waren seltener von Hallimasch befallen, denn die Bakterien an den Birkenwurzeln versorgten sie mit Stickstoff und schützten mit einer Mischung aus Antibiotika und anderen Stoffen vor Krankheiten. Dieser in enger Verbundenheit entstandene Wald war beinahe doppelt so ertragreich wie die Bestände, bei denen wir zwanzig Jahre zuvor Gräben zwischen den Arten ausgehoben hatten. Das war das Gegenteil dessen, was in der Forstwirtschaft gelehrt wurde. Dort ging man davon aus, dass Douglasienwurzeln, denen die Birken nicht in die Quere kamen, mehr von dem Ressourcenkuchen abbekamen, als sei das Ökosystem ein Nullsummenspiel – die felsenfeste Überzeugung, dass die Interaktion verschiedener Arten unter dem Strich nie und nimmer zu höheren Erträgen führen kann. Was mich noch mehr verblüffte, war die Tatsache, dass die Birken ihrerseits von den Douglasien profitierten. Im engen Verbund mit Douglasien wuchsen Birken nicht nur ebenfalls doppelt so schnell, sie hatten auch weniger Wurzelerkrankungen als ihre isolierten Artgenossen. Die Birken, die für die gute Ernährung und Gesundheit der jungen Douglasien gesorgt hatten, erhielten im Gegenzug als Erwachsene Unterstützung von den größeren Douglasien. Auch wenn die Birken, ein Teil des natürlichen Alterungsprozesses des Waldes, immer weiter zurückgingen, je höher die Douglasien dem Himmel zustrebten, blieben ihre Wurzeln tief im Erdreich erhalten, ihr Erbe an Pilzen und Bakterien intakt, Lebensadern, unauslöschliche Bestandteile des Ganzen. Bei der nächsten größeren Erschütterung – einem Feuer oder einer Insektenplage oder der Infektion mit einem Krankheitserreger – würden ihre Wurzeln und Stümpfe wieder austreiben und eine neue Generation von Birken hervorbringen, genauso Teil des Kreislaufs wie die Douglasien.

Wir machten Mittagspause unter einer weit ausladenden Birke. Lachssandwiches, die wir an unserem Lagerplatz gemacht hatten, unterwegs gepflückte Beeren und dazu Kekse aus dem Gemischtwarenladen in Vavenby. Kelly Rose nahm jede der blutroten Nutka-Himbeeren einzeln, wie Pralinen aus einer Schachtel. »Wieso sind die Pflanzen, die unter den Birken wachsen, so süß, Tante Suzie?«, fragte sie.

Mit ihren Wurzeln und Pilzfäden saugen sie Wasser aus den Tiefen des Erdreichs, erklärte ich ihr, und damit auch Calcium, Magnesium und andere Mineralien; all das landet in den Blättern, und sie können damit Zucker produzieren. Mit ihren Pilzleitungen verbinden die Birken die anderen Bäume und Pflanzen und teilen die nahrhafte Suppe aus dem Boden und die in ihren Blättern produzierten Zuckermoleküle und Proteine mit ihnen. »Im Herbst, wenn die Birkenblätter abfallen«, sagte ich, »geben sie dem Boden Nährstoffe zurück.«

Von ihrer Mutter und der Großmutter Macrit hatte Mary Thomas gelernt, dass sie den Birken Dank schuldete; niemals sollte sie mehr nehmen, als sie brauchte, und sich dafür mit einer Opfergabe erkenntlich zeigen. Mary hatte die Birken auch schon längst Mutterbäume genannt – lange bevor ich auf diese Vorstellung gekommen war. Marys Volk hatte seit Jahrtausenden gewusst, welche Bedeutung die Birken hatten, denn sie hatten in den Wäldern gelebt – ihrem kostbaren Zuhause – und von allen Lebewesen gelernt, sie als ebenbürtige Partner respektiert. Das Wort »ebenbürtig«, das ist es, wo die westliche Philosophie ins Stolpern gerät. Sie kann sich nicht von der Vorstellung lösen, wir Menschen seien überlegen, die Natur sei uns untertan.

»Erinnert ihr euch, wie ich euch erzählt habe, dass die Birken und Douglasien über ein Netz aus Pilzen unterirdisch miteinander reden?«, fragte ich die Mädchen, hielt mir die Hand hinters Ohr und legte den Finger auf die Lippen. Die Mädchen lauschten, aber ihre Ohren schwirrten vom Gesang der Stechmücken. Ich erklärte ihnen, dass ich nicht die Erste war, die das herausgefunden hatte – viele der indianischen Ureinwohner hatten es längst gewusst. Schon der seither verstorbene Bruce »Subiyay« Miller vom Stamm der Skokomish, dessen Volk im Osten der Olympic-Halbinsel im US-Staat Washington lebt, hatte eine Geschichte vom symbiotischen Zusammenleben und der Vielfalt des Waldes erzählt und dass es unter dem Waldboden »ein gewaltiges und weitverzweigtes System aus Wurzeln und Pilzen« gebe, »das die Kraft des Waldes erhält«.

»Der Pfannkuchenpilz hier ist die Frucht des unterirdischen Netzwerks«, erklärte ich und reichte Kelly Rose einen der Röhrenpilze; sie inspizierte die Poren und fragte mich dabei, warum es so lange dauere, bis all diese Erkenntnisse sich durchsetzten.

Der Blick, den ich auf diese Ideale hatte werfen können – es war ja kaum mehr als ein Glücksfall gewesen –, war ganz von der Sichtweise der westlichen Naturwissenschaften geprägt. Auf der Universität hatte ich gelernt, das Ökosystem zu analysieren, es auseinanderzunehmen, auf seine Bestandteile zu reduzieren, die Bäume und Pflanzen und Böden jeweils für sich zu studieren, damit ich den Wald *objektiv* betrachten konnte. Diese Art, die Dinge zu sezieren, sie zu kontrollieren, zu kategorisieren und zu kauterisieren, sollte angeblich Klarheit in unsere Ergebnisse bringen, Glaubwürdigkeit, Gültigkeit. Ich hatte mich an diese Methode gehalten, das Ganze zerpflückt und die Bestandteile betrachtet und hatte, was ich dabei herausfand, auch publizieren können; aber sehr schnell merkte ich, dass es so gut wie unmöglich war, eine Studie über die Vielfalt und Verbundenheit des Ökosystems als eines Ganzen zu veröffentlichen. *Nicht verifizierbar!*, riefen die Rezensenten meiner frühen Arbeiten. Aber irgendwie war ich mit meinen lateinischen Quadraten und vollständigen Versuchsplänen, mit meinen Isotopen und Massenspektrometern und Szintillationszählern, meiner Ausbildung, die mir eingeschärft hatte, ich müsse klare, untereinander vergleichbare Daten herausarbeiten, am Ende doch bei den Idealen der Ureinwohner gelandet: Auf die Vielfalt kommt es an. Und alles im Universum *ist* mit allem anderen verbunden – Beziehungen zwischen allem und jedem, zwischen Wald- und Grasland, Land und Wasser, zwischen Himmel und Erde, den Geistern und den Lebenden, den Menschen und allen anderen Geschöpfen.

Im Nieselregen zogen wir weiter zu dem Versuchsfeld, auf dem ich Nadelbäume in verschiedenen Dichtheitsgraden gepflanzt hatte, um zu sehen, ob sie lieber in Reinbeständen wuchsen, ob mit einigen wenigen Nachbarn oder mit vielen. Ich kannte jeden Baum, jedes Gelände, jeden Markierungspfosten. Ich wusste, wo ich die Lärchen gepflanzt hatte und wo die Zedern, Douglasien und Birken. Ich zeigte den Mädchen hier eine Douglasie, die zu tief eingepflanzt war, da eine Birke, die ein Elch umgeknickt hatte, dort eine Lärche, von einem Schwarzbären schiefgedrückt. Auf einem anderen Feld hatte ich fünf Jahre hintereinander immer wieder neu gepflanzt, aber die Bäume fassten nie Fuß, und jetzt war ein wunderbares Lilienfeld daraus geworden, das, wofür die Natur es bestimmt hatte. Bei den Feldern, bei denen Nachbarn stehen geblieben waren, gediehen die Zedern prächtig unter den Birken, nutzten deren Schatten als Schutz für die Pigmente ihrer empfindlichen Blätter. Ich redete und redete, und als ich endlich wieder aufblickte, sah ich, dass Jean und die Mädchen grinsten.

Wir machten uns daran, die in verschiedenen Dichtestufen gepflanzten Douglasien zu vermessen. Da, wo sie ohne Birkennachbarn wuchsen, waren bis zu zwanzig Prozent von schädigenden Hallimaschen befallen, umso mehr, je dichter die Douglasien standen. Ihre Wurzeln hatten sich im Boden zu Infektionsnestern entwickelt, und die Pathogene hatten sich unter ihrer Borke ausgebreitet und erwürgten das Phloem überall da, wo keine Birkenwurzeln sie aufhielten. Einige der infizierten Douglasien waren noch am Leben – ihre Nadeln wurden gelb –, andere schon lange abgestorben, ihre grau gewordene Borke schuppte ab. Andere Pflanzen hatten sich an ihrer Stelle angesiedelt, sogar ein paar Birkensämlinge, sehr zur Freude der Waldsänger und Bären und Eichhörnchen. Ein gewisses Maß an Mortalität war keine schlechte Sache. Das ergab Raum für Vielfalt, Erneuerung und Komplexität. Es hielt die Insekten in Schach und schuf Brandschutzstreifen. Massenhafter Tod hingegen konnte eine ganze Kette von Folgeerscheinungen in Gang setzen, wie ein Lauffeuer ganze Landschaften zerstören und die Natur aus dem Gleichgewicht bringen.

Jean zeigte den Mädchen, wie sie an der Borke einer Douglasie den Zuwachsbohrer ansetzen mussten. »Wenn der Bohrer nicht fasst, versucht es höchstens noch ein weiteres Mal, sonst schädigt ihr den Baum.« Kelly Rose wollte es probieren. Schon Minuten später war sie im Kern angelangt – Volltreffer –, und Jean verstaute den Bohrkern in einem roten Strohhalm, verschloss beide Enden mit Kreppband und beschriftete die Probe.

In den Bereichen, in denen die angepflanzten Bäume dicht an dicht standen – mit nur wenigen Metern Abstand dazwischen –, herrschte in den unteren Bereichen tiefe Dunkelheit. Der Waldboden war kahl, abgesehen von rostbraunen Nadeln, deren Säuregehalt den Nährstoffkreislauf verlangsamte. Trockene graue Zweige brachen ab, als wir uns einen Weg zwischen den Bäumen bahnten. Ich stellte mir vor, dass sich das Mykorrhizanetz dem Pflanzmuster angepasst hatte und die Bäume verband wie in Reih und Glied aufgestellte Telefonmasten. Nur da, wo größere Exemplare ihre Äste und Wurzeln weiter ausbreiteten, weil benachbarte Bäume abgestorben waren und sie deren Wuchsraum erobern konnten, würde es ein bisschen komplexer werden.

Mit zerkratzten Schienbeinen gelangten wir an eine Stelle, an der die Douglasien in größerem Abstand wuchsen, bis zu fünf Meter voneinander entfernt, und etwas kräftiger waren. Im Laufe der Jahre hatten sich auf den Freiflächen zwischen den angepflanzten Bäumen Samen ausgesät, teils wohl eigene Verwandte, aber auch Nachkommen der gefällten Bäume oder von Douglasien im umliegenden Wald. Bestäubt durch die Pollen von Nachbarn oder von Douglasien in anderen Tälern, ein Garant dafür, dass die Population Belastungen standhalten würde. Einige dieser jungen Bäume waren kaum den Windeln entwachsen, andere bereits im Kindergarten- oder Grundschulalter, sodass das Waldstück einem Schulhof glich, auf dem sich eine bunt zusammengewürfelte Schülerschar tummelte, manche darunter Verwandte. Das Mykorrhizanetz, malte ich mir aus, würde mit zunehmendem Alter des Waldes immer komplexer werden, und die größten Bäume würden sich zu Netzknoten entwickeln – den Mutterbäumen. Schließlich würde es genauso aussehen wie das Netz, das wir einige Jahre zuvor in dem alten Douglasienwald kartiert hatten.

Als auch der letzte Baum vermessen war, folgten wir einem Elchpfad hinunter zum Fluss, wo wir den Wagen abgestellt hatten. Langsam, aber sicher übernahm der Wald die Herrschaft über mein Experiment; immer wieder stieß ich bei meinen replizierten Versuchen auf Überraschungen: ein Dutzend Baumarten, das ganz natürlich vom Waldrand her auf dem Vormarsch war, Elche, die die Baumspitzen abgefressen hatten, von Hallimaschen befallene Bäume, Douglasien, die Birken unterstützten, junge Zedern, die unter Laubbäumen Schutz vor der Sonne suchten. Dieser Wald konnte sich aus eigener Kraft verjüngen, wenn er genügend Zeit dafür hatte, verstreute seine Samen da, wo der Boden bereit war, sie aufzunehmen, ließ meine Setzlinge absterben, wo sie nicht hingehörten, und wartete dabei die ganze Zeit über geduldig, dass ich hörte, was er mir zu sagen hatte. *Es wird schwer sein, diese Ergebnisse zu publizieren*, dachte ich bei mir. Die Natur selbst hatte die strenge Wissenschaftlichkeit meines Experiments unterlaufen; durch das Eindringen neuer Arten wurden meine ursprünglichen Vorgaben zur Artenzusammensetzung und Pflanzdichte nicht mehr eingehalten. Aber ich hatte so viel mehr gelernt, indem ich einfach nur zuhörte, statt der Natur meinen Willen aufzuzwingen und Antworten einzufordern.

Auf der Fahrt über die steile Serpentinenstraße – die Mädchen schliefen im Fond, Jean sortierte Datenblätter – dachte ich darüber nach, was mir der Wald im Laufe so vieler Jahre alles mitgeteilt hatte und was für ein Glück das für mich gewesen war. Bei meinem ersten Experiment, bei dem ich untersuchte, ob Birken über Mykorrhizen Kohlenstoff an Douglasien übermitteln, hatte ich kaum damit gerechnet, überhaupt etwas zu finden, und stieß doch auf einen Pulsschlag, der so stark war, dass er einem Sämling das Überleben sichern konnte. Ich sah, wie die Douglasien den Birken die Energie zurückgaben, die sie brauchten, um im Frühling neue Blätter zu bilden. Und meine Studententruppe bestätigte den Austausch auf Gegenseitigkeit, nicht nur zwischen Birken und Douglasien, sondern zwischen Bäumen aller Art.

Ich hatte mir vorgestellt, dass wir, wenn wir die Landkarte des Mykorrhizanetzes zeichneten, auf die eine oder andere Verbindung stoßen würden.

Was wir fanden, war ein ganzes Geflecht.

Bei der Arbeit mit Yuan Yuan hielt ich anfangs die Vorstellung für weit hergeholt, dass sterbende Douglasien Botschaften an Ponderosakiefern schickten. Aber genau das taten sie. Ein weiterer meiner Studenten bestätigte es in einer zweiten Studie, genau wie andere in Laboren rund um den Globus. Dann fand ich es abenteuerlich zu glauben, dass Douglasienmütter ihre Nachkommen erkannten, und noch abenteuerlicher, dass die Signale dazu durch das Pilznetzwerk flossen – und *mon Dieu*! – die Douglasien erkannten ihre Verwandten! Die Mutterbäume spendeten nicht nur Kohlenstoff und unterstützten ihre mykorrhizalen Symbionten damit, irgendwie sorgten sie auch dafür, dass ihre Nachkommen gesünder aufwuchsen. Und nicht nur die, sondern auch Fremde, andere Arten sogar, und so förderten sie die Vielfalt zum Wohle der Gemeinschaft. Waren all diese Entdeckungen einfach nur Glück?

Ich glaube, die Bäume hatten mir von Anfang an davon erzählt.

Damals im Jahr 1980, beim Aufbruch zu dieser langen Reise meines Lebens, hatte ich geahnt, dass die kleinen, gelb gewordenen Fichtensetzlinge verkümmerten, weil ihre nackten Wurzeln keine Verbindung zum Boden aufnehmen konnten. Heute wusste ich, dass ihnen Mykorrhizapilze fehlten, deren Hyphen nicht nur Nährstoffe aus dem Waldboden gezogen, sondern die Setzlinge auch mit den Mutterbäumen verbunden und sie so mit Kohlenstoff und Stickstoff versorgt hätten, bis sie auf eigenen Füßen stehen konnten. Aber ihre Wurzeln waren in ihren Pflanzballen gefangen, isoliert von den alten Bäumen. Die Felsentannen hingegen, die sich im Umfeld der Mutterbäume auf natürlichem Weg angesiedelt hatten und von ihnen versorgt worden waren, waren prächtig gediehen.

Aber die Frage, die meine Krankheit aufgeworfen hatte, beschäftigte mich weiter: Wenn wir Menschen im Leben genau wie alles andere in der Natur waren, waren dann unsere Ziele auch im Sterben gleich? Den Stab weitergeben, so gut wir konnten. Alles, was wertvoll war, an die Kinder reichen. Nur wenn ich nachweisen konnte, dass die entscheidende Energie eines Mutterbaums *direkt* an die Kinder überging, auf Stämmchen, Nadeln, Knospen, alles – nicht einfach nur an das unterirdische Netzwerk –, konnte ich wirklich davon sprechen, dass die Verbindung die Nachkommen stärkte, über die Ebene des Pilzes hinaus.

Monika, eine neue Doktorandin, hatte dieser Wissenskette ein weiteres Glied hinzugefügt. Im Herbst 2015 begann sie mit einem Gewächshausexperiment mit hundertachtzig Töpfen. In jeden Topf kamen drei Setzlinge, zwei Verwandte und ein Fremder, wobei einer der beiden Verwandten zum »Mutterbaum« bestimmt wurde. Der Mutterbaum sollte gezielt geschädigt werden, und dann gab es für ihn drei Möglichkeiten, wohin er seine letzte Energie abgeben konnte: an die Verwandte, an den Fremden oder an die Erde. Monika zog die Setzlinge in Pflanzbeuteln verschiedener Porengröße heran, sodass mykorrhizale Verbindungen in einer Charge ermöglicht, in der anderen unterbunden wurden, und sie schädigte einen Teil der Mutterbaumsetzlinge durch Verstümmeln mit der Schere oder durch Tannentriebwickler. Dann wurden die Mutterbäume mit Kohlenstoff-13 pulsmarkiert, damit wir den Fluss des Kohlenstoffs verfolgen konnten.

Als ob die Natur uns ausdrücklich an ihre Unberechenbarkeit erinnern wollte, kam eine Hitzewelle, vor der die Deckenventilatoren unseres Gewächshauses kapitulierten, und ein Teil unserer Experimentierbäume ging ein. Der Gewächshauskater, dick und orangerot getigert, schnippte mit dem Schwanz, als Monika und ich uns vor die Topfreihen knieten und in einem nach dem anderen den knochentrockenen Boden befühlten. Die meisten Setzlinge lebten noch. Wir hatten Glück. Nicht einmal Gewächshausexperimente, bei denen sich so viele Umweltfaktoren steuern lassen, sind gegen solche Pannen gefeit. Allerdings ist es nichts im Vergleich zu den tausend Kalamitäten, die einem Feldexperiment zusetzen können, selbst einem noch so gut ausgedachten, und erst recht einer Langzeitstudie über Jahrzehnte. *Kein Wunder, dass die meisten Wissenschaftler ihre Forschungen im Labor erledigen*, dachte ich bei mir.

Aber wir gaben dieses Experiment nicht auf. Zumal Monikas verwandte Setzlinge um vieles größer waren als seinerzeit bei Amanda, und ich brannte darauf, zu sehen, ob sie schon kräftig genug waren, um per Source-Sink-Gefälle den Kohlenstoff, den der verletzte Mutterbaum abgab, in ihre Triebe zu ziehen. Monika und ich machten mit den verbliebenen Bäumchen weiter, und der Tag kam, an dem wir die Grafiken auf dem Bildschirm verfolgten, als sähen wir uns einen Film an. Sämtliche getesteten Faktoren erwiesen sich als am Ergebnis beteiligt – die Frage, ob Setzling und Mutterbaum verwandt waren, ob es eine unterirdische Verbindung gab, und schließlich, ob sie geschädigt waren oder nicht.

Monikas Mutterbaumsetzlinge ließen Verwandten mehr Kohlenstoff zukommen als Fremden, so wie es auch bei Brian und Amanda gewesen war. Doch anders als in der früheren Studie, wo wir nur entdeckt hatten, dass Kohlenstoff in die Mykorrhizapilze der verwandten Setzlinge gelangt, konnte Monika nun nachweisen, dass er *bis in die Spitzen ihrer langen Haupttriebe ging*. Die kleinen Mutterbäume fluteten das mykorrhizale Netzwerk mit ihrer Kohlenstoffenergie, und diese Kraft drang bis in die Nadeln ihrer Verwandten vor – weitergegeben zu neuem Leben. *Et voilà!* Die Daten zeigten auch, dass Schäden, ob per Tannentriebwickler oder per Schere beigebracht, die Mutterbaumsetzlinge dazu anregten, ihren Verwandten *noch mehr Kohlenstoff* zu schicken. Im Angesicht einer unsicheren Zukunft reichte die Baummutter ihre Lebenskraft geradewegs an ihre Nachkommen weiter, machte sie bereit für die bevorstehenden Veränderungen.

Der Tod half den Lebenden; die Alten gaben den Jungen Kraft.

Ich stellte mir den Energiestrom der Mutterbäume so mächtig wie die Gezeiten des Ozeans vor, so stark wie die Strahlen der Sonne, so unbezähmbar wie der Wind in den Bergen, so unaufhaltsam wie eine Mutter, die ihr Kind beschützt. Ich hatte diese Kraft in mir gespürt, schon bevor ich den Unterhaltungen des Waldes gelauscht hatte. Ich hatte sie in der Energie des Ahorns in meinem Garten gespürt, ihr Fließen in mir, wenn ich über die Worte von Dr. Malpass über die Unberechenbarkeit des Lebens nachdachte; hatte jene ganz besondere Magie gespürt, die sich entfaltet, wenn wir mit anderen zusammenarbeiten, die Synergie, die einer reduktionistischen Naturwissenschaft so oft fehlt, was dann zu falschen Vereinfachungen über unsere Gesellschaften und Ökosysteme führt.

Die Bäume der nächsten Generation, deren Gene sich am besten an Veränderungen anpassen konnten – Bäume, deren Eltern durch eine Vielzahl von klimatischen Bedingungen geprägt wurden und die so für Stresssituationen gerüstet sind, denen ihre Mütter ausgesetzt waren, Bäume, die über ein wirksames Verteidigungsarsenal verfügen und Energiespritzen erhalten –, sollten die größten Aussichten haben, sich im Kampf gegen die kommenden Belastungen zu bewähren. In der forstwirtschaftlichen Praxis hieße dies, dass wir Altbäume, die bereits den Klimaveränderungen der Vergangenheit getrotzt haben, erhalten sollten, damit sie ihre Samen auf den geschädigten Flächen verstreuen und so ihre Energie und Widerstandsfähigkeit an künftige Generationen weitergeben können. Nicht nur ein paar vereinzelte Altbäume, sondern ein möglichst breites Spektrum

---

Bei einer Waldführung im Stanley Park anlässlich der 2017 in Vancouver abgehaltenen TED-Konferenz

an Arten und Unterarten, Verwandte wie Fremde, eine natürliche Mischung, die dafür sorgt, dass der Wald vielfältig und anpassungsfähig bleibt.

Ich würde mir wünschen, dass wir vor dem Noteinschlag sterbender Mutterbäume sorgfältiger überlegen und uns dann vielleicht doch entscheiden, einen Teil von ihnen stehen zu lassen, damit sie sich um den Nachwuchs kümmern können, nicht nur um den eigenen, sondern auch um den ihrer Nachbarn. Im Zuge des durch Dürre, Käfer, Raupen und Großbrände verursachten Sterbens hat die Holzindustrie riesige Waldflächen abgeholzt, und die Kahlschläge breiten sich großflächig über Höhenzüge aus, ganze Täler sind niedergemäht. Abgestorbene Bäume gelten als feuergefährlich, wichtiger aber dürfte sein, dass ihr Holz sich verkaufen lässt. Große Mengen gesunder Nachbarn sind nebenbei in den Sägewerken gelandet, Kollateralschäden. Dieser Massenkahlschlag hat die Kohlenstoffemissionen gesteigert, den jahreszeitlichen Wasserhaushalt ganzer Gebirgszüge verändert und mancherorts dazu geführt, dass Bäche über die Ufer treten. Wo der Baumbestand reduziert ist, werden die Sedimente von kleinen Rinnsalen ausgewaschen und in die ohnehin schon vom Klimawandel erwärmten Flüsse geschwemmt, wo sie die Laichzüge der Lachse dann noch stärker beeinträchtigen.

Das bringt mich zu einem weiteren Abenteuer, einem Projekt, an dem ich weiterhin forsche, weil es ein so anschauliches Beispiel für die von uns oft übersehenen Verbindungen zwischen den Arten liefert. Schon vor mir haben Wissenschaftler entdeckt, dass sich Stickstoff aus toten Lachsen in den Jahresringen von Bäumen wiederfindet, die an den von ihnen bevölkerten Flüssen wachsen. Ich wollte herausfinden, ob der Stickstoff aus Lachskadavern durch die Mykorrhizapilze von Mutterbäumen aufgenommen und über ihr Netzwerk an andere Bäume tiefer im Wald weitergeleitet wurde. Mehr noch: Nahmen die Nährstoffe aus dem Lachs mit der Verringerung der Lachspopulationen und der Zerstörung ihrer Lebensräume ab, und schädigte das den Wald? Wenn ja, was konnten wir dagegen tun?

Monate nach Monikas Experimenten war ich in Bella Bella an der mittleren Küste von British Columbia, in den lachsreichen Wäldern der Heiltsuk. Unser Boot glitt in eine unberührte Flussmündung, und unser Führer Ron, selbst ein Heiltsuk, zeigte auf Ockerpiktogramme – Markierungen eines Clanterritoriums. Seidiger Pazifiknebel strömte die senkrechte Felswand herab und hüllte die Baumriesen ein. Meine Begleiter waren mein neuer Doktorand Allen Larocque, der die Struktur der hiesigen Mykorrhizennetzwerke untersuchen würde, und die Postdoktorandin Dr. Teresa »Sm'hayetsk« Ryan vom Volk der weiter nördlich am Skeena River lebenden Tsimshian. Teresa flocht traditionelle Körbe aus Zedernrinde und arbeitete als wissenschaftliche Beraterin für Lachsfang bei der US-kanadischen Regulierungsstelle zum Schutz der pazifischen Lachsbestände – um nur zwei ihrer zahlreichen Aktivitäten zu nennen. Ihr Interesse, als Angehörige der indigenen Bevölkerung ebenso wie als Wissenschaftlerin, galt der Frage, ob die Rückkehr zu traditionellen Fischfangmethoden mit Steinfallen in der Gezeitenzone zu einer Erholung der Lachspopulationen führen konnte, einer Rückkehr auf eine Lachsdichte wie vor der Zeit, als die Kolonisten gekommen waren und mit ihren Methoden die Einheimischen auch beim Fischfang verdrängt hatten. Eine Rückkehr, die wiederum den Zedern, aus deren Rinde sie ihre Handarbeiten flocht, zurück zu ihrer natürlichen Nahrung verhelfen würde.

Wir waren auf der Suche nach Lachsgräten, die von Bären, Wölfen und Adlern in den Wald getragen wurden. Die Gräten waren alles, was übrig blieb, nachdem das Fleisch gefressen, das restliche Gewebe verrottet und die Nährstoffe in den Waldboden gesickert waren. An dieser Flussmündung hatten Dr. Tom Reimchen von der Universität von Victoria und Dr. John Reynolds von der Simon-Fraser-Universität aus Lachsen stammenden Stickstoff in den Jahresringen von Zedern und Sitka-Fichten sowie in Pflanzen, Insekten und Böden gefunden. Allen würde zum Start unserer Studie darüber, ob und wie Mykorrhizapilze die Stoffe aus dem Lachs in die Bäume und vielleicht auch von Baum zu Baum transportierten, untersuchen, inwiefern die Mykorrhizagemeinschaften an Wasserläufen je nach Größe der Lachspopulation variierten. Konnte eine bessere Ausstattung mit Pilzen, eine größere Fähigkeit, die Lachs-Nährstoffe zu transportieren, die große Fruchtbarkeit dieser Regenwälder erklären? Ich konnte meine Aufregung kaum im Zaum halten, als Allen, Teresa und ich mit unseren Wathosen in die Binsen sprangen und uns ans Ufer arbeiteten.

»Bären«, sagte Teresa und zeigte auf eine Spur. »Die waren erst vor Kurzem hier.«

»Kommt, wir gehen trotzdem weiter.« Ich war wie ein Hund, der an der Leine zerrt.

Die Spur führte deutlich erkennbar am Ufer entlang mitten hinein in ein stachliges Dickicht aus Lachsbeerensträuchern. Eine halbe Stunde lang krochen wir auf allen vieren durch den Humus, dann, ganz unvermittelt, sagte Teresa: »Ihr seid verrückt, Leute. Ihr fordert das Schicksal heraus, so frisch wie die Spuren hier sind.« Sie machte sich auf den Rückweg zum Boot, wo sie mit Ron auf uns warten wollte.

Ich sah Allen an, wollte wissen, wie er zu der Sache stand, aber er machte keinen nervösen Eindruck. »Wenn ich Bär wäre, würde ich mich mit meinem Lachs an eine Stelle verziehen, an der ich ungestört bin«, sagte ich, begeistert, dass er sich auf das Abenteuer einließ. Wir krochen weiter, durch einen Tunnel in dem Gestrüpp aus Lachsbeeren auf eine fünfzig Meter hohe Zeder zu; sie stand leicht erhöht, ihr Haupttrieb verzweigt wie ein Kandelaber. Ein Großmutterbaum, wie man bei den Heiltsuk sagt.

Jeder Bär, der Jagd auf die laichenden Lachse machte, schleppte Tag für Tag etwa hundertfünfzig Fische in den Wald, wo die Wurzeln der Bäume die zerfallenden Proteine und Nährstoffe begierig aufnahmen; Lachsfleisch lieferte mehr als drei Viertel des Stickstoffbedarfs der Bäume. Der aus Lachsen stammende Stickstoff in ihren Jahresringen unterschied sich von Stickstoff aus dem Boden, weil sich in Meeresfischen das schwere Isotop Stickstoff-15 anreichert, das als natürlicher Indikator für den Lachsreichtum eines Waldes dient. Wissenschaftler konnten anhand der jährlichen Schwankungen des Stickstoffgehalts in den Jahresringen Rückschlüsse auf die Auswirkungen von Klimawandel, Waldzerstörung und veränderten Fischfangmethoden auf die Lachspopulationen ziehen. So konnte eine alte Zeder Daten über die Lachswanderungen eines ganzen Jahrtausends liefern.

Juuhuu!, rief ich, als wir uns der Erhebung mit der Großmutterzeder näherten, doch mein Gebrüll wurde durch eine Wand aus Lachsbeerenblättern gedämpft. Eine Begegnung mit einem Grizzly hier draußen wäre der sichere Tod. Trotzdem fühlte ich mich ganz entspannt. Nach der Chemotherapie war das hier schiere Seligkeit. Und ich war viel ruhiger als kurz zuvor auf der großen TED-Bühne in Banff, wo Kameras und tausend Menschen jede meiner Bewegungen verfolgt hatten. Ich war ins Rampenlicht getreten und hatte dabei im Geiste Mary gedankt, die mir noch rasch eine schwarze Jacke übergezogen hatte, als sie sah, dass an der blauen Bluse, einem alten Lieblingsstück, ein Knopf fehlte. Ich hielt meinen Vortrag und stellte mir das Publikum wieder einmal als Meer von wippenden Kohlköpfen vor. *Siehst du, du kannst es doch*, dachte ich auf dem Rückweg von der Bühne, und der Stolz, dass ich meine Schüchternheit überwunden und gesagt hatte, was mir am Herzen lag, mein Wissen ausgebreitet, sodass die Zuhörer selbst entscheiden konnten, was sie davon brauchen konnten, durchströmte meinen ganzen Körper. »Tief in meinem Inneren habe ich diese Dinge über Bäume schon immer gewusst«, schrieb eine Frau aus Chicago, nachdem sie das Video gesehen hatte. Robert Krulwich von der Wissenschaftssendung *Radiolab* meldete sich und fragte, ob er einen Podcast mit mir machen könne. *National Geographic* wollte einen Artikel bringen und einen Film drehen. Ich bekam Tausende von E-Mails und Briefen. Kinder, Mütter, Väter, Künstler, Anwälte, Schamanen, Komponisten, Studenten. Menschen aus aller Welt, die in ihren Erzählungen, Gedichten, Gemälden, Filmen, Büchern, Liedern, Tänzen und Sinfonien zum Ausdruck brachten, wie ihre eigene Verbindung zu Bäumen aussah. »Wir möchten unsere Stadt so gestalten, dass sie die Strukturen von Mykorrhizaverbindungen abbildet«, schrieb ein Stadtplaner aus Vancouver. Die Vorstellung der mit ihrer Umgebung vernetzten Baummutter schaffte es sogar bis nach Hollywood, sie war die Grundidee beim Baum der Seelen in dem Film *Avatar*. Und die starke Resonanz dieses Films beim Publikum führte mir nur wieder neu vor Augen, wie wichtig, wie natürlich die Verbindung zu Müttern, Vätern, Kindern, Familie – der eigenen wie der von anderen –, zu Bäumen und Tieren und der gesamten Natur für den Menschen ist, das Gefühl, Teil eines großen Ganzen zu sein.

Ich war mit meiner Botschaft an die Öffentlichkeit getreten und hatte eine Flut ermutigender Reaktionen ausgelöst. Die Menschen sorgten sich um den Wald und wollten helfen.

»Was wir machen, funktioniert nicht«, schrieb ein regierungsamtlicher Förster. Musik in meinen Ohren. Wir diskutierten, wie man Mutterbäume erhalten und so die Heilung des Landes nach dem Abholzen fördern kann. Die Zahl der Forstleute, die diese Grundsätze beherzigen, ist längst noch nicht groß genug, aber ein Anfang ist immerhin gemacht.

Allen und ich krochen bergauf und ließen den Blick über die Anhöhe schweifen. *»Putain de merde!«*, rief ich. »Sieh dir das an!« Unter den Ästen des alten Mutterbaums war ein weiches Moosbett, groß genug für eine Bärenmutter und ihr Junges. Dutzende von Lachsskeletten schimmerten weiß auf diesem grünen Polster, das Fleisch längst verrottet, die Rückenwirbel gelöst, die zarten Grätenkorsetts gefaltet wie Schmetterlingsflügel, Schuppen und Kiemen verstreut, die Essenz der Fische längst von den Wurzeln absorbiert, aufgenommen in das Holz des Baums, eingetreten in ein neues Leben.

Baumgräten.

Allen und ich nahmen Bodenproben unter den Gräten der Lachse und, zum Vergleich, an Stellen, an denen es keine Gräten gab. Wir kehrten zurück zu Teresa und Ron, sprangen vom Ufer (wo gerade Flut herrschte) ins Boot und packten die Proben auf Eis, um zu verhindern, dass die DNS der Mikroben zerfiel. Ron tuckerte hinaus aufs Wasser, das Boot glitt knapp über die Steinmauer, die sich von einer Seite der Flussmündung zur anderen zog. Diese Mauer war eine von Hunderten von Fischfallen, die die Heiltsuk entlang der Pazifikküste angelegt hatten, errichtet nach dem gleichen Bauplan wie die Gezeitenfallen der Nuu-chah-nulth, Kwakwaka'wakw, Tsimshian, Haida und Tlingit. Sie dienten dem passiven Lachsfang, bei dem die Fischpopulation sorgsam beobachtet und die Fangmengen entsprechend angepasst wurden. Bei Ebbe wurden die in der Falle gefangenen Fische eingesammelt und die größten der laichbereiten Weibchen wieder freigelassen, sodass sie zur Eiablage weiter flussaufwärts schwimmen konnten. Das Fleisch wurde geräuchert, getrocknet oder gekocht, die Eingeweide im Waldboden vergraben und die Gräten ins Wasser zurückgeworfen, Nahrung für das Ökosystem. Dieser Umgang mit der Natur erhöhte sowohl die Lachsbestände als auch die Produktivität von Wäldern, Flüssen und Flussmündungen. Die Wälder, die von dem Lachs profitierten, revanchierten sich, indem sie den Flüssen kühlenden Schatten spendeten, Nährstoffe in die Wasserläufe abgaben und Lebensräume für Bären, Wölfe und Adler schufen.

Die Kolonisten, erläuterte Teresa uns, hätten, als sie das Regiment über Wasser und Wälder übernahmen, die Benutzung der Steinfallen verboten. Innerhalb von zwei Jahrzehnten waren die Lachsbestände überfischt, und davon haben sie sich bis heute nicht ganz erholt. Der Klimawandel und die Erwärmung des Pazifiks haben neue Probleme geschaffen, denn der Marathon aus dem Meer kostet die Fische ein immer größeres Maß an Kraft, sodass der Prozentsatz der Lachse, die die Laichgründe erreichen, sinkt. All das passt ins Bild, ein allgemeines Muster der Zerstörung von miteinander verbundenen Lebensräumen. Im Norden von Haida Gwaii, auf Graham Island, werden die letzten alten, teils über tausendjährigen Zedern restlos abgeholzt, von den Wäldern entlang der Laichflüsse bleiben nur zerstörte Landschaften zurück, und die Haida stehen hilflos vor den Trümmern ihres althergebrachten Lebens.

Wann ist endlich Schluss mit diesem Zerstörungswerk?

Auf der Fahrt aus der Flussmündung in Richtung Bella Bella zeigte Ron nach steuerbord auf einen Buckelwal, der in ein paar Hundert Metern Entfernung auftauchte. Wie aus dem Nichts erschienen Dutzende von Weißstreifendelphinen und eskortierten unser Boot, sprangen über die Wellen, schlugen Saltos und verständigten sich mit Pfiffen. Ich war so verblüfft, so begeistert, genau wie Allen und Teresa stand ich einfach nur da, ließ mich bespritzen von der Gischt.

Dieses Forschungsprojekt ist noch nicht abgeschlossen, aber unsere ersten Daten lassen erkennen, dass die Mykorrhizagemeinschaften in den Wäldern entlang der Lachsgewässer unterschiedlich sind, je nach der Menge an Lachsen, die an ihre Brutstätte zurückkehren. Wir wissen noch nicht, wie tief in den Wald hinein das mykorrhizale Netz den Lachs-Stickstoff transportiert, und ob – oder wie – sich die Wiederherstellung der Gezeitenfallen auf die Gesundheit des Waldes auswirken wird, aber die Untersuchungen sind im Gange, und wir bauen einige der alten Steinmauern wieder auf, um Antworten auf diese Fragen zu finden. Und ich überlege, ob wir nachforschen sollten, inwieweit Lachse auch an der Nährstoffversorgung von Wäldern weiter im Landesinneren beteiligt sind. Versorgen laichende Lachse auf ihrem Zug die Flüsse und Bergbäche hinauf, über Tausende von Kilometern, die Zedern und Birken und Fichten? Flüsse wie den Adams River zu Füßen meines Versuchsfelds. So dass die Lachse also damit eine Verbindung zwischen Land und Meer herstellten. Die Secwepemc wussten, wie wichtig der Lachs für die Wälder im Landesinneren und für ihren Lebensunterhalt war, und sie hatten die Populationen gepflegt, weil sie wussten, dass alles mit allem verbunden ist.

In jenem Jahr kam ich auf der Heimfahrt zu Thanksgiving an Kahlschlägen vorbei, auf denen die von Käfern befallenen Mutterbäume mit Kettensägen niedergemacht wurden, noch bevor ihre Samen in der aufgewühlten Erde gekeimt hatten. Die Berge der gefallenen Ältesten türmten sich haushoch, Zufahrtsstraßen führten kreuz und quer durch die Täler, Bäche waren gelb von Sedimenten. Neu angepflanzte Setzlinge steckten in weißen Plastikröhren und sahen aus wie Grabkreuze.

Die Risse im Gefüge zeigten sich überall.

Ich stamme aus einer Familie von Holzfällern, und ich weiß, dass wir Bäume für unseren Lebensunterhalt brauchen. Aber mein Ausflug in das Land der Lachse hat mich gelehrt, dass jeder, der etwas fortnimmt, auch die Pflicht hat, etwas zurückzugeben. In jüngster Zeit fasziniert mich zunehmend die Geschichte, die Subiyay erzählt: Er spricht von den Bäumen wie von Menschen, vom *Volk* der Bäume. Wesen nicht nur mit einer Form von Intelligenz unserer menschlichen nicht unähnlich, sondern spirituelle Wesen, vielleicht gar nicht so viel anders als wir.

Nicht nur etwas *wie* ein Volk mit den gleichen Verhaltensweisen.

Sie *sind* ein Volk.

Das Baumvolk.

Ich bilde mir nicht ein, dass ich das Wissen der indianischen Bevölkerung bis ins Einzelne verstehe. Es ist Wissen, das auf einer Methode, Erkenntnisse über die Erde zu gewinnen – einer Epistemologie –, fußt, die anders ist als die meine. Eine Weisheit, die vom Einklang mit der Blüte der Bitterwurz spricht, dem Zug der Lachse, den Zyklen des Mondes. Davon, dass wir ebenso mit dem Land verbunden sind – mit Bäumen und Tieren, mit Boden und Wasser – wie untereinander und dass wir dafür verantwortlich sind, diese Verbindungen und Ressourcen zu pflegen, dafür zu sorgen, dass diese Ökosysteme erhalten bleiben, für künftige Generationen und zu Ehren unserer Vorfahren. Davon, dass wir achtsam sein sollen, nur so viel zu nehmen, wie wir brauchen, und immer etwas zurückzugeben. Davon, dass wir Demut und Toleranz gegenüber allem üben sollen, womit wir in diesem Kreislauf des Lebens verbunden sind. Doch die Jahre meiner Beschäftigung mit dem Wald haben mir auch gezeigt, dass zu viele in der Forstwirtschaft diese Art, die Natur zu sehen, missachten und sich allein auf willkürlich ausgewählte Bereiche der Naturwissenschaften stützen. Die Folgen sind so verheerend, dass wir sie unmöglich ignorieren können. Wir können den Zustand des Landes an den Orten der Verwüstung, an denen jede Ressource losgelöst von allen anderen betrachtet wurde, den Orten gegenüberstellen, an denen es gehegt und gepflegt wurde, gemäß Prinzipien, die bei den Secwepemc *k'wseltktnews* (»wir sind alle verwandt«) heißen und bei den Salish *nə́c̓aʔmat ct* (»wir sind eins«).

Wir müssen die Antworten beherzigen, die ein solcher Vergleich uns liefert.

Ich glaube, in dieser Art von transformativem Denken liegt unsere Rettung.

Es ist eine Philosophie, in der wir den Geschöpfen der Welt, all dem, was die Welt uns schenkt, denselben Wert und dieselbe Bedeutung beimessen sollen wie uns selbst. Und das beginnt damit, dass wir anerkennen, dass Bäume und Pflanzen *handelnde Wesen* sind. Sie nehmen wahr, sie gehen Beziehungen ein und kommunizieren; sie zeigen unterschiedliche Verhaltensweisen. Sie kooperieren, fällen Entscheidungen, lernen und erinnern – Fähigkeiten, die wir gemeinhin mit Empfindungsvermögen, Klugheit, Intelligenz in Verbindung bringen. Wenn wir zur

Hannah mit einundzwanzig, Heidelbeeren essend, bei der Arbeit im Wald, Juli 2019

Kenntnis nehmen, dass Bäume, Tiere, ja sogar Pilze – jegliche nicht menschliche Spezies – diese Art von Handlungsmacht besitzen, können wir einsehen, dass sie ebenso viel Achtung verdienen, wie wir uns selbst entgegenbringen. Wir können entweder fortfahren, unsere Erde aus dem Gleichgewicht zu bringen, und Jahr für Jahr mehr Treibhausgase produzieren, oder wir können das Gleichgewicht wiederherstellen, indem wir anerkennen, dass, wenn wir eine Spezies, einen Wald, einen See schädigen, das gesamte komplizierte Netz Schaden nimmt. Wenn wir eine Spezies misshandeln, misshandeln wir sie alle.

Der Rest des Planeten wartet schon lange geduldig darauf, dass wir das begreifen.

Diese Neuorientierung verlangt, dass die Menschen wieder zur Natur in Beziehung treten – zu den Wäldern, der Prärie, den Ozeanen –, anstatt alles und jeden nur als Gegenstand der Ausbeutung zu betrachten. Sie bedeutet, dass wir unsere moderne Lebensweise, unsere Art, Erkenntnisse zu gewinnen, und unsere wissenschaftlichen Methoden so erweitern müssen, dass sie die Grundlagen des indigenen Denkens ergänzen, auf sie aufbauen und sich ihnen annähern. Heute sehen wir, was geschieht, wenn wir die Wälder zerstören und die Meere leer fischen, um auch noch unsere größten Wohlstandsphantasien zu erfüllen, *einfach nur, weil wir es können.*

In Castlegar überquerte ich den Columbia River, nur noch eine halbe Stunde bis nach Hause, ich konnte es gar nicht erwarten, Hannah und Nava zu sehen, dankbar, dass Mary die weite Reise in den Norden zum kanadischen Thanksgivingtag auf sich genommen hatte. Der Wasserstand war niedrig, denn die Staudämme von Mica, Revelstoke und Hugh Keenleyside störten nun flussaufwärts den natürlichen Lauf – drei von sechzig im Einzugsgebiet des Columbia. Diese Dämme bedeuteten, dass es in den Arrow Lakes weniger Lachse gab, die Dörfer, Begräbnisstätten und Handelsrouten der Sinixt waren überflutet worden, eines Volks, dessen Stammesland sich von den Monashee Mountains ostwärts bis zu den Purcells erstreckt und vom Quellgebiet des Columbia bis in den US-Staat Washington. Ich versuchte, mir vorzustellen, wie dieses Land ausgesehen hatte, bevor die kanadische Regierung das Volk der Sinixt für erloschen erklärt und dann die Dämme gebaut, die Wälder gefällt und ihr Land mit Bergwerken durchwühlt hatte. Aber die Sinixt sind ein zähes Volk, widerstandsfähig, sie beharren weiter auf *whuplak'n* – dem Gesetz des Landes – und halten beim Wiederaufbau des Columbia-Quellgebietes zusammen.

Als ich zu Hause ankam, stand der Mond hoch über den schneebestäubten Bergen. Mary und die ganze Familie waren da. Es sollte ein besonders denkwürdiges Thanksgiving werden, denn die Duftkerzen auf dem Tisch (sie dufteten nach Tee) kippten um, und Flammen schlugen rund um den Truthahn in die Höhe. Als ich vom Soßerühren aufschaute, löschte Don – seine neue Freundin war bei ihren eigenen Kindern zu Hause – gerade den brennenden Vogel mit einem Schwall aus dem Kochtopf, der auf den Rosenkohl wartete, und Robyn und Bill ertränkten die Serviettenflammen mit Wein. Oma Junebug brachte ihren Trifle in Sicherheit, mit einem beherzten Schritt über Oliver, der auf dem Fußboden lag und *Harry Potter* las.

Familie. Mit all ihrer Unvollkommenheit, ihren Fehlern und gelegentlichen Feuern. Wir waren füreinander da, wenn es darauf ankam.

Auch wenn die Kahlschläge mich quälten, auch wenn ich mir Sorgen um meine Arbeit und um den Klimawandel machte, um meine Gesundheit und meine Kinder, überhaupt um alles, nicht zuletzt meine wunderbaren Bäume, war es doch großartig, einfach großartig, zu Hause zu sein, wir alle zusammen.

Hannah folgte mir in das Hemlocktannenwäldchen auf einer Abraumhalde, unterhalb eines schwarzen Lochs in der Felswand – des Eingangs zu einem kilometerlangen Stollensystem, das vor hundert Jahren Bergleute auf der Suche nach Kupfer und Zink mit Dynamit in den Berg gesprengt hatten. Wir gruben zwischen den Bäumen ein Loch in den Boden, sahen grüne Mineralkörnchen, andere rostrot, unsere Hände durch Chirurgenhandschuhe geschützt, die Arme durch lange Ärmel. Sickerwasser aus den Stollen war mit Kupfer, Blei und anderen Metallen belastet und hatte den Waldboden vergiftet. Die Metalle verbanden sich unter Beteiligung von Bakterien mit Sulfiden im Erz zu sauren Grubenwässern, die von den Abraumhalden tief in den Erdboden gelangt waren. Und trotzdem wuchsen hier Bäume, wenn auch langsam, setzten sich mit allem, was sie hatten, für die Wiedererstehung des Waldes ein.

Es war der Sommer 2017. Wir waren an der Britannia-Mine – fünfundvierzig Kilometer nördlich von Vancouver, am Ufer des Howe Sound auf Stammland des Volks der Squamish – das größte Bergwerk des britischen Empire, eröffnet 1904 zur Ausbeutung von Erzvorkommen, die sich gebildet hatten, als vulkanische Pyroklasten das Sedimentgestein überflossen und das so entstandene metamorphe in Kontakt mit plutonischem Tiefengestein kam. Die Bergleute hatten ihre Stollen in die Brüche und Verwerfungen getrieben, wo reiche Erzvorkommen lagen, und hatten den Britannia Mountain vollständig durchbohrt, vom Britannia Creek an der Nordflanke bis zum Furry Creek auf der Südseite, ein Gebiet von etwa vierzig Quadratkilometern. Sie ließen zwei Dutzend Stolleneingänge zurück, die zu 210 Kilometern Tunnel und Schächten führten, von einer Tiefe von 650 Metern unter Meereshöhe bis hinauf zu 1100 Metern im Berg.

Die Männer hatten das Erz auf Schienen aus dem Berginneren zu den Stolleneingängen geschafft, wo sie es auf Eisenbahnwaggons und Seilbahnen umluden und das unbrauchbare Gestein auf Halden zurückließen. Selbst nach der Stilllegung der Mine im Jahr 1974 blieb sie einer der größten punktuellen Verursacher von Wasserverschmutzung durch Metalle in ganz Nordamerika. Immer noch wurden Erzabfälle und Abraum zur Uferbefestigung verwendet, und der Britannia Creek ergoss sich zwar klar, doch jeglichen Lebens beraubt, in den Howe Sound und ließ in einem Umkreis von mindestens zwei Kilometern am Ufer sämtliche Meereslebewesen absterben. Als die Mine geschlossen wurde, war das Wasser des Britannia Creek so giftig, dass junge Königslachse binnen achtundvierzig Stunden nach dem Aussetzen verendeten. Nach Jahren der Beseitigung von Umweltschäden sind die Lachse zum Laichen in den Britannia Creek zurückgekehrt, und an der Küste bei Britannia Beach gibt es wieder Pflanzen und wirbellose Tiere auf den Felsen und Delphine und Orcas im Howe Sound.

Dies sind Zeichen, dass die Erde verzeihen kann.

Ich war auf die Bitte von Trish Miller, einer Expertin für Umweltgifte, mit Hannah hierhergekommen, um die Auswirkungen der Abraumhalden auf den umliegenden Wald zu untersuchen. Betroffen waren nicht nur die Wasserläufe, sondern die Effekte waren auch in der Tiefe des Waldes spürbar, und Trish wollte ein umfassenderes Urteil, als es gewöhnlich gegeben wird. Ich hatte die Gelegenheit zur Zusammenarbeit mit ihr sofort beim Schopf gepackt – wir waren Freundinnen seit Jahren, seit der Zeit, als unsere Kinder noch klein waren und ich gelauscht hatte, wenn sie berichtete, was es alles an Möglichkeiten zur Wiederherstellung einer geschädigten Umwelt gab. Ich war neugierig, inwieweit der Wald imstande war, ein geschädigtes Ökosystem zu heilen, ob die Samen der alten Bäume in der verwundeten Erde Fuß fassen und die Netzwerke aus Pilzen und Mikroben den Schaden reparieren konnten. Wie gut wuchsen die Bäume in den mit Metall kontaminierten Wäldern im Umkreis der Abraumhalden? Erholte sich der Wald? Sollten wir mehr unternehmen, oder genügte es, wenn wir einfach auf seine Selbstheilungskräfte vertrauten?

Eine wie tiefe Verwundung konnte der Wald verkraften, bevor es keine Aussicht auf Heilung mehr gab?

Hannah und ich fanden die Stolleneingänge versteckt zwischen den Hemlocktannen; wie Vorhänge verhüllten ihre Zweige die gähnenden Tore zu den unterirdischen Gängen. Erlen und Birken säumten die von Hand in den Stein geschlagenen Minenstraßen und Schienenstränge, die von den Tunnels hoch oben in den Felsen zur Scheidestube am tiefer gelegenen Ufer führten. Moose und Flechten überzogen die Lager der Bergarbeiter, und die Städte, in denen einst ihre Familien gelebt hatten, waren verstummt. In dem Waldstreifen rings um die Abraumhalden war der Humus unfruchtbarer als in den umliegenden, nicht kontaminierten Wäldern, aber die Wurzeln der Bäume bohrten sich zwischen die nackten Felsen, und eine Handvoll säureliebender Rostiger Menziesien, Schwarzer Buckelbeeren und Adlerfarne hatte Fuß gefasst. Als wir unter den vom Regen triefnassen Ästen der Hemlocktannen standen, da schien mir, wenn es einen Ort gab, an dem die Erde die Kraft hatte, ihre Wunden zu heilen, dann hier an der Pazifikküste, in einem der reichsten Regenwälder der Erde.

Unser Vorhaben gab mir auch die Gelegenheit, Hannah zu zeigen, wie man den Grad der Schädigung – von Bäumen und Pflanzen, Böden und Moosen – und die Fähigkeit der Natur, sich zu regenerieren, abschätzen konnte, selbst wenn an der Oberfläche ihre sämtlichen Adern ausgeblutet waren. Diese Abraumhalden waren klein im Vergleich zu den Hunderten von Metern eines Kahlschlags, tausend Metern an Stellen, wo Kahlschläge ineinander übergingen und ganze Täler zerstört worden waren, und den Tausenden von Metern überall auf der Welt, wo Kupfer im Tagebau gewonnen wurde. Kahlschläge reißen akute Wunden, und doch kann da, wo der Boden intakt bleibt, der Wald sich regenerieren; wenn man aber den Boden abträgt und Metalle aus dem Inneren der Erde holt, entstehen chronische Schäden an Wäldern und Wasserläufen.

»Das ist gut, wenn die Bäume zurückkommen«, sagte Hannah, eben dabei, dem Stamm einer Westamerikanischen Hemlocktanne eine Probe zu entnehmen. Die Tanne war eine von Dutzenden – aufgereiht wie Infanteristen –, die eine Nische in dem zerfallenden Holz gefunden hatten. Samen waren aus den umliegenden gesunden Wäldern herübergekommen, ihre Wurzeln fanden Halt in verrottenden Stämmen, aus denen Pilzsymbionten die knappe Nahrung auslösten, schwammige Zellulose hielt das Wasser fest, ein wenig Licht drang durch die Baumkronen. Hannahs Baum wuchs nur halb so schnell wie der Altwald dieser Gegend – die Wurzeln flacher, die Krone lichter –, aber ich wusste, er würde es schaffen. Mein Masterstudent Gabriel hatte herausgefunden, dass sogar Hemlocksämlinge wie die, deren Wurzeln sich hier in den morschen Baumstamm krallten, Verbindung zu Mutterbäumen in der Nähe aufnehmen konnten, und sie erhielten Kohlenstoff aus den mächtigen Kronen, bis sie kräftig genug waren, um auf eigenen Füßen zu stehen. Auch die Pflanzengemeinschaft dieses Unterholzes erholte sich, die Hälfte der heimischen Sträucher und Krautpflanzen war bereits zurückgekehrt, wenn auch noch in kleinen Gruppen, die meisten davon säureliebende Pflanzen genau wie die Hemlocktanne; ganz langsam veränderten sie den Boden und brachten den Nährstoffkreislauf wieder in Gang. Diese Rückmeldeprozesse waren entscheidend dafür, dass die Bäume ihre alte Dynamik wiederfanden. In dem Loch, das wir gegraben hatten, maß ich die Tiefe des Waldbodens – der Streu-, Moder- und Humusschichten –, und er hatte schon etwa die Hälfte der Dicke des umliegenden gesunden Bodens erreicht. Als ich den Waldboden ganz abschabte, um einen Blick auf die darunter liegende Mineralerde zu werfen, ringelte sich ein bronzefarbener Hundertfüßer groß wie ein Salamander in meine Hand. »Igitt!«, rief ich und schleuderte den Gliederfüßer gegen einen Stamm, wo er sich sogleich wieder in den Boden grub. Er war wütend, er grub in einem solchen Tempo, dass es aussah, als brodle die Erde. Ein Zeichen – ein beachtliches –, dass der Waldboden sich erholte. Bald war er verschwunden, um sich wieder seinem Tagwerk zu widmen, dem Verzehr kleinerer Insekten, die wiederum noch kleinere fraßen, verdauten und ausschieden und damit die Nährstoffe umwälzten, eine Kette von Aktionen, die alle den Bäumen zu einem besseren Wachstum verhalfen. Hannah und ich aßen unsere Schokoladenkekse, dann vermaßen und notierten wir Tiefe und Textur des Bodens, Höhe und Alter der Bäume, Arten und Wuchsdichte, Anzeichen von Vögeln und anderen Tieren.

Wir fuhren fünf Kilometer den Berg hinauf und untersuchten eine Geröllhalde aus Abraumgestein – mit siebzig Prozent Gefälle so steil, dass man ein Seil gespannt hatte, damit die Arbeiter sich abseilen konnten. Im mittleren Bereich war die Halde weitgehend kahl, nur ein paar Flechten breiteten sich auf den Gesteinsbrocken aus, hie und da wurzelte Gras. Die zaghaften Triebe von Hemlocksamen, die ein Fleckchen Humus zum Keimen gefunden hatten, sahen kränklich und bleich aus – chlorotisch –, ein Zeichen von Stickstoffmangel; sie erinnerten mich an die kleinen gelben Setzlinge in den Lillooet Mountains, vor so vielen Jahren. Wir erklommen den steilen Hügel, Hannah immer dicht hinter mir. Die jungen Tannen, Kinder umstehender Mutterbäume, wurden zusehends kräftiger, je näher wir der Baumgrenze kamen. Am nebelverhüllten Waldrand waren die Sämlinge größer, die Nadeln grüner, Mykorrhizen wuchsen zwischen den Mineralien und bildeten ihrerseits Boden. Schritt für Schritt und mit der Hilfe der Mutterbäume arbeitete das Leben daran – Pilze und Bakterien, Pflanzen und Hundertfüßer –, die Wunden dieses geschundenen und doch so prachtvollen Orts zu heilen.

»Erde aus alten Waldbeständen würde auch helfen«, sagte ich und dachte dabei an Grannie Winnie, wie sie den Kompost in ihrem Garten eingesetzt, und am Fuß der Himbeersträucher die Innereien der von Grampa Bert gefangenen Fische vergraben hatte, genau wie die Heiltsuk und Bären und Wölfe die Zederngroßmütter mit Lachsgräten fütterten. Man gibt etwas zurück, der Kreis schließt sich. Und fest steht, die Beeren waren immer da am süßesten, wo Grannie Winnie am Werk war. Ich war glücklich, dass Hannah in meine Fußstapfen trat, mit mir kam, so wie ich meine Großmutter zu ihren Beeten mit Mais und Kartoffeln begleitet hatte.

»Man könnte auch Birken und Erlen hier ansiedeln«, meinte Hannah und schlug vor, Samen von den Erlen am Bach und von den Birken entlang der alten Minenstraße zu sammeln.

»Vollkommen richtig«, bestätigte ich, »und zwar grüppchenweise, nicht in Reihen.« Bäume brauchen die Gemeinschaft, einen Boden, der sie willkommen heißt, sie müssen sich zusammentun, um das Ökosystem zu gestalten, sich mit anderen Arten auszutauschen, Beziehungen zu knüpfen, die den Bauplan für ein waldumspannendes Netzwerk liefern, das Wood Wide Web, denn genau diese Komplexität macht den Wald widerstandsfähig. Heutige Wissenschaftler sind eher bereit einzuräumen, dass Wälder komplexe, anpassungs- und lernfähige Systeme sind, die sich aus einer Vielzahl von Arten zusammensetzen, Systeme, die der nächsten Generation etwas hinterlassen können, alte Bäume, eine Vielfalt an Samen und nahrhaftes Totholz zum Beispiel, und dass diese Teile auf komplexe, dynamische Weise miteinander verwoben sind, über Feedbackmechanismen verfügen und in der Lage sind, sich selbst zu organisieren. Auf diese Weise entstehen Systeme, die als Ganzes betrachtet mehr sind als die Summe ihrer Bestandteile. Solche Ökosysteme zeichnen sich durch Gesundheit, Produktivität, Schönheit und Geist aus. Saubere Luft, sauberes Wasser, fruchtbare Erde. So entsteht die Heilkraft des Waldes, und wir können unseren Teil dazu beitragen, wenn wir uns an ihm ein Beispiel nehmen.

Wir erreichten den Hügel aus Abraumgestein vor dem obersten Stolleneingang, wo die Sprengungen ein tiefes, mehrere hundert Meter hohes und ebenso breites Loch in den Berg gerissen hatten, zu dessen Füßen der kahle Stein wild verstreut lag. Die Luft war dünner, Wolken ballten sich über den Felsnadeln aus Granit, kalter Regen peitschte uns ins Gesicht. Den Hemlocktannen rings um den Stolleneingang ging es nach wie vor prächtig, ihre Nadeln samtweich, die Äste windzerzaust, die Spitzen gebeugt von den Schneemassen. Ihre Wurzeln verzweigten sich im Waldboden wie die Adern auf einem Handrücken, verwandelten Granit in Holz, versorgten Pflanzen und Tiere mit Nahrung.

Doch an der tiefen Wunde im Berg, wo Metalle den Stein tieferer Schichten glitzern ließen, hörten die Wurzeln auf. Genau wie die Gleise, die an dem Stolleneingang unter uns unvermittelt abbrachen, als seien die Männer hinab in den Fluss, in den Tod geschleudert worden. Solche Scharten waren zu tief für die Wurzeln, der bloßgelegte Fels zu unwirtlich, um Nahrung zu liefern, das Wasser zu sauer zum Trinken, die Wunden zu groß, um sich zu schließen. Die Feuchtigkeit, die aus den Felsritzen sickerte, ließ das Gestein metallisch schimmern, und selbst nach einem Jahrhundert Frieden hatten sich auf der körnigen Oberfläche noch keine Flechten oder Moose angesiedelt. Ich sah, wie tief die Erkenntnis Hannah entsetzte, dass manche Verletzungen so schwerwiegend sind, dass die Erde sie schlichtweg nicht verkraften – sich nicht von ihnen erholen kann. Sie erträgt nur ein gewisses Maß an Schmerz.

Mutterbaum im inländischen Regenwald, bei Nelson, British Columbia

Manchmal sind Verbindungen endgültig zerstört, zu viel Blut ist verloren, sodass selbst die wunderbaren, heilenden Wurzeln und die Zähigkeit eines mächtigen Mutterbaums nichts mehr ausrichten können.

Wir stiegen hinab zum untersten Stolleneingang. Auf dieser Höhe hatte der Bergbau weniger tiefe Wunden gerissen – der Wald würde sich erholen. Hannah zählte die Jahresringe an unserer letzten Probe für diesen Tag und notierte »siebenundachtzig Jahre«. Sie schob den bleistiftdicken Bohrkern zurück in das Loch im Stamm, verschloss die Wunde mit Harz und streichelte über die Borke.

»Wie schön es ist«, sagte ich, »dass an dieser Stelle mit ein bisschen Schwung, ein bisschen Nachhilfe, die Pflanzen und Tiere zurückkommen werden.« Sie würden den Wald wieder gesund machen, ihm helfen, sich zu erholen. Das Land wollte sich selbst heilen. Genau wie mein Körper, dachte ich, dankbar, dass ich hier sein und meine Arbeit fortsetzen, meiner Tochter etwas mit auf den Weg geben konnte. Wenn das System einmal den entscheidenden Wendepunkt erreicht, wenn einmal gute Entscheidungen gefällt und umgesetzt werden, wenn Einzelteile und Abläufe erneut ineinandergreifen und der Boden wiederhergestellt ist, dann ist Erholung möglich – zumindest an manchen Orten. Wir packten unsere Ausrüstung zusammen und machten uns auf den Weg bergab, der Boden immer noch kupfergrün gesprenkelt, das Sickerwasser noch ein wenig säurehaltig, aber alles langsam auf dem Wege der Besserung.

Ein Teppich aus kräftigen Sämlingen streifte beim Gehen unsere Knöchel. Auf umgestürzten Baumstämmen wie Marschkolonnen reckten die größeren Hemlocktannen ihre Haupttriebe munter der Sonne entgegen, die Wurzeln fest verankert im Holz. »Ich glaube, ich will Forstökologin werden, Mama«, sagte meine

Tochter und fuhr mit der Hand über die fedrigen Nadeln der kleinen Bäume.

Ich blieb stehen und warf einen Blick zurück. Als Silhouette vor der untergehenden Sonne, höher aufragend als alle anderen, verwurzelt in dem vulkanischen Fels, der ihr Nahrung gab, stand der Mutterbaum dieser großen Baumkinderschar. Die Äste der Mutter waren ausgebreitet wie Arme, knorrig von Jahrhunderten des Schnees, mit lange verheilten Narben, Fingerspitzen, an denen in Massen die Zapfen hingen. Ich war besonnen, glücklich, aber ich brauchte Ruhe. Eine Schulklasse aus Virginia hatte mir ein Gedicht mit dem Titel »Mama Baum« geschickt, in dem eine Mutter zu uns allen sagt: *Gute Nacht, meine Lieben; jetzt ist Zeit für den Schlaf.* Heute Abend würde ich auf dem kleinen Pfad hinunter zum Squamish River wandern, würde in Gesellschaft der Reiher am Ufer sitzen und in der warmen Luft die Augen schließen.

Hannah holte Kamera und GPS-Gerät aus der Westentasche, machte ein Foto von der Baummutter und ihrer Kinderschar und notierte sich die Koordinaten. »Das können wir in unserem Bericht bringen«, sagte sie; sie lernte, das Wachstum des Waldes zu *sehen*, eine Weisheit, die weiter und weiter wachsen würde.

Die Sonne versank hinter der ausladenden Krone des Mutterbaums, und ein Weißkopfseeadler landete auf dem obersten Ast, ließ Zapfen herabregnen. Er neigte sein weißes Haupt und sah uns geradewegs an. Ich atmete tief, mein Hauch mischte sich mit dem kühlen Strom der Bergluft. Ich stelle mir vor, dass dieser Hauch bis zu dem Adler emporstieg, denn genau in dem Augenblick plusterte er seine mächtigen Schwingen. *Heute weiß ich es.* Heute weiß ich, warum diese Sämlinge gesund sind, trotz all der Schäden und Verwüstungen, anders als die kleinen gelben Bäumchen vor so langer Zeit in den Lillooet Mountains, denen ich geschworen hatte, ihrem Leid mein Leben zu widmen. Die Samen der Bäume, die ich hier sah, hatten in dem weit gespannten Mykorrhizennetzwerk dieser Mutter gekeimt.

Ihre ersten Wurzeln tranken von der nahrhaften Suppe, die sie ihnen durch diese Verbindungen zukommen ließ. Die Triebe erhielten Nachricht von all dem, was die Mutter schon durchgestanden hatte, und dieses Wissen gab ihnen einen guten Start.

Das war das Geheimnis ihres smaragdgrünen Nadelkleids.

Plötzlich erhob sich der Adler, ließ sich von einem Aufwind tragen und verschwand jenseits der Gipfel. Nicht einen einzigen Augenblick in dieser Welt gibt es, der nicht von Belang ist. Nichts sollte verloren gehen. Alles hat seinen Sinn und seinen Zweck, und alles muss behutsam gehütet werden. Daran glaube ich. Daran sollten wir alle glauben. Wir können sehen, wie dieser Glaube größer wird. Einfach von sich aus, zu jeder Zeit – und zu jeder Zeit neu – werden Reichtum und Schönheit wachsen und gedeihen.

Hannah verstaute die Bodenproben in ihrem Rucksack. Die Regentropfen fielen so heftig, dass die Farne davon schauderten, und Hannah setzte ihre Kapuze auf. Sie schaute in die Höhe, wollte sehen, wohin der Adler geflogen war, dann wies sie zu dem Granitgrat in der Ferne, wo er sich eben zu einem Gefährten gesellte.

Der Wind fuhr durch die Nadeln der Baummutter, doch sie stand unerschütterlich. Sie hatte die Natur in unzähligen Formen erlebt: heiße Sommertage mit ihren Moskitoschwärmen, Regenschwaden über Wochen hinweg, Schnee so schwer, dass ihre Äste davon brachen, Dürreperioden gefolgt von langer Feuchtwetterzeit. Der Himmel färbte sich scharlachrot, die Baumglieder standen in Flammen, errötet von der Erregung, dem Schlachtruf. Noch Jahrhunderte würde sie hier stehen, würde die Wiedererstehung dieses Waldes begleiten, würde dem Wald alles geben, was sie hatte, lange nachdem ich nicht mehr da war. *Leb wohl, liebste Mama.* Ich war müde, ich hatte Mühe, meine Weste zu schließen. Hannah wuchtete sich ihren schweren Rucksack auf den Rücken, balancierte ihn aus, zurrte die Riemen fest, bemerkte das Gewicht kaum.

Sie nahm meine Schaufel, damit ich nicht so schwer zu tragen hatte, und fasste mich bei der Hand, Führerin auf unserem Weg nach Hause.

EPILOG

Das Mutterbaum-Projekt

Mit dem Mutterbaum-Projekt habe ich im Jahr 2015 begonnen, in der Zeit meiner Wiedergeburt nach dem Krebs. Es ist das umfangreichste Experiment, das ich je in Angriff genommen habe, und alles dreht sich darum, die Mutterbäume und die verbindenden Strukturen in den Wäldern zu erhalten und ihre Fähigkeit zur Regeneration zu bewahren, gerade im Angesicht eines sich wandelnden Klimas.

Das Mutterbaum-Projekt umfasst neun Versuchswälder, die auf einem »klimatischen Regenbogen« in British Columbia liegen – von heißen und trockenen Wäldern in der Südostecke der Provinz bis hin zu kalten und feuchten Beständen im Zentrum des nördlichen Landesinneren. Wir untersuchen die Strukturen und Funktionsweisen der Wälder – wie die Beziehungsnetzwerke unter realen Bedingungen arbeiten und sich verändern, wenn beim Holzeinschlag in einem systematischen Muster hier mehr, dort weniger Mutterbäume stehen bleiben und beim Aufforsten verschiedene Kombinationen von Arten zum Einsatz kommen. Wir wollen auf solide Fakten begründete Vermutungen darüber anstellen, welche Kombinationen aus Holzernte und Wiederaufforstung unter den schwierigen Bedingungen für unseren Planeten in der heutigen Zeit die erfolgversprechendsten sind und wie wir trotz der Notwendigkeit, die Ressourcen des Waldes zu nutzen, die Netzwerke gesund erhalten können.

Wir leisten dabei unseren Teil zur Entwicklung einer neuen wissenschaftlichen Weltsicht, der Erforschung komplexer Systeme. Zusammenarbeit spielt im Naturgeschehen eine ebenso große Rolle wie der Wettbewerb, sämtliche Spielarten der Interaktion, die einen Wald ausmachen, müssen berücksichtigt sein, und systemtheoretische Erkenntnis kann zu einer neuen forstwirtschaftlichen Praxis führen, anpassungsfähig und ganzheitlich, nicht mehr simplistisch und autoritär.

Mittlerweile weiß jeder, was es mit dem Klimawandel auf sich hat, und es gibt kaum jemanden, der die Auswirkungen nicht schon am eigenen Leib gespürt hat. Die Kohlendioxidkonzentration in der Atmosphäre ist zwischen 1850 und 1958 von 285 ppm (Anteile pro Million, also 285 Kohlendioxidmoleküle auf eine Million Luftmoleküle) auf 315 ppm gestiegen. Jetzt, zum Zeitpunkt, zu dem ich dies schreibe, hat die Konzentration bereits 412 ppm überschritten, und wenn wir in diesem Tempo weitermachen, werden wir zu der Zeit, zu der Hannah und Nava vielleicht ihre eigenen Kinder großziehen, das Niveau von 450 ppm erreicht haben, das unter Wissenschaftlern als Kipppunkt gilt.

Aber ich gebe die Hoffnung nicht auf. Manchmal, wenn man glaubt, alles sei völlig festgefahren, kommt plötzlich Bewegung in eine Sache. Ausgehend von meinen Forschungen wurde die Politik des ungehinderten Wachstums im Jahr 2000 dahingehend modifiziert, dass in bestimmten Regionen der Provinz ein paar Birken und Zitterpappeln stehen bleiben durften, aber an der grundsätzlichen Einstellung änderte sich nichts – nach wie vor galten diese Laubbäume als unliebsame Konkurrenten, als

Störenfriede. Aber mittlerweile gibt es eine Generation von jungen Forstleuten, die bei der Wiederaufforstung mit viel Überlegung vorgehen und darauf achten, dass alte Bäume verschont werden und in den Wäldern Artenvielfalt herrscht.

Wir haben es in der Hand, wir können das Steuer herumreißen. Es ist unser Mangel an Verbundenheit – und das verloren gegangene Verständnis für die erstaunlichen Fähigkeiten der Natur –, der für einen Großteil unserer Verzweiflung verantwortlich ist, und gerade gegenüber der Pflanzenwelt treten wir Menschen noch immer mit der größten Missachtung auf. Wenn wir sie als empfindsame Wesen begreifen, wird sich unsere Empathie, unsere Liebe zu Bäumen, Pflanzen und Wäldern auf natürliche Weise vertiefen, und dann werden wir auch neue Lösungen finden. Die Hinwendung zur Intelligenz *der Natur selbst* ist der Schlüssel.

Jeder Einzelne von uns kann etwas bewirken. Bauen Sie Beziehungen zu Pflanzen auf, mit denen Sie sich identifizieren können. Wenn Sie in der Stadt leben, stellen Sie einen Blumentopf auf den Balkon. Wenn Sie ein Grundstück haben, legen Sie einen Garten an, oder schließen Sie sich einem gemeinschaftlichen Gartenprojekt an. Und etwas Einfaches, doch Tiefbedeutendes können Sie jetzt auf der Stelle tun: Gehen Sie hinaus und suchen Sie sich einen Baum aus – *Ihren* Baum. Stellen Sie sich vor, wie Sie sich in sein Netzwerk einloggen und Verbindung zu anderen Bäumen in der Nähe aufnehmen. Öffnen Sie Ihre Sinne.

Wenn Sie mehr tun wollen, lade ich Sie ein ins Herz des Mutterbaum-Projekts, wo Sie Techniken und Lösungen kennenlernen können, die im Dienste der Artenvielfalt und Kohlenstoffspeicherung stehen; ebenso eine Vielzahl von ökologischen Produkten und Dienstleistungen, die all die Systeme unterstützen, von denen unser Leben abhängt. Die Möglichkeiten sind so grenzenlos wie unsere Phantasie. Wissenschaftler, Studenten und die breite Öffentlichkeit, alle, die sich an diesen interdisziplinären Forschungen in den Tiefen des Waldes beteiligen und Teil einer von Wissenschaftlern und Bürgern getragenen Initiative sein wollen, einer Bewegung zur Rettung der Wälder in aller Welt, finden weitere Informationen unter http://mothertreeproject.org.

Vive la forêt!

Dank

Es ist beinahe unmöglich, all den vielen zu danken, die mit ihrer Unterstützung und ihrem Glauben an mich zu der Arbeit beigetragen haben, deren Geschichte ich in *Die Weisheit der Wälder* erzähle. Jedes Kapitel dieses Buches berichtet von gemeinschaftlicher Anstrengung, und ich stehe für alle Zeiten in der Schuld all derer, die ihr Leben, ihre Arbeit und ihr Wissen mit mir geteilt und es dadurch erst möglich gemacht haben, diesen Bericht zu schreiben und unsere Sache hinaus in die Welt zu tragen. Die hingebungsvolle Unterstützung durch Familie und Freunde, durch Studenten, Lehrer und Kollegen und nicht zuletzt auch die Hilfe meines Writing Coach, meiner Agentin und meiner Lektorinnen gaben mir die Kraft, die Ausdauer und den Mut, das Werk zu vollenden.

Den Anstoß zu diesem Buch verdanke ich Doug Abrams und Lara Love Hardin von Idea Architects. Ohne ihr Interesse, ihre Einsichten, ihre Kreativität wäre dieses Buch bei Weitem nicht geworden, was es jetzt ist. Besonders dankbar bin ich meinem Coach bei Idea Architects, Katherine Vaz, für die enge Zusammenarbeit. Kapitel für Kapitel sorgte Katherine dafür, dass meine Erinnerungen zurückkehrten, ich die richtigen Konzepte fand, entlockte mir wichtige Details, schrieb ungelenke Passagen um und montierte die Geschichten auf eine Weise zusammen, die Leserinnen und Lesern Lust auf das Weiterlesen machen wird. Sie unterstützte und ermutigte mich vom ersten Wort bis zum letzten Satz, und als wir mit dem Buch fertig waren, da kam es mir vor, als wisse sie ebenso viel über mein Leben wie ich selbst. Auf Anhieb waren wir Freundinnen, und während der Arbeit ist die Freundschaft nur noch größer geworden. Der Dank dafür, dass aus diesem Buch etwas so Strahlendes geworden ist, gebührt der großartigen Katherine.

Ich danke meiner Lektorin bei der Knopf Doubleday Publishing Group, Vicky Wilson. Danke dafür, dass sie sich eines Manuskripts über Bäume angenommen hat. Sie ist ein Mensch, der weiß, dass dieselben Einstellungen zur Welt, die unsere Wälder zerstören, auch unsere Gesellschaft im Würgegriff halten, und dass eine Antwort auf diese Bedrohung nur aus einer tiefen Einsicht in uns selbst entspringen kann, einer Besinnung auf unseren Platz in der Natur und auf das, was die Natur uns lehren kann. Nicht nur ich selbst bin, meine ganze Familie ist Vicky zu Dank verpflichtet für ihre Idee, das Buch mit historischen Familienfotos zu bebildern. Danke, Vicky, dafür, dass du dieses Buch wichtig fandest und ihm zu so blühendem Leben verholfen hast.

Meine Lektorin beim britischen Penguin-Verlag, Laura Stickney, half mit, die wissenschaftlichen Passagen zu schärfen, und hielt ein sorgsames Auge darauf. Danke, Laura, für deine Aufmerksamkeit und die sachkundige Betreuung in den letzten Entstehungsphasen des Buches.

Dieses Buch ist ein Liebesbrief an meine Familie. Es ist ein Dankgedicht an meine Großeltern mütterlicherseits, Winnie und Bert, und die ganze Gardner- und Ferguson-Familie und an meine Großeltern väterlicherseits, Henry und Martha, und die

Familien Simard und Antilla, denen ich mein erstes Wissen über das Wasser und die Bäche und den Wald verdanke. Durch sie weiß ich, was es hieß, als Siedler in dieses Land zu kommen, von ihnen habe ich gelernt, wie man unter härtesten Bedingungen trotzdem glücklich leben kann. Und am allermeisten danke ich meinen Eltern, Ellen June Simard und Ernest Charles (Peter) Simard, und meinen Geschwistern, Robyn Elizabeth Simard and Kelly Charles Simard; jede Zeile in diesem Buch handelt von uns, von dem Ort, von dem wir herkommen, den Wäldern, die uns geprägt haben. Dieses Buch ist auch ein Geschenk an die Angehörigen der Geschwister, insbesondere Oliver Raven James Heath, Kelly Rose Elizabeth Heath, Matthew Kelly Charles Simard und Tiffany Simard, in deren Leben diese Geschichten weiterleben.

Dank gebührt auch meinen wunderbaren Freunden, all eure Schrullen und Launen liebe ich ebenso sehr wie ihr die meinen. Ganz besonders danke ich dir, Winnifred Jean Roach (geborene Mather), dafür dass du die großartigste beste Freundin bist, die je ein Mensch sich wünschen könnte; gemeinsam haben wir nun schon vier Jahrzehnte lang unser Leben dem Wald gewidmet. Barb Zimonick danke ich dafür, dass sie über ein Jahrzehnt lang meine technische Assistentin beim Forest Service war und sich um die Abrechnungen, die Lastwagen, die Ausrüstung und um die Sommerstudenten gekümmert hat, in langen Arbeitstagen weit fort von zu Hause, als unsere Kinder noch klein waren. Barb und ihrer Familie danke ich für all diese Jahre aus tiefstem Herzen.

Eine unmögliche Aufgabe, all den Studierenden ausführlich genug zu danken, die mich bei meinen Forschungen unterstützt und inspiriert haben. Eure Arbeit steckt in den Ergebnissen, von denen ich auf diesen Seiten spreche, und ich danke euch hier in der Reihenfolge, in der ihr zu mir gekommen seid: Rhonda DeLong, Karen Baleshta, Leanne Philip, Brendan Twieg, François Teste, Jason Barker, Marcus Bingham, Marty Kranabetter, Julia Dordel, Julie Deslippe, Kevin Beiler, Federico Osorio, Shannon Guichon, Trevor Blenner-Hassett, Julia Chandler, Julia Amerongen Maddison, Amanda Asay, Monika Gorzelak, Gregory Pec, Gabriel Orrego, Huamani Orrego, Anthony Leung, Amanda Mathys, Camille Defrenne, Dixi Modi, Katie McMahen, Allen Larocque, Eva Snyder, Alexia Constantinou und Joseph Cooper. Ich danke meinen Postdocs und Forschungsassistenten – ihr seid die heimlichen Helden dieses Werks: den Doktoren Teresa Ryan, Brian Pickles, Yuan Yuan Song, Olga Kazantseva, Sybille Haeussler, Justine Karst und Toktam Sajedi. Den Tausenden von Undergraduates, die ich im Laufe von zwei Dekaden unterrichtet habe – ich danke euch dafür, dass ihr mir das Unterrichten beigebracht habt, und dafür, dass ihr euch im Wald Hände und Hosen schmutzig gemacht habt, die Wunder des Walds gesehen, berührt und ihnen gelauscht habt. Ich hoffe, ich habe ein wenig von meiner eigenen Begeisterung weitergegeben, meiner Liebe zu dem, was mich mein Leben lang fasziniert hat.

Die Liste der Kollegen, mit denen ich über die Jahre das Vergnügen der Zusammenarbeit hatte, wäre zu lang, um sie alle hier aufzuführen, aber ganz besonderen Dank schulde ich den Doktoren Dan Durall, Melanie Jones und Randy Molina, dafür, dass sie ihre Begeisterung für das unterirdische Leben der Wälder mit mir geteilt haben. Ich danke Deborah DeLong, deren Wege in einer vielfältigen Karriere im Forst- und im akademischen Betrieb sich immer wieder zu den spannendsten Zeiten mit den meinen kreuzten. Auch an meine frühen Jahre beim Forest Service denke ich mit Dank zurück, gerade an meine Forstkollegen

Dave Coates und Teresa Newsome und an meine frühe Koautorin Jean Heineman.

Ich danke meinen Lehrern und Mentoren, die mir zu einem tieferen Verständnis der Waldwissenschaften verholfen haben. Der Erste in dieser Reihe war Les Lavkulich, ein Pionier der chemischen Analyse von Waldboden, ein leuchtendes Beispiel für einen wirklich mitreißenden Lehrer – bei ihm klang die Entstehung des Waldbodens wie das interessanteste Thema der Welt –, der Betreuer meiner Bachelorarbeit. Als ich 1990 eine forstwirtschaftliche Forschungsstelle beim Forest Service erhielt, nahm Alan Vyse mich unter seine Fittiche und brachte mir bei, wissenschaftlich zu denken, ohne dabei die Gesamtheit des Waldes aus den Augen zu verlieren, und öffnete mir die Türen zu weiterer Forschungsarbeit. Alan, ich werde dir für alle Zeit dankbar sein für all die Dinge, die du mir beigebracht, und all die Chancen, die du mir gegeben hast. Ebenso bin ich dem Betreuer meiner Masterarbeit zu Dank verpflichtet, Steve Radosevich, dem Mann, der die präzise Analyse der Wechselbeziehungen zwischen den Arten von der land- in die forstwissenschaftliche Forschung brachte und später uns allen beibrachte, dass in Pflanzengemeinschaften die Menschen genauso wichtig sind wie die Pflanzen selbst. Großen Dank schulde ich meinem Doktorvater David A. Perry, bei dem ich lernte, die Forstwirtschaft mit den Augen der Ökologie zu sehen. Bei allen dreien bin ich stolz, dass ich ihre Schülerin gewesen bin.

Einer Reihe von Künstlern, Schriftstellern und Filmemachern bin ich zu Dank verpflichtet, Leuten, die sich für meine Arbeit interessiert und ihr eine neue Gestalt verliehen haben, mit der sie ein neues Publikum erreichen konnte. Insbesondere danke ich Lorraine Roy für die *Woven Woods*, Louie Schwartzberg für *Fantastic Fungi*, Richard Powers für *The Overstory (Die Wurzeln des Lebens)*, Erna Buffie für *Smarty Plants* sowie Dan McKinney und Julia Dordel für *Mother Trees Connect the Forest.* Die Zusammenarbeit mit meinem Schwager Bill Heath, in der er mein Werk für die TED-Bühne bereitmachte, war mir ein großes Vergnügen, ebenso seine Dokumentarfilme über die Mutterbaum- und Lachswald-Projekte, und ich danke ihm auch für die Initiative zu dem Archiv mit historischen Familienfotos und Bildern aus meinem Leben, von denen es einige als Abbildungen in dieses Buch geschafft haben.

Nichts, was auf diesen Seiten steht, hätte es ohne die ideelle und materielle Unterstützung durch eine Reihe von Institutionen, Behörden und Stiftungen gegeben. Dazu gehören das British Columbia Ministry of Forests and Range, die Universität von British Columbia, der Natural Sciences and Engineering Research Council of Canada (NSERC), die Canadian Foundation for Innovation (CFI), Genome BC, die Forest Enhancement Society of British Columbia (FESBC), die Forest Carbon Initiative (FCI) und weitere. Außerdem bin ich der Donner Canadian Foundation für ihre großzügige Unterstützung des Lachswald-Projekts zu Dank verpflichtet sowie der Jena and Michael King Foundation für die des Mutterbaum-Projekts.

Mehrere maßgebliche Leute haben das Manuskript gelesen und kommentiert und sind mir dabei eine große Hilfe gewesen, darunter June Simard, Peter Simard, Robyn Simard, Bill Heath, Don Sachs, Trish Miller, Jean Roach und Alan Vyse. Sehr dankbar bin ich auch Dr. Teresa »Sm'hayetsk« Ryan (Tsimshian Nation), die begutachtete, was ich über die Ureinwohner schreibe, und mir ihre Sicht der Welt erläuterte. Dafür dass sie Wert in meinen Bemühungen gesehen hat, Verbindungen zwischen diesen kleinen wissenschaftlichen Entdeckungen und den tieferen sozioökologischen Beziehungen zu finden, auf denen das Leben der einheimischen Völker beruht. Ich danke Nora Reichard, Herstellerin bei Penguin Random House, für die sorgfältige Einrichtung des Manuskripts.

Für Mitarbeit und Diskussionen bin ich mehreren Vertretern einheimischer Völker zu Dank verpflichtet, der Küsten-Salish, Heiltsuk, Tsimshian, Haida, Athabascan, Binnen-Salish und Ktunaxa, auf deren traditionellem, unerschütterlichem Stammland wir bei unseren Forschungen gelebt und gearbeitet haben.

Ich danke Don dafür, dass er mir in einigen der schwersten Zeiten meines Lebens zur Seite gestanden hat, und auch einigen der glücklichsten, und dafür, dass er unseren schönen Töchtern Hannah Rebekah Sachs und Nava Sophia Sachs ein wunderbarer Vater ist. Immer bin ich dir für deine Liebe und deine Unterstützung dankbar gewesen.

Und schließlich will ich dir, Mary, danken, dafür, dass du immer da warst, um mir aufzuhelfen, wenn ich am Boden lag, stets mit dem notwendigen Quäntchen Vernunft bereit warst für das nächste Abenteuer.

In letzter Konsequenz bin ich allein für den Inhalt dieses Buches verantwortlich. Ich habe mich bemüht, die Geschichte ehrlich und aufrichtig zu erzählen, so wie sie war, aber manchmal musste ich auch mit ein wenig Phantasie Erinnerungslücken füllen. Ein paar kleine Änderungen schützen die Privatsphäre von Personen. Einige Namen sind der Kürze halber ausgelassen, oder ich habe sie, wiederum zum Schutz der Privatsphäre, geändert, aber ich hoffe, jeder ist erwähnt, der erwähnt werden sollte. Wo Studenten oder Kollegen nicht oder nur mit dem Vornamen genannt sind, erscheinen ihre entsprechenden Arbeiten in den Quellenangaben.

Ausgewählte Quellen

Einleitung: Verbindungen

Enderby and District Museum and Archives Historical Photograph Collection. *Log chute at falls near Mabel Lake in Winter. 1898.* (In der Nähe des Simard Creek, am östlichen Ufer des Mabel Lake gelegen.) www.enderbymuseum.ca/archives.php.

Pierce, Daniel. 2018. 25 years after the war in the woods: Why B.C.'s forests are still in crisis. *The Narwhal.* https://thenarwhal.ca/25-years-after-clayoquot-sound-blockades-the-war-in-the-woods-never-ended-and-its-heating-back-up/.

Raygorodetsky, Greg. 2014. Ancient woods. Kapitel 3 in *Everything Is Connected.* National Geographic. https://blog.nationalgeographic.org/2014/04/22/everything-is-connected-chapter-3-ancient-woods/.

Simard, Isobel. 1977. The Simard story. In *Flowing Through Time: Stories of Kingfisher and Mabel Lake.* Kingfisher History Committee, S. 321–322.

UBC Faculty of Forestry Alumni Relations and Development. Welcome forestry alumni. https://getinvolved.forestry.ubc.ca/alumni/.

Western Canada Wilderness Committee. 1985. Massive clearcut logging is ruining Clayoquot Sound. *Meares Island,* S. 2–3.

1 Waldgespenster

Ashton, M. S., und Kelty, M. J. 2019. *The Practice of Silviculture: Applied Forest Ecology,* 10. Aufl. Hoboken, NJ: Wiley.

Edgewood Inonoaklin Women's Institute. 1991. *Just Where Is Edgewood?* Edgewood, BC: Edgewood History Book Committee, S. 138–141.

Hosie, R. C. 1979. *Native Trees of Canada,* 8. Aufl. Markham, ON: Fitzhenry & Whiteside Ltd.

Kimmins, J. P. 1996. *Forest Ecology: A Foundation for Sustainable Management,* 3. Aufl. Upper Saddle River, NJ: Pearson Education.

Klinka, K., Worrall, J., Skoda, L., und Varga, P. 1999. *The Distribution and Synopsis of Ecological and Silvical Characteristics of Tree Species in British Columbia's Forests,* 2. Aufl. Coquitlam, BC: Canadian Cartographics Ltd.

Ministry of Forest Act. 1979. *Revised Statutes of British Columbia.* Victoria, BC: Queen's Printer.

Ministry of Forests. 1980. *Forest and Range Resource Analysis Technical Report.* Victoria, BC: Queen's Printer.

National Audubon Society. 1981. *Field Guide to North American Mushrooms.* New York: Knopf.

Pearkes, Eileen Delehanty. 2016. *A River Captured: The Columbia River Treaty and Catastrophic Challenge.* Calgary, AB: Rocky Mountain Books.

Pojar, J., und MacKinnon, A. 2004. *Plants of Coastal British Columbia,* überarbeitete Aufl. Vancouver, BC: Lone Pine Publishing.

Stamets, Paul. 2005. *Mycelium Running: How Mushrooms Can Save the World.* Berkeley, CA: Ten Speed Press.

Vaillant, John. 2006. *The Golden Spruce: A True Story of Myth, Madness and Greed.* Toronto: Vintage Canada.

Weil, R. R., und Brady, N. C. 2016. *The Nature and Properties of Soils,* 15. Aufl. Upper Saddle River, NJ: Pearson Education.

2 Handarbeit

Enderby and District Museum and Archives Historical Photograph Collection. *Henry Simard, Wilfred Simard, and a third unknown man breaking up a log jam in the Skookumchuck Rapids on part of a log drive down the Shuswap River. 1925.* www.enderby museum.ca/archives.php.

Ebd. *Moving Simard's houseboat on Mabel Lake. 1925.* www.enderbymuseum.ca/archives.php.

Hatt, Diane. 1989. Wilfred and Isobel Simard. In *Flowing Through Time: Stories of Kingfisher and Mabel Lake.* Kingfisher History Committee, S. 323–324.

Mitchell, Hugh. 2014. Memories of Henry Simard. In *Flowing Through Time: Stories of Kingfisher and Mabel Lake.* Kingfisher History Committee, S. 325.

Oliver, C. D., und Larson, B. C. 1996. *Forest Stand Dynamics,* aktualisierte Aufl. New York: Wiley.

Pearase, Jackie. 2014. Jack Simard: A life in the Kingfisher. In *Flowing Through Time: Stories of Kingfisher and Mabel Lake.* Kingfisher History Committee, S. 326–328.

Soil Classification Working Group. 1998. *The Canadian System of Soil Classification,* 3. Aufl. Agriculture and Agri-Food Canada Publication 1646. Ottawa, ON: NRC Research Press.

3 Durstig

Arora, David. 1986. *Mushrooms Demystified,* 2. Aufl. Berkeley, CA: Ten Speed Press.

British Columbia Ministry of Forests. 1991. *Ecosystems of British Columbia.* Special Report Series 6. Victoria, BC: BC Ministry of Forests. http://www.for.gov.bc.ca/hfd/pubs/Docs/Srs/SRseries.htm.

Burns, R. M., und Honkala, B. H., hg. 1990. *Silvics of North America.* Bd. 1, *Conifers.* Bd. 2, *Hardwoods.* USDA Agriculture Handbook 654. Washington, DC: U.S. Forest Service. Nur online verfügbar unter http://www.na.fs.fed.us/spfo/pubs/silvics%5Fmanual.

Parish, R., Coupe, R., und Lloyd, D. 1999. *Plants of Southern Interior British Columbia,* 2. Aufl. Vancouver, BC: Lone Pine Publishing.

Pati, A. J. 2014. *Formica integroides* of Swakum Mountain: A qualitative and quantitative assessment and narrative of *Formica* mounding behaviors influencing litter decomposition in a dry, interior Douglas-fir forest in British Columbia. Masterarbeit, University of British Columbia. doi: 10.14288/1.0166984.

4 Auf die Bäume!

Bjorkman, E. 1960. *Monotropa hypopitys* L. – An epiparasite on tree roots. *Physiologia Plantarum* 13: S. 308–327.

Fraser Basin Council. 2013. *Bridge Between Nations.* Vancouver, BC: Fraser Basin Council and Simon Fraser University.

Herrero, S. 2018. *Bear Attacks: Their Causes and Avoidance,* 3. Aufl. Lanham, MD: Lyons Press.

Martin, K., und Eadie, J. M. 1999. Nest webs: A community wide approach to the management and conservation of cavity nesting birds. *Forest Ecology and Management* 115: S. 243–257.

M'Gonigle, Michael, und Wickwire, Wendy. 1988. *Stein: The Way of the River.* Vancouver, BC: Talonbooks.

Perry, D. A., Oren, R., und Hart, S. C. 2008. *Forest Ecosystems,* 2. Aufl. Baltimore: The Johns Hopkins University Press.

Prince, N. 2002. Plateau fishing technology and activity: Stl'atl'imx, Secwepemc and Nlaka'pamux knowledge. In *Putting Fishers' Knowledge to Work,* hg. N. Haggan, C. Brignall, und L. J. Wood. Tagungsakten, 27.–30. August 2001. In *Fisheries Centre Research Reports* 11 (1): S. 381–391.

Smith, S., und Read, D. 2008. *Mycorrhizal Symbiosis*. London: Academic Press.

Swinomish Indian Tribal Community. 2010. *Swinomish Climate Change Initiative: Climate Adaptation Action Plan.* La Conner, WA: Swinomish Indian Tribal Community. http://www.swinomish-nsn.gov/climate_change/climate_main.html.

Thompson, D., und Freeman, R. 1979. *Exploring the Stein River Valley*. Vancouver, BC: Douglas & McIntyre.

Walmsley, M., Utzig, G., Vold, T., et al. 1980. *Describing Ecosystems in the Field*. RAB Technical Paper 2; Land Management Report 7. Victoria, BC: Research Branch, British Columbia Ministry of Environment und British Columbia Ministry of Forests.

Wickwire, W. C. 1991. Ethnography and archaeology as ideology: The case of the Stein River valley. *BC Studies* 91–92: S. 51–78.

Wilson, M. 2011. Co-management re-conceptualized: Human-land relations in the Stein Valley, British Columbia. Bachelorarbeit, University of Victoria.

York, A., Daly, R., and Arnett, C. 2019. *They Write Their Dreams on the Rock Forever: Rock Writings in the Stein River Valley of British Columbia,* 2. Aufl. Vancouver, BC: Talonbooks.

5 Tödlicher Boden

British Columbia Ministry of Forests. 1986. *Silviculture Manual*. Victoria, BC: Silviculture Branch.

Ebd. 1987. *Forest Amendment Act (No. 2)*. Victoria, BC: Queen's Printer. This act enabled enforcement of silvicultural performance and shifted cost and responsibility for reforestation to companies harvesting timber.

British Columbia Parks. 2000. *Management Plan for Stein Valley Nlaka'pamux Heritage Park*. Kamloops: British Columbia Ministry of Environment, Lands and Parks, Parks Division.

Chazan, M., Helps, L., Stanley, A., und Thakkar, S., hg. 2011. *Home and Native Land: Unsettling Multiculturalism in Canada*. Toronto, ON: Between the Lines.

Dunford, M. P. 2002. The Simpcw of the North Thompson. *British Columbia Historical News* 25 (3): S. 6–8.

First Nations land rights and environmentalism in British Columbia. http://www.first nations.de/indian_land.htm.

Haeussler, S., und Coates, D. 1986. *Autecological Characteristics of Selected Species That Compete with Conifers in British Columbia: A Literature*

Review. BC Land Management Report 33. Victoria, BC: BC Ministry of Forests.

Ignace, Ron. 2008. Our oral histories are our iron posts: Secwepemc stories and historical consciousness. Dissertation, Simon Fraser University.

Lindsay, Bethany. 2018. »It blows my mind«: How B.C. destroys a key natural wildfire defence every year. CBC News, Nov. 17, 2018. https://www.cbc.ca/news/canada/british-columbia/it-blows-my-mind-how-b-c-destroys-a-key-natural-wildfire-defence-every-year-1.4907358.

Malik, N., und Vanden Born, W. H. 1986. *Use of Herbicides in Forest Management.* Information Report NOR-X-282. Edmonton: Canadian Forestry Service.

Mather, J. 1986. *Assessment of Silviculture Treatments Used in the IDF Zone in the Western Kamloops Forest Region.* Kamloops: BC Ministry of Forestry Research Section, Kamloops Forest Region.

Nelson, J. 2019. Monsanto's rain of death on Canada's forests. Global Research. https://www.globalresearch.ca/monsantos-rain-death-forests/5677614.

Simard, S. W. 1996. Design of a birch/conifer mixture study in the southern interior of British Columbia. In *Designing Mixedwood Experiments: Workshop Proceedings, March 2, 1995, Richmond, BC,* hg. P. G. Comeau und K. D. Thomas. Working Paper 20. Victoria, BC: Research Branch, BC Ministry of Forests, S. 8–11.

Dies. 1996. Mixtures of paper birch and conifers: An ecological balancing act. In *Silviculture of Temperate and Boreal Broadleaf-Conifer Mixtures: Proceedings of a Workshop Held Feb. 28–March 1, 1995, Richmond, BC,* hg. P. G. Comeau und K. D. Thomas. BC Ministry of Forests Land Management Handbook 36. Victoria, BC: BC Ministry of Forests, S. 15–21.

Dies. 1997. Intensive management of young mixed forests: Effects on forest health. In *Proceedings of the 45th Western International Forest Disease Work Conference, Sept. 15–19, 1997,* hg. R. Sturrock. Prince George, BC: Pacific Forestry Centre, S. 48–54.

Dies. 2009. Response diversity of mycorrhizas in forest succession following disturbance. Kapitel 13 in *Mycorrhizas: Functional Processes and Ecological Impacts,* hg. C. Azcon-Aguilar, J. M. Barea, S. Gianinazzi und V. Gianinazzi-Pearson. Heidelberg: Springer-Verlag, S. 187–206.

Simard, S. W., und Heineman, J. L. 1996. *Nine-Year Response of Douglas-Fir and the Mixed Hardwood-Shrub Complex to Chemical and Manual Release Treatments on an ICHmw2 Site Near Salmon Arm.* FRDA Research Report 257. Victoria, BC: Canadian Forest Service und BC Ministry of Forests.

Dies. 1996. *Nine-Year Response of Engelmann Spruce and the Willow Complex to Chemical and Manual Release Treatments on an Ichmw2 Site Near Vernon.* FRDA Research Report 258. Victoria, BC: Canadian Forest Service und BC Ministry of Forests.

Dies. 1996. *Nine-Year Response of Lodgepole Pine and the Dry Alder Complex to Chemical and Manual Release Treatments on an Ichmk1 Site Near Kelowna.* FRDA Research Report 259. Victoria, BC: Canadian Forest Service und BC Ministry of Forests.

Simard, S. W., Heineman, J. L., und Youwe, P. 1998. *Effects of Chemical and Manual Brushing on Conifer Seedlings, Plant Communities and Range Forage in the Southern Interior of British Columbia: Nine-Year Response.* Land Management Report 45. Victoria, BC: BC Ministry of Forests.

Swanson, F., und Franklin, J. 1992. New principles from ecosystem analysis of Pacific Northwest forests. *Ecological Applications 2:* S. 262–274.

Wang, J. R., Zhong, A. L., Simard, S. W., und Kimmins, J. P. 1996. Aboveground biomass and nutrient accumulation in an age sequence of paper birch (Betula papyrifera) stands in the Interior Cedar Hemlock zone, British Columbia. *Forest Ecology and Management 83:* S. 27–38.

6 Erlendickicht

Arnebrant, K., Ek, H., Finlay, R. D., und Söderström, B. 1993. Nitrogen translocation between *Alnus glutinosa* (L.) Gaertn. seedlings inoculated with *Frankia* sp. and *Pinus contorta* Doug, ex Loud seedlings connected by a common ectomycorrhizal mycelium. *New Phytologist* 124: S. 231–242.

Bidartondo, M. I., Redecker, D., Hijri, I., et al. 2002. Epiparasitic plants specialized on arbuscular mycorrhizal fungi. *Nature* 419: S. 389–392.

British Columbia Ministry of Forests, Lands and Natural Resources Operations. 1911–2012. Annual Service Plant Reports/Annual Reports. Victoria, BC: Crown Publications, www.for.gov.bc.ca/mof/annualreports.htm.

Brooks, J. R., Meinzer, F. C., Warren, J. M., et al. 2006. Hydraulic redistribution in a Douglas-fir forest: Lessons from system manipulations. *Plant, Cell and Environment* 29: S. 138–150.

Carpenter, C. V., Robertson, L. R., Gordon, J. C., und Perry, D. A. 1982. The effect of four new *Frankia* isolates on growth and nitrogenase activity in clones of *Alnus rubra* and *Alnus sinuata. Canadian Journal of Forest Research* 14: S. 701–706.

Cole, E. C., und Newton, M. 1987. Fifth-year responses of Douglas fir to crowding and non-coniferous competition. *Canadian Journal of Forest Research* 17: S. 181–186.

Daniels, L. D., Yocom, L. L., Sherriff, R. L., und Heyerdahl, E. K. 2018. Deciphering the complexity of historical hire regimes: Diversity among forests of western North America. In *Dendroecology,* hg. M. M. Amoroso et al. Ecological Studies Bd. 231. New York: Springer International Publishing AG. doi: 10.1007/978-3-319-61669-8_8.

Hessburg, P. F., Miller, C. L., Parks, S. A., et al. 2019. Climate, environment, and disturbance history govern resilience of western North American forests. *Frontiers in Ecology and Evolution* 7: S. 239.

Ingham, R. E., Trofymow, J. A., Ingham, E. R., und Coleman, D. C. 1985. Interactions of bacteria, fungi, and their nematode grazers: Effects on nutrient cycling and plant growth. *Ecological Monographs* 55: S. 119–140.

Klironomos, J. N., und Hart, M. M. 2001. Animal nitrogen swap for plant carbon. In *Nature* 410: S. 651–652.

Querejeta, J., Egerton-Warburton, L. M., und Allen, M. F. 2003. Direct nocturnal water transfer from oaks to their mycorrhizal symbionts during severe soil drying. *Oecologia* 134: S. 55–64.

Radosevich, S. R., und Roush, M. L. 1990. The role of competition in agriculture. In *Perspectives on Plant Competition,* hg. J. B. Grace and D. Tilman. San Diego, CA: Academic Press, Inc.

Sachs, D. L. 1991. *Calibration and initial testing of FORECAST for stands of lodgepole pine and Sitka alder in the interior of British Columbia.* Report 035-510-07403. Victoria, BC: British Columbia Ministry of Forests.

Simard, S. W. 1989. Competition among lodgepole pine seedlings and plant species in a Sitka alder dominated shrub community in the southern interior of British Columbia. Masterarbeit, Oregon State University.

Dies. 1990. *Competition between Sitka alder and lodgepole pine in the Montane Spruce zone in the southern interior of British Columbia.* FRDA Report 150. Victoria: BC: Forestry Canada und BC Ministry of Forests: S. 150.

Simard, S. W., Radosevich, S. R., Sachs, D. L., und Hagerman, S. M. 2006. Evidence for competition/facilitation trade-offs: Effects of Sitka alder density on pine regeneration and soil productivity. *Canadian Journal of Forest Research* 36: S. 1286–1298.

Simard, S. W., Roach, W. J., Daniels, L. D., et al. Removal of neighboring vegetation predisposes planted lodgepole pine to growth loss during climatic drought and mortality from a mountain pine beetle infestation. In Vorbereitung.

Southworth, D., He, X. H., Swenson, W., et al. 2003. Application of network theory to potential mycorrhizal networks. *Mycorrhiza* 15: S. 589–595.

Wagner, R. G., Little, K. M., Richardson, B., und McNabb, K. 2006. The role of vegetation management for enhancing productivity of the world's forests. In *Forestry* 79 (1): S. 57–79.

Wagner, R. G., Peterson, T. D., Ross, D. W., und Radosevich, S. R. 1989. Competition thresholds for the survival and growth of ponderosa pine seedlings associated with woody and herbaceous vegetation. *New Forests* 3: S. 151–170.

Walstad, J. D., und Kuch, P. J., hg. 1987. *Forest Vegetation Management for Conifer Production.* New York: John Wiley and Sons, Inc.

Frey, B., und Schüepp, H. 1992. Transfer of symbiotically fixed nitrogen from berseem (*Trifolium alexandrinum* L.) to maize via vesicular-arbuscular mycorrhizal hyphae. *New Phytologist* 122: S. 447–454.

Haeussler, S., Coates, D., und Mather, J. 1990. *Autecology of common plants in British Columbia: A literature review.* FRDA Report 158. Victoria, BC: Forestry Canada und BC Ministry of Forests.

Heineman, J. L., Sachs, D. L., Simard, S. W., und Mather, W. J. 2010. Climate and site characteristics affect juvenile trembling aspen development in conifer plantations across southern British Columbia. *Forest Ecology & Management* 260: S. 1975–1984.

Heineman, J. L., Simard, S. W., Sachs, D. L., und Mather, W. J. 2005. Chemical, grazing, and manual cutting treatments in mixed herb-shrub communities have no effect on interior spruce survival or growth in southern interior British Columbia. *Forest Ecology and Management* 205: S. 359–374.

Dies. 2007. Ten-year responses of Engelmann spruce and a high elevation Ericaceous shrub community to manual cutting treatments in southern interior British Columbia. *Forest Ecology and Management* 248: S. 153–162.

Dies. 2009. Trembling aspen removal effects on lodgepole pine in southern interior British Columbia: 10-year results. *Western Journal of Applied Forestry* 24: S. 17–23.

Miller, S. L., Durall, D. M., und Rygiewicz, P. T. 1989. Temporal allocation of 14C to extramatrical hyphae of ectomycorrhizal ponderosa pine seedlings. *Tree Physiology* 5: S. 239–249.

Molina, R., Massicotte, H., und Trappe, J. M. 1992. Specificity phenomena in mycorrhizal symbiosis: Community-ecological consequences and practical implications. In *Mycorrhizal Functioning: An Integrative Plant-Fungal Process,* hg. M. F. Allen. New York: Chapman and Hall, S. 357–423.

Morrison, D., Merler, H., und Norris, D. 1991. *Detection, recognition and management of Armillaria and Phellinus root diseases in the southern interior of British Columbia.* FRDA Report 179. Victoria, BC: Forestry Canada und BC Ministry of Forests.

Perry, D. A., Margolis, H., Choquette, C., et al. 1989. Ectomycorrhizal mediation of competition between coniferous tree species. *New Phytologist* 112: S. 501–511.

Rolando, C. A., Baillie, B. R., Thompson, D. G., und Little, K. M. 2007. The risks associated with glyphosate-based herbicide use in planted forests. *Forests* 8: S. 208.

Sachs, D. L., Sollins, P., und Cohen, W. B. 1998. Detecting landscape changes in the interior of British Columbia from 1975 to 1992 using satellite imagery. *Canadian Journal of Forest Research* 28: S. 23–36.

Simard, S. W. 1993. *PROBE: Protocol for operational brushing evaluations (first approximation).* Land Management Report 86. Victoria, BC: BC Ministry of Forests.

Dies. 1995. *PROBE: Vegetation management monitoring in the southern interior of B.C.* Northern Interior Vegetation Management Association, Jährliche Generalversammlung, 18. Jan. 1995, Williams Lake, BC.

Simard, S. W., Heineman, J. L., Hagerman, S. M., et al. 2004. Manual cutting of Sitka alder-dominated plant communities: Effects on conifer growth and plant community structure. *Western Journal of Applied Forestry* 19: S. 277–287.

Simard, S. W., Heineman, J. L., Mather, W. J., et al. 2001. *Brushing effects on conifers and plant communities in the southern interior of British Columbia: Summary of PROBE results 1991–2000.* Extension Note 58. Victoria, BC: BC Ministry of Forestry.

Simard, S. W., Jones, M. D., Durall, D. M., et al. 2003. Chemical and mechanical site preparation: Effects on *Pinus contorta* growth, physiology, and microsite quality on steep forest sites in British Columbia. *Canadian Journal of Forest Research* 33: S. 1495–1515.

Thompson, D. G., und Pitt, D. G. 2003. A review of Canadian forest vegetation management research and practice. *Annals of Forest Science* 60: S. 559–572.

8 Radioaktiv

Brownlee, C., Duddridge, J. A., Malibari, A., und Read, D. J. 1983. The structure and function of mycelial systems of ectomycorrhizal roots with special reference to their role in forming inter-plant connections and providing pathways for assimilate and water transport. *Plant Soil* 71: 433–443.

Callaway, R. M. 1995. Positive interactions among plants. *Botanical Review* 61 (4): S. 306–349.

Finlay, R. D., und Read, D. J. 1986. The structure and function of the vegetative mycelium of ectomycorrhizal plants. I. Translocation of 14C-labelled carbon between plants interconnected by a common mycelium. *New Phytologist* 103: S. 143–156.

Francis, R., und Read, D. J. 1984. Direct transfer of carbon between plants connected by vesicular-arbuscular mycorrhizal mycelium. *Nature* 307: S. 53–56.

Jones, M. D., Durall, D. M., Harniman, S. M. K., et al. 1997. Ectomycorrhizal diversity on *Betula papyrifera* and *Pseudotsuga menziesii* seedlings grown in the greenhouse or outplanted in single-species and mixed plots in southern British Columbia. *Canadian Journal of Forest Research* 27: S. 1872–1889.

McPherson, S. S. 2009. *Tim Berners-Lee: Inventor of the World Wide Web.* Minneapolis: Twenty-First Century Books.

Read, D. J., Francis, R., und Finlay, R. D. 1985. Mycorrhizal mycelia and nutrient cycling in plant communities. In *Ecological Interactions in Soil,* hg. A. H. Fitter, D. Atkinson, D. J. Read und M. B. Usher. Oxford: Blackwell Scientific, S. 193–217.

Ryan, M. G., und Asao, S. 2014. Phloem transport in trees. *Tree Physiology* 34: S. 1–4.

Simard, S. W. 1990. *A retrospective study of competition between paper birch and planted Douglas-fir.* FRDA Report 147. Victoria, BC: Forestry Canada und BC Ministry of Forests.

Simard, S. W., Molina, R., Smith, J. E., et al. 1997. Shared compatibility of ectomycorrhizae on *Pseudotsuga menziesii* and *Betula papyrifera* seedlings grown in mixture in soils from southern British Columbia. *Canadian Journal of Forest Research* 27: S. 331–342.

Simard, S. W., Perry, D. A., Jones, M. D., et al. 1997. Net transfer of carbon between tree species with shared ectomycorrhizal fungi. *Nature* 388: S. 579–82.

Simard, S. W., und Vyse, A. 1992. *Ecology and management of paper birch and black cottonwood.* Land Management Report 75. Victoria, BC: BC Ministry of Forests.

9 Quid pro quo

Baleshta, K. E. 1998. The effect of ectomycorrhizae hyphal links on interactions between *Pseudotsuga menziesii* (Mirb.) Franco and *Betula papyrifera* Marsh. seedlings. Bachelor of Natural Resource Sciences thesis, University College of the Cariboo.

Baleshta, K. E., Simard, S. W., Guy, R. D., und Chanway, C. P. 2005. Reducing paper birch density increases Douglas-fir growth and Armillaria root disease incidence in southern interior British Columbia. *Forest Ecology and Management* 208: S. 1–13.

Baleshta, K. E., Simard, S. W., und Roach, W. J. 2015. Effects of thinning paper birch on conifer productivity and understory plant diversity. *Scandinavian Journal of Forest Research* 30: S. 699–709.

DeLong, R., Lewis, K. J., Simard, S. W., und Gibson, S. 2002. Fluorescent pseudomonad population sizes baited from soils under pure birch, pure Douglas-fir and mixed forest stands and their antagonism toward *Armillaria ostoyae* in vitro. *Canadian Journal of Forest Research* 32: S. 2146–2159.

Durall, D. M., Gamiet, S., Simard, S. W., et al. 2006. Effects of clearcut logging and tree species composition on the diversity and community composition of epigeous fruit bodies formed by ectomycorrhizal fungi. *Canadian Journal of Botany* 84: S. 966–980.

Fitter, A. H., Graves, J. D., Watkins, N. K., et al. 1998. Carbon transfer between plants and its control in networks of arbuscular mycorrhizas. *Functional Ecology* 12: S. 406–412.

Fitter, A. H., Hodge, A., Daniell, T. J., und Robinson, D. 1999. Resource sharing in plant-fungus communities: Did the carbon move for you? *Trends in Ecology and Evolution* 14: S. 70–71.

Kimmerer, Robin Wall. 2015. *Braiding Sweetgrass: Indigenous Wisdom, Scientific Knowledge and the Teachings of Plants.* Minneapolis: Milkweed Editions.

Perry, D. A. 1998. A moveable feast: The evolution of resource sharing in plant-fungus communities. *Trends in Ecology and Evolution* 13: S. 432–434.

Ders. 1999. Reply from D. A. Perry. *Trends in Ecology and Evolution* 14: S. 70–71.

Philip, Leanne. 2006. The role of ectomycorrhizal fungi in carbon transfer within common mycorrhizal networks. Dissertation, University of British Columbia. https://open.library.ubc.ca/collections/ubctheses/831/items/1.0075066.

Sachs, D. L. 1996. Simulation of the growth of mixed stands of Douglas-fir and paper birch using the FORECAST model. In *Silviculture of Temperate and Boreal Broadleaf-Conifer Mixtures: Proceedings of a Workshop Held Feb. 28–March 1, 1995, Richmond, BC,* hg. P. G. Comeau und K. D. Thomas. BC Ministry of Forests Land Management Handbook 36. Victoria, BC: BC Ministry of Forests, S. 152–158.

Simard, S. W., und Durall, D. M. 2004. Mycorrhizal networks: A review of their extent, function and importance. *Canadian Journal of Botany* 82: S. 1140–1165.

Simard, S. W., Durall, D. M., und Jones, M. D. 1997. Carbon allocation and carbon transfer between *Betula papyrifera* and *Pseudotsuga menziesii* seedlings using a 13C pulse-labeling method. *Plant and Soil* 191: S. 41–55.

Simard, S. W., und Hannam, K. D. 2000. Effects of thinning overstory paper birch on survival and growth of interior spruce in British Columbia: Implications for reforestation policy and biodiversity. *Forest Ecology and Management* 129: S. 237–251.

Simard, S. W., Jones, M. D., und Durall, D. M. 2002. Carbon and nutrient fluxes within and between mycorrhizal plants. In *Mycorrhizal Ecology*, ed. M. van der Heijden and I. Sanders. Heidelberg: Springer-Verlag, S. 33–61.

Simard, S. W., Jones, M. D., Durall, D. M., et al. 1997. Reciprocal transfer of carbon isotopes between ectomycorrhizal *Betula papyrifera* and *Pseudotsuga menziesii*. *New Phytologist* 137: S. 529–542.

Simard, S. W., Perry, D. A., Smith, J. E., und Molina, R. 1997. Effects of soil trenching on occurrence of ectomycorrhizae on *Pseudotsuga menziesii* seedlings grown in mature forests of *Betula papyrifera* and *Pseudotsuga menziesii*. *New Phytologist* 136: S. 327–340.

Simard, S. W., und Sachs, D. L. 2004. Assessment of interspecific competition using relative height and distance indices in an age sequence of seral interior cedar-hemlock forests in British Columbia. *Canadian Journal of Forest Research* 34: S. 1228–1240.

Simard, S. W., Sachs, D. L., Vyse, A., und Blevins, L. L. 2004. Paper birch competitive effects vary with conifer tree species and stand age in interior British Columbia forests: Implications for reforestation policy and practice. *Forest Ecology and Management* 198: S. 55–74.

Simard, S. W., und Zimonick, B. J. 2005. Neighborhood size effects on mortality, growth and crown morphology of paper birch. *Forest Ecology and Management* 214: S. 251–269.

Twieg, B. D., Durall, D. M., und Simard, S. W. 2007. Ectomycorrhizal fungal succession in mixed temperate forests. *New Phytologist* 176: 437–447

Wilkinson, D. A. 1998. The evolutionary ecology of mycorrhizal networks. *Oikos* 82: S. 407–410.

Zimonick, B. J., Roach, W. J., und Simard, S. W. 2017. Selective removal of paper birch increases growth of juvenile Douglas fir while minimizing impacts on the plant community. *Scandinavian Journal of Forest Research* 32: S. 708–716.

10 Steine bemalen

Aukema, B. H., Carroll, A. L., Zhu, J., et al. 2006. Landscape level analysis of mountain pine beetle in British Columbia, Canada: Spatiotemporal development and spatial synchrony within the present outbreak. *Ecography* 29: S. 427–441.

Beschta, R. L., und Ripple, W. L. 2014. Wolves, elk, and aspen in the winter range of Jasper National Park, Canada. *Canadian Journal of Forest Research* 37: S. 1873–1885.

Chavardes, R. D., Daniels, L. D., Gedalof, Z., und Andison, D. W. 2018. Human influences superseded climate to disrupt the 20th century fire regime in Jasper National Park, Canada. *Dendrochronologia* 48: S. 10–19.

Cooke, B. J., und Carroll, A. L. 2017. Predicting the risk of mountain pine beetle spread to eastern pine forests: Considering uncertainty in uncertain times. *Forest Ecology and Management* 396: S. 11–25.

Cripps, C. L., Alger, G., und Sissons, R. 2018. Designer niches promote seedling survival in forest restoration: A 7-year study of whitebark pine (*Pinus albicaulis*) seedlings in Waterton Lakes National Park. *Forests* 9 (8): S. 477.

Cripps, C., und Miller Jr., O. K. 1993. Ectomycorrhizal fungi associated with aspen on three sites in the north-central Rocky Mountains. *Canadian Journal of Botany* 71: S. 1414–1420.

Fraser, E. C., Lieffers, V. J., und Landhäusser, S. M. 2005. Age, stand density, and tree size as factors in root and basal grafting of lodgepole pine. *Canadian Journal of Botany* 83: S. 983–988.

Dies. 2006. Carbohydrate transfer through root grafts to support shaded trees. *Tree Physiology* 26: S. 1019–1023.

Gorzelak, M., Pickles, B. J., Asay, A. K., und Simard, S. W. 2015. Inter-plant communication through mycorrhizal networks mediates complex adaptive behaviour in plant communities. *Annals of Botany Plants* 7: plv050.

Hutchins, H. E., und Lanner, R. M. 1982. The central role of Clark's nutcracker in the dispersal and establishment of whitebark pine. *Oecologia* 55: S. 192–201.

Mattson, D. J., Blanchard, D. M., und Knight, R. R. 1991. Food habits of Yellowstone grizzly bears, 1977–1987. *Canadian Journal of Zoology* 69: S. 1619–1629.

McIntire, E. J. B., und Fajardo, A. 2011. Facilitation within species: A possible origin of group-selected superorganisms. *American Naturalist* 178: S. 88–97.

Miller, R., Tausch, R., und Waicher, W. 1999. Old-growth juniper and pinyon woodlands. In *Proceedings: Ecology and Management of Pinyon-Juniper Communities Within the Interior West, September 15–18, 1997, Provo, UT,* comp. Stephen B. Monsen and Richard Stevens. Proc. RMRS-P-9. Ogden, UT: U.S. Department of Agriculture, Forest Service, Rocky Mountain Research Station.

Mitton, J. B., und Grant, M. C. 1996. Genetic variation and the natural history of quaking aspen. *BioScience* 46: S. 25–31.

Munro, Margaret. 1998. Weed trees are crucial to forest, research shows. *Vancouver Sun,* 14. Mai 1998.

Perkins, D. L. 1995. A dendrochronological assessment of whitebark pine in the Sawtooth Salmon River Region, Idaho. Masterarbeit, University of Arizona.

Perry, D. A. 1995. Self-organizing systems across scales. *Trends in Ecology and Evolution* 10: S. 241–244.

Ders. 1998. A moveable feast: The evolution of resource sharing in plant-fungus communities. *Trends in Ecology and Evolution* 13: S. 432–434.

Raffa, K. F., Aukema, B. H., Bentz, B. J., et al. 2008. Cross-scale drivers of natural disturbances prone to anthropogenic amplification: Dynamics of biome-wide bark beetle eruptions. *BioScience* 58: S. 501–517.

Ripple, W. J., Beschta, R. L., Fortin, J. K., und Robbins, C. T. 2014. Trophic cascades from wolves to grizzly bears in Yellowstone. *Journal of Animal Ecology* 83: S. 223–233.

Schulman, E. 1954. Longevity under adversity in conifers. *Science* 119: S. 396–399.
Seip, D. R. 1992. Factors limiting woodland caribou populations and their interrelationships with wolves and moose in southeastern British Columbia. *Canadian Journal of Zoology* 70: S. 1494–1503.
Seip, D. R. 1996. Ecosystem management and the conservation of caribou habitat in British Columbia. *Rangifer* special issue 10: S. 203–207.
Simard, S. W. 2009. Mycorrhizal networks and complex systems: Contributions of soil ecology science to managing climate change effects in forested ecosystems. *Canadian Journal of Soil Science* 89 (4): S. 369–382.
Simard, S. W. 2009. The foundational role of mycorrhizal networks in self-organization of interior Douglas-fir forests. *Forest Ecology and Management* 258S: S. S95–107.
Tomback, D. F. 1982. Dispersal of whitebark pine seeds by Clark's nutcracker: A mutualism hypothesis. *Journal of Animal Ecology* 51: S. 451–467.
Van Wagner, C. E., Finney, M. A., und Heathcott, M. 2006. Historical fire cycles in the Canadian Rocky Mountain parks. *Forest Science* 52: S. 704–717.

11 Miss Birch

Baldocchi, D. B., Black, A., Curtis, P. S., et al. 2005. Predicting the onset of net carbon uptake by deciduous forests with soil temperature and climate data: A synthesis of FLUXNET data. *International Journal of Biometeorology* 49: S. 377–387.
Bérubé, J. A., und Dessureault, M. 1988. Morphological characterization of *Armillaria ostoyae* and *Armillaria sinapina* sp. nov. *Canadian Journal of Botany* 66: S. 2027–2034.
Bradley, R. L., und Fyles, J. W. 1995. Growth of paper birch (*Betula papyrifera*) seedlings increases soil available C and microbial acquisition of soil-nutrients. *Soil Biology and Biochemistry* 27: S. 1565–1571.
British Columbia Ministry of Forests. 2000. *Establishment to Free Growing Guidebook,* überarbeitete Auflage, Version 2.2. Victoria, BC: British Columbia Ministry of Forests, Forest Practices Branch.
British Columbia Ministry of Forests und BC Ministry of Environment, Lands and Parks. 1995. *Root Disease Management Guidebook.* Victoria, BC: Forest Practices Code. http://www.for.gov.bc.ca/tasb/legsregs/fpc/fpcguide/root/roottoc.htm.
Castello, J. D., Leopold, D. J., und Smallidge, P. J. 1995. Pathogens, patterns, and processes in forest ecosystems. *BioScience* 45: S. 16–24.
Chanway, C. P., und Holl, F. B. 1991. Biomass increase and associative nitrogen fixation of mycorrhizal *Pinus contorta* seedlings inoculated with a

plant growth promoting *Bacillus* strain. *Canadian Journal of Botany* 69: S. 507–511.

Cleary, M. R., Arhipova, N., Morrison, D. J., et al. 2013. Stump removal to control root disease in Canada and Scandinavia: A synthesis of results from long-term trials. *Forest Ecology and Management* 290: S. 5–14.

Cleary, M., van der Kamp, B., und Morrison, D. 2008. British Columbia's southern interior forests: Armillaria root disease stand establishment decision aid. *BC Journal of Ecosystems and Management* 9 (2): S. 60–65.

Coates, K. D., und Burton, P. J. 1999. Growth of planted tree seedlings in response to ambient light levels in northwestern interior cedar-hemlock forests of British Columbia. *Canadian Journal of Forest Research* 29: S. 1374–1382.

Comeau, P. G., White, M., Kerr, G., und Hale, S. E. 2010. Maximum density-size relationships for Sitka spruce and coastal Douglas fir in Britain and Canada. *Forestry* 83: S. 461–468.

DeLong, D. L., Simard, S. W., Comeau, P. G., et al. 2005. Survival and growth responses of planted seedlings in root disease infected partial cuts in the Interior Cedar Hemlock zone of southeastern British Columbia. *Forest Ecology and Management* 206: S. 365–379.

Dixon, R. K., Brown, S., Houghton, R. A., et al. 1994. Carbon pools and flux of global forest ecosystems. *Science* 263: S. 185–191.

Fall, A., Shore, T. L., Safranyik, L., et al. 2003. Integrating landscape-scale mountain pine beetle projection and spatial harvesting models to assess management strategies. In *Mountain Pine Beetle Symposium: Challenges and Solutions. Oct. 30–31, 2003, Kelowna, British Columbia,* hg. T. L. Shore, J. E. Brooks und J. E. Stone. Information Report BC-X-399. Victoria, BC: Natural Resources Canada, Canadian Forest Service, Pacific Forestry Centre, S. 114–132.

Feurdean, A., Veski, S., Florescu, G., et al. 2017. Broadleaf deciduous forest counterbalanced the direct effect of climate on Holocene fire regime in hemiboreal/boreal region (NE Europe). *Quaternary Science Reviews* 169: S. 378–390.

Hély, C., Bergeron, Y., und Flannigan, M. D. 2000. Effects of stand composition on fire hazard in mixed-wood Canadian boreal forest. *Journal of Vegetation Science* 11: S. 813–824.

Dies. 2001. Role of vegetation and weather on fire behavior in the Canadian mixedwood boreal forest using two fire behavior prediction systems. *Canadian Journal of Forest Research* 31: S. 430–441.

Hoekstra, J. M., Boucher, T. M., Ricketts, T. H., und Roberts, C. 2005. Confronting a biome crisis: Global disparities of habitat loss and protection. *Ecology Letters* 8: S. 23–29.

Hope, G. D. 2007. Changes in soil properties, tree growth, and nutrition over a period of 10 years after stump removal and scarification on mode-

rately coarse soils in interior British Columbia. *Forest Ecology and Management* 242: S. 625–635.
Kinzig, A. P., Pacala, S., und Tilman, G. D., eds. 2002. *The Functional Consequences of Biodiversity: Empirical Progress and Theoretical Extensions.* Princeton: Princeton University Press.
Knohl, A., Schulze, E. D., Kolle, O., und Buchmann, N. 2003. Large carbon uptake by an unmanaged 250-year-old deciduous forest in Central Germany. *Agricultural and Forest Meteorology* 118: S. 151–167.
LePage, P., und Coates, K. D. 1994. Growth of planted lodgepole pine and hybrid spruce following chemical and manual vegetation control on a frost-prone site. *Canadian Journal of Forest Research* 24: S. 208–216.
Mann, M. E., Bradley, R. S., und Hughs, M. K. 1998. Global-scale temperature patterns and climate forcing over the past six centuries. *Nature* 392: S. 779–787.
Morrison, D. J., Wallis, G. W., und Weir, L. C. 1988. *Control of Armillaria and Phellinus root diseases: 20-year results from the Skimikin stump removal experiment.* Information Report BC x-302. Victoria, BC: Canadian Forest Service.
Newsome, T. A., Heineman, J. L., und Nemec, A. F. L. 2010. A comparison of lodgepole pine responses to varying levels of trembling aspen removal in two dry south-central British Columbia ecosystems. *Forest Ecology and Management* 259: S. 1170–1180.
Simard, S. W., Beiler, K. J., Bingham, M. A., et al. 2012. Mycorrhizal networks: Mechanisms, ecology and modelling. *Fungal Biology Reviews* 26: S. 39–60.
Simard, S. W., Blenner-Hassett, T., und Cameron, I. R. 2004. Precommercial thinning effects on growth, yield and mortality in even-aged paper birch stands in British Columbia. *Forest Ecology and Management* 190: S. 163–178.
Simard, S. W., Hagerman, S. M., Sachs, D. L., et al. 2005. Conifer growth, *Armillaria ostoyae* root disease and plant diversity responses to broadleaf competition reduction in temperate mixed forests of southern interior British Columbia. *Canadian Journal of Forest Research* 35: S. 843–859.
Simard, S. W., Heineman, J. L., Mather, W. J., et al. 2001. *Effects of Operational Brushing on Conifers and Plant Communities in the Southern Interior of British Columbia: Results from PROBE 1991–2000.* BC Ministry of Forests and Land Management Handbook 48. Victoria, BC: BC Ministry of Forests.
Simard, S. W., und Vyse, A. 2006. Trade-offs between competition and facilitation: A case study of vegetation management in the interior cedar-hemlock forests of southern British Columbia. *Canadian Journal of Forest Research* 36: S. 2486–2496.
van der Kamp, B. J. 1991. Pathogens as agents of diversity in forested landscapes. *Forestry Chronicle* 67: S. 353–354.

Vyse, A., Cleary, M. A., und Cameron, I. R. 2013. Tree species selection revisited for plantations in the Interior Cedar Hemlock zone of southern British Columbia. *Forestry Chronicle* 89: S. 382–391.

Vyse, A., und Simard, S. W. 2009. Broadleaves in the interior of British Columbia: Their extent, use, management and prospects for investment in genetic conservation and improvement. *Forestry Chronicle* 85: S. 528–537.

Weir, L. C., und Johnson, A. L. S. 1970. Control of *Poria weirii* study establishment and preliminary evaluations. Canadian Forest Service, Forest Research Laboratory, Victoria, Canada.

White, R. H., und Zipperer, W. C. 2010. Testing and classification of individual plants for fire behaviour: Plant selection for the wildland-urban interface. *International Journal of Wildland Fire* 19: S. 213–227.

12 Neun Stunden am Steuer

Babikova, Z., Gilbert, L., Bruce, T. J. A., et al. 2013. Underground signals carried through common mycelial networks warn neighbouring plants of aphid attack. *Ecology Letters* 16: S. 835–843.

Barker, J. S., Simard, S. W., und Jones, M. D. 2014. Clearcutting and wildfire have comparable effects on growth of directly seeded interior Douglas-fir. *Forest Ecology and Management* 331: S. 188–195.

Barker, J. S., Simard, S. W., Jones, M. D., und Durall, D. M. 2013. Ectomycorrhizal fungal community assembly on regenerating Douglas-fir after wildfire and clearcut harvesting. *Oecologia* 172: S. 1179–1189.

Barto, E. K., Hilker, M., Müller, F., et al. 2011. The fungal fast lane: Common mycorrhizal networks extend bioactive zones of allelochemicals in soils. *PLOS ONE* 6: e27195.

Barto, E. K., Weidenhamer, J. D., Cipollini, D., and Rillig, M. C. 2012. Fungal superhighways: Do common mycorrhizal networks enhance below ground communication? *Trends in Plant Science* 17: S. 633–637.

Beiler, K. J., Durall, D. M., Simard, S.W., et al. 2010. Mapping the wood-wide web: Mycorrhizal networks link multiple Douglas-fir cohorts. *New Phytologist* 185: S. 543–553.

Beiler, K. J., Simard, S. W., und Durall, D. M. 2015. Topology of *Rhizopogon* spp. mycorrhizal meta-networks in xeric and mesic old-growth interior Douglas-fir forests. *Journal of Ecology* 103: S. 616–628.

Beiler, K. J., Simard, S. W., Lemay, V., und Durall, D. M. 2012. Vertical partitioning between sister species of *Rhizopogon* fungi on mesic and xeric sites in an interior Douglas-fir forest. *Molecular Ecology* 21: S. 6163–6174.

Bingham, M. A., und Simard, S. W. 2011. Do mycorrhizal network benefits to survival and growth of interior Douglas-fir seedlings increase with soil moisture stress? *Ecology and Evolution* 3: S. 306–316.

Dies. 2012. Ectomycorrhizal networks of old *Pseudotsuga menziesii* var. *glauca* trees facilitate establishment of conspecific seedlings under drought. *Ecosystems* 15: S. 188–199.
Dies. 2012. Mycorrhizal networks affect ectomycorrhizal fungal community similarity between conspecific trees and seedlings. *Mycorrhiza* 22: S. 317–326.
Dies. 2013. Seedling genetics and life history outweigh mycorrhizal network potential to improve conifer regeneration under drought. *Forest Ecology and Management* 287: S. 132–139.
Carey, E. V., Marler, M. J., und Callaway, R. M. 2004. Mycorrhizae transfer carbon from a native grass to an invasive weed: Evidence from stable isotopes and physiology. *Plant Ecology* 172: S. 133–141.
Defrenne, C. A., Oka, G. A., Wilson, J. E., et al. 2016. Disturbance legacy on soil carbon stocks and stability within a coastal temperate forest of southwestern British Columbia. *Open Journal of Forestry* 6: S. 305–323.
Erland, L. A. E., Shukla, M. R., Singh, A. S., und Murch, S. J. 2018. Melatonin and serotonin: Mediators in the symphony of plant morphogenesis. *Journal of Pineal Research* 64: e12452.
Heineman, J. L., Simard, S. W., und Mather, W. J. 2002. *Natural regeneration of small patch cuts in a southern interior ICH forest.* Working Paper 64. Victoria, BC: BC Ministry of Forests.
Jones, M. D., Twieg, B., Ward, V., et al. 2010. Functional complementarity of Douglas-fir ectomycorrhizas for extracellular enzyme activity after wildfire or clearcut logging. *Functional Ecology* 4: S. 1139–1151.
Kazantseva, O., Bingham, M. A., Simard, S. W., und Berch, S. M. 2009. Effects of growth medium, nutrients, water and aeration on mycorrhization and biomass allocation of greenhouse-grown interior Douglas-fir seedlings. *Mycorrhiza* 20: S. 51–66.
Kiers, E. T., Duhamel, M., Beesetty, Y., et al. 2011. Reciprocal rewards stabilize cooperation in the mycorrhizal symbiosis. *Science* 333: S. 880–882.
Kretzer, A. M., Dunham, S., Molina, R., und Spatafora, J. W. 2004. Microsatellite markers reveal the below ground distribution of genets in two species of *Rhizopogon* forming tuberculate ectomycorrhizas on Douglas fir. *New Phytologist* 161: S. 313–320.
Lewis, K., und Simard, S. W. 2012. Transforming forest management in B.C. Opinion editorial, special to the *Vancouver Sun,* March 11, 2012.
Marcoux, H. M., Daniels, L. D., Gergel, S. E., et al. 2015. Differentiating mixed-and high-severity fire regimes in mixed-conifer forests of the Canadian Cordillera. *Forest Ecology and Management* 341: S. 45–58.
Marler, M. J., Zabinski, C. A., und Callaway, R. M. 1999. Mycorrhizae indirectly enhance competitive effects of an invasive forb on a native bunchgrass. *Ecology* 80: S. 1180–1186.
Mather, W. J., Simard, S. W., Heineman, J. L., Sachs, D. L. 2010. Decline of

young lodgepole pine in southern interior British Columbia. *Forestry Chronicle* 86: S. 484–497.

Perry, D. A., Hessburg, P. F., Skinner, C. N., et al. 2011. The ecology of mixed severity fire regimes in Washington, Oregon, and Northern California, *Forest Ecology and Management* 262: S. 703–717.

Philip, L. J., Simard, S. W., und Jones, M. D. 2011. Pathways for belowground carbon transfer between paper birch and Douglas-fir seedlings. *Plant Ecology and Diversity* 3: S. 221–233.

Roach, W. J., Simard, S. W., und Sachs, D. L. 2015. Evidence against planting lodgepole pine monocultures in cedar-hemlock forests in southern British Columbia. *Forestry* 88: S. 345–358.

Schoonmaker, A. L., Teste, F. P., Simard, S. W., und Guy, R. D. 2007. Tree proximity, soil pathways and common mycorrhizal networks: Their influence on utilization of redistributed water by understory seedlings. *Oecologia* 154: S. 455–466.

Simard, S. W. 2009. The foundational role of mycorrhizal networks in self-organization of interior Douglas-fir forests. *Forest Ecology and Management* 258S: S. S95–107.

Simard, S. W., hg. 2010. *Climate Change and Variability*. Intech. https://www.intechopen.com /books/climate-change-and-variability.

Dies. 2012. Mycorrhizal networks and seedling establishment in Douglas-fir forests. Kapitel 4 in *Biocomplexity of Plant-Fungal Interactions,* hg. D. Southworth. Ames, IA: Wiley-Blackwell, S. 85–107.

Dies. 2017. The mother tree. In *The Word for World Is Still Forest,* hg. Anna-Sophie Springer und Etienne Turpin. Berlin: K. Verlag und Haus der Kulturen der Welt.

Dies. 2018. Mycorrhizal networks facilitate tree communication, learning and memory. Kapitel 10 in *Memory and Learning in Plants,* hg. F. Baluska, M. Gagliano und G. Witzany. West Sussex, UK: Springer, S. 191–213.

Simard, S. W., Asay, A. K., Beiler, K. J., et al. 2015. Resource transfer between plants through ectomycorrhizal networks. In *Mycorrhizal Networks,* hg. T. R. Horton. Ecological Studies Bd. 224. Dordrecht: Springer, S. 133–176.

Simard, S. W., und Lewis, K. 2011. New policies needed to save our forests. Opinion editorial, special to the *Vancouver Sun,* 8. April 2011.

Simard, S. W., Martin, K., Vyse, A., und Larson, B. 2013. Meta-networks of fungi, fauna and flora as agents of complex adaptive systems. Kapitel 7 in *Managing World Forests as Complex Adaptive Systems: Building Resilience to the Challenge of Global Change,* hg. K. Puettmann, C. Messier und K. D. Coates. New York: Routledge, S. 133–164.

Simard, S. W., Mather, W. J., Heineman, J. L., und Sachs, D. L. 2010. Too much of a good thing? Planted lodgepole pine at risk of decline in British Columbia. *Silviculture Magazine* Winter 2010: S. 26–29

Teste, F. P., Karst, J., Jones, M. D., et al. 2006. Methods to control ectomycorrhizal colonization: Effectiveness of chemical and physical barriers. *Mycorrhiza* 17: S. 51–65.
Teste, F. P., und Simard, S. W. 2008. Mycorrhizal networks and distance from mature trees alter patterns of competition and facilitation in dry Douglas-fir forests. *Oecologia* 158: S. 193–203.
Teste, F. P., Simard, S. W., und Durall, D. M. 2009. Role of mycorrhizal networks and tree proximity in ectomycorrhizal colonization of planted seedlings. *Fungal Ecology* 2: S. 21–30.
Teste, F. P., Simard, S. W., Durall, D. M., et al. 2010. Net carbon transfer occurs under soil disturbance between *Pseudotsuga menziesii* var. *glauca* seedlings in the field. *Journal of Ecology* 98: S. 429–439.
Teste, F. P., Simard, S. W., Durall, D. M., et al. 2009. Access to mycorrhizal networks and tree roots: Importance for seedling survival and resource transfer. *Ecology* 90: S. 2808–2822.
Twieg, B., Durall, D. M., Simard, S. W., und Jones, M. D. 2009. Influence of soil nutrients on ectomycorrhizal communities in a chronosequence of mixed temperate forests. *Mycorrhiza* 19: S. 305–316.
Van Dorp, C. 2016. Rhizopogon mycorrhizal networks with interior Douglas fir in selectively harvested and non-harvested forests. Masterarbeit, University of British Columbia.
Vyse, A., Ferguson, C., Simard, S. W., et al. 2006. Growth of Douglas-fir, lodgepole pine, and ponderosa pine seedlings underplanted in a partially-cut, dry Douglas-fir stand in south-central British Columbia. *Forestry Chronicle* 82: S. 723–732.
Woods, A., und Bergerud, W. 2008. *Are free-growing stands meeting timber productivity expectations in the Lakes Timber supply area?* FREP Report 13. Victoria, BC: BC Ministry of Forests and Range, Forest Practices Branch.
Woods, A., Coates, K. D., und Hamann, A. 2005. Is an unprecedented *Dothistroma* needle blight epidemic related to climate change? *BioScience* 55 (9): S. 761–769.
Zabinski, C. A., Quinn, L., und Callaway, R. M. 2002. Phosphorus uptake, not carbon transfer, explains arbuscular mycorrhizal enhancement of *Centaurea maculosa* in the presence of native grassland species. *Functional Ecology* 16: S. 758–765.
Zustovic, M. 2012. The effects of forest gap size on Douglas-fir seedling establishment in the southern interior of British Columbia. Masterarbeit, University of British Columbia.

Aitken, S. N., Yeaman, S., Holliday, J. A., et al. 2008. Adaptation, migration or extirpation: Climate change outcomes for tree populations. *Evolutionary Applications* 1: S. 95–111.

D'Antonio, C. M., und Vitousek, P. M. 1992. Biological invasions by exotic grasses, the grass/fire cycle, and global change. *Annual Review of Ecology and Systematics* 23: S. 63–87.

Eason, W. R., und Newman, E. I. 1990. Rapid cycling of nitrogen and phosphorus from dying roots of *Lolium perenne. Oecologia* 82: S. 432.

Eason, W. R., Newman, E. I., und Chuba, P. N. 1991. Specificity of interplant cycling of phosphorus: The role of mycorrhizas. *Plant Soil* 137: S. 267–274.

Franklin, J. F., Shugart, H. H., und Harmon, M. E. 1987. Tree death as an ecological process: Causes, consequences and variability of tree mortality. *BioScience* 37: S. 550–556.

Hamann, A., und Wang, T. 2006. Potential effects of climate change on ecosystem and tree species distribution in British Columbia. *Ecology* 87: S. 2773–2786.

Johnstone, J. F., Allen, C. D., Franklin, J. F., et al. 2016. Changing disturbance regimes, ecological memory, and forest resilience. *Frontiers in Ecology and the Environment* 14: S. 369–378.

Kesey, Ken. 1977. *Sometimes a Great Notion.* New York: Penguin Books.

Lotan, J. E., und Perry, D. A. 1983. *Ecology and Regeneration of Lodgepole Pine.* Agriculture Handbook 606. Missoula, MT: INTF&RES, USDA Forest Service.

Maclauchlan, L. E., Daniels, L. D., Hodge, J. C., und Brooks, J. E. 2018. Characterization of western spruce budworm outbreak regions in the British Columbia Interior. *Canadian Journal of Forest Research* 48: S. 783–802.

McKinney, D., und Dordel, J. 2011. *Mother Trees Connect the Forest* (video). http://www.karmatube.org/videos.php?id=2764.

Safranyik, L., und Carroll, A. L. 2006. The biology and epidemiology of the mountain pine beetle in lodgepole pine forests. Kapitel 1 in *The Mountain Pine Beetle: A Synthesis of Biology, Management, and Impacts on Lodgepole Pine,* hg. L. Safranyik und W. R. Wilson. Victoria, BC: Natural Resources Canada, Canadian Forest Service, Pacific Forestry Centre, S. 3–66.

Song, Y. Y., Chen, D., Lu, K., et al. 2015. Enhanced tomato disease resistance primed by arbuscular mycorrhizal fungus. *Frontiers in Plant Science* 6: S. 1–13.

Song, Y. Y., Simard, S. W., Carroll, A., et al. 2015. Defoliation of interior Douglas-fir elicits carbon transfer and defense signalling to ponderosa pine neighbors through ectomycorrhizal networks. *Scientific Reports* 5: S. 8495.

Song, Y. Y., Ye, M., Li, C., et al. 2014. Hijacking common mycorrhizal networks for herbivore-induced defence signal transfer between tomato plants. *Scientific Reports* 4: S. 3915.

Song, Y. Y., Zeng, R. S., Xu, J. F., et al. 2010. Interplant communication of tomato plants through underground common mycorrhizal networks. *PLOS ONE* 5: e13324.

Taylor, S. W., und Carroll, A. L. 2004. Disturbance, forest age dynamics and mountain pine beetle outbreaks in BC: A historical perspective. In *Challenges and Solutions: Proceedings of the Mountain Pine Beetle Symposium. Kelowna, British Columbia, Canada, Oct. 30–31, 2003,* hg. T. L. Shore, J. E. Brooks und J. E. Stone. Information Report BC-X-399. Victoria: Canadian Forest Service, Pacific Forestry Centre, S. 41–51.

14 Geburtstage

Allen, C. D., Macalady, A. K., Chenchouni, H., et al. 2010. A global overview of drought and heat-induced tree mortality reveals emerging climate change risks for forests. *Forest Ecology and Management* 259: S. 660–684.

Asay, A. K. 2013. Mycorrhizal facilitation of kin recognition in interior Douglas-fir (*Pseudotsuga menziesii* var. *glauca*). Masterarbeit, University of British Columbia. doi: 10.14288/1.0103374.

Bhatt, M., Khandelwal, A., und Dudley, S. A. 2011. Kin recognition, not competitive interactions, predicts root allocation in young *Cakile edentula* seedling pairs. *New Phytologist* 189: S. 1135–1142.

Biedrzycki, M. L., Jilany, T. A., Dudley, S. A., und Bais, H. P. 2010. Root exudates mediate kin recognition in plants. *Communicative and Integrative Biology* 3: S. 28–35.

Brooker, R. W., Maestre, F. T., Callaway, R. M., et al. 2008. Facilitation in plant communities: The past, the present, and the future. *Journal of Ecology* 96: S. 18–34.

Donohue, K. 2003. The influence of neighbor relatedness on multilevel selection in the Great Lakes sea rocket. *American Naturalist* 162: S. 77–92.

Dudley, S. A., und File, A. L. 2007. Kin recognition in an annual plant. *Biology Letters* 3: S. 435–438.

File, A. L., Klironomos, J., Maherali, H., und Dudley, S. A. 2012. Plant kin recognition enhances abundance of symbiotic microbial partner. *PLOS ONE* 7: e45648.

Fontaine, S., Bardoux, G., Abbadie, L., und Mariotti, A. 2004. Carbon input to soil may decrease soil carbon content. *Ecology Letters* 7: S. 314–320.

Fontaine, S., Barot, S., Barré, P., et al. 2007. Stability of organic carbon in deep soil layers controlled by fresh carbon supply. *Nature* 450: S. 277–280.

Franklin, J. F., Cromack, K. Jr., Denison, W., et al. 1981. *Ecological characteristics of old-growth Douglas-fir forests.* General Technical Report PNW-GTR-118. Portland, OR: U.S. Department of Agriculture, Forest Service, Pacific Northwest Forest and Range Experiment Station.

Gilman, Dorothy. 1966. *The Unexpected Mrs. Pollifax*. New York: Fawcett.

Hamilton, W. D. 1964. The genetical evolution of social behaviour. *Journal of Theoretical Biology* 7: S. 1–16.

Harper, T. 2019. Breastless friends forever: How breast cancer brought four women together. *Nelson Star,* 2. August 2019. https://www.nelsonstar.com/community/breastless-friends-forever-how-breast-cancer-brought-four-women-together/.

Harte, J. 1996. How old is that old yew? *At the Edge* 4: S. 1–9.

Karban, R., Shiojiri, K., Ishizaki, S., et al. 2013. Kin recognition affects plant communication and defence. *Proceedings of the Royal Society B: Biological Sciences* 280: 20123062.

Luyssaert, S., Schulze, E. D., Börner, A., et al. 2008. Old-growth forests as global carbon sinks. *Nature* 455: S. 213–215.

Pickles, B. J., Twieg, B. D., O'Neill, G. A., et al. 2015. Local adaptation in migrated interior Douglas-fir seedlings is mediated by ectomycorrhizae and other soil factors. *New Phytologist* 207: S. 858–871.

Pickles, B. J., Wilhelm, R., Asay, A. K., et al. 2017. Transfer of 13C between paired Douglas-fir seedlings reveals plant kinship effects and uptake of exudates by ectomycorrhizas. *New Phytologist* 214: S. 400–411.

Rehfeldt, G. E., Leites, L. P., St. Clair, J. B., et al. 2014. Comparative genetic responses to climate in the varieties of *Pinus ponderosa* and *Pseudotsuga menziesii*: Clines in growth potential. *Forest Ecology and Management* 324: S. 138–146.

Restaino, C. M., Peterson, D. L., und Littell, J. 2016. Increased water deficit decreases Douglas fir growth throughout western US forests. *Proceedings of the National Academy of Sciences* 113: S. 9557–9562.

Simard, S. W. 2014. The networked beauty of forests. TED-Ed, New Orleans. https://ed.ted.com/lessons/the-networked-beauty-of-forests-suzanne-simard.

St. Clair, J. B., Mandel, N. L., und Vance-Borland, K. W. 2005. Genecology of Douglas fir in western Oregon and Washington. *Annals of Botany* 96: S. 1199–1214.

Turner, N. J. 2008. *The Earth's Blanket: Traditional Teachings for Sustainable Living*. Seattle: University of Washington Press.

Turner, N. J., und Cocksedge, W. 2001. Aboriginal use of non-timber forest products in northwestern North America. *Journal of Sustainable Forestry* 13: S. 31–58.

Wall, M. E., and Wani, M. C. 1995. Camptothecin and taxol: Discovery to clinic – Thirteenth Bruce F. Cain Memorial Award Lecture. *Cancer Research* 55: S. 753–760.

15 Den Stab weitergeben

Alila, Y., Kuras, P. K., Schnorbus, M., und Hudson, R. 2009. Forests and floods: A new paradigm sheds light on age-old controversies. American Geophysical Union. *Water Resources Research* 45: W08416.

Artelle, K. A., Stephenson, J., Bragg, C., et al. 2018. Values-led management: The guidance of place-based values in environmental relationships of the past, present, and future. *Ecology and Society* 23 (3): S. 35.

Asay, A. K. 2019. Influence of kin, density, soil inoculum potential and interspecific competition on interior Douglas-fir (*Pseudotsuga menziesii* var. *glauca*) performance and adaptive traits. Dissertation, University of British Columbia.

British Columbia Ministry of Forests und Range and British Columbia Ministry of Environment. 2010. *Field Manual for Describing Terrestrial Ecosystems,* 2. Aufl. Land Management Handbook 25. Victoria, BC: Ministry of Forests and Range Research Branch.

Cox, Sarah. 2019. »You can't drink money«: Kootenay communities fight logging to protect their drinking water. *The Narwhal.* https://thenarwhal.ca/you-cant-drink-money-kootenay-communities-fight-logging-protect-drinking-water/.

Gill, I. 2009. *All That We Say Is Ours: Guujaaw and the Reawakening of the Haida Nation.* Vancouver: Douglas & McIntyre.

Golder Associates. 2014. *Furry Creek detailed site investigations and human health and ecological risk assessment.* Bd. 1, *Methods and results.* Report 1014210038-501-R-RevO.

Gorzelak, M. A. 2017. Kin-selected signal transfer through mycorrhizal networks in Douglas-fir. Dissertation, University of British Columbia. doi: 10.14288 /1.0355225.

Harding, J. N., und Reynolds, J. D. 2014. Opposing forces: Evaluating multiple ecological roles of Pacific salmon in coastal stream ecosystems. *Ecosphere* 5: art157.

Hocking, M. D., und Reynolds, J. D. 2011. Impacts of salmon on riparian plant diversity. *Science* 331 (6024): S. 1609–12.

Kinzig, A. P., Ryan, P., Etienne, M., et al. 2006. Resilience and regime shifts: Assessing cascading effects. *Ecology and Society* 11: S. 20.

Kurz, W. A., Dymond, C. C., Stinson, G., et al. 2008. Mountain pine beetle and forest carbon: Feedback to climate change. *Nature* 452: S. 987–990.

Larocque, A. 2105. Forests, fish, fungi: Mycorrhizal associations in the salmon forests of BC. PhD proposal, University of British Columbia.

Louw, Deon. 2015. Interspecific interactions in mixed stands of paper birch *(Betula papyrifera)* and interior Douglas-fir (*Pseudotsuga menziezii* var. *glauca*). Masterarbeit, University of British Columbia. https://open.library.ubc.ca /collections /ubctheses /24/items/1.0166375.

Marren, P., Marwan, H., und Alila, Y. 2013. Hydrological impacts of mountain pine beetle infestation: Potential for river channel changes. In *Cold and Mountain Region Hydrological Systems Under Climate Change: Towards Improved Projections, Proceedings of H02, IAHS-IAPSO-IASPEI Assembly, Gothenburg, Sweden, July 2013*. IAHS Publication 360: S. 77–82.

Mathews, D. L., und Turner, N. J. 2017. Ocean cultures: Northwest coast ecosystems and indigenous management systems. Kapitel 9 in *Conservation for the Anthropocene Ocean,* hg. Phillip S. Levin und Melissa R. Poe. London: Academic Press, S. 169–206.

Newcombe, C. P., und Macdonald, D. D. 1991. Effects of suspended sediments on aquatic ecosystems. *North American Journal of Fisheries Management* 11 (1): S. 72–82.

Palmer, A. D. 2005. *Maps of Experience: The Anchoring of Land to Story in Secwepemc Discourse.* Toronto, ON: University of Toronto Press.

Reimchen, T., und Fox, C. H. 2013. Fine-scale spatiotemporal influences of salmon on growth and nitrogen signatures of Sitka spruce tree rings. *BMC Ecology* 13: S. 1–13.

Ryan, T. 2014. Territorial jurisdiction: The cultural and economic significance of eulachon *Thaleichthys pacificus* in the north-central coast region of British Columbia. Dissertation, University of British Columbia. doi: 10.14288/1.0167417.

Scheffer, M., und Carpenter, S. R. 2003. Catastrophic regime shifts in ecosystems: Linking theory to observation. *Trends in Ecology and Evolution* 18: S. 648–656.

Simard, S. W. 2016. How trees talk to each other. TED Summit, Banff, AB. https://www.ted.com/talks/suzanne_simard_how_trees_talk_to_each_other?

Simard, S. W., et al. 2016. From tree to shining tree. *Radiolab* mit Robert Krulwich u. a. https://www.wnycstudios.org/story/from-tree-to-shining-tree.

Turner, N. J. 2008. Kinship lessons of the birch. *Resurgence* 250: S. 46–48.

Dies. 2014. *Ancient Pathways, Ancestral Knowledge: Ethnobotany and Ecological Wisdom of Indigenous Peoples of Northwestern North America.* Montreal, QC: McGill-Queen's Press.

Turner, N. J., Berkes, F., Stephenson, J., und Dick, J. 2013. Blundering intruders: Multi-scale impacts on Indigenous food systems. *Human Ecology* 41: S. 563–574.

Turner, N. J., Ignace, M. B., und Ignace, R. 2000. Traditional ecological knowledge and wisdom of Aboriginal peoples in British Columbia. *Ecological Applications* 10: S. 1275–1287.

White, E. A. F. (Xanius). 2006. Heiltsuk stone fish traps: Products of my ancestors' labour. Masterarbeit, Simon Fraser University.

Epilog: Das Mutterbaum-Projekt

Aitken, S. N., und Simard, S. W. 2015. Restoring forests: How we can protect the water we drink and the air we breathe. *Alternatives Journal* 4: S. 30–35.

Chambers, J. Q., Higuchi, N., Tribuzy, E. S., und Trumbore, S. E. 2001. Carbon sink for a century. *Nature* 410: S. 429.

Dickinson, R. E., und Cicerone, R. J. 1986. Future global warming from atmospheric trace gases. *Nature* 319: S. 109–115.

Harris, D. C. 2010. Charles David Keeling and the story of atmospheric CO_2 measurements. *Analytical Chemistry* 82: S. 7865–7870.

Roach, W. J., Simard, S. W., Defrenne, C. E., et al. 2020. Carbon storage, productivity and biodiversity of mature Douglas-fir forests across a climate gradient in British Columbia. In Vorbereitung.

Simard, S. W. 2013. Practicing mindful silviculture in our changing climate. *Silviculture Magazine* Fall 2013: S. 6–8.

Dies. 2015. Designing successful forest renewal practices for our changing climate. Natural Sciences and Engineering Council of Canada, Strategic Project Grant. (Proposal for the Mother Tree Project.)

Simard, S. W., Martin, K., Vyse, A., und Larson, B. 2013. Meta-networks of fungi, fauna and flora as agents of complex adaptive systems. Kapitel 7 in *Managing World Forests as Complex Adaptive Systems: Building Resilience to the Challenge of Global Change,* hg. K. Puettmann, C. Messier und K. D. Coates. New York: Routledge, S. 133–164.

Sach- und Personenregister

Bildnachweis

Im Text

S. 23: Peter Simard; S. 25: Sterling Lorence; S. 27: Jens Wieting; S. 31: Gerald Ferguson; S. 43: Winnifred Gardner; S. 51: Mit freundlicher Genehmigung der Enderby & District Museum & Archives, EMDS 1430; S. 52: Peter Simard; S. 53: Mit freundlicher Genehmigung der Enderby & District Museum & Archives, EMDS 1434; S. 59: Mit freundlicher Genehmigung der Enderby & District Museum & Archives, EMDS 0541; S. 60: Mit freundlicher Genehmigung der Enderby & District Museum & Archives, EMDS 0460; S. 61: Mit freundlicher Genehmigung der Enderby & District Museum & Archives, EMDS 0464; S. 65: Mit freundlicher Genehmigung der Enderby & District Museum & Archives, EMDS 0461; S. 67: Mit freundlicher Genehmigung der Enderby & District Museum & Archives, EMDS 0392; S. 80: Jean Roach; S. 141: Jean Roach, S. 229: Patrick Hattenberger; S. 363: Bill Heath; S. 376: Jens Wieting; S. 379: Bill Heath; S. 394: Bill Heath; S. 429: Bill Heath; S. 443: Robyn Simard; S. 466: Bill Heath; S. 477: Emily Kemps; S. 487: Bill Heath.

Bildteil 1

S. 1: Jens Wieting, S. 2: Jens Wieting; S. 3: Jens Wieting; S. 4 (oben): Bill Heath; S. 4 (unten): Paul Stamets; S. 5: Dr. Teresa (Sm'hayetsk) Ryan; S. 6 (oben): Camille Defrenne; S. 6 (unten): Peter Kennedy, University of Minnesota; S. 7 (oben): Camille Vernet; S. 7 (unten): Jens Wieting; S. 8: Jens Wieting.

Bildteil 2

S. 1: Bill Heath; S. 2: Dr. Teresa (Sm'hayetsk) Ryan; S. 3 (oben): Camille Vernet; S. 3 (unten): Joanne Childs und Colleen Iversen / Oak Ridge National Laboratory, U.S. Department of Energy; S. 4: Jens Wieting; S. 5 (oben und unten): Jens Wieting; S. 6 (oben): Paul Stamets; S. 6 (unten): Kevin Beiler; S. 7: Dr. Teresa (Sm'hayetsk) Ryan; S. 8: Diana Markosian.

Alle übrigen Fotos mit freundlicher Genehmigung der Autorin.

Nina Burton

Notizen aus dem Sommerhaus

Vom Leben im Freien

336 Seiten, ISBN 978-3-442-76234-7
Aus dem Schwedischen von Paul Berf

Wussten Sie, dass es insgesamt mehr Ameisen gibt als die Anzahl von Sekunden, die seit dem Urknall verstrichen sind?

Und dass ihre Ameisenstädte übertragen auf menschliche Verhältnisse größer sein können als London oder New York? Oder dass der Wanderinstinkt von Zugvögeln so stark ist, dass ein verletzter Storch, der seiner Gefangenschaft entkam, sechs Wochen später gefunden wurde, nachdem er 150 Kilometer weit gelaufen war und zu Fuß dem Wanderweg seines Schwarmes gefolgt war?

Was mit der Renovierung eines alten Sommerhauses beginnt, entwickelt sich zu einer wunderbaren Erkundung der Natur, des Lebens und der Philosophie, in der Nina Burton das Innenleben und die bisher unbekannten Gewohnheiten der Tiere enthüllt, mit denen sie zusammenlebt.

»Ein wahres Geschenk an die Leser.«
Svenska Dagbladet

»Nach 10 Seiten war ich komplett verzaubert.«
Expressen

btb

»Eine begnadete Erzählerin.«

Petra Hartlieb, ORF

Maja Lunde

Klimaquartett

Mitreißend und ergreifend erzählt Maja Lunde in ihrem Klimaquartett von Verlust und Hoffnung, vom Miteinander der Generationen und von unserem Umgang mit der Natur. Sie stellt einige der drängendsten Fragen unserer Zeit: Welche Zukunft hinterlassen wir unseren Kindern, und wofür sind wir bereit zu kämpfen?

Die Geschichte der Bienen
Roman, 528 Seiten

Die Geschichte des Wassers
Roman, 480 Seiten

Die Letzten ihrer Art
Roman, 640 Seiten

Der Traum von einem Baum
Roman, 560 Seiten

btb